超智慧

NICK BOSTROM
SUPERINTELLIGENCE
PATHS, DANGERS, STRATEGIES

尼克‧伯斯特隆姆｜著

唐澄暐｜譯

未完的
麻雀寓言

築巢季節，麻雀們歷經數日辛勞，一同坐在夕陽下放鬆、聊天。「我們太弱小了。要是有隻貓頭鷹來幫我們築巢，日子會多輕鬆！」

「就是說啊！」另一隻說。「我們還可以用牠來照顧老小。」

「牠可以給我們一些忠告，還可以提防周遭的貓。」第三隻麻雀附和。

然後，年長的鳥兒帕斯圖斯（Pastus）開口了：「這樣吧，我們向各方發動偵查，找找被遺棄的貓頭鷹雛鳥或是鳥蛋。小烏鴉或許也行，不然就小鼬鼠。要是成了，那可真是好事一樁，至少會是後院有餵食器以來最棒的事。」

麻雀們興奮不已，開始四處嘰嘰喳喳。

只有個性焦躁的獨眼麻雀史克隆芬克（Scronkfinkle）懷疑這種企圖是否明智。牠說：「這一定會失敗。把貓頭鷹帶到族內之前，不是該先思考如何馴服這個怪物嗎？」

　　帕斯圖斯回道：「馴服貓頭鷹似乎十分困難。光是要找到貓頭鷹蛋就已經夠難了，等我們成功養大貓頭鷹，再來考慮這項挑戰吧。」

　　「這計劃有缺陷啊！」史克隆芬克驚呼。然而鳥群早已飛去執行帕斯圖斯的指示，牠的抗議已是徒勞。

　　只有兩三隻麻雀留了下來。牠們一起探討要怎麼馴服貓頭鷹，不久，大夥兒便察覺史隆芬克的擔憂沒有錯：這是個相當困難的挑戰——特別是在找到供他們驅使的貓頭鷹之前，不可能有貓頭鷹讓他們練習。即便如此，牠們還是竭盡所能探討，深怕鳥群還不知道怎麼控制貓頭鷹這個難題，就把貓頭鷹蛋帶了回來。

　　這個故事會如何結束仍屬未知，但作者將本書獻給史克隆芬克，以及牠的跟隨者。

目　次 Contents

序言　控制超智慧的超級難題 —— 7

第 1 章
人工智慧的無盡春天 —— 11

第 2 章
邁向超智慧的途徑 —— 41

第 3 章
超智慧的形式 —— 81

第 4 章
智慧爆發的動力學 —— 95

第 5 章
關鍵策略優勢 —— 117

第 6 章
接管全世界 —— 133

第 7 章
超智慧的意志 —— 153

第 8 章
我們創造的，終將毀滅我們？ —— 167

第 9 章
控制難題 —— 185

第 10 章
先知、精靈、君王、工具 —— 211

第 11 章
多極情境 —— 231

第 12 章
擷取價值 —— 267

第 13 章
選擇「選擇準則」 —— 303

第 14 章
策略景況 —— 333

第 15 章
緊要關頭 —— 371

致謝 —— 379

注釋 —— 381

參考書目和文獻資料 —— 422

序言
控制超智慧的超級難題

正在進行閱讀的，是你頭蓋骨裡的那個東西：人腦。人腦具有其他動物腦袋缺少的能力；我們之所以能主宰地球，得歸功於這些能力。其他動物有更強壯的肌肉、有更尖銳的爪子，而我們有更聰明的頭腦。人類一般智力上的優勢，讓我們發展出語言、技術以及複雜的社會組織。當新一代以上一代的成就為基礎而前行，這些優勢也隨著時間疊加。

如果有一天，我們打造出超越人腦的機器腦，這個全新的超智慧可能會非常強大。此外，就如大猩猩的命運如今掌握在人類手中（而非牠們本身），我們的命運也可能取決於超級智慧機器的行動。

我們的確有優勢：畢竟這東西是我們創造出來的。原則上，我們應該打造出一種能保護人類價值的超智慧，這麼做也的確有充足的理由。但事實上，所謂「控制難題」——也就是如何控制超智慧的難題——似乎相當困難，成功的機會恐怕也只有一次。一旦不友善的超智慧出現，它有可能會阻止我們替換掉它、或是改變它的偏好。屆時，我們的命運大勢已定。

在本書中，我試著理解超智慧的前景所呈現的挑戰，以及我們該如何應對。這很可能是人類有史以來得面對，最重要也最艱難的挑戰。不

論成敗與否，恐怕都是我們將面對的最終挑戰。

書中的論點並未指出我們正處於人工智慧重大突破的臨界點，也未準確預測進展何時會發生。雖然這一切看似將在本世紀的某一時刻發生，但我們其實無法肯定。頭幾個章節確實討論了某些可能的途徑，也提及時間點的問題，然而本書的主體主要還是聚焦在發生之後該怎麼辦。我們研究了智慧爆炸的動力學、超智慧的形式和能力，以及當超智慧行動主體（agent）獲得關鍵優勢後，我們可用的策略有哪些。接著，我們將焦點轉移到控制難題，並提問：在形塑初始條件時，我們可以做什麼，好得出一個有利的結果，讓人類得以存續？在本書結尾，我們將拉開視野，並從我們的探索中思考更廣泛的景況。我們提出一些設想：當前人類必須做什麼，才有較大的機會避免日後的滅亡危機？

這本書並不好寫。我希望本書可以釐清一條路徑，以便其他研究者能更快捷向前推進，抵達知識的前沿，並準備好投入研究，進一步拓展我們理解的範疇。（如果開展的這條路上有些顛簸崎嶇，我希望評論者在給予評價時，不要低估了先前並不友善的地形！）

寫這本書不容易：我得試著讓它成為一本易讀的書，但我不覺得自己有成功達成目標。撰寫過程中，我設想的目標讀者是早期的我，並試著寫出一本我會喜愛的書。但後來我發現，這個取樣過於狹隘。儘管如此，我仍然相信如果世人願意多多思考，並試著不用文化語彙中最相近的俗成語意來吸收那些容易遭誤解的新想法，本書的內容應該是容易理解的。書中偶爾會出現數學或專業名詞，非技術背景的讀者不必因此感到挫折，你可以從前後的解釋拼湊出主要的論點（然而，對那些想更了解真相的讀者來說，書末的注釋可謂應有盡有）。[1]

本書提出的不少論點有可能是錯的。[2] 我可能忽略了幾項關鍵性的考

量，使我的某些結論、甚至多數結論都站不住腳。我花了不少篇幅指出全書中不確定事物的細微差別和程度，也用了諸多如「有機會」、「可能」、「或許」、「有可能」、「似乎」、「或可」、「幾乎可說」這些不美觀的字眼。每個修飾語都經過深思熟慮，小心置於文句中。然而，這些在認識論上表達謙虛意向的強度並不足夠，還得經由不確定性與可證偽性的驗證來彌補。這並非故作謙虛；儘管我相信本書有可能嚴重錯誤且誤導讀者，但我仍然認為文獻中呈現的其他觀點（包括既存的「零假設」（null hypothesis）觀點）甚至更糟──根據那些說法，我們仍然很安全，而且可以合理忽視超智慧的未來發展性。

1 Chapter 人工智慧的無盡春天

　　先從回顧開始。以最大的尺度觀察歷史，歷史似乎展現一連串明顯的成長模式，每次都比前一次更加快速。這樣的模式預示了另一波（更快速的）成長模式。然而，我們並不打算著重這個觀察結果。本書的主旨並不是探討「技術加速」或「指數成長」，或是那些五花八門、偶爾會集結在「技術奇點」（注：singularity，根據科技發展史總結出的觀點，認為人類正在接近一個使現有科技被完全拋棄、或人類文明被完全顛覆的事件點，事件點過後的事件完全無法預測）標題下的概念。本章我們將回顧人工智慧的歷史，並探索此領域的現有能力。最後我們將看看近期專家的意見，深刻檢討我們對未來進展時間表的忽略。

人類的成長模式和大歷史

　　不過幾百萬年前，我們的祖先還在非洲的樹蔭下盪來盪去。不管是在地理、甚至演化的時間尺度上，**智人**（Homo sapiens）從與黑猩猩的最後共同祖先分支出來，發生得十分突然。我們發展出直立站姿、對生拇指，以及最關鍵的——相比之下較小的腦尺寸和神經組織——讓我們

的認知能力大幅躍進。如此一來，人類可以抽象思考、溝通複雜思想，並透過文化一代代累積情報，效果遠比地球上任何一種物種都還要好。

這些能力讓人類發展出愈來愈有效率的生產技術，也讓我們的祖先遠遠遷離雨林和草原。特別是開展農業後，總人口數增加，人口密度也提高了。人愈多，想法就愈多；更大的密度，代表想法更容易流通，也讓某些人得以投身研發專業的技能。這些發展增進了經濟生產和技術能力的**成長率**。日後與工業革命相關的發展，再一次帶來了不遑多讓的成長率劇變。

成長率的變化結果十分重大。幾十萬年前，早期人類（或原始人）的成長實在是慢得不得了，他們的生產力大約要花上 100 萬年，才能再多讓 100 萬人口維持生存水平。到了西元前 5000 年，農業革命後成長率大幅提升，要達到同樣的成長量只需 200 年。如今，工業革命後，全球經濟成長平均每 90 分鐘就可以達成同樣生產量。[1]

長久維持現在的成長率能帶來可觀的結果；若全球經濟持續以過去 50 年的速度成長，那麼到 2050 年，全球將比現在富有 4.8 倍，而在 2100 年更會達到 34 倍。[2]

但如果全世界經歷另一場規模堪比農業革命和工業革命的**成長率**劇變，目前這種持續以穩定指數成長的前景也將相形見絀。經濟學家羅賓·韓森（Robin Hanson）根據歷史上的經濟和人口資料估計，若以一個更新世的獵人／採集社會來算，全球經濟倍增所需的時間為 224,000 年；以農業社會來算，是 909 年；以工業社會來算，則是 6.3 年（在韓森的模型中，當代是農業與工業成長模式的混合體──全球整體的經濟尚未以每 6.3 年翻一倍的速度成長）。[3]如果真能轉型至下一個全新的成長模式，且其規模接近前兩次的改變，那麼產生的全球經濟成長模式將

以每兩星期一次的速度倍增。

　　以現在的眼光來看，這種成長簡直不可思議。但過往的觀察家可能也說過「未來的全球經濟將在人一輩子中翻倍數次」這種簡直不可理喻的推測之言。然而，如今的我們卻習以為常。

　　韋那‧文吉（Vernor Vinge）開創性的論文開啟了「技術奇點即將到來」的想法，雷‧克茲威爾（Ray Kurzweil）等人接續著述，如今已廣

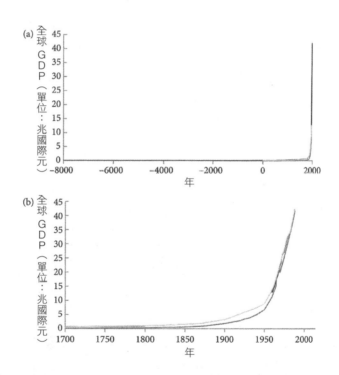

圖一：全球 GDP（國內生產總值）的長期歷程。全球經濟歷程看起來像一個貼緊 X 軸的死線，但突然垂直向上突飛。

(a) 就算我們拉近到近 1 萬年，模式基本上仍以垂直 90 度角上升。

(b) 要到過去 100 年，這條曲線看起來才像有離開底端。（圖中的不同線段，對應著不同的資料組，因此預測略有出入。）[6]

為人知。[4] 然而，世人不明就裡，以各種字面意義來使用「技術奇點」一詞，從而打造了一股具有「技術烏托邦」意味的邪惡光環（幾乎有如千禧年主義）。[5] 既然這些字面意義和我們的論點毫不相干，那麼以更精準的術語來取代「技術奇點」一詞，應該有助於釐清事實。

關於「技術奇點」的想法，在此值得一提的是**智慧爆炸**的可能性，特別是機器超智慧的前景。也許有些人會被圖一那種指出「下一場不亞於農業革命或工業革命的成長模式劇變，很可能發生」的成長圖給說服，但他們接下來可能就會說，全球經濟如果只要幾星期就成長一倍，想必得要有一個速度和效率都比我們人類高上許多的心智來主導。但其實，認真看待機器智慧革命前景的態度並不需要仰賴曲線圖，或是從過去的經濟成長來推論。我們將會看到，我們有更充分的理由該採取謹慎的看法。

遠大前程

自從 1940 年代電腦發明以來，世人殷殷期盼總有一天，機器能達到人類的一般智慧——也就是具有常識和有效的學習與邏輯思考能力，並能在具象和抽象的各種領域中解決複雜資訊問題的計劃能力。當時世人認為，這種智慧機器將在二十年後誕生。[7] 但從那時到現在，世人對於那一天的到來大約每過一年就再延後一年；如今，關注通用人工智慧（artificial general intelligence）可能性的未來學家一般相信，智慧機器的誕生還需要好幾十年。[8]

二十年是占卜家預言劇變的甜蜜點：近到引人注意又息息相關，同

時遠到可以假設現在還是空想的一絲突破屆時可能發生。與更短的時間尺度相比，大多數五到十年內會對世界有極大影響的科技，已有少量付諸實用；而十五年內會重新改造世界的技術，目前都還在實驗室的原型階段。占卜家的生涯年限差不多就是二十年，就算瞎編預測，時間也已經過了太久，砸不了招牌。

然而，儘管過去有人對人工智慧的預測過了頭，並不代表人工智慧不可行，或人類永遠開發不出人工智慧。[9] 人工智慧的進展不如預期的主要理由，在於打造智慧機器的技術難度比先驅者所預料的還要高。至於難度究竟有多高、何時能一一克服，則都還是未定之數。有些一開始看起來複雜到令人絕望的難題，結果居然有驚人的簡單答案（不過，一般狀況往往與此相反）。

下一章，我們將探索有可能讓機器智能達到人類水準的不同途徑。但我們得先注意到一點：不論從現況到達人類水準的機器智慧（human-level machine intelligence）之間有多少站，最後一站都不會是終點。再過去不遠的下一站，就是超人類水準的機器智慧（super-human-level machine intelligence）。這班車不會在「人類」這一站就停下來，連減速都不會。它很有可能過站不停。

二戰期間擔任艾倫‧圖靈（Alan Turing）解碼團隊首席統計學家的數學家厄文‧約翰‧古德（Irving John Good）可能是第一個描述此景明確面貌的人。他在這段寫於 1965 年、常被引用的文章提到：

> 我們先將超智慧機器定義為：超智慧機器能超越人（無論有多聰明）所有的智慧活動。既然這台機器的設計也是人類智慧活動的一部分，那麼這個超智慧機器便能設計出超越其上的

機器；接著毫無疑問會出現「智慧爆炸」，人類的智慧將被遠遠拋在後頭。於是，第一台超智慧機器會是人類需要打造的最後一項發明，前提是這台機器夠溫和，願意讓我們知道如何控制它。[10]

顯然，這樣的智慧爆炸會產生重大的生存危機，因此我們必須以最認真的方法檢驗前景，即便通過檢驗的機會目前仍然相當渺茫。然而，由於人工智慧的先驅迫切想要發展出人類水準的人工智慧，他們多半從未深思「人工智慧可能會超越人類」一事。就好比他們的沉思肌肉在構思機器達到人類智慧的可能性時，就耗盡了所有的力量，使他們無力再往前推論——去設想機器接下來還可以成為超智慧。

大多數的人工智慧先驅根本不認為自己的事業暗藏風險。[11] 針對人工智慧以及「電腦主宰」的安全顧慮和道德疑慮，他們甚至連一些空話都沒提過，更遑論認真思考。這樣的匱乏即便在當時批判性技術評估（critical technology assessment）的標準還不怎麼高的背景下，也相當令人吃驚。[12] 我們必須期待，當這門事業最終變得更可行之際，我們不但得到了啟動智慧爆發的技術熟練度，同時還擁有更高水準的掌控能力，好讓人類在這場爆發中存活下來。

進入下一部分之前，我們且先一瞥迄今為止的機器智慧史，應該會有所幫助。

希望與絕望的季節

1956 年夏天，十位對神經網路、自動機理論（automata theory）和

智慧研究有興趣的科學家在達特茅斯學院（Dartmouth College）召開了一場為期六週的工作坊。這項「達特茅斯夏季計劃」可說是人工智慧領域研究的黎明。許多參與者日後都被視為人工智慧的創始人。

這群人的樂觀展望反映在他們交出去的提案中（收件者為出資的洛克斐勒基金會〔Rockefeller Foundation〕）：

> 我們提議進行一項為期兩個月、投入十人的人工智慧研究……這項研究進行基於下述推測：學習的每一面向或任何一種智慧的特徵，基本上都可以精準描述，並由一組機器來模擬。我們將找出讓機器能使用語言、產生抽象概念、解決人類問題，以及自我增進的方法。我們認為，若能精選出一組科學家共事一夏，上述問題（至少一個以上）會有長足的進展。

如此盛氣凌人的開場之後，人工智慧領域就在一段段炒作、期待、挫折和失望之間，交替了將近一甲子的歲月。

第一個令人興奮的時期始於達特茅斯會議，也就是日後約翰・麥卡錫（John McCarthy）所謂的「媽媽，你看我沒用手！」時期。當時，懷疑論的主張非常普遍（像是「絕對沒有機器能做到 ×× ！」），早期研究者打造的機器往往是為了反駁這類主張而生。為此，人工智慧研究者打造了小型系統，在「微型世界」裡達成目標（在一個定義明確且設限清楚的範圍內，讓一個減量版的行動成立），藉此提供概念證據，證明原則上機器是可以做到 ×× 的。一個叫做「邏輯理論家」（Logic Theorist）的早期系統，能證明阿爾弗雷德・諾斯・懷特海德（Alfred North Whitehead）和伯特蘭・羅素（Bertand Russell）合著的《數學原

理》（*Principia Mathematica*）第二章中大多數的定理，甚至能想出更優雅的證據，破解了機器「只能數字化思考」的概念，展示機器也能演繹並創造邏輯證明。[13]

　　接下來，一個名為「一般問題解決器」（General Problem Solver）的程式，原則上解決了各種形式單一明確的問題。[14] 接著，有人寫出可以解決大一微積分課程的問題、某些智力測驗出現的視覺類比問題，以及簡易言語代數問題的程式。[15]「沙基」機器人（Shakey robot，運作時會震動）確立了邏輯推理可與知覺統整，並用來計劃及控制物理活動。[16]「艾莉莎」（ELIZA）計劃則展示了電腦模仿採取個人中心治療（注：Rogerian，以創始人卡爾 · 羅哲斯為名的治療，強調當事人的正面成長與發展，而非治療技巧）的精神治療師。[17] 1970 年代中期，SHRDLU 程式展現了一個處於模擬幾何塊狀世界中的模擬機器手臂，手臂能根據指示，以英語回答使用者輸入的問題。[18] 接下來幾十年打造的系統證明，機器可以用各種古典作曲家的風格譜曲。在某些臨床診斷工作上，機器甚至表現得比資淺醫生還要好。機器也可以自動開車，或做出能獲得專利的發明物。[19] 甚至還有人工智慧會說原創笑話[20]（這並不是說它有多幽默──「帶著**精神物**穿過**視覺器官**，會得到什麼？一個**洞見**。」──據小孩子說，它的雙關語還滿有趣的）。

　　但後來事實證明，這些早期實作系統的成功途徑很難延展到更多樣或是更難的問題上。其中一個理由在於，可能的「組合爆量」（combinatorial explosion）多到系統得仰賴窮舉搜尋法來進行。這種方法在問題簡單時可以運作得不錯，但要是問題變得複雜，就不管用了。舉例來說，在一個有一條推理規則和五個邏輯公理的演繹系統中，若要證明某個有五行證明的假說，我們可以輕易算出共有 3,125 種組合，接著

一條條檢查，就能得出預期的結論。窮舉搜尋在證明只有六、七行時也能運作，但當問題的難度愈來愈高，沒多久窮舉搜尋就會故障。若要用窮舉搜尋做一道五十行的證明，所花的時間不是比五行多十倍，而是需要組合 $550 \approx 8.9 \times 1034$ 種可能的序列——就算用最快的超級電腦，計算上都不可行。

克服組合爆量問題所需的演算法，得要能在目標範圍內找出結構，並藉由啟發式搜索、計劃和靈活的抽象表現來善用先驗知識。這些能力在早期的人工智慧系統中，功能還很薄弱。此外，這些早期系統也因為不善於掌握不確定性、仰賴不穩定且基礎貧弱的象徵性表徵、缺乏數據，以及硬體記憶能力與處理速度的嚴重受限等等因素而窒礙難行。到了 1970 年代中期，研究者更注意這些問題，認清人工智慧計劃終究無法貫徹最初目標後，第一個「人工智慧冬天」便降臨了：這段緊縮期間，贊助減少，懷疑增加，人工智慧也退了流行。

1980 年代初期終於大地回春；日本開展了「第五代電腦系統計劃」，是一個資金充沛的國家與私人共同計劃，目標是發展大規模並列計算架構做為人工智慧平台，來一口氣提高技術水準。此事發生的背景在日本「戰後經濟奇蹟」的最高熱潮，當時西方政府及企業領袖都渴望探求日本經濟成功背後的祕方，好在自己國內仿效。日本一決定大幅投資人工智慧，眾多國家也跟著下注。

接下來的幾年，「**專家系統**」有了長足的增進。專家系統是以規則為基準（rule-based）的程式，根據人類專家用形式語言一字字辛苦輸入所導出的事實知識做出基本推論，做為決策者的支援工具。設計者打造了上百個「專家系統」。然而，較小的系統提供的幫助也小；要開發、運作並持續更新一套較大的系統則過於昂貴，用起來也十分麻煩。如果

只為了跑一個程式，就需要一台獨立的電腦，這樣的想法也太過不切實際。所以到了 1980 年代尾聲，這個成長季便告一段落。

第五代計劃並沒有達成目標，歐美的仿效者也未能成功。人工智慧的第二個冬天就這麼來了。此時，批評者大可哀悼「人工智慧研究迄今在各個領域都僅有少量的成功，一開始暗示的更廣大目標也面臨失敗。」[21] 私人投資者開始躲避任何可能牽連到「人工智慧」品牌的危險投資，就連在學術圈（以及他們的出資者之間），「人工智慧」也成為一個令人討厭的詞彙。[22]

然而，技術層面的工作仍進展飛快。到了 1990 年代，第二次人工智慧寒冬慢慢解凍。在這之前，一般所謂的「老派人工智慧」（Good Old-Fashioned Artificial Intelligence，簡稱 GOFAI）著重高階符號處理，並達到 1980 年代專家系統的巔峰；新技術的引進重新點燃了樂觀情緒，提供上述傳統邏輯範例另一種可能。這些再度受到歡迎的技術包含**神經網路**和**遺傳演算法**，可望克服老派人工智慧的缺點，尤其是傳統人工智慧程式特有的「脆弱性」（只要程式設計者做了一個不正確的小小假設，就會產生荒腔走板的結果）。新的技術強項在於更為「生物性」的表現。舉例來說，神經網路展現出了「漸進性退化」（graceful degradation）的特性：神經網路少量受損，通常只會導致機能少許滑落，而不是全面崩盤。更重要的是，神經網路可以從經驗中學習，從案例中尋找自然歸納的方法，並在輸入的數據中找出隱藏的統計模式。[23] 這使得整個網路特別擅長辨別模式及分類問題。舉例來說，以一組聲納訊號的資料來訓練神經網路，它就能學會分辨潛艇、水雷及海洋生物的聲音輪廓，準確度比人類專家還高，而且不需要任何人先去解決「如何定義分類」或是「要用多少項目來界定特徵」，程式就能自己辦到。

雖然簡單的神經網路模型早在 1950 年代晚期就已為人所知，這個領域卻是在引入反向傳播演算法訓練多層神經網路之後，才邁入它的文藝復興時期。[24] 這種多層的網路，在輸入層和輸出層之間有一層以上的中介（「隱藏」）神經層，能比簡單的處理器學習更廣泛的功能。[25] 有了愈來愈強大的電腦，這種計算上的進步便可讓工程師打造出良好的神經網路，應付各種需求。

神經網路的品質有如大腦，與邏輯運算僵硬、表現遲緩的傳統形式語言 GOFAI 系統有天壤之別，甚至足以啟發一種「主義」──所謂的「連結主義」（connectionism）──強調大量並列的亞符號處理之重要性。自那時起，討論人工神經網路的學術論文發表了超過十五萬篇，至今仍是機器學習領域的重要方法。

遺傳演算法或遺傳程序設定等以演化為基礎（evolution-based）的方法則另闢蹊徑，終結了第二次人工智慧冬天。這種方法雖然在學術上造成的衝擊沒有神經網路那麼大，卻也相當廣泛。在演化模型中，候選解（candidate solutions，可以是資料結構或程式）的量是固定的，新的候選解會藉由在現有解中變異或重組變項來隨機產生。透過提出一個只讓比較好的候選解留到下一代的天擇準則（一個適應函數），候選解得以定期刪減。重複了數千代之後，候選區裡所有解的平均品質會慢慢增加。當天擇逐漸生效，這種算式就能針對廣泛性的難題提出有效率的解法──可能奇特到令人訝異而直觀，比起任何人類工程師設計的解法都更像自然結構。而且基本上，除了一開始要特別指定適應函數以外，這個過程不太需要人為輸入就能進行。然而實際上，要讓演化法順利運作需要技術和巧思，特別是要設計一個好的表現格式。若沒有有效的方法來編碼候選解（一種在目標領域中符合潛在結構的遺傳語言），演化搜

尋會在巨大的搜尋空間內無盡打轉，或陷入局部最佳化（local optimum）當中。不過，就算找到一個好的表現格式，演化法也會經由運算來下指令，且常被組合爆量所擊倒。

神經網路和遺傳演算法可說是 1990 年代激起熱潮的兩種代表方法，它們提供了新途徑，與停滯不前的 GOFAI 範例截然不同。但行文至此，我並沒有要贊揚這兩種方法，或把它們捧到其他眾多機器學習技術之上。事實上，過去二十多年來最主要的理論發展，在於眾人更加認清在一般數學的框架下，表面上差異不大的技術可以理解為特殊案例。舉例來說，我們可以把許多類型的人工神經網路視為進行某種特定統計計算（最大近似值估計）的分類器。[26] 這個觀點使得神經網路可以在更大的分類中，和其他的學習分類演算法做比較，包括決策樹（decision trees）、邏輯回歸模型（logistic regression models）、支持向量機（support vector machines）、單純貝氏分類（naive Bayes）、K－近鄰算法（k-nearest-neighbors regression）等等。[27] 秉持類似的態度，遺傳演算法可以視作在進行隨機登山演算法，同時也是更廣泛的最佳化演算法分類下的一個子集。在此，每一個用來打造分類器或是用來搜尋解答空間的演算法都各有優缺點，可用數學方法來研究。演算法所需的處理器時間和記憶空間各有不同，預設的歸納偏差也各不相同，外部製造的內容難易程度也不同，對人類分析者而言，它的內部運作有多清楚也各有差異。

在眼花撩亂的機器學習與創意解決問題的背後，一整套數學上明確的權衡出現了。這套權衡的典範是完美的貝氏行動主體（Bayesian agent），能將現有資訊做出機率上的最佳化運用。由於對任何電腦而言，這樣的計算負荷量太大而難以實現，使得這個理想很難達成（見附錄一）。因此，我們可以把人工智慧看作一個尋找捷徑的任務：犧牲某

些最優性與一般性，但同時保留足夠的性能，好在實際的目標上有好的表現，且能簡易地接近貝氏典範。

這一景象反映在過去幾十年機率圖像模型的工夫上，例如貝氏網路。貝氏網路提供了一條簡明途徑，展現特定範圍中機率和條件的獨立關係（發掘這種獨立關係對於克服組合爆量是必要的。組合爆量對機率推論造成的問題，一如對邏輯演繹般嚴重）。[28]

附錄一　最佳貝氏行動主體

一個理想的貝氏行動主體會從「先驗機率分配」開始，這項功能會把機率指派給每個「可能世界」（例如世界最具體的每一個走向）。[29] 此先驗會混入一個歸納偏差，比較簡單可行的世界會被指派較高的機率（定義某個可能世界是否簡單可行，則是根據其「柯氏複雜性」〔Kolmogorov complexity〕，依照電腦程式能產生一個完整世界所描述的最短距離來做衡量）。[30] 先驗也混入了程式設計者想要給行動主體的任何背景知識。

根據貝氏定理，當行動主體從感應端收到新的資訊，就會將新資訊的分配條件化，來更新它的機率分配。[31]「條件化」這種數學操作，就是把和收到資訊不一致的世界之新機率設為零，並將剩餘的可能世界之機率分配重整。其結果就是一個「後驗機率分配」（行動主體可用它當做下個步驟的新先驗）。當行動主體觀測時，其機率質量專注於那些範圍縮小的、依然與證據一致的可能世界組；

而在這些可能的世界中，比較簡單的世界總是有更高的機率。

打個比方，我們可以把機率當做一大張紙上的沙子。紙張分割成好幾個大小不一的區塊，每個區塊對應一個可能的世界，其中較大的區塊對應比較簡單的可能世界。再想像同樣厚度的沙散布在整張紙上：這就是我們的先驗機率分布。每當有一次觀測結果排除了某些可能的世界，我們就把相對應區塊上的沙子移去，並重新平均分配至剩下的區塊。如此一來，沙子的總量沒有改變，只是隨著觀測證據累積，沙子會漸漸集中在較少的區塊裡。這就是學習行為最純粹的面貌。（要算出一個**假設前提**的機率，我們只要測量假設為真的所有可能世界對應的沙量。）

目前為止，我們定義了學習的原則。要得到一個行動主體，我們也需要一個抉擇的規則。為了這個目的，我們給行動主體一個「評估函數」，讓它指派給每個可能世界一個數字。數字代表每個世界在行動主體的基本偏好中有多合意。現在，在每一個時間步驟中，行動主體選擇了預期有最高效能的行動。[32]（要找出哪個行動具有預期的最高效能，行動主體可以列出所有可能的行動，並且計算一旦行動後的條件機率分布；也就是觀察已經進行的行動將現有機率分布常規化後的機率分布。最後，再把每一個可能世界的價值總和，乘以做出該行動的世界條件機率，來計算出行動的預期值。）[33]

學習規則和抉擇規則共同定義了行動主體的「最佳化概念」（本質上來說，同樣的最佳化概念廣泛應用在人工智慧、認識論、科學哲學、經濟學和統計學上）。[34] 在現實中，這樣的行動主體不可能打造得出來，因為它所需的計算實際上難以進行。任何想要這麼做

的企圖，最終都會像前面討論的 GOFAI 一樣，屈於組合爆量。要看出為何如此，可以想像一個所有可能世界的小子集，那些世界由一個漂浮在無盡真空中的電腦螢幕所構成，螢幕有 1,000×1,000 個像素，每個點都永遠是開著或關著的。即便這個可能世界的子集相當龐大：$2^{(1,000×1,000)}$ 種可能的屏幕狀態就超過了這個可觀測宇宙中能預期發生的所有計算。因此，我們甚至無法把這小子集中的所有可能世界一一列舉出來，更別說針對個別世界進行更詳細的運算了。

最佳化概念即便在物理上不可實現，仍有理論上的用處。它給了我們一個評斷啟發式估算的標準，有時我們可以推論一個最佳的行動主體在某些特定情況下會怎麼做。我們將在第十二章遇到一些不一樣的人工智慧行動主體最佳化概念。

把特殊領域的學習問題連結到貝氏推理的整體問題上，其優勢在於能讓貝氏推理運用更有效率的新演算法，並立刻在許多不同領域產生進展。舉例來說，在蒙地卡羅估計技術（Monte Carlo approximation）上的進展，就能直接使用在電腦視覺、機器人技術和計算遺傳學上。另一個優勢則在於，不同科目的研究者更容易共享研究成果。在機器學習、統計物理學、生物資訊學、組合最佳化和通訊理論等眾多領域中，圖像模型和貝氏統計學成為共同研究的焦點。[35] 近期機器學習的許多進展，都是將原生於其他學術領域的形式結果結合起來而生的。（更快速的電腦和更龐大的資料組，也使得機器學習應用獲益不少。）

技術水平

人工智慧在許多領域已經超越了人類智慧。表一列出遊戲電腦的狀態，顯示人工智慧在各種遊戲中擊敗了人類的冠軍。[36]

表一	遊戲人工智慧	
西洋跳棋	超越人類	亞瑟·山謬（Arthur Samuel）1952 年寫成，日後又加以改善（1955 年的版本納入了機器學習）的西洋跳棋程式，是史上第一個比創造者更會玩遊戲的程式。[37] 1994 年，CHINOOK 程式打敗了當時的人類冠軍，是有史以來第一次，程式贏過技巧遊戲類的公認世界冠軍。2002 年，強納森·歇佛（Jonathan Schaeffer）與研究團隊「破解」了西洋跳棋；也就是說，他們寫出一個程式，始終能走出最佳的可行下一步（結合了 alpha-beta 搜尋法和三十九兆場棋局末尾的資料）。若雙方都使用最佳步數，最終將會和局。[38]
雙陸棋	超越人類	1979 年，漢斯·柏林納（Hans Berliner）的雙陸棋程式 BKG 打敗了世界冠軍。這是史上所有遊戲中，第一個在熱身賽就打敗世界冠軍的程式。但後來柏林納把勝利歸因於擲骰子的運氣。[39] 1992 年，蓋利·特沙洛（Gerry Tesauro）的雙陸棋程式 TD-Gammon，憑藉時序差異學習（一種加強學習的形式）和反覆自我對決，進步到具冠軍水準的能力。[40] 接下來的幾年，雙陸棋程式遠遠超越了最強的人類選手。[41]

旅行者 TCS	與人類玩家合作能超越人類[42]	1981 及 1982 年，道格拉斯‧連納特（Douglas Lenat）的程式Eurisko戰勝了美國的旅行者TCS（一款未來艦戰遊戲），還促使遊戲規則改變，好阻止它非正統的策略。[43] Eurisko 編成艦隊時有一套啟發式邏輯，而它在調整其啟發式邏輯時也有啟發式邏輯。
黑白棋	超越人類	1997 年，程式 Logistello 與世界冠軍村上健（Murakami Takeshi）進行了一場六戰比賽，結果大獲全勝。[44]
西洋棋	超越人類	1997 年，「深藍」（Deep Blue）擊敗了世界西洋棋冠軍加里‧卡斯帕洛夫（Garry Kasparov）。卡斯帕洛夫宣稱，在電腦的動作中他瞥見真正的智慧與創意。[45] 從此，西洋棋遊戲程式便持續進步。[46]
填字遊戲	專家等級	1999 年，填字遊戲程式 Proverb 超越了一般玩家的水準。[47] 2012 年，麥特‧金斯堡（Matt Ginsberg）設計的程式「填字博士」（Dr. Fill）在美國填字遊戲錦標賽中得到的分數，達到所有參賽者的前四分之一（填字博士的表現起伏不定，它在人類認定最困難的級別中表現相當完美，但在幾個有逆向及斜向拼字的非標準填字圖中碰上難關）[48]。
Scrabble（拼字遊戲）	超越人類	2002 年起，遊戲軟體 Scrabble 超越了最強的人類玩家。[49]
橋牌	近乎最佳	2005 年，橋牌遊戲軟體達到與最佳人類玩家相同的水準。[50]

《危險邊緣》	超越人類	2010 年，IBM 的「華生」（Watson）打敗了兩位史上最強的人類《危險邊緣》冠軍——肯·詹寧斯（Ken Jennings）和布萊德·拉特（Brad Rutter）。[51]《危險邊緣》是個電視智力競賽節目，問答題涵蓋歷史、文學、運動、地理、流行文化和科學等領域的冷知識。問題以線索的形式提出，多半與文字遊戲有關。
撲克牌	狀況各異	電腦撲克牌玩家玩德州撲克，離人類頂級水準還有一段小小差距，可是某些撲克玩法超越了人類水準。[52]
新接龍	超越人類	使用遺傳演算法的啟發式邏輯替新接龍這套單人遊戲產生了解法（歸納形式是 NP 完全性），打敗了高段的人類玩家。[53]
圍棋	非常高階的業餘等級	時至 2012 年，使用蒙地卡羅樹狀搜索和機器學習的圍棋程式「禪」系列，在快速遊戲已達到業餘六段（非常強的業餘棋手）。[54] 圍棋程式近年大約以一年一段的速度進步。若持續這種速度，它將在十年後就能打敗人類的世界冠軍。 （注：2015 年 10 月，DeepMind 團隊研發的 AlphaGo 擊敗樊麾，成為第一個無需讓子即可在 19 路棋盤上擊敗圍棋職業棋士的電腦圍棋程式。2017 年，AlphaGO 擊敗當時的世界冠軍柯潔，並於賽後退役。）

這些成就現在看起來可能沒什麼，因為我們持續適應正在達到的成就。舉例來說，世人曾經認為專業西洋棋競賽是人類智慧的縮影。許多

1950 年代末的專家認為:「如果能設計一台成功的下棋機器,就洞悉了人類智慧努力的核心。」[55] 如今世人不再這麼想。這也呼應了約翰‧麥卡錫的感嘆:「一旦(人工智慧)成功了,它就不叫人工智慧。」[56]

原本大家一度(並非不理性地)預期,為了要讓電腦以大師水準下棋,需要給予電腦高層次的**通用**智慧。[57] 好比說,大家一度認為,高段的棋術需要具備學習抽象概念、高明的思考策略、部署靈活計劃、進行廣泛的邏輯推理,甚至揣摩對手想法等能力,但情況並非如此。最終世人發現,只要以特定的演算法打造完美的棋術引擎,就有可能發生。[58] 20 世紀末,快速處理器問世,目標得以落實,強大的棋術就這麼產生了。但這樣的人工智慧十分狹隘,它會下棋,別的什麼都不會。[59]

在其他領域,解答最終變得比預期**更加**複雜,進展也比較緩慢。電腦科學家唐納‧努斯(Donald Knuth)曾驚歎道:「如今人工智慧基本上在每一個需要『思考』的事情上都成功了,但人或動物那種『不假思索』就會做的事,人工智慧幾乎都做不來。某方面來說,這反而難多了!」[60] 為了與自然環境互動,分析視覺畫面、辨認物體或控制機器人等行為都是頗具挑戰的能力。即便如此,隨著硬體穩定進步,人工智慧在這些能力上還是有不少成果,並與時俱進。

如今我們也發現,理解自然語言和常識是十分困難的事。如今一般普遍認為,在這兩個方面要全面達到人類水準,是個「AI 完全」(AI-complete)問題,也就是說,解決這些問題的難度,基本上等同於打造一個具一般人類水準的智慧機器。[61] 換句話說,如果**有人**成功打造出一個能像成年人類一樣理解自然語言的人工智慧,那麼這個人工智慧也很有可能已經有能力做到所有人類智慧做得到的事,就算還未達及人類的一般能力,恐怕也近在咫尺。[62]

世人終究發現，要讓人工智慧有棋類專長所需的算式簡單到令人訝異。這令人忍不住去想，其他能力（如一般推理能力或某些與程式設計相關的關鍵能力）是否也同樣可以藉由意外簡單的運算來獲得。「某一刻的最佳表現得藉由複雜的機制達成」這個事實，並不代表簡單的機制就做不到，簡單的機制甚至可以做得更好，只是人類還沒發現更簡單的方法。托勒密系統（Ptolemaic system，地球在宇宙中心，太陽、月球、行星和恆星繞著地球運行）曾經引領天文學一千多年，這個模型靠著在預設天體運行的本輪上添加新的本輪而日漸複雜，預測的準確度也隨著幾個世紀過去而日漸提高。但整套系統完完全全被哥白尼的日心說推翻。哥白尼的模型更簡單，而且（經克卜勒精心修改後）預測更準確。[63]

如今人工智慧方法的應用已經遍地開花，無法一一詳述，但舉一小部分為例，就足以讓我們得知人工智慧應用之廣泛。除了表一所列出的項目，還有像是使用濾除環境音的演算助聽器；為駕駛顯示地圖、提供導航建議的交通查詢；根據使用者先前購買與評價來推薦書籍或音樂專輯的推薦系統；幫助醫生診斷乳癌、推薦診斷計劃、協助詮釋心電圖的醫療抉擇支援系統。此外，還有機器寵物和清潔機器人、除草機器人、救援機器人、外科手術機器人，以及上百萬的工程機器人。[64] 全球的機器人口已達一千萬。[65]

根據隱馬爾可夫模型（hidden Markov model）之類的統計技術，當代的語音辨認實用上的正確率也提升了（本書的一些片段就是靠著語音辨認程式起草的）。像是蘋果的 Siri 等個人數位助理，就能回應口語指令、回答簡單問題，並且執行指令。手寫及印刷文字的光學文字辨識，也已普遍應用在郵件分類和舊文件的數位化上。[66]

機器翻譯雖然還不完美，但足以在許多地方派上用場。早期使用的

GOFAI 途徑的人工編碼文法,必須由每種語言的專業語言學家開發。比較新的系統使用的是能自動從使用模式觀測結果來打造統計模型的統計機器學習技術,藉由分析雙語語料庫,就能從相關模型推論出參數。這種方法不再需要語言學家;打造系統的程式設計者,甚至不用會說手上處理的語言。[67]

面部辨認近年也有長足的進展,現已用於歐洲和澳洲的邊界自動通關。美國國務院為了護照審核,以 7,500 萬張以上的照片來運作面部辨認系統。監視系統使用愈來愈聰明的人工智慧和數據挖掘技術分析聲音、影像或文字,其中大部分調閱自全球的電子通訊媒體,並儲存於巨大的數據中心。

至於假說證明和方程式解題,由於已臻成熟穩固,很難再被當做人工智慧了。方程式解題程式現在已被包含在 Mathematica 等科學計算程式中。晶片製造者也已固定使用形式辨別方法(包括自動化定理證明),好在生產前審核迴路設計的行動。

美國軍方及情報機構過往一直是大規模部署拆彈機器人、偵測無人機、攻擊無人機,以及其他無人載具的前鋒。這些機器目前仍仰賴人類遙控,但它們的自主能力也正在逐步推展。

智慧調度是個成果豐碩的領域。1991 年,自動物流計劃與調度工具 DART 在沙漠風暴行動(注:第一次波斯灣戰爭中,聯軍使用導引炸彈、集束炸彈、空氣炸彈和巡弋飛彈空襲伊拉克的作戰行動)的成效卓然,美國國防高等研究計劃署(DARPA)便聲稱,光是這樣的一個應用程式,他們對人工智慧所做的三十年投資就算回本了。[68] 航空預約系統使用精緻的排程和訂價系統;商業活動的存貨控管系統中,人工智慧技術比比皆然。它們使用自動電話預約系統,以及連接至語音辨認軟體的服務電

話，將倒霉的消費者拐進選單環環相繞的語音迷宮裡。

人工智慧技術構成眾多網路服務的基石。軟體巡視著全球的電子郵件流通，儘管貝氏的垃圾郵件過濾網持續遭垃圾郵件發信者改寫，以迴避那些對付它們的策略，它還是有效抵擋了垃圾郵件。使用人工智慧的軟體也負責核可或拒絕信用卡交易，並持續監視帳號活動，提防盜用的徵兆。資訊檢索系統則大量使用機器學習。Google 搜尋引擎有可能是至今打造的最偉大人工智慧系統。

現在，我必須要強調，一般來說，人工智慧和軟體的界線並不明確。我們可能會把上述一部分的應用程式認定為一般應用軟體，而不是人工智慧——正如麥卡錫的名言：「一旦（人工智慧）成功了，它就不叫人工智慧。」然而為了方便起見，我們將兩種系統更確切區分開來：一種是認知能力範圍狹隘的**限制領域**（narrow）系統（無論是否被稱做「人工智慧」），另一種則是解決問題更廣泛的**通用**（general）系統。基本上，現在所有的應用系統都是前者，也就是限制領域系統。然而，限制領域系統內的某些要素，未來可能會在通用人工智慧中起作用，或對其發展有所助益——例如分類器、搜尋演算、計劃者、解決問題者以及再現框架。

如今，全球金融市場也是人工智慧系統運作的高風險環境，且極度競爭。大型投資公司普遍使用自動股票交易系統，其中有些系統只是將投資管理人的買賣執行指令自動化的方法，有些則會適應多變的市場狀況，進行複雜的交易策略。分析系統使用一種混合數據挖掘技術和時間序列的分析法，在證券市場中搜索出模式和趨勢，將價位變動歷程與外部變數（例如新聞跑馬燈的關鍵字）連結起來。財金新聞提供商會販賣專為人工智慧程式格式化的動態消息；其他系統則專精在市場內或市場

間，或在企圖以毫秒瞬間價位浮動來獲利的高頻率交易中，尋找套利機會（在這個時間尺度中，即便是光速訊號在光纖纜線中的通訊延遲也相當關鍵，交易所附近的電腦會占有優勢）。高頻率演算的交易者占美國股票交易市場的一半以上。[69] 演算交易涉及了 2010 年的大崩盤。（見附錄二）

附錄二　2010 年大崩盤

2010 年 5 月 6 日下午，美國股票市場對歐洲的債務危機憂心忡忡，已然下跌了 4%。到了下午 2 點 32 分，某大賣家（一個共同基金組合）啟動了一個販賣運算，以和每分鐘流動資金交易量相關的賣價，拋售了一大筆 E-Mini S&P 500 指數期貨合約。這些合約被高頻率運算的交易程式買下。這種程式的用途，是藉著把期貨合約賣給其他交易者，而快速排除短期多頭。由於來自基本買家的要求減緩，演算交易程式把 E-Mini 賣給了其他運算交易程式。那些運算交易程式又再賣給其他運算交易程式，結果產生了「燙手山芋」效應，提高了交易量，販賣運算將這個情況詮釋為資金高流動指標，促使它加速拋售 E-Mini 指數期貨合約，推動了惡性循環。到了某一刻，高頻率交易程式開始撤出市場，導致資金流動枯竭，價格持續滑落。下午 2 點 45 分，E-Mini 的交易被「自動斷路器」，也就是停止交易邏輯閘（stop logic functionality）中止。交易重啟之際，也

就是僅僅五秒之後，價格便穩定了下來，並立刻開始回復大半損失。但有一陣子，在危機的谷底，市場蒸發了 1 兆美元，溢出效應更是導致各支股票以各種「荒唐」的價格大量交易，好比 1 分錢或 10 萬美元。到了當天收盤為止，交易代表人與監察委員會面，決定取消所有成交價高或低過危機前價格 60% 的交易。（認定這樣的交易「明顯謬誤」，因此符合在現有交易規則下的**事後**撤銷。）[70]

　　重述這段插曲有些岔題，畢竟大崩盤中的電腦程式稱不上特別聰明練達，它們製造的威脅基本上與本書關注的機器超智慧觀點不同。儘管如此，大崩盤事件說明了一些有用的教訓。一是提醒我們，光是幾個簡單的成分互動（比如販售運算式和高頻率演算交易程式），就有可能產生複雜而意外的效果。系統引入新元素可能會產生系統風險，這種風險往往在問題爆發之後才昭然若揭。（有時甚至爆發完了還是不明顯。）[71]

　　另一個教訓是，即便一個程式基於看似理性的正常假設（比如說，交易量是市場資金流通的優良指標），且由聰明的專業人士下指令，但若遇到了意料之外、假設不成立的狀況，程式仍堅守一致的邏輯持續運作，就有可能釀成大禍。就算我們眼看演算法釀成慘劇，在一旁瞠目結舌、搓手頓足，按部就班運行的演算法也不會理我們──除非它真的非比尋常。相關主題我們將在本書再次討論。

　　大崩盤帶來的第三個教訓是，儘管事故是自動功能造成的，最終還是得靠它解決不可。比預設程式更早一步預設，並在價格不正常時中止交易的「停止交易邏輯閘」，也是因為正確預料了觸發事件可能在人類來不及反應的瞬間發生，所以才能自動執行。人類對

於預設自動安全閥的需求 —— 相較於仰賴有運行時間的人類管理——再一次預示我們接下來針對機器超智慧的討論中一個很重要的主題。[72]

關於機器智慧未來的看法

　　人工智慧靠著兩個主要領域的進程恢復了失去的威望：一是在機器學習上追求更扎實的統計和資訊理論基礎；二是追求在各種專門問題及領域上，創造實用且有利潤的應用程式。然而，人工智慧社群的早期歷史可能有些殘存的文化影響，使得許多主流研究者不願意向太遠大的企圖靠攏。圈內大前輩尼爾斯‧尼爾松（Nils Nilsson）就曾抱怨，現在的同事缺乏他那個年代推動領域前線的大無畏精神。

　　　我認為，某些人工智慧研究者對於「名望」的顧慮，讓他們的思考退化了。我聽到他們說什麼「人工智慧以前被世人評說太虛浮，現在我們有了扎實的進展，可別冒著風險失去我們的聲望。」這種保守主義的結果，就是他們更加關注支援人類思考的「弱人工智慧」，遠離了企圖將人類水準智慧機械化的「強人工智慧」。[73]

　　其他幾位人工智慧的創始者也回應了尼爾松的感歎，包括馬文‧明

斯基、約翰・麥卡錫和派崔克・溫斯頓（Patrick Winston）。[74]

　　過去幾年，人工智慧風潮似乎再起，但也許尚未蔓延到通用人工智慧（尼爾松口中的「強人工智能」）的復興運動。除了更快的硬體，許多人工智慧分支領域的大幅進展（主要軟體工程，此外則是計算神經科學等相鄰領域）都讓當代的許多計劃獲益良多。2011 年秋季，賽巴斯丁・史藍（Sebastian Thrun）和彼得・諾維格（Peter Norvig）在史丹佛大學開設了免費的線上人工智慧入門課程，反響不錯，全球各地約有 16 萬名學生登記選修課程，且有 23,000 人完成修業，可謂優質資訊與教育潛在需求的指標。[75]

　　專家對於人工智慧的未來意見往往南轅北轍。不管是時間進程，還是人工智慧的最終形式皆眾說紛紜。至於人工智慧未來發展的預測，近期的一份研究指出：「其信心十足，一如其分歧多樣。」[76]

　　儘管尚未有人仔細測量當前世人對人工智慧的信念分布，但我們從眾多較小的調查和資訊觀察可以大略推敲出概貌。尤其近期有一連串針對相關專業社群人員所做的問卷調查，詢問他們預期何時能開發出「人類水準的機器智慧」（定義為「可從事人類絕大多數的職業，至少要有普通人水準」），結果可見表二。[77] 合計的樣本得出以下估計（中間值）：2022 年有 10% 的可能性，2040 年為 50%，2075 年為 90%（問卷受訪者在「人類持續科學活動而沒有大型負面干擾」的假設下所估計的時間）。

　　這個數字不能盡信：樣本相當小，不一定能代表全體專家。然而，這個數字卻和其他調查結果一致。[78]

　　調查結果也與近期幾篇針對二十多位人工智慧相關領域研究者的訪問一致。舉例來說，尼爾松在他時長又傑出的研究生涯中，致力於搜尋、計劃、知識呈現，以及機器人學的各種難題；他寫了好幾本關於人

工智慧的著作，近期還寫完至今最全面的人工智慧史。[79] 關於人類水準的機器智慧何時會到來，他的看法如下：[80]

10% 的機會：2030

50% 的機會：2050

90% 的機會：2100

表二 人類水準的機器智慧何時會實現？ [81]

	10%	50%	90%
PT-AI	2023	2048	2080
AGI	2022	2040	2065
EETN	2020	2050	2093
TOP100	2024	2050	2070
合併計算	2022	2040	2075

從發表的訪談稿來判斷，尼爾松教授回答的機率分布和該領域眾多專家看起來十分相似——儘管在此我還是要強調，看法其實眾說紛紜：有些專家胸有成竹、自信滿滿期待人類水準的機器智慧將在 2020 至 2040 年之間出現；也有人同樣充滿信心，但認為人類水準的機器智慧永遠不會成真，或者依舊遙遙無期。[82] 此外，有些受訪者覺得人工智慧的「人類水準」這種概念不但定義不明，還有誤導之嫌；或基於其他理由，不願意在受訪中留下預測數據。

我個人認為，就人類水準機器智慧誕生之日而言，專家調查中的中

間數並沒有足夠的機率質量（在增加「在人類科學活動未經重大負面崩壞而能持續」的條件後）。人類水準機器智慧在2075年，甚至2100年，都還沒開發出來的機率有10%，這似乎太低了。

綜觀歷史，在預測自身領域進展速度，以及該領域將如何進展這兩件事上，人工智慧研究者並沒有什麼好成績。一方面事實最終證明，下棋這類的活動只需意外簡單的程式就能達成；而聲稱機器「永遠」不能做這做那的反對派，也是一錯再錯。另一方面，專業人士更常犯的錯誤，在於低估一個系統在真實世界穩定工作有多困難，又常高估他們自己偏好的計劃和技術所占的優勢。

上述調查也問了兩個與我們的疑問有關的問題。一是詢問受訪者，如果人類水準機器智慧率先達成了，那麼達到超智慧還要花多久的時間，結果列於表三。

表三　人類水準機器智慧到超智慧要多久？

	人類水準機器智慧出現後兩年內	人類水準機器智慧出現後三十年內
TOP100	5%	50%
合併計算	10%	75%

另一個問題則是，如果人類水準機器智慧達成了，對人類總體的長期影響是好是壞。結果總結於圖二。

我個人的看法依舊和此調查所呈現的意見略有不同。我認為「人類水準機器智慧出現後不久，超智慧立刻就會問世」的發生機率，比調查的結果更高。對此我也有兩極化的展望：我認為結果可能大好或大壞，而非走中庸之道。至於原因，我會在後文繼續釐清。

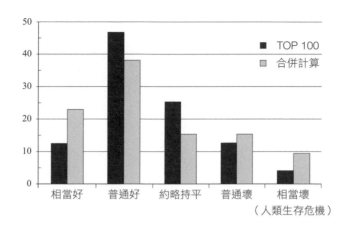

圖二　人類水準機器智慧的總體長期影響 [83]

　　樣本小、取樣偏差，以及最重要的——引導式主觀意見的不可靠本質——都提示我們不應太深入探究這些調查和訪問。然而，儘管這些調查無法讓我們得出什麼扎實結論，我們還是可以從中做出簡略的小結。這些調查（至少可以暫代更好的數據或分析）主張，我們也許可以合理相信，人類水準機器智慧有相當大的機會在本世紀中發展出來，遲早會發展出來的機會也不小，並可能馬上促成超智慧的誕生。各種結果都有不小的可能會發生，包括了極好的結果，或是糟糕到讓人類滅絕。[84] 最起碼，代表這個主題值得進一步深究。

2 邁向超智慧的途徑

Chapter

目前，機器在通用智慧上仍遠遠不及人類。然而總有一天，它們將成為超智慧。要怎麼從現在這一步走到下一步？本章探索了幾種可能的技術途徑。我們會看看人工智慧、全腦仿真（whole brain emulation）、生物認知以及腦機介面，還有網路及組織。我們會分別就各自「達成超智慧」的部分，來評估合理程度有多高。多種途徑的存在，增加了至少透過其中一種達到目標的機率。

我們姑且把超智慧定義為**在任一種關注領域上，都實質且大幅超越人類認知表現的智慧**。[1] 我們將在下一章詳述超智慧的概念，並用某種光譜的分析，來區分超智慧的幾種可能形式。但在此處，簡略的界定就夠了。要注意的是，關於超智慧要如何實現，這裡的定義是含糊的。而關於感質（qualia，指的是人的知覺意識或感覺感受，例如當你看到 630 nm 波長光時產生的「紅色」感覺）也是含糊的。超智慧到底有沒有主觀意識經驗？這在某些問題上可能十分重要（尤其是道德問題），但我們首先要關注的是超智慧的前因後果，而不是心智的形而上學。[2]

就這個定義來說，西洋棋程式 Deep Fritz 不是超智慧，因為 Deep Fritz 只有在西洋棋這項限制領域有過人的才略。然而，某些特定領域限定的超智慧有可能非常重要。當我們提及特定領域的超智慧表現，我們

馬上就會察覺它的限制。舉例來說,一個「工程超智慧」會是一個在工程領域遠遠超過當前最優秀人類心智的智慧。除非特別提及,否則我會用這類詞彙來指稱那些在**通用**智慧上超越人類等級的系統。

該怎樣創造超智慧呢?我們來檢驗幾種可能的途徑。

人工智慧

讀到本章,你可別預期通用人工智慧有什麼設計藍圖,這種藍圖並不存在。就算我擁有這樣的藍圖,也不可能把它印在書裡(也許現在理由還不明顯,接下來幾章的論點將會闡明)。

然而,我們確實可以看出這種系統需要什麼。很明顯,對於企圖達到通用智慧的系統來說,學習能力應該是核心設計的必要特徵,而非事後的添加延伸。就某種意義而言,學習能力包含了有效處理不確定性和機率資訊。此外,從感知資料和內在狀態中提取有用的概念,並將習得的概念轉化為邏輯和直觀推理的靈活綜合表現,也屬於此類人工智慧設計的核心。

早期的老派人工智慧大都未致力於學習、不確定性和概念資訊上,可能是因為當時解決技術還發展不全。「用學習來讓一個簡單系統自我成長至人類智慧水準」這個想法並沒有多新穎,早在 1950 年,圖靈就發表了「孩童機器」的概念:

> 與其製造一個模擬成人心智的程式,何不製造一個模仿孩
> 子心智的程式呢?如果接下來給它一個適當的教育課程,這個

程式將可獲得成人的大腦。[3]

圖靈設想了一套重複流程來開發這種孩童機器：

我們不能期待好孩子機器可以一次到位。我們得靠實驗教
導這個機器，並且觀察它能學得多好。接下來可以試試其他方
法，看它學得更好還是更糟。這個流程與演化有很明顯的連
結……然而，我們也可以期待這個流程比演化更迅速有效。要
測量最適者生存的優勢往往十分緩慢，但進行智力測驗的實驗
者可以加速這個過程。同樣重要的事實在於，實驗者並不受限
於隨機突變，如果實驗者能查出某些弱點的成因，便能思考什
麼樣的變異可使機器進步。[4]

我們知道，無方向的演化過程可以產生人類水準的通用智慧，截至
今日，已成功過至少一回。那麼，預先有方向的演化過程，也就是由有
智慧的人類程式設計者所設計並指揮的遺傳程式，應該能以遠高於自然
演化的效率，達成類似的成果。大衛‧查摩斯（David Chalmers）、漢
斯‧莫拉維克（Hans Moravec）等哲學家及科學家論證了這個觀察結
果：人類水準的人工智慧不只理論上說得通，且在本世紀內即可實行。[5]
他們認為，要是我們預估一下演化和人類工程製造智慧的相對能力，便
能發現人類工程已在某些領域大幅超越了演化，過不了多久也將擴及其
他領域。既然演化產生了智慧，人類工程很快也能做到這一點。早在
1976 年，莫拉維克就曾寫道：

在這些限制下產生的數種智慧案例讓我們自信滿滿，讓我們相信自己可以在較短的時程中達成同樣的成果。就像我們的文化還尚未釐清鳥、蝙蝠、昆蟲的重體飛行（注：heavier-than-air flight，透過空氣動力學的原理，在翼的上下創造不同壓力差來飛行）是怎麼一回事之前，牠們早就清清楚楚證明了重體飛行的可能性一樣。[6]

　　但我們必須注意，這條論證是用什麼推論來界定的。演化確實產生了重體飛行，人類工程師隨後也成功仿效（儘管使用了截然不同的機制）。其他可列舉的例子還包括聲納、磁性導航、化學武器、感光器以及各種機器與動力學的行動特性。然而，我也可以指出人類工程師遠遠不及演化的領域：形態發生（morphogenesis）、自我修復，以及免疫防禦等等。在這些例子中，人類的努力遠遠落後演化的成果。因此，莫拉維克的論點無法讓我們「自信滿滿」，說我們一定能「在短時程中」達到人類水準的人工智慧。智慧生命的演化頂多就是替智慧設計工作設下先天的困難上限，但這個天花板也遠遠高過了目前人類工程的能力。

　　另一個利用演化論點來使人工智慧得以實現的想法是，我們可以在高效能的快速電腦上運作遺傳演算式，達到媲美生物演化的結果。這個版本的演化論點因此提出了一種特定的方法，讓智慧得以生產出來。

　　但在不久的將來，我們真的會有足夠的運算能力，來概括重現產生人類智慧的相關演化過程嗎？答案取決於接下來幾十年電腦運算技術的進展，以及執行和過往天擇演化的最佳化能力一樣強的遺傳演算運算能力。儘管到頭來，我們探究這段論證所得到的結論並不明確，但我們仍然可以做出概略的估計（見附錄三）。別的不提，光是這樣的演練就讓

人注意到一些有趣的未知事物。

附錄三　概括重現演化需要什麼？

　　在人類智慧發展的歷程中，並不是每個藉由演化得到的特性，都和企圖以人工發展機器智慧的人類工程師有關。地球上只有一小部分的演化抉擇出智慧。更具體來說，人類工程師在意的問題，可能只是整體演化的極小部分目標。舉個例子，既然我們可以用電力驅動電腦，我們就不需要為了創造智慧機器，重新發明進行細胞能量作用的分子。然而這種代謝式的分子演化，卻可能用掉了地球演化史上能運用的大部分天擇能量。[7]

　　可能會有人反駁說，人工智慧的關鍵洞見體現於神經系統的構造中，而這套系統出現至今還不到十億年。[8]如果接受這個觀點，那麼演化的相關「實驗」便大幅縮短了。目前世界上約有 $4-6 \times 10^{30}$ 個原核生物，但只有 10^{19} 隻昆蟲，以及少於 10^{10} 個人類（且農業時代前的人口比後來還少了好幾個數量級）。[9]這些數字只是稍微嚇嚇人而已。

　　然而，演化演算法不僅需要可供選擇的變量，也需要一個適應函數來評價變量，而這往往是運算上最昂貴的部分。人工智慧演化所需的適應函數需要神經發展、學習和認知的模擬，好評估何者最為適當。因此，我們不應該關注擁有複雜神經系統的生命體之大略

數量,而是若要模仿演化的適應函數,那麼在這個生命體中,要模擬多少個神經元?我們可以利用地表數量凌駕一切動物的昆蟲(光是螞蟻,估計就占了總量的 15 – 20%),針對神經元的數量做一個粗略的估計。[10] 昆蟲的腦部大小懸殊各異,大型昆蟲和社群性昆蟲有較大的腦:蜜蜂的腦只有不到 10^6 個神經元,果蠅有 10^5 個神經元,螞蟻則在 25 萬上下。[11] 大多數更小型的昆蟲,腦中可能只有幾千個神經元。以保守的數字估算,如果 10^{19} 隻昆蟲每隻都只分到果蠅的神經元數量,那麼世上總共會有 10^{24} 個昆蟲神經元。如果再列入水生橈腳類(水蚤)、鳥類、爬蟲類、哺乳類等生物,還可以再增加一個數量級,達到 10^{25}(相對來説,在前農業時代,人類總數少於 10^7,每個人的神經元都不多於 10^{11};因此人類的總神經元少於 10^{18},儘管人類平均每個神經元有比較多的突觸)。

模擬一個神經元的運算成本,取決於模擬該神經元的詳盡程度。極簡單的神經元模型若要(即時)模擬一個神經元,所需的每秒浮點運算次數(floating-point operations per second,FLOPS)為 1,000 次。在電生理學上仿真的霍奇金－赫胥黎模型(Hodgkin-Huxley model)要用到 120 萬個 FLOPS。更詳盡的多區隔模型,則要再增加三到四個數量級;而提取神經元系統的更高等模型,則要從簡單模型中扣除掉兩到三個數量級。[12] 如果我們要模擬 1025 個神經元經歷 10 億年的演化(比我們已知神經系統存在的時間還長),且讓電腦跑上一年,那麼這個數據所需的 FLOPS 為 10^{31} － 10^{44}。舉個例子相比,中國的「天河二號」是截至 2013 年 9 月為止全世界最強大的超級電腦,也只提供了 3.39×10^{16} 個 FLOPS。近幾十年,

商用電腦大約每 6.7 年才增加一個數量級的能力。就算接下來一整個世紀都持續按照摩爾定律進展，也不足以填補這個空缺。運用更專門的硬體或加長運作時間，都只能少少增加幾個數量級而已。

　　從另一方面來說，這個算法有些保守。畢竟演化並沒有以人類智慧為目標，就達到了這個結果。換句話說，自然生命體的適應函數不會只選擇智慧以及其前身。[13] 即便在一個「比較會處理資訊的生命體能獲得各種回報」的環境中，天擇篩選出的能力也未必是智慧，畢竟進化智慧往往得付出可觀的代價，比如說更高的能量消耗，或是更晚的成熟年齡。不管比較聰明能增添什麼好處，都可能抵不過這些代價。過於致命的環境也降低了智慧的價值；個體的期望壽命愈短，就算增進學習能力，能回饋成果的時間也愈少。智慧的天擇壓力降低，減慢了智慧強化革新的散布，也讓仰賴這些革新的後起之秀減少了被天擇偏愛的機會。此外，演化最終會陷入局部最佳化的僵局，但使用演化演算法的人類會察覺到這點，接著在修改開發和探索之間權衡，或提供一個慢慢增加難度的智力測驗，避開這些問題。[14] 如前所述，演化將大部分的天擇散布到與智慧無關的特性上（比方說免疫系統與寄生蟲之間競爭式的共同演化，也就是所謂的「紅皇后假說」〔注：Red Queen's races，源於《愛麗絲夢遊仙境》，書中紅皇后對愛麗絲說：「妳必須竭力不斷奔跑，才能保持在原地。」演化學家藉此描述生物只有不斷變化，才能維持自身與其它參與共同演化生物之間的相對適存度〕）。演化持續把資源浪費在產生致命的突變，也無法在不同突變的效應中，因為統計的相似性而獲得好處。相較之下，人類工程師使用演化演算法來開發智慧

軟體時，要避開天擇（做為發展智慧的手段時）這些效率不彰之處，就比較簡單了。

　　排除上述效率不彰之處後，把前面計算的 1031–1044 FLOPS 削減好幾個數量級，看來也挺合理。不過，我們很難知道是幾個數量級，連粗略的估計都很難。就我所知，節省下來的效率可能是五個數量級，也可能是十個，或是二十五個。[15]

　　就結果而論，光是複製地球產生人類水準智慧的演化流程，所需的運算資源就難以企及，就算摩爾定律再持續一個世紀也無法達成（圖三）。然而，與其硬去複製整個自然演化的過程，不如以多種比天擇更加明確的進程，設計一套專以智慧**為目標**的搜尋流程，就能大幅提升效率。然而，效率能增加多少規模其實非常難估計。我們甚至無法說，增加的規模會是五個還是二十五個數量級。由於缺乏進一步的詳細策劃，演化論點無法使我們對「打造人類水準機器智慧的困難」以及「發展的時間尺度」產生有意義的預期。

　　演化思考還有進一步的難題，這難題使得即便發展智慧的上限極為寬鬆，要從演化思考中有所收穫還是非常困難。我們必須避免錯誤的推論：基於智慧生命在地球上發展的既定事實，牽涉其中的演化過程優先產生智慧的機會可說非常大。這樣的推論因為沒有考慮到「觀察選擇效應」（observation selection effect）而沒有根據：不論一個星球是否極有可能產生出智慧，所有觀察者都必然源於有一個智慧生命誕生的星球。舉例來說，除了天擇的系統效應，還需要相當大的**幸運巧合**才能產生智慧

生命——大到能在每 10^{30} 個有簡單複製基因生命誕生的行星上，才有一個行星會發展出智慧生命。在這樣的情況下，當我們運作遺傳演算法來複製自然演化時，可能會發現我們必須跑 10^{30} 次的模擬才能找到一次，所有的要素還都得恰到好處。這和我們所觀察到的「生命的確在地球上誕生了」看起來十分一致。只有藉著小心且有些錯綜複雜的推理分析智慧相關特徵的趨同演化案例，並與觀察天擇理論細微之處交叉比對，我們才能部分避開認識論上的屏障。除非我們不怕麻煩、確實做到這點，否則就不能排除以下可能性：重演表三導出的智慧演化所需的運算「上限」，可能會低到只有三十個數量級（或是這個總數的好幾倍）。[17]

　　另一個論證人工智慧可行性的方式是訴諸人腦，主張我們可以把腦當做一個機器智慧的樣板。我們可以根據它們對生物腦功能的模仿有多

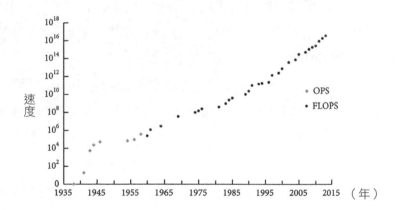

圖三　超級電腦的能力。狹義來說，「摩爾定律」指的是：積體電路上的電晶體數量數十年來大約每兩年會增加一倍。然而，這個詞通常用來指另一個更廣義的觀察結果：電腦技術的許多運作特性，也有同樣的指數增加趨勢。在此，我們將世上最快的超級電腦之巔峰速度當做時間函數，標記在對數垂直尺度上。近年來，處理器的串連速度成長已經停滯，但隨著並列化的使用增加，電腦的運算總量繼續維持在趨勢線上。[16]

接近，來區分出不同版本。其中的一種極端——極為接近的模仿——是「全腦仿真」，將在下一小節討論。另一個極端的方法則是從腦部功能得到啟發，但並不打算進行低階模擬。隨著儀器進步所帶來的效益，神經科學和認知心理學的進展終將揭露腦功能的整體規則。這項知識接下來便能引領人工智慧的工作。

我們已然見識過神經網路這種由腦所啟發的人工智慧技術。分層感知組織（hierarchical perceptual organization）是另一種從腦科學轉至機器學習的想法；動物認知心理學理論激發了增強化學習（reinforcement learning）的研究（至少一部分）；而被這些理論所啟發的增強化學習技術（例如「TD 演算法」），如今也普遍使用在人工智慧中。[18] 未來絕對會有更多類似的案例累積下去。既然腦中運作的基本機制有其限量（而且可能很低），持續進展的腦科學終將解開腦中的一切。但在這之前，若將某些由腦功能啟發的技術和純人工方法結合起來，便有可能跨過終點線。倘若真的跨了過去，即便以此發展出來的系統使用了某些來自於腦的概念，這套系統似乎也沒必要還像個腦。

腦做為樣板的功用，為機器智慧終究可行的主張提供了強力的支援。然而，這不足以讓我們預測這件事何時達成，因為我們很難預測腦科學未來的發展速度。我們只能說，朝未來看得愈遠，我們愈有可能充分破解腦的祕密，從而利用個中奧祕創造出機器智慧。

與目標為完全人造設計的方法相比，致力研究機器智慧的人員對於「神經型態」（neuromorphic）方法的前景抱有不同的看法。鳥類的存在證明了重體飛行物理上可行，並激勵人類打造飛行機器。然而，第一台可以運作的飛機並不是拍翅飛行。機器智慧到底會像飛行一樣，透過人工機制來達成；還是會像燃燒一樣，透過複製自然發生的起火而已習得

用火——仍是未定之數。

圖靈想要設計的那套藉由學習（而非預先寫入）來獲得大半內容的程式，神經形態和人造設計這兩套機械智慧方法都能適用。

圖靈「孩童機器」的概念有個變體叫做「種子人工智慧」。[19] 圖靈似乎設想過，孩童機器有個比較固定的架構，藉著累積**內容**發展它的天生潛力；但更精密的種子人工智慧能夠促進本身的**架構**改變。早期的種子人工智慧多半要透過嘗試錯誤、資訊獲得和設計者的協助，才能逐漸進步。不過到了下一階段，種子人工智慧已經能**了解**自己的工作成果，並設計出新的算式和運算架構，自行導引認知表現。這必要的理解力，可在眾多領域達到堪稱通用智慧的種子人工智慧中產生，或在幾個特殊相關領域（例如電腦科學或數學）超越門檻的種子人工智慧中產生。

在此，我們來談談另一個重要概念：所謂的「遞迴式的自我進步」（recursive self-improvement）。一個成功的種子人工智慧可以反覆自我提升，這種人工智慧的早期版本可以設計出進化版的自己，比原本的自己更聰明，從而設計出更聰明版本的自己，如此一直下去。[20] 在某些情況下，這種遞迴式的自我進步若能持續得夠久，產生智能爆發，讓一個系統的智慧水準在短時間內從能力相對平庸的認知能力（在多數領域都不如人類，但在編碼和人工智慧研究上有專精才能）爬升到徹底的超智慧。我們會在第四章談論這個重要的可能性，屆時再仔細分析產生此事件的動力。要注意的是，這種模型可能會產生令人吃驚的結果：在最後一片關鍵拼圖還沒就位之前，也就是種子人工智慧未必能持續進行遞迴式的自我進步之前，打造通用人工智慧的嘗試都有可能會徹底失敗。

在這個小節結束之前，我還得強調一點：一個人工智慧不太需要與人類的心智相像。人工智慧可以極不像人，而且很有可能會是如此。我

們應該要預期，它們的認知架構與生物智慧徹底相異，且在發展初期就有了截然不同的認知強弱項（不過後面我們會談到，它們最終會克服所有的基本弱項）。此外，人工智慧的目標系統可能會和人類的大相逕庭，我們沒有任何理由期待人工智慧會由愛恨、自尊或人類其他的感受所驅動；要在人工智慧裡重新打造這些複雜的適應過程，需要慎重與昂貴的代價。這是一大難題，也是個大好良機。在後面的幾章，我們將回過頭來討論人工智慧的動機，這對本書的論題而言實在是至關重要，值得一直放在心上。

全腦仿真

全腦仿真（或稱「上傳」）會掃描並仔細模仿生物腦的計算結構，進而產生智慧軟體。因此，這個途徑展現了一種從自然獲得啟發的有限範例：整顆照抄。要達成全腦仿真，需先完成以下幾個步驟。

首先，對某一人腦進行充分掃描，可能要在腦死後以玻璃化（vitrification，將組織化為某種玻璃狀態的過程）的方式將其固定。接下來，機器將組織剖為薄片，並由另一台機器掃描（例如組成陣列的電子顯微鏡）。此時可能會使用多種染色，來標示腦中不同結構和化學屬性。眾多掃描儀器可以並行運作，同時處理多份腦切片。

下一步，掃描器的原始數據會送進電腦做自動影像處理，重建在原本腦中形成認知的 3D 神經網路。事實上，這個步驟得與第一個步驟同時進行，以減少緩衝器中儲存的高解析影像資料量。接著，生成的圖像與不同類型的神經元或不同神經元素（例如特定類型的突觸連結器）的

圖四　從電子顯微鏡影像重建 3D 神經解剖。左上：一般電子顯微圖像，顯示神經元物質的截面──樹狀細胞和軸突。右上：由「串形塊面掃描電子顯微鏡」（serial block-face scanning electron microscopy，簡稱 SBFSEM）產生的兔視網膜神經組織容積圖。[21] 個別的 2D 圖片堆疊成方塊（每一邊約 11 微米長）。下：藉著自動分段演算法，重建神經元投影填滿一塊神經纖維網（neuropil）的子集。[22]

神經運算模型檔案庫合併。圖四呈現了當今掃描與影像處理的技術所產生的結果。

　　到了第三步，上一步得到的神經運算架構已在一台效率強大的電腦上運作。如果徹底成功的話，結果就會是原本智慧的數位複製，具有完整的記憶和人格。模擬的人類心智如今以軟體的形式存在電腦裡。這個心智可以活在虛擬實境中，也可以操作機器器官與外界互動。

　　全腦仿真這個途徑不需要完全了解人類認知怎麼運作，也不必通盤知曉人工智慧怎麼設計，我們只需了解腦部基本運算元素的低階功能特性。全腦仿真的成功，在基本概念或理論上都不必有所突破。

然而，全腦仿真需要一些比較先進的技術，包含三個關鍵先決條件：第一是**掃描**：需要解析度和偵測相關性質能力皆充足的高通量顯微鏡。第二是**轉譯**：自動影像分析將原始掃描數據化為轉譯過的 3D 神經運算元素模型。第三是**模擬**：夠強大的硬體能將產生的運算結構複製出來（見表四）。（與上述富有挑戰性的三個步驟相比，打造基礎的虛擬實境，或是打造有影音輸入端和簡易輸出端的機器器官其實算簡單。當代技術已能做到簡單但至少可行的輸入／輸出。）[23]

　　我們有充分的理由認為，這個方法雖然短時間內無法實現，但必要的技術總有一天可以突破。各種神經元與神經元過程的運算模型都已經存在。儘管可靠性還有待加強，透過重疊 2D 影像來追蹤軸突和樹狀細胞的影像辨識軟體，也已經開發出來了。能提供必要解析度的成像工具也已問世，掃描穿隧顯微鏡（scanning tunneling microscope，簡稱 STM）可以「看穿」每一個原子，遠遠超出原本所需。然而，儘管原則上現有知識與能力都顯示這項技術不受局限，但顯然要達到人類全腦仿真，還需要極大量的技術進展。[24] 舉例來說，顯微技術不能只有充分的解析度，還要有足夠的通量。用原子解析度的掃描穿隧顯微鏡讓所需的表面範圍成像，因為過於耗時而行不通；使用較低解析度的電子顯微鏡比較可行，但為了產生可見的相關細節（好比突觸的細緻架構），大腦皮層組織的準備以及染色工作都還需要新方法。神經運算的資料庫必須大幅擴充，自動影像處理以及掃描轉譯也都還需大幅進步才行。

　　整體而言，跟人工智慧相比，全腦仿真沒那麼需要理論洞見，但十分仰賴技術能力。全腦仿真需要多少技術，取決於腦部仿真過程的抽象水準高低。在這一點上，洞察力和技術之間得要有所權衡。一般來說，如果我們的掃描設備愈差、電腦的效能愈低，我們就愈不能仰賴低水準

表四　全腦仿真所需要的能力

掃描	先行處理／固化		適當準備腦部,維持相對的微觀構造和狀態
	物理操作		在掃描前、掃描中和掃描後,精細控管固態腦部以及組織切片
	成像	容積	在合理時間及花費內,掃描整個腦容積
		解析度	以足夠重建腦部的解析度掃描
		功能資訊	掃描工作中能偵測組織中功能相關特性
轉譯	圖像處理	幾何校正	處理掃描不完美導致的失真
		資料補寫	處理佚失的資料
		雜訊移除	增進掃描品質
		描繪	偵測結構,並處理成吻合的組織 3D 模型
	掃描轉譯	細胞類型辨識	辨識細胞類型
		突觸辨識	辨識突觸及其連結性
		參數估算	估算細胞、突觸和其他實體在功能上相關的參數
		數據資料庫存	以有效率的方式儲存結果清單
	神經系統軟體模型	數學模型	實體及其行為的模型
		有效運作	模型實際運作
模擬	儲存		原始模型和現有狀態的儲存
	帶寬(Bandwidth)		有效的處理器之間的通信
	中央處理器		用來進行模擬的處理能力
	模擬形體		機器人與虛擬環境或實際環境互動的形體模擬
	環境模擬		為虛擬形體設計虛擬環境

的腦部化學與電生理學過程模擬；為了創造相關功能更抽象的再現，我們得愈加理解企圖模擬的運算結構理論。[25] 反之，就算對腦部的了解有限，倘若掃描技術夠先進、電腦效能夠強大，硬要去仿真整個腦也未必不可能。在空想的有限案例中我們可以想像，以量子力學式的薛丁格方程式達到以基礎粒子層級的水準來仿真腦部，那麼我們便可以徹底仰賴現有的物理知識，而不需仰賴任何生物模型。然而，這種極端的方式所需要的運算能力和資料擷取都是全然不實際的。混合個別神經元和相連的矩陣以及一些樹突細胞的架構，或許再加上一些突觸的狀態變數，將做出遠比上述空想更為可行的仿真水準。神經傳導物質分子則不會一一被模擬，但它們的濃度變動也會以粗略的方式來建模。

要評價全腦仿真的可行性，必須先了解成功的標準。這裡創造出來的模擬大腦，並不需要精細到能完全預測本來那顆腦遇到某套刺激時的反應。我們真正的目標在於，從腦中獲得足夠的運算特性，讓仿真結果能進行智慧活動。因此，真腦絕大部分的雜亂生物細節，與我們的目標並不相干。

我們還可以用另一項更詳盡的分析，根據仿真腦保存的資訊處理功能，分辨出不同水準的模擬成功度。舉例來說，分成：一、**高逼真度仿真**，包含被仿真腦全套的知識、技能、能力和價值；或者二、**失真仿真**，某些部分特別偏向非人類，但被仿真腦的智慧工作大致上都能做到和人類一樣；或者三、**通用仿真**（也可能是失真的），有點像嬰兒，缺少仿真成人大腦才有的技能和記憶，但可以學習絕大多數一般人能學習的事物。[26]

雖然總有一天，高逼真度的仿真腦顯然會問世，但按照目前的進展來看，未來**第一個**成功的全腦仿真很有可能比較低階。在它能完美運作

之前，我們應該會先經歷不完美的運作。仿真技術上的推進也可能會導致某種神經形態人工智慧的誕生；這種人工智慧採用仿真進行時發現的神經計算原則，並將這些原則與人工方法雜交，而這有可能會在功能完善的全腦仿真完成之前就發生。在後面的章節我們將會看到，這種始料未及的狀況有可能發生在神經形態的人工智慧上，使得尋求加快仿真技術進展的策略評估變得更加複雜。

我們離人類全腦仿真還有多遠呢？一項近期的評估展示了技術進程圖，結論為：必須先行具備的能力可能會在本世紀中達成，雖然還有很大的不確定區間。[27] 圖五描繪了進程圖主要里程碑。

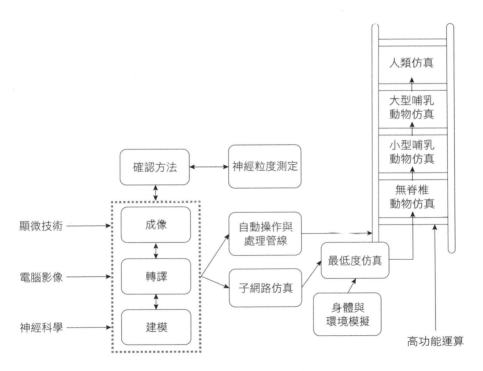

圖五　全腦仿真進程圖。輸入、活動和里程碑的示意圖。[28]

此圖可能因為簡化而稍有誤導，我們得小心，別低估了我們尚未完成的工作。截至目前為止，還沒有任何一顆腦袋被仿真過。想想「秀麗隱桿線蟲」（Caenorhabditis elegans）這種不起眼的模式生物吧，這種透明的線蟲長約 1 公釐，有 302 個神經元。1980 年代中期，相關人士靠著切片、電子顯微鏡和手工標記，辛辛苦苦完成了這種生物的神經元完整連結矩陣標記。[29] 不過，僅知道哪個神經元要連哪個是不夠的，若要做全腦仿真，就必須知道突觸是刺激性還是抑制性，以及這些連結的強度。此外，還得知道軸突、突觸和樹突樹的眾多力學性能。即便在秀麗隱桿線蟲這麼小的神經系統中，這些資訊都尚未取得（這可能是一個中等大小的研究計劃目標範圍）。[30] 若能成功仿真秀麗隱桿線蟲如此微小的腦，我們也會知道該怎麼去仿真更大型的腦。

技術發展過程的某些時刻，一旦有了能自動仿真小量腦組織的技術，難題就會迎刃而解。請注意圖五右側的「天梯」。這一連串向上爬升的格子，代表初步障礙解決之後，就可以開始的最後一系列進展。這一系列的每個階段對應了神經學上一種比一種更複雜的模式，比如說**秀麗隱桿線蟲→蜜蜂→鼠→獼猴→人**。因為這些階段之間的缺口——至少在第一階段之後——在大自然中大多是定量的，且主要（但不全然是）關乎仿真的大腦尺寸差異，所以只要直接按比例增加掃描和模擬容量，這中間的缺口應該不難處理。[31]

一旦我們開始爬上最後階段，人類全腦仿真的**終極**成就便會清楚可見。[32] 因此，我們可以預期，沿著全腦仿真的途徑達到人類水準機器智慧之前，會先出現警訊。至少當最後一種所需成熟技術是「高逼真掃描」或「即時模擬所需的演算能力」時，我們就會發現這種警訊。但如果最後一項技術是「神經演算模型」，那麼從不起眼的原形轉型到可運

作的人類仿真，就會十分突然。想像一下一種情況，儘管有充足的掃描資料和快速的電腦，要讓神經元模型正常運作還是很難。等到最後一個小錯誤都除掉之後，先前那個全面失調的系統——就像失去意識的腦經歷一場僵直痙攣發作——可能會突然進入清醒狀態。在這種情況下，我們不會先行看到預告（一連串規模逐漸提高的有效動物仿真，宛如報紙頭條的標題成正比變大），關鍵的進展就會到來。對於關注此事的人來說，就算在關鍵突破的破曉時分，也沒辦法在成功之前就知道神經計算的模型裡還留有多少瑕疵，以及要花多少時間修正（一旦達成人類全腦仿真，潛在的下一步爆發性發展就會發生，但我們暫且挪到第四章討論）。

因此，就算所有相關研究都開誠布公進行，還是可以想像全腦仿真發生時出乎意料的情景。儘管如此，和使用人工智慧達到機器智慧相比，全腦仿真還是比較有希望先一步達成，因為相對來說，全腦仿真比較仰賴扎實可觀測的技術，而不是全然基於理論洞見。對照人工智慧這條途徑，我們可以比較有把握地說：「仿真近年內（像是十五年內）無法成功。」因為我們知道，還有好幾個充滿挑戰的先驅技術尚未開發出來。反之，要一個人坐在一台普通個人電腦前編寫出一個種子人工智慧，**原則上**是有可能的；我們也可以想像，不遠的將來，身處某地的某人想出了可以達到目標的方法（儘管實際上不太可能）。

生物認知

第三條超越當今人類智慧的途徑是加強生物腦的功能運作。原則

上，要達到這一點不需要科技，只需要人擇繁殖。然而，創建古典大規模優生學計劃的任何嘗試，都得面對重大的政治和道德困境。此外，除非人擇的力量強大，否則若要產生可觀的結果，就得經歷非常多代的遺傳。在這種方法開花結果之前，生物科技的進展可能早就可以對人類基因和神經生物學做更直接的控制，讓各種人工繁殖計劃變得無用。是以我們會專注在更有潛力的途徑上，時間上只要數個世代，甚至更少。

我們的認知能力可以透過各種方法增強，包括教育和訓練等傳統方法。神經學發展也可以透過低技術的介入來提升，好比增加母親及嬰兒營養、去除環境中的鉛和其他毒害神經物質、滅除寄生蟲、確保充足睡眠和運動，以及預防影響腦部的疾病等等。[33] 這些手段都可以提升認知能力。不過，對於目前已相當健壯、且受過良好教育的人口來說，這些手段能達成的增長幅度恐怕不高。我們也無法使用上述任何方法來達成超智慧，但它們還是可以從旁推一把，尤其是扶助貧困者及拓展全球人才（缺乏碘所導致的終生智慧低下仍在全球貧窮的內陸地帶蔓延。只要每年每個人花上幾分錢，就能讓食鹽含有適當的碘濃度，避免這種情況）。[34]

生物醫學方面的改善也可以提供更大的躍進。聲稱可以提升記憶、專注力以及某些精神能量的藥物早已存在[35]（多虧有咖啡、尼古丁和口香糖挹注能量，本書才得以完成）。雖然這一代聰明藥物的藥效變化多端，非主流又普遍可疑，未來的健腦藥物或許能提供更明確的好處和更少的副作用。[36] 然而，要一個健康人腦在服用某些化學藥品後產生急遽的智慧變化，不管是從神經學還是從演化範疇來看，都不太可行。[37] 人腦的認知運作仰賴眾多因素的微妙組合，特別是在胚胎發展的關鍵時期。此外，要增強自我組織架構，比較需要小心平衡、調整以及培育，

而非把某種外來藥劑灌注下去就能了事。

控制基因可提供一套比精神藥理學更強力的工具。不妨再次回想一下遺傳選擇的想法：比起控制交配模式來實施優生學計劃，不如在胚胎或配子（gamete）階段就進行人擇。[38] 預先施行的基因診斷早已使用於體外受精程序，用來篩檢胚胎有沒有亨丁頓舞蹈症（Huntington's disease）等單基因失調症，或是否有乳癌之類的晚發性遺傳疾病傾向。它也能用在性別篩選及配對人類白血球抗原類型上。倘若發現一個新生兒的基因符合配對，便能使用捐出的臍帶血幹細胞，嘉惠罹患白血病的兄弟姐妹。[39] 未來一、二十年內，能夠篩選出來（或篩除）的遺傳特質將大幅增加。行為遺傳學開展的一大驅動力，就是基因型分型（genotyping）和基因定序的成本大幅下降。針對大量對象做的全基因複雜特性分析（genomewide complex trait analysis，簡稱 GCTA）正開始進行，我們更能從中了解人類認知行為特質的遺傳結構。[40] 接著，任何有遺傳機會的特性（包括認知能力）就能任由我們選擇。[41] 至於哪些基因與環境的複雜互動會產生顯型，胚胎選擇並不需要深入了解其中的因果關係；它唯一（但大量）需要的，是與某種特性有關的遺傳數據。

我們可以針對不同選擇增加的規模，做出粗略的估計。[42]

表五顯示了各種不同選擇產生的智慧預期增加量，前提是「對狹義智慧遺傳下的遺傳變項握有完整資訊」（若只有部分資訊，那麼選擇的效應就會降低，儘管這和人類天真的期望不太一樣）[44]。不意外，針對較大量的胚胎進行選擇，產生了比較大的智慧增長，但有大幅度的報酬遞減；從一百個胚胎中進行選擇，智慧的增加量並非接近兩個胚胎二選一的五十倍。[45]

有趣的是，當選擇擴張到多個世代，報酬遞減會大幅減少。因此，

從十個個體中選出最佳的一個並持續十代（每個新世代都是上一代選出者的後裔），其特質的增加量遠超過一次百中選一的結果。當然，序列選擇比較花時間。如果每一世代的交替都要花上二、三十年，那麼光是五代就得選到 22 世紀了。早在這之前，更直接且更強大的基因工程模式（還不提機器智慧）很有可能已經存在。

然而，倘若我們研發出「從胚胎幹細胞產出可自行發育的精子和卵子」這項互補技術，並使用在人類身上，胚胎植入前篩選基因的效能就會大幅增強。[46] 這個技術已用來產生有繁殖力的老鼠，並在人體產生類似配子的細胞。不過，要把動物的成果轉移到人類，並且避免產生的幹細胞系（stem cell line）出現外遺傳畸形，仍有龐大的科學挑戰。根據一位專家所言，這些挑戰可能讓人體應用「延後十年甚至五十年」。[47]

有了幹細胞產出的配子，能夠配對的選擇就會大幅增加。在目前的實作中，體外受精程序產生的胚胎通常頂多不過十個。有了幹細胞生產的配子，少數幾個捐贈細胞就可以化為無數配子來結合，從而產生初胚

表五　透過胚胎選擇產生的最大智商增加 [43]

選擇	增加的智商
二選一	4.2
十選一	11.5
一百選一	18.8
一千選一	24.3
十選一經歷五代	小於 65（因報酬遞減）
十選一經歷十代	小於 130（因報酬遞減）
累積上限（認知的最佳附加變項）	100 以上（因報酬遞減而小於 300）

胎。接著這些胚胎可以做基因型分型或基因定序，而最符合期待的胚胎便能選來著床。根據準備以及篩選胚胎的成本，這個技術可讓使用體外受精的夫妻的選擇力量增加好幾倍。

然而。更重要的是，幹細胞產生的配子藉由**重覆胚胎選擇**，可以把多代的選擇時間，壓縮到比人類成熟期還短。這個程序包括以下幾個步驟：[48]

1. 基因定序，並選出在所需的遺傳特徵上較佳的胚胎。
2. 從這些胚胎中取出幹細胞，轉為精子與卵子，以六個月或更短的時間使其成熟。[49]
3. 配對新的精子與卵子產生胚胎。
4. 持續此步驟，直到累積大幅度的基因改變。

這種方法有可能在幾年之內就達到十代甚至更多代的人擇（流程可能耗時且昂貴，不過原則上只要做一次就好，不用每回生下新生兒就重複一次。流程最後建立的細胞系，可用來產生極大量的增強版胚胎）。

如表五所示，這種方法孕育的所有個體之**平均**智能水準可以非常高，甚至高於有史以來所有人口中最高的智慧。倘若世上有大量這類的高智慧個體，就有可能設計出一個集體超智慧（如果有足以匹配他們的文化、教育和傳播等方面的基礎建設）。

然而，這種技術的影響力會被幾個因素減弱延緩。這個最終選出的胚胎需要時間長大成人，也就是說，至少要二十年的時間，這個強化的孩子才會有成熟的生產力；倘若期望這個孩子具有重要的影響力，還需要更久的時間。此外，就算這個技術已臻完美，技術的採用率一開始也

有可能會很低。有些國家可能會基於道德或宗教因素全面禁止使用。[50]
即便是同意這麼做的國家，很多夫妻也會偏好自然生育。然而，如果該
程序有比較明確的好處，比如說確保新生兒天賦異稟，且能擺脫遺傳疾
病，世人採用體外受精的意願就會增加。較低的健康照護成本和較高的
生涯預期所得，也會形成支持基因選擇的論點。這個程序一旦變得更為
普及（尤其是在社會菁英間），教養的典範可能會產生文化轉移，讓世
人開始認為人擇才是開明負責的選擇。許多一開始猶疑不前的人可能會
開始跟風，好讓小孩不要在起跑點上輸給朋友或同僚的強化孩子。有些
國家可能會提出誘因，鼓勵民眾利用基因選擇，增進國家的人力資本存
底；或者藉由在統治群體之外，選出具有溫順、循規蹈矩、退縮及膽怯
等人格特質，來增進長期的社會穩定。

　　人擇對智力的效果，也取決於強化知覺特性的人擇力量有多強大
（表六）。若選擇某種形式的胚胎人擇，就得考量到人擇力量的分配問
題，某種程度而言，智慧這個選項會和其他特質互相競爭，比方說健
康、美貌、人格和體能。藉由龐大的人擇力量進行重複的胚胎選擇，會
減緩取捨問題的困難性，讓我們可以同時選擇強化多種特性。然而，這
個流程可能會打亂一般親子的遺傳關係，在許多文化中都可能影響人對
胚胎人擇方法的需求。[51]

　　隨著遺傳技術進一步發展，將來有可能會出現以人工合成的方式產
生合乎規格的配子，免去大量預備胚胎的需求。人工合成去氧核醣核酸
（DNA）已是例行且大量自動化的生物技術，儘管整組可用於生殖的人
類配子還無法人工合成（因為表觀遺傳學〔epigenetics〕的難題仍未解
決）。[54] 不過，一旦這項技術成熟，便可完全按照雙親的偏好輸入基因，
來設計一個胚胎。不存在於雙親任一方的基因也可以接進去，包括人類

技術 採用率	體外人工受精 胚胎二選一 （4點）	侵入式體外人 工受精 胚胎十選一 （12點）	母體外卵子 胚胎一百選一 （19點）	重複胚胎人擇 （100點以上）
邊際生育 試作 約 0.25% 採用	從社會面來說，影響力在一個世代後微不足道。社會爭議的影響比直接影響更多。	從社會面來說，影響力在一個世代後微不足道。社會爭議的影響比直接影響更多。	在極度依認知能力挑選的社會階級中，強化後的個體將形成明顯的少數團體。	由菁英科學家、律師、醫師、工程師構成的統治階級。說不定是智慧的文藝復興？
菁英優勢 10% 採用	第一代在認知上有輕微影響，再結合非認知特性的選擇，有可察覺的小量優勢。	大部分的哈佛大學生都有進行強化。其第二代掌管要求認知能力的專業活動。	第一代中，出現由菁英科學家、律師、醫師和工程師組成的統治階級。	「後人類」[53]
新常態 大於90% 採用	兒童學習障礙的頻率大幅降低。到了第二代，高於高智商臨界值的人口增加了兩倍以上。	教育成果和所得都有大幅成長。第二代極高智商人口倍增。	優秀科學家等級的智商，比起第一代普及了十數倍。到了第二代則是數千倍。	「後人類」

表六　遺傳選擇在不同情況下的可能影響 [52]

罕見但可能對認知有顯著正面影響的等位基因。[55]

　　當人類配子可以人工合成，某種稱為胚胎基因「拼法檢查」的干涉就有可能成真（重複胚胎選擇也允許類似的事）。我們每個人身上所背負的突變負荷，是由上百個會降低各種細胞運作效率的突變所組成。[56]每個突變都有一個幾乎微不足道的效果（因此從基因池中移除的速度很慢），不過，這些突變結合在一起，可能會讓我們付出不小的代價。[57]個體的智慧差異可能大半起因於這種輕微有害的等位基因，在每個人的身上有數量上及特性上的差異。有了基因人工合成的配子，我們可以從一個胚胎中採出基因組，從中打造出一個去除累積突變基因雜質的新版本基因組。更極端一點來說，這種校正基因組創造的個體，可能比任何現存的人類都「更像人」，因為他們會是較不扭曲的人類。這樣的人類並非複製品，因為人類在遺傳上除了帶有不同的有害突變之外，還有其他差異存在。然而，一個校對後的基因組表現出來的樣貌，可能會是傑出的生理或心理構造，在智慧、健康、持久力和外表等多項基因特質上，都有高超的表現（可透過合成的面孔做寬鬆的類比。其中，個體的缺陷在重疊之後都會被排除。見圖六）。[58]

　　另一個潛在的生物科技技術也與此相關。人類生殖複製（human reproductive cloning）一旦達成，就可以用來複製優異個體的基因組。儘管這會受限於準父母的偏好，畢竟他們與孩子的血肉關連最深，但結果依然具有不可忽視的影響，因為：第一，即便只有少數優異個體增加，仍有可能產生顯著影響；第二，某些國家有可能會進行大規模的基因計劃，像是付錢給代理孕母。隨著時間過去，其他類型的基因工程都有可能變得很重要，比方說設計新穎的人工基因，或在基因組插入啟動區域（promoter region）及其他要素來控制基因表現。甚至還有更異常的做

圖六　以混合臉孔做「拼法檢查」基因組的譬喻。中間的兩張臉是由十六張不同的人臉加疊而成（台拉維夫居民）。世人通常認為，重疊的臉比構成它的個別臉孔來得漂亮，因為殊異的瑕疵已被忽略不計。同理，藉由移除個體的有害突變，校正過的基因組也能產生接近「柏拉圖式理想」的基因組。這樣的個體並非擁有一樣的基因，因為許多基因會形成多種同樣功能的基因片段。校正能做的只是消除源自有害突變的變化。[59]

法，例如飽含複雜構造的人工皮質組織大缸（注：美國科學家希拉蕊·普特南〔Hilary Putnam〕曾提出名為「缸中之腦」〔brain in a vat〕的思想實驗，假設有種技術能將人腦取出，並放在裝有營養液的大缸中維持生理活性，再透過超級電腦向缸中之腦傳遞各種神經電訊號並給予訊號回饋，那麼，缸中之腦是否能意識到自己活在電腦製造的虛擬實驗中？），或是「提升過的」基因改造動物（也許是某種像鯨魚或大象一樣腦部巨大的哺乳類，但富含人類基因）。後面這幾種都還很天馬行空，但假以時日可能就不能不當作一回事。

　　截至目前為止，我們討論了可透過配子或胚胎達成的種系干涉。人體基因強化則可以跳過世代交替，原則上可以產生更快的影響。然而，就技術上來說，這種方法具有更高的挑戰性。因為這要把修改過的基因植入活體的大量細胞中；如果是針對認知強化做修改，植入的部位就是大腦。相對來說，從現有的卵子細胞或胚胎中做選擇，就不需要基因植

入。同為涉及修改基因組（例如校對基因組或接入罕見的等位基因）的基因轉移法，在配子或基因組的階段，實行起來還是會簡單很多，畢竟此時只要處理少量的細胞。此外，對胚胎進行種系干涉，比起對成年人的身體進行干涉，可以達到更大的效果；因為前者能形塑早期的腦部發展，而後者的干涉僅限於扭轉已存在的腦結構（某些可透過身體基因療程來達到的事情，也可以靠著藥理學來達成）。

因此，若要致力發展種系干涉，就必須顧及任何一種會對世界產生影響的遲滯情況。[60] 就算今日的科技已臻完美且能立即付諸使用，仍然需要二十年以上，才能讓一個做過遺傳強化過的孩子長大成人。此外，關於人類應用方面，因為需要大量的研究來確保安全，所以在證明實驗概念和醫學應用之間，至少還需十年的時間。然而，最簡單的基因選擇形式可大幅消除這種檢驗的需求；屆時就不需要以機率模擬自然天擇，而是可以用標準生殖處理技術和基因資料，從胚胎中進行人擇。

延遲的原因也可能是因為害怕成功而非害怕失敗（對安全測試的要求），也就是出於顧慮遺傳選擇的道德性（或更廣泛的社會意義），而要求管制的呼聲。由於文化、歷史和宗教脈絡的差異，這樣的顧慮在部分國家很可能會更有影響力。舉例來說，二戰後的德國以優生學相關暴行的陰暗歷史為鑑，而選擇迴避任何與生育實驗相關的立場，即便與強化之間的關連極小也不例外。其他西方國家的方向則相對自由。此外，有些國家有長期的人口政策（包括中國及新加坡），如果技術可行，這些國家可能不只會同意，搞不好還會極力推廣遺傳選擇與基因工程，用來強化人口智慧。

一旦有了範例、結果開始顯現，反對改變者就會收到強大的服從誘因。反對改變的國家得面臨自己在知覺能力上成為落後國的處境，並在

經濟、科學、軍事和聲望的競賽上，敗給那些擁抱新人類強化技術的競爭國。社會中的個人將看見菁英學校充斥著遺傳擇出的孩童（外表、健康和勤勉態度都在平均之上），並希望自己的孩子也有同樣的優勢。一旦技術可行、大量的利益隨之而來，巨大的態度轉變可能會在相當短的時間內發生，也許十年都不到。美國的意見調查顯示，1978 年第一個「試管嬰兒」路易絲・布朗（Louise Brown）誕生後，大眾對體外人工受精的接受度就有了巨大的轉變。不過幾年前，只有 18% 的美國人表示自己願意使用體外人工受精來治療不孕症；然而，布朗出生沒多久，民意調查顯示有 53% 的人願意使用體外人工受精，且比率還日漸上升[61]（相較之下，2004 年進行的民意調查中，28% 的美國人同意為了「力量或智慧」來做胚胎選擇；58% 的人同意用來防範成人癌症；68% 的人同意用來避免致命的兒童疾病）。[62]

　　如果再加上多種延誤，好比說，花費五到十年針對「高效率選擇一整套體外受精胚胎」蒐集所需資料（可能比幹細胞用於人類生殖配子要快很多）；花上十年打造強大的認知能力；再花二十到二十五年讓強化過的世代達到生育年齡，我們可以說，在本世紀中之前，種系強化不太可能對社會產生太大的影響。然而，從那個時間點往前看，將有一大部分的成年人的智慧因著遺傳強化而提高。接著，隨著使用下一代更強人遺傳技術（尤其是幹細胞產生的配子和重覆胚胎選擇）的多數人投身於勞動市場，智慧攀升的速度便會大幅增加。

　　上述遺傳技術的全面開發（先不管更奇特的可能，比如由培養中的神經組織出現智慧）可以確保新個體的平均智慧，比起過去存在的任何人類都還要高，其中更有高於平均的人。因此，生物強化的潛力終究是很高的，至少足以達到弱形式的超智慧。這並不令人意外，畢竟盲目的

演化過程已經戲劇性地放大了人類這一系的智慧，和我們的近親黑猩猩或祖先類人猿相比，人類智慧已經相當突出；因此我們沒有理由認為，智人在生物體系中已處於認知的頂峰。我們不僅不可能是最聰明的物種，甚至應該把人類想成「能開展文明的最低智慧下限」。我們之所以能適得其所，絕不是因為我們最適於生存，只是因為我們最早卡位。

沿著這條生物途徑進展顯然是可行的。種系干涉在時間上的漫長遲滯，代表著進化極不可能像機器智慧那樣突然而意外出現（理論上，身體遺傳療程和藥理學干涉都可以避開等待人類長成的漫長時間，但它們較難臻於完美，也較不可能產生急遽的效果）。機器智慧的**終極**潛力勢必遠高於生物智慧（只要想想電子零件和神經細胞的速度差距，就能領略兩者的規模差異；即便是今日的電晶體，運作時間都只是生物神經元的千萬分之一）。然而，就連較為溫和的生物認知強化都能產生重要的結果。尤其認知強化能加速科學和技術的發展，包括更強而有力的生物智慧形式以及機器智慧的進步。更遑論在一個連路人甲都有圖靈或馮紐曼的頂級智慧，且還有上百萬人的智慧遠超過史上任一位智力超群者的世界裡，人工智慧領域演進得會有多快。[63]

關於認知強化這個策略具有什麼含意，下一章我們再進行討論。先提出三個結論來總結這一節：第一，生物科技強化的手段，至少可以達成弱形式的超智慧；第二，認知強化人類的可行性，增加了機器智慧進階形式的成功機會。因為就算**我們**無法創造出機器智慧（雖然沒必要這麼想），經過認知強化的人類要創造出人類水準的機器智慧，應該並不困難。最後，我們設想的情況若延伸至本世紀後半葉以及更久之後，應該可以料想到，強化規模將隨著其後幾十年逐步上升的基因強化人口世代誕生（包括選民、發明家和科學家）而跟著出現。

腦機介面

有種說法是，直接的腦機介面（人腦－電腦介面），尤其是植入物，可讓人類利用數位計算的強項——完整無缺的回憶、高速正確的演算，以及高頻寬的資料傳送——以一個混合系統急遽超越未擴充的人腦。[64] 儘管已經證明人腦能直接連結上電腦，但這種介面短期之內似乎不會廣泛用於認知強化。[65]

為什麼呢？首先，會出現醫療上的極大風險，包括感染、電極位移、大出血以及認知能力下降等問題。到目前為止，透過腦部刺激而獲益的活生生案例，就是針對帕金森氏症患者的治療。帕金森移植相較之下很簡單，它並不是真的和大腦連接在一起，而只是對視丘下核（subthalamic nucleus）提供一道刺激電流。一段示範影片中，受試者因為罹患帕金森氏症完全無法行動，癱倒在椅子上，但在電流啟動後突然回春；現在他可以移動手臂，站起來在房間裡走動，轉身做芭蕾舞的單足旋轉。然而，在這特別簡單且幾乎有如奇蹟的成功療程背後，潛藏著許多負面影響。一份研究指出，接受深層腦部移植的帕金森氏患者，在語言流暢度、選擇性專注、辨色能力以及語言記憶力上，都出現下降的情況（與對照組相比）。此外研究也發現，接受治療的受試者有更多的知覺問題。[66] 如果療程是用來緩和嚴重的障礙，這樣的風險和邊際效應或許還能接受；但如果要讓健健康康的人願意透過神經外科手術強化腦部功能，那麼強化的幅度就得要非常大，才合乎所付出的代價。

懷疑超智慧可以藉由半機器人化（cyborgization）達成的第二個理由就此出現：強化很可能遠比治療更加困難。癱瘓的病人有機會受惠於替

換受損神經的移植手術，或是啟動脊椎動作模式產生器（spinal motion pattern generator）；[67] 失聰或失明人士也可能受惠於人工耳蝸或人工視網膜；[68] 激發或抑制腦部特定區域的深層腦部刺激，有機會治療帕金森氏症或慢性疼痛病患。[69] 比起利用任何其他手段快速增加智慧，要讓人腦與電腦進行高頻寬的直接互動，似乎比較難實現。其實，我們用原有的動力和感應器官與體外的電腦互動，就能在風險、費用和困難度都低很多的情況下，得到腦部移植大部分的潛在健康好處。我們不需要把光纖電纜插進腦中上網。我們不只擁有以驚人速度來傳送資料的視網膜（每秒一千萬位元），還隨機附贈大量精細的「濕體」（注：wetware，計算科學家用「濕體」指稱人腦，與「軟體」和「硬體」相對）視覺皮質，這種組織擅長從資訊流中提取意義，並與大腦的其他部位互動，做進一步的資訊處理。[70] 就算有一種簡單的方法，能將更多資訊輸入我們的腦袋，但如果所有用來理解資訊所需的神經結構沒有一起升級，那麼增加資料流入對於增進我們思考與學習的速率，也沒什麼幫助。既然這個升級包括了整個腦部，那麼真正需要的其實是「完全義腦」，換句話說，就是通用人工智慧。倘若人類水準的人工智慧問世，我們就不需要神經外科手術了；一台電腦同樣也有金屬殼，就像人類擁有頭骨一樣。所以這個有限的例子只是把我們導回人工智慧途徑，這部分我們早在前面就已經檢驗過了。

還有一種提議是將腦機介面當做一種從腦中提取資料，好與其他大腦或機器溝通的方法。[71] 這種做法已幫助過閉鎖症候群（locked-in syndrome，LIS）的患者，讓他們動用念頭移動螢幕上的游標，與外在世界溝通。[72] 這實驗所需的頻寬很低，但患者得要費盡苦心，以每分鐘幾個單詞的速度，慢慢輸入一字一句。這項技術的進化版本應該不難想

像，也許下一世代的移植可插入大腦的布洛卡區（Broca's area，大腦額葉中的一個區域，和產生語言有關），如此獲得腦內語言。[73] 儘管這項技術能協助某些因中風和肌肉萎縮而有相關障礙的人，但對身體健康的人來說，沒什麼吸引力。它的功能基本上就是一支麥克風加上一個語言認知軟體。這類裝置市面上已經買得到了，而且沒有痛楚不便、不必冒著神經手術的風險，要價也不高昂（也沒有顱內聽力裝置會有的那種超歐威爾式〔hyper-Orwellian〕腦內聲音，至少減少很多）。機器不需侵入體內，也比較容易升級。

　　至於那種全面跳過言語，在兩個頭腦之間建立連結，然後從對方心智中「彼此下載」所有概念、思想或整個專門領域的夢想又是如何呢？我們可以從電腦下載龐大的檔案，包括有上百萬本書和文章的資料庫，花不到幾秒鐘；那麼，我們的腦也可以這樣下載嗎？這個想法可能出自對「資訊如何在腦中儲存呈現」的不正確看法。前面提到，人類思考速度受限的門檻，並不在於原始檔案輸入腦中的速度，而是大腦提取以及理解資料的速度。也許有人會改口說，不要把意義打包成接收者需要解碼的感覺資料，而是直接傳送意義就好，但這會有兩個問題：第一，和一般電腦程式相反，腦的資料儲存和陳述都不使用標準化格式。每個腦都會各自開發出獨樹一格的高水準內容陳述方式，哪一些神經元要組合起來呈現某一特定概念，取決於那個腦的獨特經驗（此外，還有眾多遺傳因素和隨機的生理流程）。就像人工神經網路的情況一樣，生物神經網路中的意義，也同樣在巨大重疊區域的結構與活動模式中全面再現，而不是在整齊成列的分立記憶細胞裡。[74] 因此，我們無法替一顆顆大腦裡的神經元建立簡單的定位圖，或以這個方法讓思想從一顆腦自動流到另一顆腦。要讓一顆腦中的想法在另一腦中被理解，必須得依據某些共

享協定來分解思想並打包成符號，接收方的腦才能正確轉譯這些符號；而這就是語言的功用。

原則上，我們可以把表達和轉譯的認知成果，傳到可以讀出傳送者腦部神經狀態的介面上，然後饋入一個為接收者腦袋量身打造的啟動模式。但是關於這種半機器人，第二個問題點出現了：即便先不管「如何可靠地同步讀寫（搞不好）數十億個各自定位的神經元」這個極龐大的技術挑戰，光是要創造必要的介面，可能就是一個「AI 完全」問題。這個介面需要一個組合平台，把一個腦中的啟動模式，即時定位到另一個腦的語意對等啟動模式上。要完成這項工作，需要對神經計算有詳盡的理解，而這恐怕能直接促成神經形態人工智慧的出現。

雖然有這樣的疑慮，以半機器人達到認知強化的途徑並非完全沒有希望。以老鼠海馬迴進行的可觀研究，證明了一個人工神經有可能在簡單的工作中（例如記憶任務）增強表現。[75] 在現有版本中，移植物蒐集了十幾二十個來自海馬迴上某一定點 CA3 上電極的輸入，並將其投射到另一處數量接近的神經元 CA1。一個微處理器經過訓練，就可以分辨第一區中兩種不同的啟動模式（對應兩個不同的記憶，操作「右控制桿」或「左控制桿」），並學習怎麼將這些模式投映到第二區。這個人造微處理器，不僅可以在兩個神經區域間的正常神經連結封鎖時修復功能，還可以藉由向第二區送出某一特定記憶模式的清晰記號，讓老鼠的記憶任務表現超乎尋常。儘管以當代標準來說，這個研究是科技傑作，但仍留下眾多未回答的問題：當這種途徑等比放大到更多記憶體時，會如何運作？輸出和輸入的神經元增加後，我們能否妥當控制組合爆量，避免正確定位的學習受到威脅？測試任務的強化表現背後是否有隱藏的代價，好比說降低受試對象歸納實驗特定刺激意義的能力，或是在環境改變時

拋棄舊連結的能力？如果受試對象（有別於老鼠）能得利於紙筆這些外在記憶協助，實驗還會有用嗎？類似的方法應用在大腦的其他部位，會增加多少困難？現在的人工體得利於海馬迴相對簡單的前饋構造（基本上用做 CA3 區與 CA1 區間的單向橋梁），但皮質中的其他構造涉及盤根錯節的回饋迴圈，大幅增加了配線圖的複雜度，可想而知，會讓破解任何神經元嵌入組合功能的難度倍增。

半機器人還剩下一條生路。如果腦部永久植入某個連結外部來源的裝置，便能隨著時間過去，**學習**一套在自己內部認知狀態和其接受訊息之間（或者在認知狀態和裝置接收的輸出之間）有效率的腦部定位。那麼，這個植入物本身不需要有智慧，而是讓腦部來適應這套介面，就像嬰兒的腦慢慢學習如何解釋來自眼耳接收器的訊號一樣。[76] 但此處同樣的問題在於：實際上，大腦到底能學習多少呢？假設腦的可塑性，足以在腦機介面任意投射於皮質的新輸入流中學習偵測模式，那麼何不把同樣的資訊，以視覺模式投射在視網膜上，或是以聲音模式灌入耳蝸中？這些低技術的選擇避開了成千上萬的難題，而且不管在哪個例子中，大腦都能有效利用相應的模式辨認機制及其可塑性，學習理解資訊。

網路與組織

超智慧的另一條可能途徑，是逐漸強化連結人與人、人與各種人造物及機器人的網路與組織。這裡的想法並不是認為，我們有辦法把個人智慧強化成超智慧，而是運用這種方式把某些包含個人的系統，以網路集結並組織起來，從而達到一種超智慧的形式。下一章會我們會把這個

形式稱做「群體超智慧」。[77]

　　從史前到歷史時代的過程中，人類靠著群體智慧而大幅增長。許多方面都有長足的進展：包括傳播技術的革新（如書寫和印刷），以及更重要的語言本身；全球人口和密度大幅增加；組織技術和知識典範的多樣進步；以及制度資本的逐漸累積。一般來說，系統的通用智慧受限於成員的心智能力、彼此溝通資訊的成本開支，以及充斥於人類組織中的各種曲解與成效不彰。如果溝通成本下降（不只包括設備成本，也包括反應潛伏期〔response latencies〕、時間與專注力的負荷量，以及其他因素），那就有望形成更大且更密集連結的組織。如果能夠解決那些扭曲組織生活的官僚主義問題，例如徒勞的地位競爭、偏移使命（mission creep）、隱瞞資訊作假，以及其他能動性問題，上述的大組織就有可能成真。就算只解決部分問題，對群體智慧來說也是一大助益。

　　能對人類的群體智慧成長有所貢獻的技術和制度革新，不論數量還是種類都非常多。舉例來說，受資助的預測市場會培養出探索真實的規範，從而增進對具爭議性的科學和社會議題的預測力。[78] 測謊器（前提是真能做出可靠又簡單的機器）可以降低人事中欺瞞的機會。[79] 自我欺騙偵測器也許會更強大。[80] 多虧愈來愈容易取得的各種資料，例如名聲與行為軌跡紀錄，以及強大認知規範及理性文化的散布，即便沒有新奇的腦科技，某些形式的欺瞞也變得難以實踐。自願和非自願的監視累積了大量人類行為的資料。社群網站有數十億名使用者分享了個人的詳細資料；這些人很可能會透過手機或眼鏡鏡框內建的麥克風和攝影機，不間斷上傳各種實況報導。自動分析這些資料串，可讓許多新應用變得可行（當然，結果善惡兼具）。[81]

　　群體智慧的成長，也可能來自更普遍的組織與經濟的進步，或者來

自全球受教育、連結數位、整合於全球智慧文化的擴大人口比例。[82]

在眾多革新與實驗中，網際網路是活力最為充沛的前鋒，它仍有許多潛力尚未發掘。有了線上商議討論、去偏差和綜合判斷給予的良好支援，持續開發的智慧網路或許能對增加全人類（或特定團體）的群體智慧做出巨大貢獻。

但是，我們該如何看待那些認為網際網路總有一天可能會「覺醒」的酷炫想法呢？有沒有可能某日我們一覺醒來，網際網路不再是鬆散連結的群體超智慧支柱，而是搖身一變，成為支撐某種超智慧崛起的虛擬骨架？（根據文吉 1993 年一篇很有影響力的論文，這會是超智慧誕生的一種方式，論文中也創造了「技術奇點」這個詞）[83] 若要反駁這個論點，我們可以說：光是要透過艱鉅的工程學達到機器智慧，就已經夠困難了，如果再假設它會**自發**出現，那簡直不可思議。不過，情況不一定得是某個未來版的網際網路突然某天因為意外成為超智慧。一個比較可能發生的情況是，網際網路多年來透過眾人之力——架設更好的搜尋與資訊過濾演算法、更強大的資料呈現格式、更有能力的自動軟體行動主體，以及以效率更高的訊息交換協議來管理這種程式的互動——而累積了進步。而那些無限增加的進展，最終為某些更統一的網路智慧奠定了基礎。這種基於網路、飽含電腦動力，為了一個關鍵要素和爆發成長儲存所需資源的認知系統，等到最後一片遺失的拼圖也到位時，就有可能冒出超智慧。但是，這種情況得納入另一種超智慧的可行途徑，也就是我們已經討論過的通用人工智慧。

總結

達到超智慧有眾多途徑，這或許增加了我們終究能達成的自信。如果此路不通，我們還是有辦法前行。

然而，有眾多的途徑並不代表目標也很多。即便各種非機器智慧途徑可能會率先達成顯著的智慧強化，也不會與機器智慧毫不相干。事情正好相反，已強化的生物或組織智能將加速科技發展，暗中加速形式更為極端的智慧強化到來，例如全腦仿真或人工智慧。

這並不是說，如何達成機器超智慧無關緊要。因為用來達到機器超智慧的途徑，可讓最終的結果有極大的差距。即便所獲得的終極能力不仰賴這條軌跡，該如何運用這些能力，也就是我們人類對它們的意向有多少控制力，可能完全取決於達成這條途徑的細節。舉例來說，生物或組織智慧的強化可以增進我們預料風險的能力，使我們設計出安全有益的機器智慧（一個完整的策略評估牽涉許多複雜性，要到第十四章再詳述）。

真正的超智慧（相較於現有水準智慧的邊際增加）有可能會先透過人工智慧這條途徑達成。然而，這條路上有很多不確定性，因此很難精準斷定這條路有多長，或是一路上會有多少障礙。全腦仿真也有機會成為最快抵達超智慧的一條路，因為這條路所需的流程，主要不是理論突破，而是現有技術的持續進展——我們可以很肯定地說，全腦仿真未來終究會成功。然而，看起來很有可能的是，就算全腦仿真這條途徑一路平順，人工智慧還是會率先跨過終點線，因為基於部分模擬的神經形態人工智慧是有可能實現的。

神經認知強化也十分可行，其中以遺傳選擇法最為有望。連續胚胎選擇目前看起來是特別有望的技術。不過和機器智慧有可能發生的突破相比，生物強化比較緩慢，頂多可以產生形式上相對較弱的超智慧（後文會有更多說明）。

　　由於強化後的人類科學家與工程師，將能比他們的**前身**做到更多更快的進展，因此生物強化的明確可行性，應該會增加我們對於機器智慧終究可行的自信。尤其如果機器智慧在本世紀中有所延遲，認知能力逐步強化的大軍，一登場就將對其後的發展起重大作用。

　　腦機介面看起來不太像是超智慧的起源。網路與組織的長期進展，或許可以以群體智慧的形式，產生弱形式的超智慧；但更有可能的是，這些進展會和生物認知強化起類似的作用，慢慢增進人類解決智慧問題的效能。和生物強化相比，網路和組織的進步遲早會造成改變——事實上，這樣的進展已經持續發生，並帶來顯著的影響。不過，網路與組織的進步在我們解決問題能力上的增長，可能會比生物認知帶來的進展來得狹隘——它促進的是「群體智慧」，而非「優質智慧」，也預告了我們下一章準備要介紹的一個差異。

3　超智慧的形式

　　「超智慧」到底是什麼意思？儘管我們不想陷入術語的泥淖，但還是應該把事情講明白，釐清概念的基礎。這一章我們會分辨三種不同形式的超智慧，並論證這三種形式在實質意義上是否相等。我們也會說明以機器為基底的智慧，其潛力遠超過以生物為基底的智慧。機器有不少基本長處讓它們占盡壓倒性的優勢，就算是強化過的人類也望塵莫及。

　　許多機器與非人類動物都已在非常狹隘的領域展現超人類水準。蝙蝠轉譯聲納訊號的能力高過人類，計算機比我們更會運算，棋藝軟體可以下贏我們。軟體能表現得比人類優秀的特殊範圍將持續擴張。儘管各個專門領域的資訊處理系統有多種用途，但直到在通用智慧上足以取代所有人類的機器智慧出現時，巨大的問題才會跟著發生。

　　就如前文所述，我們用「超智慧」這個字眼來指稱各種認知領域中，大幅超越現今人類最佳心智的智慧。不過，這個定義還是很模糊。各有專長的不同類型系統，在此定義下都算超智慧。為了進一步分析，透過區分不同能力類別的超智慧，來分解超智慧的概念，應該會有所幫助。

速度超智慧

速度超智慧是個類似人類心智、但是更快的智慧。概念上,這是最容易分析的超智慧形式。[1] 我們可以用以下方法定義速度超智慧。

> **速度超智慧:一個能完全做到人類智慧所做之事,但快上很多的系統。**

這裡提到的「很多」,指的是像「多個數量級」的情況。但我們不會抹去定義中每個含糊的部分,而是會充分說明。[2]

速度超智慧最簡單的例子,就是在快速硬體上運作的全腦仿真。[3] 一個比生物腦快上一萬倍運作的仿真,可以在幾秒鐘內讀完一本書,並在一個下午寫完博士論文。如果速度可以快上一百萬倍,它就可以在一個工作日內完成整整一千年的智慧工作。[4]

對於這樣一個快速心智來說,外在世界的事件有如慢動作展開。假設你的心智以一萬倍的速度運行好了,你的朋友不巧摔了茶杯,你就可以看到瓷器在幾個小時內慢慢朝地毯落下,如同彗星靜靜掠過太空,朝著遠方行星飛去;然後,當即將撞上的預期緩慢在你朋友的灰質皺摺擴大,並開始進入他的末梢神經系統時,你可以觀察到他的身體慢慢呈現出僵住的「唉呀」貌——這段時間夠你再點一杯茶,讀一些科學文章並打個盹。

因為物質世界明顯的時間膨脹,速度超智慧比較適合和數位實體共事。它可以活在虛擬實境中,並在資訊經濟中進行交易。或者,它可以

透過奈米操作器和物理環境互動，畢竟那麼小的手臂運作起來比肉眼可見大小的肢體還快（一個系統的特有頻率與其長度成反比）。[5] 一個快速的心智可能主要會與其他的快速心智交流，而不是和演化緩慢且跟漿糊一樣的人腦交流。

由於愈快的心智耗費時間長途移動或通訊時，會面臨愈高的機會成本，而當心智愈來愈快，光速也會成為愈來愈重要的限制。[6] 光大約比噴射機快一百萬倍，所以當一個心智加速一百萬倍的數位行動主體環繞地球時，所花的主觀時間也跟現代的人類旅行者一樣。打給遠方某人所需的時間，跟「親自」過去是一樣的，儘管打過去所需的頻寬比較少。心智加速比極大的行動主體若要彼此交流，可能住得靠近些還比較有利。需要頻繁互動的極快速心智（比如說工作團隊成員）可能得定居在同棟建築物的電腦中，避免令人挫折的延遲。

群體超智慧

另一種超智慧的形式，是靠著聚集大量較小型的智慧，來達到更高表現的系統。

> **群體超智慧**：一個由大量較小型智慧構成的系統，其整體
> 表現在各個領域中，大幅超越所有現有的認知系統。

群體超智慧的概念不像速度超智慧那樣截然分明。[7] 然而，從經驗上來說，我們對此較為熟悉。我們尚未見識過速度與人天差地別的人類水

準心智，但我們**確實**已充分見識過群體智慧——即眾多具有人類水準的單位，以各種程度的效率共同合作所組成的系統。商行、工作團隊、八卦網路、倡議團體、學術社群、國家甚至全人類（如果我們採納某些抽象觀點），都可以視為寬鬆定義下能解決不同層級智慧問題的「系統」。過去的經驗告訴我們，在各種大小或構成各異的組織努力下，再困難的任務都有辦法輕易克服。

群體智慧擅長解決能分解成小部分的問題，分解後的子問題解答，可以平行求得且獨立證明。建造太空梭或經營連鎖漢堡店之類的工作提供了大量的分工機會：不同的工程師進行太空船不同部位的建造；不同的幹部經營不同的餐廳。在學界，研究者、學生、期刊、獎學金的嚴格分界，以及各個獨立學門的獎項（儘管不適用於本書這類型的作品），也許（只有在溫柔撫慰人的內心框架裡）可以視為一種實踐時的必要調和，好容許眾多擁有各式各樣目標的個體和團體，相對獨立地各自耕耘，對人類知識做出貢獻。

一個系統的群體智慧，可以藉著擴展成員智慧的數量或品質來強化，或是藉由增進組織來強化。[8] 要從任一種今日的群體智慧來達成群**體超智慧**，需要極大幅度的強化。強化完成的系統，得要在許多極為一般的領域中，有著大幅超越現有群體智慧或其他認知系統的表現。一種讓學者更有效交換資訊的新會議形式，或是一個更能預測使用者對書和電影評價的新式協同資訊過濾演算法，顯然都不可能接近群體超智慧。不管是讓人類人口再增加 50%，還是能讓學生在四小時內學會六小時內容的進步教學法，都不會成為群體超智慧。要達到群體超智慧，人類的集體認知能力需要極端的成長。

要注意的是，群體超智慧的門檻是以現在的表現水準為指標——也

就是 21 世紀初的水準。在人類史前與歷史階段，人類群體智慧**已經**以極大的倍數成長。舉例來說，從更新世以來，世界人口成長了至少一千倍。[9] 光就這點來看，**相對於更新世**，現在的人類群體智慧水準可說是已接近群體超智慧。也有人認為，某些傳播技術的進步獨自或個別造成人類智慧極大的推展（尤其是語言，可能還包括城市、文字和印刷的出現）；如果人類群體智慧難題的解決能力發生另一次影響力堪比的革新，在這層意義上就會產生群體超智慧。[10]

在此，某些讀者可能會忍不住插話說，當代社會看起來並沒有特別有智慧。也許某讀者的國家剛做了不受歡迎的政治抉擇，而這項顯然很不明智的決策在該讀者心中隱約擴散，化為當代精神障礙的證據。當代人類不是崇拜物質消費、耗盡自然資源、汙染環境、殘害物種多樣性、始終無法補救全球不公義，並忽視最重要的人文主義和精神價值嗎？然而，且不論現代性的缺點和上個時代也不算小的失敗該怎麼比較，我們對群體超智慧的定義中，並沒有說過一個有比較偉大群體智慧的社會，就一定比較好。這個定義甚至沒有說，集體而言比較有智慧的社會就**比較明智**。我們可以把智慧看做一種「把要緊的事大致弄到好」的能力，去想像一個組織，由非常有效合作的知識工作者構成骨幹，能集體解決極廣泛領域的智慧難題。我們假設這個組織可以運作最多種類的商業活動、發明最多種類的技術，並讓最多作業流程達到最佳化。即便如此，它還是可以在少數幾個關鍵問題上全盤都錯且錯得離譜。舉例來說，它可能無法針對生存危機採取適當的預防措施，因而追求短暫的爆發性成長，卻在全面崩潰中慘澹結束。這樣的組織可能擁有非常高程度的群體智慧，甚至可以高到成為群體超智慧。但我們要抗拒把所有規範上合用的屬性，都打包成一個巨大模糊的運作概念，就好比我們找到了一個優

秀的特點，就不認其他特點也同時存在。我們反而要認清，機能強大但天生沒那麼善良、或聰明但不可靠的資訊處理系統（智慧系統）是會存在的。我們將在第七章回來討論這個問題。

群體超智慧的整合可以鬆散也可以緊密。若要舉例說明一個整合鬆散的群體智慧，可以設想一個叫做「超級地球」的行星，超級地球的傳播與協調技術都和我們真實地球上現有的技術具備同樣水準，人口卻比地球多上一百萬倍。因為有這麼多人口，超級地球上的總智慧勞動力比地球的大很多。假設每一百億人就會出一個牛頓或愛因斯坦等級的科學天才，那麼超級地球上就會有七十萬個這樣的天才同時並存，且按比例來看，還會有大量僅略遜他們一籌的高人。新的想法和技術會以劇烈的速度發展，超級地球的全球文明亦會構成一個整合鬆散的群體超智慧。[11]

如果我們逐漸提升某個群體智慧的整合度，最終它會成為一個統一的**智慧**——相對來說，互動鬆散、規模較小的人類心智會集結成單一的「大心智」。[12] 超級地球的居民可藉著提升傳播和協調技術，一步步開發出能讓眾多個體一起著手解答智慧難題的更佳方法。如此一來，經過充分整合，群體超智慧就會成為「品質超智慧」。

品質超智慧

現在介紹第三種超智慧的形式。

品質超級智慧：一個至少跟人類心智一樣快的系統，但品

質上聰明太多。

一如群體智慧，智慧的品質也是某種曖昧的概念。困難之處在於，我們完全未曾見識過任何超越當今人類最頂尖的智慧品質。然而，我們可以思考相關案例來得到一些啟發。

首先，我們思考一下智慧品質較低的非人類動物，好讓我們的參照點範圍得以延伸（這並非物種主義的論點。一條斑馬魚擁有的智慧品質能讓牠適應所處生態的需求，但這裡的觀點更以**人類**為中心，關注的是與人相關的複雜認知表現）。非人類動物缺乏結構複雜的語言；牠們無法使用、也不會製造工具，頂多只有初步能力；牠們的長期計劃能力嚴重受限，而且只有非常有限的抽象推理能力。這些局限無論用「非人類動物的心智缺乏速度智慧」還是「非人類動物的心智缺乏群體智慧」，都無法充分解釋。以純運算能力來看，人腦可能不如象或鯨等巨大動物。人類若沒有群體智慧所賦予的巨大優勢，就無法發展出複雜的技術文明；儘管如此，人類個別的認知能力並非每一項都仰賴群體智慧。[13] 有些高度組織化的非人類動物，比方說人類訓獸師刻意訓練的黑猩猩或海豚，或是在龐大而有條不紊的社群中自給自足的螞蟻，並沒有堪稱高度發展的群體智慧。然而，顯而易見，智人神奇的智慧成就有很大一部分是我們腦部結構的特點造成的，這些特點來自其他動物所沒有的獨特遺傳。這一點可以幫助我們說明品質超智慧的概念：這種智慧品質上優於人類的程度，至少要如人類智慧品質上優於大象、海豚或黑猩猩那樣的程度。

第二種說明品質超智慧概念的方式，著重於對個人造成特定領域的認知障礙，尤其是那些並非因為一般失智症或其他腦部神經運算資源受

到大量毀壞所導致的障礙。舉例來說，可以想想具有自閉症譜系障礙的個體，他們可能在社會認知上嚴重不便，但在其他認知領域運作良好；或者有先天失歌症（amusia）而無法哼歌或辨認簡單音調的人，在其他多個方面生活正常。我們還可以從神經精神疾病的文獻中舉出眾多其他例子，其中許多個案研究針對因遺傳異常或腦部創傷，導致障礙範圍十分單一的病患。這類案例顯示，普通成年人有一整套絕佳的認知天分，這不僅要擁有一般的神經處理能力，也不只是具有一般智慧，還需要特化的神經迴路。從這個觀察結果，我們可以認為品質超智慧是種任何實際人類都不曾擁有、可能存在但未實現的才能，而確實擁有這些才能的智慧系統，將大幅提升克服廣泛策略相關工作的能力。

思考過「非人類動物與人類」以及「特定領域認知障礙」之後，我們可以形成關於不同品質智慧的概念，以及它們實際上會造成的差異。舉例來說，要是智人缺少了表達複雜語言所需的認知模組，可能就會成為另一種與自然和諧共處的類人猿物種。反之，如果我們**增加**幾套新模組，得到媲美「可以形成複雜語言表現」的優勢，那我們就會成為超智慧。

直接與間接範圍

隨著時間過去，上述任何一種形式的超智慧，都可以發展出相應的技術，從而創造其他兩種形式超智慧。因此，我們稱這三種超智慧形式的**間接範圍**是相同的。在這層意義上，出於我們終究能創造出某種超智慧形式的假設，當今人類智慧的間接範圍也在同一個等價類別

（equivalence class）當中。然而，從某個角度來說，比起人類智慧，這三種超智慧形式彼此之間更為接近。因此，這三個超智慧中不管哪一個，製造出另外一種超智慧的速度，都會比我們人類從當前起點來製造任何一種超智慧來得快。

這三種不同形式的超智慧的**直接範圍**就較難相比。某種確切的排名根本就不存在，因為它們的能力取決於各自展現優勢的程度，也就是一個速度超智慧**有多快**，一個品質超智慧在品質上**有多優越**等等。我們頂多能說，**在其他條件一致的情況下**，速度超智慧在執行一長串必須連續運作的步驟時，會表現得特別突出；而群體超智慧會在可分解為多項平行子工作，以及要結合眾多不同觀點和技能的工作上勝出。既然品質超智慧可以為了任何實際目的，一把解決掉速度超智慧和群體超智慧**直接**範圍以外的問題，那麼它在某種模糊的意義上，是最有能力的超智慧形式。[14]

在某些領域，數量勉強可以成為質量的替代品。在一個貼滿軟木的房間裡，一個天才可以寫出《追憶逝水年華》；但找來一整棟樓的文青，是否就能產出一部能與之相比的經典作品呢？[15] 就算是現代人的差異範圍內，我們都會看到某些成果大半得利於單一傑出天才的貢獻，而非無數平凡人的共同努力。如果我們放開眼界，把**超智慧心智**也包含進去，我們就必須同意一種類似的情形：有些問題，就算再多人類集結起來也沒辦法解決，只有超智慧才行。

這樣看來，品質超智慧或許可以解決某些難題，速度超智慧或許也行，但一個鬆散的群體超智慧可能就沒有辦法了，除非它先強化智慧本身。[16] 我們無法確知這些難題是什麼，但我們可以廣義描述它們。[17] 這些難題牽涉到多重複雜相關性，無法使用獨立可證的解決步驟；因此無

法以分散的方式解決，得透過品質上全新的理解方式或表現框架來解決問題。但這對現今版本的人類來說，過於深刻複雜，因而無法發現答案並有效使用。或許某些類型的科學突破也面臨同樣的狀況，因此我們可以猜測，人類在許多哲學性的「永恆問題」上之所以緩慢又搖擺，得要歸咎於人類進行哲學工作的大腦皮質不適用。從這個觀點來說，我們最偉大的哲學家就像用後腿走路的狗一般，**僅僅**勉強達到從事此活動所需的入門水準而已。[18]

數位智慧的優勢來源

當我們把人類達到的智慧與技術成就和猿類相比，就能看出腦容量和迴路配置的小量變化，可以產生龐大的不同結果。而機器智慧在計算資源和結構上所能造成的改變更為巨大，應該會產生更可觀的結果。對我們來說，要對超智慧的能力有某種直觀認識，是非常困難甚至不可能的事。但我們可以藉由觀察數位心智的優勢，來稍微認識一下未來可能的範圍。

- **運算元素的速度**。生物神經元的巔峰運算速度是 200 赫茲，比一個現代的微處理器（約 20 億赫茲）整整慢了七個數量級。[19] 因此人腦被迫仰賴大量並列運算，且不能快速進行任何需要依序運作的大量運算 [20]（不管腦在一秒內能做多少事，都不能使用一百個以上的依次運作，而只能進行幾十個）。然而，許多在程式設計和電腦科學中實作上最重要的演算，無法被輕易並列化。如果

人腦能支援可並列的模式匹配（patternmatching）演算，並與快速依序處理支援整合、相輔相成，那麼許多認知工作的執行效率可以大幅提升。

- **內部通訊速度。**神經軸突以最快每秒 120 公尺的速度攜帶動作電位，電子處理核心則可藉由光學處理達到光速通訊（每秒 3 億公尺）。[21] 神經訊號的遲緩限制了生物腦作為信號處理單位的能力。舉例來說，要讓一個系統中的任兩個元素來回延遲少於 10 毫秒，生物腦必須小於 0.11 立方公尺。然而，一個電子系統可以到 6.1×10^{17} 立方公尺，大約一個矮行星那麼大，也就是大了十八個數量級。[22]

- **運算元素的數量。**人腦的神經元略少於 1,000 億個。[23] 人類大腦的尺寸是黑猩猩的三倍半（雖然只有抹香鯨的五分之一）。[24] 一個生物體內的神經元，最明顯受限於頭蓋骨容積以及代謝能力，但其他因素也會對較大的腦產生顯著影響（例如冷卻、發育時間和訊號導電延遲）。相較之下，電腦硬體可以無限升級至非常高的物理極限。[25] 超級電腦的大小可如倉庫，加上透過高速纜線附加的遠端容量，甚至還可以更大。[26]

- **儲存容量。**人類的工作記憶任何時候最多只能維持不到四或五大塊的資訊。[27] 儘管把人類工作記憶量直接拿來與數位電腦的 RAM 數量相比並不恰當，但數位智慧的硬體優勢確實能使電腦擁有更大的工作記憶。這有可能會讓這些心智很直觀地掌握複雜的關係，而人類只能透過枯燥的運算才能勉強摸索得。[28] 人類的長期記憶也受到限制，只是我們不清楚在一般壽命內能否會耗盡儲存空間——因為我們累積資料的速度實在太慢了（在一項估計中，

成年人的腦可以儲存約 10 億位元，比低階智慧型手機少了好幾個數量級）。[29] 因此，不管是資訊的儲存量或是讀取速度，機器腦都比生物腦要優秀許多。

- **可靠度、壽命和感應元件等**。機器智慧還有各種其他的硬體優勢。舉例來說，生物神經元就不如電晶體可靠。[30] 由於雜訊計算需要冗餘編碼方案，利用多個要素對單一位元資訊進行編碼，因此數位腦可以透過可靠的高精密計算要素來提升效率。大腦工作幾個小時就會感到疲倦，並在幾十年的客觀時間後永久衰退；但微處理器不受這些條件限制，還可藉由添加上百萬個感應器，來增加流入機器智慧的數據。根據所使用的技術，一台機器也可以為了不同的任務，以重組硬體的方式最佳化；而人腦的大部分結構，打從出生起就固定下來，或只能緩慢變化（儘管突觸連結的細節改變，可以發生在較短的時間尺度內，比如說幾天內）。[31]

目前，生物腦的運算能力仍遠高於數位電腦，然而頂尖超級電腦的表現水準，正在抵達人腦處理能力的合理估計範圍內。[32] 硬體正在快速進步，而硬體表現的最終極限，遠遠高過生物運算的極限。

數位心智也得益於軟體的大幅優勢：

- **可編輯性**。若要做參數變化實驗，在軟體中會比在神經組織中容易。舉例來說，有了全腦仿真，就可以輕易試驗若在特定皮質區域增加更多的神經元，或增減它們的可激發性，會發生什麼事。在活體生物腦中進行這種實驗則會困難許多。
- **可複製性**。有了軟體，就可以快速且隨意製造出許多高度保真的

複製品，並灌入現有的硬體基礎中。相對而言，生物腦只能十分緩慢地複製，而且每一個新品剛誕生時，都處於派不上用場的的狀態。他們此時的生命經驗，甚至完全不記得從雙親那邊學會的事物。

- **目標協調性**。人類群體充斥著效率低落，因此幾乎不可能在大團體成員中達到完全統一的目的——至少在可以使用藥物或基因選擇等手段大規模引發馴服性之前，做不到這一點。一個「模仿幫」（copy clan，一群完全一樣或者幾乎一樣、有著普遍目標的程式）可以避免這種協調難題。

- **記憶分享**。生物腦需要長期的訓練和師徒相傳，數位心智則可藉由交換資料來獲得新記憶和技能。一個人工智慧程式的十億個複本可以定期同步資料，所以每一個都完全知道其他程式上個鐘頭學了什麼（直接交換記憶需要標準化的表現格式。因此，不可能要任一對機器智慧輕易交換高水準的認知內容。尤其是第一代全腦仿真不可能做到）。

- **新模組、新形式和新演算法**。視覺感知對我們來說輕而易舉，可不像解決課本上的幾何問題。但這忽略了一件事：用我們視網膜上的二維刺激模式，來將一個充滿可知覺物體的世界做三次元重現，需要大量的運算。感覺起來很簡單，那是因為我們有可以專門處理視覺資訊的低階神經機制。低階處理會無意識地自動發生，不會耗費我們的精神能量，也不需要意識專注。音樂感知、語言使用和社會認知等對人類來說十分「自然」的資訊處理，似乎也同樣有專門的神經運算模組。人工心智若在當今世界日漸重要的其他認知領域擁有特化支援（如工程、電腦程式設計和商業

策略），那麼相較於我們這種仰賴拙劣通用認知的心智，它們將占有很大的優勢。它們也有可能開發出新的演算法來利用數位硬體功能的明確優勢，就像它支援快速序列處理一樣機器智慧靠著合併硬軟體得到的**終極**優勢是十分巨大的。[33] 但這些潛在的優勢多快可以實現？是我們接下來要討論的問題。

智慧爆發的動力學

一旦機器達到某種形式的人類等級通用推理能力，那麼距離它們成為超智慧還要多久呢？這個歷程會是個緩慢、漸進而持久的轉變，還是瞬間爆發性的轉變？本章將會分析包含最佳化能力及系統反抗力的超智慧轉型動力學。我們會以人類水準的通用智慧來思考這兩個因素，並且合理揣測這兩個因素展現出來的行為模式。

起飛時間與速度

以通用智慧來說，假設機器**終究**會大幅超越生物，然而**目前**機器的認知能力還遠比人類的認知狹隘，這令人不禁想問：機器篡位的那一刻多快才會到來？這和我們在第一章所思考的問題截然不同（第一章我們想的是「我們現在離發展出人類水準的通用智慧還有多遠」）。這裡的問題是：**如果我們真的開發出這樣的機器，那麼距離它成為基本超智慧還要多久時間？**注意，我們可以認為，機器達到人類的底線還要花很長的時間，我們亦可抱持不可知論的態度看待此事；但我們也可以同時堅信，一旦這件事情發生了，它很快就會再進一步提升為超智慧。

以圖像來思考這些問題也許會有所幫助，儘管我們得暫時忽視某些資格條件和複雜細節。那麼，就來設想一張圖，並把最先進機器智慧系統的智慧標記為時間函數（圖七）。

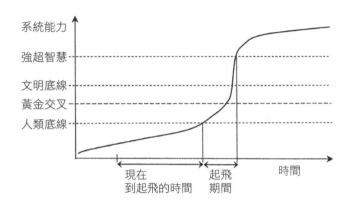

圖七　起飛的圖形。區分「起飛是否會發生？如果發生，什麼時候會發生？」以及「如果起飛真的發生，會有多急速？」這兩個問題至關重要。舉例來說，可能會有人說，起飛還要很久才會發生，但發生之後就會急速前進。另一個相關問題是（未顯示於圖中）：「全球經濟會有多大一部分參與起飛？」這是個相關但有所區別的問題。

標示著「人類底線」的水平線，代表能夠使用已開發國家現有資源和技術支援的成年人總體有效智慧。目前最先進的人工智慧系統，不管從任何通用智慧的合理面向度量，都仍遠遠低於人類底線。但在未來的某一刻，或許會有某個機器智慧約略接近人類底線。我們將它設為一固定時刻（好比說未來十年），從現在到未來十年間，人類個人能力應該還會繼續增長。我們可以標出起飛（takeoff）的起始點。然後，系統的能力持續成長。到了未來某個時候，系統達到全人類智慧總合的同等水平（同樣是以現在的人類水準為準），我們稱之為「文明底線」。最

後，如果系統能力持續成長，就會達到「強超智慧」水準——這個智慧水準遠遠強過當代全人類的智慧總和。強超智慧的達成標示了起飛的完成，雖然之後系統還會持續在能力上有所進展。有時在起飛階段中，系統會經歷一段稱做「黃金交叉」的界標；交叉點過後，系統進一步的開展主要是由系統本身，而非他人的操作所推動（黃金交叉的存在，到了下一小節討論最佳化能力與爆發性時，會變得很重要）。[1]

有了這幅圖，我們便能根據曲線的陡峭程度，區分系統從人類水準智慧進步到超智慧的三種等級轉型情境；即它們呈現的是緩慢、快速還是穩健的起飛。

- **緩慢：** 緩慢的起飛會經歷長期的間隔，可能是幾十年或幾百年。緩慢起飛的情境讓人類政治有了適應與做出反應的機會。可以依序嘗試或測試不同方法。可以對新的專家進行培訓與認證。因計劃開展而權益受損的團體，可以推動草根運動。如果需要新的安全基礎設施，或需要人工智慧研究者的大規模監控，可以去開發並採用這樣的系統。擔心人工智慧武器競賽的國家有時間彼此協商約定，並設計強化機制。在緩慢起飛升空前就著手的大部分準備都將先行失效。因為更好的解決方式會隨著黎明期到來而逐漸浮現。

- **快速：** 快速的起飛發生於較短的時間內，好比幾分鐘、幾小時或幾天內。人類並沒有足夠的機會打量快速起飛的情境，甚至沒有任何人在敗陣之前就察覺到有什麼不對勁。在快速起飛的情境中，人類的命運基本上取決於事發之前的部署。在快速起飛範圍內的最緩慢情況中，人類或許還可以做些最簡單的行動，有點像

輕輕打開「核按鈕手提箱」一樣；但這類舉動都得是最基礎，或者是事先預設並計劃好的。

- **穩健：**一個穩健的起飛發生在幾個月或幾年之內。穩健的起飛情境讓人類有些機會反應，但沒什麼時間好好分析情況、測試不同方法或解決複雜的協調問題；也沒有足夠的時間來發展或採用全新系統（例如政治系統、監視制度或電腦網路安全協議），但現存的系統可用於新挑戰。

在緩慢起飛的過程中，會有充足的時間讓消息流出。相對來說，在穩健的起飛情境中，發展成果在揭露之前有可能會事先保密。可能只有一小群知情者擁有相關知識，就像隱密的國家軍事計劃一樣。商業計劃、小型學術團體以及「地窖九駭客」的全套裝備，可能也是祕密的——然而，如果智慧爆炸的前景在國家智慧局處的「雷達」上是國家安全的最優先問題，那麼最有希望達標的私人計劃，便可能會受到監控。母國（或處於支配地位的外國力量）可以選擇將這私人計劃國家化，或是關閉任何有正要起飛跡象的計劃。由於快速起飛發生得太快，沒有太多時間讓人把話說出口，或是做出有意義的反應。一個局外人如果相信有一特定計劃將要成功，就有可能在起飛開始**之前**便出面干涉。

穩健的起飛情境會造成地理政治學、社會及經濟的波動；同時個人和團體會各為己利，在逐漸揭露的轉變中，立即卡上有利的位置。這樣的巨變發生時，世人可能來不及策劃縝密的回應，導致解決問題的手段可能比冷靜狀態時更加激進。舉例來說，在穩健的起飛狀況裡，便宜可行的仿真或其他數位心智逐漸滲入勞動市場多年後，可以想像會有資遣工人的大規模抗議，迫使政府增加失業福利，或設立最低工資保障、徵

收特殊稅,或向使用仿真勞工的雇主強徵最低工資。為了讓這種政策中使用的緩和手段不只是曇花一現,這些政策得要固實於永久的權力架構中。如果起飛速度緩慢,類似的問題也會出現,但穩健情況下的失調與快速改變可能會為小團體帶來特殊機會,讓它們的影響不成比例放大。

對於某些讀者而言,就這三種情境看來,緩慢起飛最有可能,穩健起飛比較不可能,快速起飛則完全不可能。要假設整個世界會急遽轉變,人類在一兩個小時內就被逐出萬物之靈的寶座,想像力似乎過於豐富。人類歷史上從來沒有發生過這種瞬間轉變。最接近的情況——農業和工業革命——也是在更長的時間尺度中逐步展開的(前者花了幾世紀到一千年,後者花了幾十到一百年)。根據這個假設,這種由快速或穩健的起飛情境所造成的轉變,機率幾乎等於零:除了神話和宗教以外,沒有先例。[2]

儘管如此,本章將提出緩慢轉變不可能發生的理由。一旦起飛發生,爆發性起飛的可能性較大。

既然要開始分析起飛有多快的問題,我們可以把一個系統的智慧增加速度設想成有兩個變量的函數。一個變量是「最佳化能力」,或稱品質權重的設計能力,應用在增加系統的智慧;另一個變量則是當運用一定量的最佳化能力時,系統做出的回應。我們可以把逆向的回應稱作「反抗力」(recalcitrance),並寫下:

$$智慧變化率 = \frac{最佳化能力}{反抗力}$$

相較將智慧、設計工作和反抗力量化的具體要求,這只是個質化的表達方法,但我們至少可以觀察到,若要急遽增加一個系統的智慧,**要**

麼（一）運用大量高超技術來增加智慧，且系統的智慧不難增加；**要麼**（二）利用非凡的設計來增加智慧，且系統的反抗性很低 —— 或是（一）、（二）皆達成。如果我們知道有多少設計工作投入系統的增進，以及這些工作的進步率有多高，我們就可以計算系統的反抗力。

更進一步來看，我們可以觀察投入系統用來改善系統表現的最佳化能力，在不同系統中的數量差異，以及隨時間產生的數量變化。一個系統的反抗力也可能和系統已最佳化了多少之比例極度相關。通常最簡單的改進會最先完成，等到最好摘的果子摘完了，就會出現報酬遞減，此時反抗就會增加。不過，也可能出現讓下一步更容易前進的進展，進而導致整體進展大幅增加。拼圖的過程都是從簡單的開始——找到邊邊角角的拼圖片總是比較容易，但接下來中間的部分就會比較難拼，反抗就是這樣增加的。而當拼圖快要完成的時候，過程又會再次變得簡單。

為了繼續我們的探究，我們必須分析反抗力和最佳化能力在起飛的關鍵時刻會怎麼變化。接下來的幾頁都會探討這些部分。

反抗

先從反抗開始。這裡的觀點取決於我們設想的系統類型。為了完整性，我們首先快速看一下，邁向與先進機器智慧無關的超智慧時，可能會遇到的反抗。我們會發現，這一途徑上的反抗似乎相當高。接著我們再回到主要問題，也就是涉及機器智慧起飛的問題，我們將會發現在關鍵時刻，機器智慧遇到的反抗似乎很小。

非機器智慧途徑

透過增進公共衛生和飲食達到的認知強化，其報酬遞減十分急遽。[3]消除嚴重的營養缺乏問題便可以產生大幅的長進。然而，最嚴重的匱乏問題都已在最貧困國家以外的地方大幅消除了。當飲食已經足夠，還能增長的就只剩下腰圍了。教育也一樣，目前可能已經面臨報酬遞減，「有天分卻無法獲得有品質的教育」依舊顯著，但持續減少中。

藥理上的強化劑或許會在未來幾十年中帶來一些認知增強，但解決了最簡單的問題（也許是精神力和專注力的持續增加，以及鞏固長期記憶的更佳控制）之後，接下來也會愈來愈難有所增長。但和飲食及公衛途徑不同的是，透過聰明藥物進行的認知強化，可能會在變得更加困難之前又變得簡單。神經藥理學領域依然缺乏適當干涉健康腦部運作所需的大部分基本知識，強化藥物做為一種合法研究領域的可能之所以被忽略，有一部分該歸咎於當前的不進反退。如果神經科學和藥理學能再持續進展一陣子，也許當健腦藥最後成為一項重要選擇時，就會有一些相對簡單的增益。[4]

遺傳認知強化的反抗呈 U 字形，與健腦藥的情況類似，但具有更大的潛在增益能力。反抗一開始之所以很高，是因為唯一可用的方法是一代代的人擇繁殖，而這顯然難以在全球規模實現。等到便宜有效的遺傳檢測與人擇技術開發完成（特別是人類胚胎的重複選擇可行後），遺傳強化就會變得簡單。這些新技術能讓我們從現有的人類基因變異中，選出智慧強化的等位基因。不過，當最棒的等位基因混入了遺傳強化的套組後，就很難再有下一步的進展。接下來，對基因調整方法上的革新需求，可能會增加反抗。在遺傳強化途徑上，事情要進展得多快是有限制

的，最明顯的就是種系干涉受限於不可避免的成熟遲滯，這大幅抵消了快速或穩健起飛的可能性。[5] 另一個限制因素在於，胚胎選擇只能應用於體外人工受精的脈絡內，這將減緩採收的速度。

腦機介面途徑的反抗，似乎打從一開始就非常高。要是用某種方式把「將植入物插入大腦，並與皮層完成高水準的功能整合」變得簡單（雖然不太可能發生），反抗就有可能驟降。長期來說，沿著這條途徑開展下去所遇的困難，會和提升全腦仿真或是提升人工智慧所遇到的困難類似，因為人腦－電腦系統智慧的主體，最終還是會定居在電腦這一邊。

打造**整體**更有效率的網路和組織會遭遇很高的反抗。投入大量心血克服反抗，只會讓人類的整體生產力每年進展不多過幾個百分比。[6] 更進一步來說，內外在環境的轉變，代表組織就算一度很有效率，沒多久也會對新環境水土不服。因此，就算只是為了避免退化，持續不間斷的改良工夫仍有其必要。組織平均效能增加率出現階段性的變化是可以想像的，但因為人類運作的組織之工作效率會受限於人類的時間尺度，所以就算是這類變化中最急遽的狀況，也很難看出要怎樣產生比緩慢起飛還快的過程。網際網路具有許多能強化群體智慧的機會，持續成為令人振奮的先鋒。它面對的反抗，此時看起來處於穩健範圍，投入的眾多心力正要讓進展發生。然而，許多成熟的果實（比如搜尋引擎或電子郵件）摘完之後，反抗增加是可預期的。

仿真與人工智慧途徑

朝全腦仿真邁進的難度其實並不好估計，但我們可以指出一個特定的未來里程碑：成功仿真昆蟲腦。這個里程碑立在山頭上，如果攻克了

山頭，就能飽覽眼前的風光，揣想人類全腦仿真按比例加大的反抗會有多少（成功的小哺乳動物腦部仿真，例如仿真鼠腦，會取得更為有利的位置，我們能藉此更準確估計與人類全腦仿真的距離）。相形之下，邁向人工智慧的途徑可能不會有這麼明顯的里程碑或早期觀測點。尋求人工智慧之路可能會有如迷失於密林之中，直到一個意外的突破揭露了終點線，才會發現終點其實就在視野開展後的幾步前。

回想以下兩個問題的差異：要達到約略人類水準的認知能力有多困難？從這個成果進展到超過人類水準的超智慧又有多難？第一個問題主要是和預測起飛還要多久有關；第二個問題才是評估起飛形貌的關鍵，也是我們此處的目標。而且，雖然假設「從人類水準到超人類水準是比較難的一段」很吸引人（畢竟這一步得在已合用的系統上再追加能力的「較高海拔」），但這會是一個很危險的假設。反抗很可能會在機器與人類達到等同水準時**減少**。

先想想全腦仿真。「創造第一個人腦仿真」的困難，與「強化一個既有仿真」的困難，是相當不一樣的。創造第一個仿真涉及龐大的技術挑戰，特別是開發必要的掃描和成像轉譯能力。這一步驟需要為數可觀的物理資本——一個有上百台高產量掃描器的工業規模機器園區並不為過。相較之下，強化既有仿真的品質牽涉到運算和資料架構的微調，基本上是軟體問題，而這個問題最後可能會比「將創造初始模組所需的成像技術達到完美」來得簡單許多。程式設計者可以輕易以一些招數來做試驗，比方說在皮層的不同區域增加神經元總量，看看這些改變如何影響腦部表現。[7]也可以從編碼最佳化著手，或是尋找保留單獨神經元（或是神經元小型網路）基本功能的更簡單計算模型。如果最後就緒的技術條件是掃描或轉譯，在運算能力已相對充足的情況下，持續發展不需要

太專注於執行效率，而且可能有機會節省運算效率（也有可能可以做更基本的結構重組，但我們會就此離開仿真途徑，進入人工智慧的領域）。

一旦第一個仿真產生，另一個增進編碼基數的方法，是掃描更多具有不同（或更優越）技能或天分的腦。讓組織的架構與工作流程適應數位心智的獨特屬性，也可以促成生產力的上升。一個擁有全面複製、重設、以不同速度運作等更多新功能的工作者，在人類經濟中前所未有，所以第一代仿真軍團的管理者，在管理實務上會有很多革新的空間。

一旦人類全腦仿真可行，反抗一開始會先驟然下降，然後可能又會再度提升。最明顯的執行效率不彰遲早會因最佳化而排除；最有希望的演算變體會經過測試；組織革新最簡單的機會將被挖掘出來。模板資料庫將會擴張，獲得更多腦部掃描（相較於研究既有模板）將無法增加太多好處。既然模板可以倍增，每個複本就能在電子速度下進行不同領域的訓練，那麼透過掃描來取得大部分潛在經濟成果的腦，可能就不需要太多。也許一個腦就夠了。

另一個讓反抗上升的潛在原因，是仿真物或者其聲援者有可能會組織起來，支持以某些規範來限制使用仿真工作者與仿真複製量、禁止對數位心智進行某些類型的實驗、制定仿真工作者的工作權與最低薪資等等。不過，另一種情況同樣也有可能發生：政治發展會往反方向走，促使反抗減弱。如果一開始就因為競爭加劇，導致採取道德高調的經濟與策略成本浮現，讓使用仿真勞工上的種種限制退讓給不受控制的剝削，那麼這種反抗減弱就可能發生。

至於人工智慧（非仿真的機器智慧），則要靠演算法的進步，將一個系統從人類水準提升至超人類水準，其困難會受特定系統的特性左右。不同的架構可能有非常不同的反抗。

在某些情況下，反抗可以非常低。舉例來說，如果人類水準的人工智慧因為程式設計者一直未能獲得關鍵的洞見而延遲，那麼當最後的突破發生時，這個人工智慧可能會直接從人類水準之下一躍至人類水準之上，甚至不用經過中間階段。另一個反抗很低的情況，出現在透過兩種不同處理模式達到智慧能力的人工智慧系統。要說明這種可能性，就得假設一個人工智慧由兩個子系統所構成；一個擁有解決特定領域問題的技術，另一個擁有通用的推理能力。當第二個子系統維持在某個能力門檻之下，它對系統的整體表現就沒有做出貢獻，因為它產出的解答總是遜於另一子系統所產出的解答。現在假設少量的最佳化能力被應用在通用子系統中，使得子系統的能力有了活躍的提升。起初，我們觀察不出整個系統的表現有什麼增加，顯示反抗很高。接著，一旦通用子系統的能力超越了門檻，使其解答開始打敗專業領域子系統，那麼整個系統的表現就會像通用子系統那樣，就算最佳化能力的投注量維持一致，也會瞬間進步，系統的反抗就會大幅滑落。

我們以人類中心的觀點來看待智慧的天性，也可能讓我們低估了亞人（sub-human，近似但低於人類）系統的進步，因而高估了反抗。人工智慧理論家伊利澤・尤德考斯基（Eliezer Yudkowsky）對於機器智慧的未來著墨甚多，他提出以下論點：

> 人工智慧可能會在智慧上產生明顯急速的躍升，這純粹是人類中心主義的結果；在這個脈絡下，人類傾向把「白癡村民」和「愛因斯坦」想作智慧尺度的兩個極端，而非全面心智尺度上兩個幾乎分不開的鄰近點。任何一個比愚蠢人類還要蠢的東西，對我們來說就只是「愚蠢」。因為人工智慧不能說流利的

語言或寫科學論文，我們就把一個在智慧尺度上穩定緩慢向上爬升、爬過老鼠和黑猩猩的「人工智慧箭頭」，依舊想像成「愚蠢」；接著，人工智慧箭頭在短短一個月或差不多的期間內，從愚蠢之下向上穿過了那一小點差距，而超越了愛因斯坦（見圖八）。[8]

圖八　一個沒那麼人類中心主義的尺標？若從人類中心主義的觀點來看，一個白癡村民與聰明人可能天差地別；但在一個比較不狹隘的觀點中，兩者具有幾乎無法區別的心智。[9]我們幾乎可以明確地說，「打造一個擁有白癡村民程度的通用水準機器智慧」比「把這個白癡村民系統提升到比任何人都聰明很多」還要困難且更加耗時。

從這幾種考量得出的結果是，第一個大致達到人類通用智慧的人工智慧，要在演算上求得進步會有多難，是很難預測的。至少在某些可能的狀況中，演算反抗是很低的。但就算演算反抗很高，也不妨礙該人工智慧的整體反抗維持低落。這是因為，以其他方法（而非提升演算能力）來增加系統的智慧搞不好其實很簡單。還有兩個因素可以提升：內容和硬體。

首先想想內容進化。這裡所謂的「內容」，指的是系統的軟體資產中，非組成其核心算式架構的部分。舉例來說，內容可能包括了儲存起來的知覺對象資料庫、特化技能資料庫，以及公布知識的清單。對多種系統來說，算式架構與內容之間的區別非常不明顯；儘管如此，這個方法仍然可以指出機器智慧中能力增長的一個潛在重要來源。另一個表達

類似想法的方式則是：我們不只可以藉著讓系統更聰明，也可以藉由擴張系統所知的內容，來強化系統解決問題的能力。

想想一個現代的人工智慧系統，比方說 TextRunner（華盛頓大學的研究計劃）或 IBM 的華生（在《危險邊緣》問答節目獲勝的系統）。這些系統可以藉由分析文本，提取語意資訊中的某些部分。儘管這些系統還沒辦法像人類那樣理解閱讀內容，它們卻可以從自然語言中提取數量驚人的資訊，並使用這些資訊來做簡單的推理並回答問題。它們也可以從經驗中學習，一旦遇到新增的使用案例，它們就能打造更廣泛的概念表現。它們的設計絕大多數是自動模式（也就是在沒有錯誤與獎勵信號的提示下，在未標記的資料中學習隱藏架構，而不需要人類指導），且要夠快又能有升級空間。舉例來說，TextRunner 處理的資料庫有五億個網頁。[10]

現在，想像一下這種系統的遙遠後代，它具備有如十歲人類的閱讀能力，但有接近 TextRunner 的速度（這應該是一個「AI 完全」問題）。我們想像的那個系統，擁有遠勝於成年人的思考速度和記憶力，但它知道的卻少成人很多；其淨效應可能是，這個系統的整體問題解決能力大略等同於人類，但它的內容反抗非常低——低到足以突然起飛。不到幾週內，這個系統便可讀完且精通美國國會圖書館館藏的所有內容。現在這個系統知道的比任何人類還多，想得也快上許多：它（至少）成為了弱超智慧。

因此，一個系統可能藉由吸收人類科學與文明數十世紀以來累積的內容（比如在網路上閱讀），而大幅提升實際智慧。如果一個人工智慧在達到人類水準前，都未曾接觸或未能消化吸收這些材料，那麼就算這個人工智慧很難提升演算架構，整體反抗還是會很低。

內容反抗對於仿真來說也是個重要概念。高速仿真的優勢，不只在於可以用比人類快很多的速度完成一樣的工作，也在於它可以累積更多適時的內容，例如工作相關技能和專門知識。不過，如果要收割快速內容累積的全部潛力，系統相對需要有更大的記憶空間。就算你有本事讀遍整棟圖書館，如果你讀到 ab 字頭就把 aa 字頭忘光光，那也沒有意義。人工智慧系統應該會有足夠的記憶空間，但仿真可能會保有一些人類模板的空間限制，因此需要結構強化，才能不受限地學習。

目前為止，我們思考了架構與內容的反抗；也明白了若要提升人類水準相同機器智慧的**軟體**有多困難。現在我們來看看第三種提升機器智慧表現的方式：提升硬體。如果由硬體來推動提升，反抗會是什麼？

若我們從智慧軟體（仿真或人工智慧）著手，可以藉由增加電腦來運行更多程式案例，而強化**群體智慧**；[11] 也可以把程式移到更快的電腦上，來加大**速度智慧**。速度智慧也可以藉由在更多處理器上運行來獲得強化，端看程式能被並列到什麼程度。仿真也是同樣道理，因為它的架構高度並列化；許多人工智慧程式也具備能在大規模並列化中得利的重要子程序。藉由增加運算能力來強化**品質智慧**或許也可行，但這種情況沒有那麼直截了當。[12]

因此，在一個具備人類水準軟體的系統中，放大群體智慧或速度智慧（或許還有品質智慧）會遭遇的反抗應該很低。其中唯一的困難，是要能得到額外的運算能力。一個系統要擴張硬體基礎有好幾個方法，每一個都和不同的時間尺度有關。

短期間內，運算能力應該和資金大致成線性比例：兩倍的資金投入，可以買到兩倍的電腦數量，讓兩倍的軟體實例可以同時運行。雲端運算服務的出現，使計劃有了按比例增加運算資源的選擇，甚至不需等

待新電腦到府安裝，不過世人可能還是會因為保密顧慮而偏好室內電腦（在某些情況下，運算能力也可藉由其他手段獲得，比如說強行占領的殭屍網路）。[13] 系統按某個倍數做比例放大的難易程度，取決於一開始系統的運算能力。一個一開始在個人電腦上運作的系統，只要一百萬美元就可以按比例放大一千倍；而要一個在超級電腦上運作的程式按比例放大，就昂貴許多。

稍微長期來看，因為全球已安裝的容量被用來運行數位心智的比例增加，增加更多硬體的成本可能也隨之提高。舉例來說，假設有一個以市場競爭為基礎的仿真，當投資者抬高現有的運算設備價格，以符合投資預期回報時，每增加一個新的仿真複本運作，成本可能就會增加到約略等同於邊際複本產生的收入（然而，如果只有一個計劃精通這項技術，它可能會在運算能力市場上增加一定程度的買主壟斷力，因而可以付出較低的買價）。

從較長的時間軸來看，一旦設置了新的容量，運算能力的供應就會有所成長。突然上升的需求，會催促現有半導體製造廠生產更多產品，並刺激新廠的設立（也可以藉由使用訂製的微處理器，獲得接近一兩個數量級的一次性表現爆增）。[14] 最重要的是，技術進步掀起的巨浪，會將大量增加的運算能力輸入思考機器的渦輪中。從歷史上來看，著名的摩爾定律曾描述過演算技術進步的速率，其中一項指出，每一塊美金付出所獲得的運算能力，每十八個月左右就會倍增一次。[15] 儘管我們無法冀望這個進步速率會持續到人類水準機器智慧的發展上，但在到達基礎物理極限之前，運算技術都還有進步空間。

因此，我們有理由預期硬體反抗不會太高。一旦系統藉由達到人類水準智慧證明了自己的本事，就有機會讓人類再為它添購好幾個數量級

的運算能力（取決於該計劃的硬體在擴張之前有多陽春）。訂製晶片可以增加一到兩個數量級。其他擴充硬體基礎的手段則需要更長的時間，例如建造更多廠房以及推進運算技術的前線，一般來說是好幾年。不過，一旦機器超智慧徹底翻新了製造和技術的發展，這個間隔就會被急遽壓縮。

總之，我們可以討論**硬體突出點**（overhang）的可能性：當人類水準的軟體出現時，足夠的運算能力可能早已存在，能以高速運行多個複本。一如前面討論過的，軟體反抗比較難以評估，但可能會比硬體反抗來得小。特別是可能會有一些**內容突出點**，以「預先完成的內容」形式出現（例如網路），並在一個系統達到人類等級時能派上用場。**演算突出點**——預先設計的演算強化——也是有可能的，但也許機會沒那麼大。一旦一個數位心智達到人類等級，軟體進步（不管是演算式還是內容）可能會提供十分易得的、幾個數量級的潛在表現增加，比起使用更多或更好的硬體所能獲得的進步還要多。

最佳化能力和爆發性

檢驗了反抗問題之後，我們得接著進入等式的另一半，也就是**最佳化能力**。回想一下：**智慧變化率＝最佳化能力／反抗力**。這個等式概略反映出，在一個快速起飛的轉型階段中，反抗並不一定要很低。甚至就算反抗持平緩緩增加，假使用於改進系統表現的最佳化能力有效且快速成長，也可能形成一個快速的起飛。接下來我們會發現，如果沒有用什麼蓄意手段避免，我們其實有充分的理由認為，最佳化能力**會**在轉型過

程中增強。

我們可以分成兩個階段來看。第一個階段始於起飛的離地點——系統達到人類個體智慧的底線之際。隨著系統能力的持續增加，它可能會使用一部分（或全部）的能力，來使自己進步（或用來設計一個繼任的系統。就當前的目的來說，兩種做法的結果是一樣的）。不過，應用於系統的最佳化能力大部分來自系統外，可能出自投入計劃的程式設計者和工程師之手；或是來自計劃外他人之成果，但可為計劃所用。[16] 如果這個階段明顯能拖過一段時間，那我們就能預期，應用於這系統的最佳化能力還會成長。來自計劃內外雙方的投入，也能隨著獲選途徑的前景明朗而增加。研究者可能會更努力工作，相關單位可能會招募更多研發人員，也可能購入更多運算能力來加快流程。如果人類水準機器智慧的發展讓整個世界措手不及，那麼這個增加就會格外急遽；在這種情況下，一個原本很小的研究計劃，可能會突然變成全球研究狂熱與投注發展的焦點（儘管某些投注可能會轉往競爭計劃。）

如果在某個時間點，系統獲得太多能力，以至於大部分施加其上的最佳化能力來自系統本身，那麼第二個成長階段就會開始（在圖七中以「黃金交叉」這個變量水平標記）。這將從根本改變動力，因為此時系統能力的任何增長都會轉為成比例增加的最佳化能力，並使用於進一步的進化上。如果反抗維持一致，這個回饋動力就會產生指數成長（見附錄四）。是否會有加倍的常數值，得要看情況，但如果這個成長以電子速度發生，就有可能相當快速，在某些情況下也許只要數秒鐘，而這可能是演算法進步的結果，也可能是發掘了內容或硬體的某個突出點。[17] 由物質建設所推動的成長將會需要更長的時間，例如打造新電腦或新生產設備；但相較於現今全球經濟的成長率，可能仍然非常短。

因此，被應用的最佳化能力有可能會在轉型過程中增加，一開始是因為人類更努力致力提升一個前途無量的機器智慧，之後則是那個機器智慧本身能以數位的速度推動下一步的進展。如此一來，快速或中等速度的起飛就有可能成真，**就算反抗持續、或者在人類底線附近小幅增加，也一樣可能**。[18]

附錄四　關於智慧爆發的動力學

我們可以把智慧變化率，寫成「系統所用之最佳化能力」與「系統反抗力」之間的比例：

$$\frac{dI}{dt} = \frac{\mathfrak{O}}{\mathfrak{R}}$$

作用在一個系統上最佳化能力的量，是系統內部提供或外部施加的最佳化能力之總合。舉例來說，一個種子人工智慧也許能結合自身的努力與人類程式設計團隊的努力，而有所進步；也可能更廣泛受益於全球研究社群持續在半導體工業、電腦科學等相關領域的進展：[19]

$$\mathfrak{O} = \mathfrak{O}_{系統} + \mathfrak{O}_{計畫} + \mathfrak{O}_{全球}$$

起先，種子人工智慧只有非常受限的認知能力，因此一開始的

$\mathfrak{O}_{\text{系統}}$很小。[20] 那麼$\mathfrak{O}_{\text{計劃}}$和$\mathfrak{O}_{\text{全球}}$呢？在某些例子中，把整個世界的相關能力加總起來，還比不上一個單一計劃。舉例來說，曼哈頓計劃把全球大半最頂尖的物理學家帶到了洛斯阿拉莫斯（Los Alamos）著手打造原子彈。一般比較常見的情況是，任何一個計劃都只占全球總研究力的一小部分。但即便外在世界的相關研究力總合比任何單一研究計劃要大，$\mathfrak{O}_{\text{計劃}}$還是可以超越$\mathfrak{O}_{\text{全球}}$，因為外在世界的大部分能力並沒有投注在那個特定的系統上。如果一個計劃開始前景看好，就有可能會吸引額外的投資，而增進$\mathfrak{O}_{\text{計劃}}$。如果計劃是公開的，過程又激發眾人對機器智慧的興趣，導致眾多力量前仆後繼加入賽局，$\mathfrak{O}_{\text{全球}}$也有可能提升。因此在這個轉型階段，用於提升一個認知系統的整體最佳化能力，應該會隨著系統能力而提升。[21]

隨著系統能力成長，就會來到一個時間點，屆時系統產生的最佳化能力會開始掌管來自外界的最佳化能力。

$$\mathfrak{O}_{\text{系統}} > \mathfrak{O}_{\text{計畫}} + \mathfrak{O}_{\text{全球}}$$

這個**交叉點**十分重要。因為過了這一點，系統能力接下來的長進會大幅提升系統的總體最佳化能力，自此踏進強力循環自我進步的機制中。這就導致了在廣泛多樣的不同反抗曲線下，系統能力的爆發性成長。

再來想想一種情形：由於反抗一直維持不變，所以人工智慧的增加速度等同於投入的最佳化能力。假設所有投入的最佳化能力都

來自人工智慧本身，且人工智慧將所有的智慧投入強化自身智慧的工作上，那麼 $\mathfrak{O}_{系統}=I$。[22] 我們就會得到：

$$\frac{dI}{dt} = \frac{I}{k}$$

要解這個簡單的微分方程式，可用這個指數函數取代：

$$I = Ae^{t/k}$$

不過，反抗維持一致是種特殊情況。在人類底線附近，因為前一小節提到的一種或多種因素，反抗可能會大幅滑落，而在黃金交叉附近維持低迷，並保持一定的距離（也許要維持到系統終於抵達基本物理限制為止）。舉例來說，假設在系統大量貢獻於自身的設計之前，用於系統的最佳化能力大略維持一致（也就是 $\mathfrak{O}_{計劃}+\mathfrak{O}_{全球} \approx c$），就會導致系統的能力每 18 個月增加一倍（大致符合摩爾定律與軟體進展的結合下，過去的進展速度）。[23] 這個進展速度如果能用大略一致的最佳化能力來達成，就需要反抗呈現與系統能力相反的下滑：

$$\frac{dI}{dt} = \frac{c}{1/I} = cI$$

如果反抗在這個雙曲線模式中持續滑落，那麼當人工智慧達到黃金交叉，用來提升人工智慧的最佳化能力的總量就會加倍。於是

我們就會得到：

$$\frac{dI}{dt} = \frac{(c+I)}{1/I} = (c+I)I$$

下一次的加倍會在 7.5 個月後。然後在 17.9 個月內，系統能力成長了一千倍，因此獲得了速度超智慧（圖九）。

這個特定的成長軌跡有著 t = 18 個月的正奇異點。在現實中，最多到了系統開始接近資訊處理的物理極限時，才會停止反抗維持常數的假設。

這兩個情境只是用來舉例說明而已，也還有其他不同的軌跡，取決於反抗曲線的形狀。這個主張只是想表達，黃金交叉點周圍設下的強大回饋迴圈，極度傾向讓起飛比任何其他狀況更快。

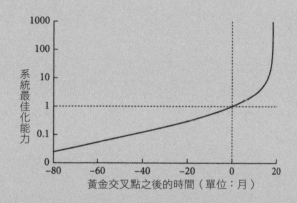

圖九　一個簡單的智慧爆發模型

然而，我們在前一小節中看到，有些因素可以在人類能力底線水準附近導致反抗大幅滑落。這些因素包括：一旦達到「工作軟體心智」後，硬體急遽擴張的可能；演算法進步的可能性；掃描更多大腦的可能性（在全腦仿真的途徑中）；以及消化網際網路、快速吸收大量內容的可能性（在人工智慧的途徑中）。[24] 儘管有這些觀察結果，我們仍無法好好描述相關領域中反抗曲線的形狀。特別是我們還不清楚，要提升人類水準的模擬或者人工智慧軟體的品質會有多困難；也不清楚擴展一個系統可用的硬體能力有多困難。由於現今提升小型計劃的計算能力相對簡單，只要花上幾千倍的錢、或等電腦價格滑落就可以實踐；因此，第一個機器智慧達到人類底線的情況，應該會由一個以造價不菲的超級電腦做的大型計劃達成。該計劃無法用低廉的價格擴大規模，屆時摩爾定律也將失效。基於這些理由，儘管快速或穩健速度起飛看起來比較有可能，但我們仍然不能排除緩慢起飛的可能性。[25]

5 關鍵策略優勢

Chapter

　　另一個問題和動力學問題不同，但密切相關：「超智慧會只有一個，還是會有很多個？」一場智慧爆發會導致單一計劃鶴立雞群而能支配未來，還是進展會更統一，由眾多計劃推動整面前線，但沒有任何計劃敢確保自己占有壓倒性或永久的領先地位？

　　接下來，本章會分析一個關鍵的決定因素──也就是從人類轉型至強超人類智慧的速度──這個因素將決定領頭者的能力，以及領頭者與最接近的競爭者之間拉開的差距。第一個分析就此展開。如果起飛很**快速**（在一小時、一天或一週內完成），那麼就不太可能會有兩個獨立的計劃同時起飛；也幾乎可以確定，第一個計劃會在其他計劃開始起飛之前就完成起飛。但如果起飛很**緩慢**（在數年至數十年間完成），那就可能會有多個計劃同時經歷起飛，所以儘管計劃到了轉型的尾聲，能力大幅增加，但不會有任何一個計劃遠遠超越其他計劃、遙遙領先。**穩健**的起飛則會維持在兩者之間，而有兩種可能情況：可能會有不只一個計劃同時經歷起飛，但也可能只有一個。[1]

　　會不會有某個機器智慧計劃遠遠甩開競爭對手，從而取得**關鍵策略優勢**（decisive strategic advantage，足以統治全世界的技術和其他優勢水準）？如果某個計劃真取得了關鍵策略優勢，它會利用優勢來壓制競爭

者並促成**單極**（singleton，在這種世界秩序中，全球等級上只有唯一一個決策單位）嗎？如果最終有計劃勝出，這個計劃會有多「龐大」？（這裡的龐大，指的不是物理尺寸或預算大小，而是指它的設計會受到多少人的需求所控制）讓我們依序思考這些問題。

領頭者會不會得到關鍵策略優勢？

影響領頭者和追隨者之間差距大小的因素，在於讓領頭者占競爭優勢的那個東西（不管那東西是什麼）之擴散速度。領頭者會發現，如果追隨者可以輕易複製想法和革新，那麼要擴大差距並維持大幅領先就沒那麼容易。模仿創造了一股不利於領頭者的逆風，卻能讓落後者受益，智慧財產權缺乏保障時更是如此。領頭者也特別容易受到稅賦徵收的打擊，或者遭到反壟斷法條的壓制。

然而，假設「這股逆風必然會隨著領頭者和追隨者的差距而增加」，這也是不對的。就像落後太多的自行車手無法接收前方車手的氣流保護一樣，大幅落後頂尖技術的追隨者，可能也會很難以吸收前鋒所創造的優勢，導致理解和能力的差距愈來愈大。[2] 領頭者可能會轉移到更先進的技術平台上，讓後來的革新無法再轉回到落後者所使用的原始平台上。領先眾人的領頭者也許能阻止資料從研究計劃和敏感的設施中洩漏出去，或是蓄意破壞競爭者開發自己優勢能力的苦心成果。

如果領頭者是個人工智慧系統，它可能也會有擴張自己能力並減少普及性的特質。在一個人類運作的組織中，規模經濟往往會被官僚體系的效率低下與執行問題抵消，包括維護商業機密的困難。[3] 所以，只要

還是由人類運作，這些問題就很有可能會限制機器智慧計劃的成長。然而，人工智慧系統可以避免這種規模不經濟（scale diseconomies），因為相較於人類勞工，人工智慧的零件沒有那些與系統整體分歧的個別偏好，因此人工智慧系統可以避開人類企業執行效率低落的問題。同樣的優勢——有著完美忠誠度的零件——也讓人工智慧系統更容易追求祕密的長期目標，因為它不用擔心不滿的員工會被競爭對手挖角買通。[4]

　　觀察歷史案例（見附錄五），我們可以大略了解發展期間可能的差距分布。幾個月到幾年以內的落後，對重大策略技術計劃來說似乎是很尋常的。

附錄五　技術競賽：一些歷史案例

　　縱觀漫長的歷史，知識和技術在全球擴散的速度一直在增加。導致技術領頭者與最接近的追隨者之間的時間差距逐漸縮短。

　　中國壟斷絲綢的生產超過兩千年之久。考古研究發現，生產活動可能在西元前 3000 年甚至更早之前就開始了。[5]養蠶是一門機密，洩漏技術可能會被判死刑，將蠶或蠶卵運出中國也是同等重罪。儘管羅馬帝國進口絲綢的價格奇高，羅馬人從未學會生產絲綢的技藝。一直要到西元 300 年，日本的遠征隊拿到一些蠶卵，並且抓到四個中國女子，這門技藝才從她們手中被迫洩漏給綁架者。[6]拜占庭在西元 522 年加入生產行列。瓷器製造的故事也有漫長的差

距，這項技藝約在西元 600 年的唐代純熟（可能最早從西元 200 年就開始了），但要到 18 世紀，歐洲人才有辦法精通此技。[7] 有輪交通工具於西元前 3500 年左右在歐洲和美索不達米亞等數個地方出現，但要到後哥倫布時期才在美洲大陸面世。[8]

從更長遠時間軸來看，人類花了一萬年才散布到全球大部分的地區，農業革命花了數千年，工業革命花了幾百年，而資訊革命可謂只花了幾十年就散布全球——當然，並非每一種轉型都同樣意義深遠（跳舞機遊戲《勁爆熱舞》〔Dance Dance Revolution〕只花了一年就從日本散布到歐洲和北美！）

技術競爭這個主題早已被仔細探究，在專利競賽和軍武競賽的脈絡下更是深入。[9] 回顧這些故事超過我們的討論範圍。不過，觀察 20 世紀一些具重大戰略意義的技術競賽案例還是會有所幫助（見表七）。

就這六種因為軍事或象徵意涵，被競爭強權認為有重大戰略意義的技術來說，領頭者與最接近的落後者之間，差距分別為（非常接近於）49 個月、36 個月、4 個月、1 個月、4 個月和 60 個月——都比快速起飛的時間來得長，比緩慢起飛的時間短。[19] 在許多例子中，落後者的計劃受益於間諜活動和公開可得的資訊。僅僅展現一項發明是可行的，也能鼓勵其他人獨立開發；害怕落後的恐懼，也會刺激追趕的力量。

也許，不需要開發新物理設備的數學發明比較接近人工智慧的案例。這些發明會在學術文獻中公開，因此可以算做全球通行；但在某些例子中，當一個發現似乎能提供策略優勢，發表就會延後。舉例來說，公開金鑰加密最重要的兩個概念為迪菲－厄爾曼交換協

表七　一些重大戰略技術競賽

	美國	蘇聯	英國	法國	中國	印度	以色列	巴基斯坦	北韓	南非
裂變式原子彈	1945	1949	1952	1960	1964	1974	1979?	1998	2006	1979?
熱核彈（氫彈）	1952	1953[10]	1957	1968	1967	1998	?	—	—	—
發射衛星能力	1958	1957	1971	1965	1970	1980	1988	—	1998?[11]	—[12]
人類進入太空能力	1961	1961	—	—	2003	—	—	—	—	—
洲際彈道飛彈（ICBM）[13]	1959	1960	1968[14]	1985	1971	2012	2008	—[15]	2006	—[16]
多目標重返大氣層載具（MIRV）[17]	1970	1975	1979	1985	2007	2014[18]	2008?			

議（Diffie–Hellman key exchange protocol）和 RSA 加密演算法（RSA encryption scheme）。這兩個概念分別在 1976 年和 1978 年由學術社群發現，但日後證實，其實早在 1970 年代早期，這些想法就已經為英國通訊安全團體的解碼者所知。[20] 大型的軟體計劃或許也可以提供一種更接近人工智慧計劃的類比，但要針對典型的差距提出扼要說明比較困難，因為軟體通常會以「遞增安裝品」的形式發行，互相競爭的系統往往不能直接比較功能。

全球化和加強監視有可能會減少競爭計劃間的一般差距。然而（當人為協調不存在時）平均差距會縮到多短，應該有更低的界限。[21] 即便缺少了會引發滾雪球效應的動力，某些計劃最終還是會遇到更好的研究團隊、領導者和設備，或是碰巧靈光一閃，想到好的點子。假設有兩個計劃各自追求不同的方法，而其中一個後來比較順利，對手即便能緊盯領頭者的一舉一動，還是得花上好幾個月，才能轉換到比較好的方法。

將這些觀察與我們先前關於起飛速度的討論結合起來，我們可以做出結論：要兩個計劃幾乎在同時間內快速起飛，是相當不可能的；緩慢起飛的情況下，很有可能會有數個計劃同步經歷這個過程；而穩健速度則是上述兩種結果都有可能。但進一步分析就會知道，關鍵問題並不在於有多少計劃同時起飛，而是有多少計劃的力量夠緊密地聚集在一起，突破重圍，且其中並沒有任何單一計劃占有關鍵策略優勢。如果起飛過程是開頭慢然後加快，互相競爭計劃之間的距離就會拉長。回到前面的自行車比喻，這個情形有如兩名自行車手騎上陡坡，一名占得先機，另一名車手則保持距離，尾隨其後——當領頭者達到頂峰，並開始朝另一側加速俯衝，兩台車之間的距離便會拉大。

接下來想想穩健起飛的情況。假設有幾個得花上一年，將人工智慧從人類底線進步到強超智慧的計劃，其中一個比第二個具優勢的計劃領先六個月進入起飛階段。這兩個計劃將會同時經歷起飛，那麼看來這兩個計劃都不會獲得關鍵策略優勢；但事情未必如此。假設從人類底線進步到黃金交叉點需要費時九個月，進步到強超智慧要再花三個月，領頭者便可在追隨的計劃甚至還沒達到黃金交叉的三個月前，就達到強超智慧。這會使得領頭計劃能藉由擊倒競爭計劃並建立單極，來取得關鍵策略優勢，且將領先連本帶利，化為永久的控制權。（注意，單極的概念是

抽象的。單極可以是民主體制，可以是專制政府，可以是獨攬大權的人工智慧，也可以是一套強大的全球規範〔包括執行規範的有效規定〕，甚至可以是外星霸主──簡單來說，它的定義特徵是某種能動形式，能解決全球所有主要的協調問題。它有可能〔但不必〕與人類常見的統治形式有相似之處〕。[22]

既然黃金交叉後的爆發性成長會有一個特別強大的前景，那麼當最佳化能力強大的正面回饋迴圈出現之後，這種情況就非常有可能發生。而且，就算起飛速度不快，這個情況也會增加領頭計劃取得關鍵策略優勢的機會。

成功的計劃會有多大？

某些邁向超智慧的途徑需要大量資源，因此這些途徑往往會被資金充足的大計劃所獨占。舉例來說，全腦仿真需要多種專業技能和大量設備；生物智能強化和腦機介面也都強烈受到規模因素的影響。一家小型生技公司也許能研發出一兩種新藥，但要藉由上述任何一種途徑達到超智慧（若真的可行），就得需要眾多發明和無數測試，進而需要一整個工業部門或是資金充足的國家計劃來支持。若要經由「讓組織和網路更有效率」來達到群體超智慧，甚至需要更龐大的投入，可能世界經濟的一大部分都得參與其中。

人工智慧途徑更是難以達成。這條路或許需要極大量的研究計劃；但也許只要小團體就能完成；也不排除一名駭客出手就搞定的可能性。打造一個種子人工智慧需要理論洞見，以及幾十年來全球科學社群發展出來的

演算法，但最後關鍵的突破想法有可能來自個人，或是某個成功使一切到位的小團體。在某些人工智慧架構裡，這相對來說較不可能發生。一個具有眾多組成部分、需要微調同步才能一起有效運作的系統，若搭載各處製造的認知內容勉強前行，顯然需要更大的計劃來統籌才行得通。但如果一個種子人工智慧可以具體化為一個簡單的系統，而打造那樣一個系統只需弄對幾個基本原則的話，那麼小團隊甚至個人都有機會一舉成功。同理，如果領域中最先前的流程已在公開文獻中發表，或是化為自由軟體而可任意取得，小型計劃產生最終突破的可能性也會增加。

我們必須區分「直接**策劃**系統的計劃能到多大」跟「**控制**系統（要不要打造／如何打造／何時打造）的團體可以到多大」這兩個問題。原子彈基本上是由一群科學家和工程師打造出來的（曼哈頓計劃雇用了大約十三萬人，其中絕大多數是建築工人和營造業者）。[23] 然而，這些技術專家都由美國軍方控制，而軍方則由美國政府主導，政府終究要對美國選民負責，當時約莫等於全球十分之一的成年人口。[24]

監控

有鑑於超智慧在安全上的重大意義，政府很有可能會將國境內所有認定為接近達到起飛的超智慧計劃全數收歸國有。一個強大的國家也可能藉由間諜、竊盜、綁架、賄賂、威脅、軍事征服或任何手段，來取得其他國家的計劃。無法得到外國計劃的強權可能會乾脆摧毀該計劃，特別是計劃母國缺乏有效的嚇阻手段時。突破的跡象開始發生之際，若全球主宰的架構夠強大，有望的計劃可能將交由國際管轄。

因此，迎接智慧爆發到來的，會是國家當局還是國際當局？——這

將是個至關重要的問題。目前各個情報機構都不太關注有希望的人工智慧計劃，或其他具爆發潛力的智慧強化形式。[25] 它們之所以沒在用心關切，很可能是因為廣泛的觀念認為，超智慧不太可能即將來臨。要是有名望的科學家普遍相信超智慧的出現迫在眉睫，那麼世界上主要的情報機構就會開始監控相關的研究者或研究團體。接著，任何開始顯現長足進展的計劃，就會被立刻收歸國有。如果政治菁英們被風險的嚴重性給說服，在敏感領域產生的民間成果，就有可能被國家接管或訂為非法。

這種監控難度有多高呢？如果目標只是追蹤領頭計劃的話，就比較簡單。在這種例子中，專注監視幾個資源最充足的計劃就夠了。但如果目標是要預防「任何」成果出現（至少防範它出現在被特別授權的機構之外），那麼監視就得更加全面，畢竟許多小型計劃和個人都有能產生一點小小進展的機會。

監控一個需要大量物質資本的計劃簡單得多，好比全腦仿真計劃。相較之下，人工智慧研究只需一台個人電腦，要監控就難上許多。有些理論工作只要有紙筆就可以進行。即便如此，長期認真投入通用人工智慧研究的最優秀人才並不難找。這些人往往會留下可見的痕跡，他們可能會發表學術論文、參與研討會、在網路論壇中發文，或是從頂尖的電腦科學系所獲得文憑。他們也可能和其他人工智慧研究者保持聯絡，因此只要定位社交圈，指認這些人就變得相當容易。

從一開始就保密的計劃可能會更難偵查。尋常的軟體開發計劃可能只是個障眼法。[26] 只有小心分析產出的編碼，才能揭露計劃的真正本質。這樣的分析需要大量（技術高超）的人力，因此只有少數可疑計劃會被徹底檢查。如果開發出有效的測謊技術，且能常態性使用這種監視技術，那麼這項工作就會變得簡單許多。[27]

國家可能無法偵查到最前端發展的另一個理由,在於「預測某些類型出現突破」的困難。這點與人工智慧研究的關聯性較高(與全腦仿真相比),因為對於全腦仿真來說,關鍵突破較有可能透過階段明確的穩定技術進步來達成。

情報單位和其他政府官僚部門也可能因為凝滯僵化,而無法理解某些發展的重要性,但對外在團體而言,卻是再清楚不過。對於潛在智慧爆發的了解,官方的障礙可能特別高。舉例來說,這個議題可能會因為宗教或政治爭議而火上加油,在某些國家成為官方禁忌。議題也可能牽連上一些不肖分子或是誇大詐騙,使得德高望重的科學家和令人避之唯恐不及的產業界(我們在第一章看過,類似這樣的事情已經發生過兩次,回想一下那兩次的「人工智慧冬天」)可能會進行遊說,避免有利可圖的商業領域遭到誹謗;學術社群可能會團結一致,抵制那些擔心科學成果產生長期後果的聲音。[28]

因此,我們不能排除情報單位徹底失敗的可能性。特別是如果在議題受到公眾矚目之前,突破就先發生了,那麼情報單位就很有可能失敗。就算情報單位搞對了狀況,政治領袖可能也不會聽取意見或根據他們的意見採取行動。當初光是讓曼哈頓計劃啟動,就讓多位卓識遠見的物理學家費盡心力,特別是馬克‧奧力芬特(Mark Oliphant)和利奧‧西拉德(Leó Szilárd);西拉德說服了尤金‧維格納(Eugene Wigner),維格納又說服了愛因斯坦加入署名,進而說服小羅斯福總統正視問題。即便計劃達到完整規模,小羅斯福及繼任者杜魯門都還是對計劃的工作能力和重要性抱持懷疑。

不論好壞,如果一個好比國家之類的大玩家要插上一腳,一個小團體要能影響智慧爆發的結果,就會比較困難。因此,個人若想獨力減少

智慧爆發的整體潛在風險，成功機率最高的情況，就是大玩家對此議題維持渾然不覺；或是他們先前的努力影響了大玩家，使得大玩家對於是否進入遊戲、何時進入遊戲、以及哪個大玩家以何種態度進入遊戲，都產生了大規模的改變。因此，期盼達成最大期望影響力的活動者，即便相信在這樣的情況中，最後由大玩家全面掌控的機率比較高，他們還是希望大多數的計劃能集中在高槓桿的情境之中。

國際合作

如果全球統治架構整體上更加強化，國際間的協調合作就比較有可能發生。如果智慧爆發的重要性提早廣受重視，且針對所有重大計劃的有效監控可行，協調合作也就比較有機會展開。眾多國家可以聯手支持共同計劃。如果這種共同計劃有效備足資源，就有大好機會第一個達標，特別是其他競爭計劃勢必得維持小規模，遮遮掩掩躲避偵查。

成功的多國大規模科學合作有許多前例，例如國際太空站（International Space Station）、人類基因組計劃（Human Genome Project）以及大型強子對撞機（Large Hadron Collider）。[29] 然而，在這些案例中，合作最主要的動機就是分攤費用（在國際太空站的例子中，在美俄兩國之間培養合作精神本身就是重要目標）。[30] 要在具重大安全意義的目標上達成類似的合作，則會更加困難。相信自己能單方面達到突破的國家，可能會貿然獨立進行，而不是將成果屈從於共同計劃之下。有些國家也可能因為害怕其他參與國取走合作產生的洞見，並私下用來加速國內的計劃，而選擇不參加國際合作。

因此，一個國際計劃需要克服重大的安全挑戰。若想要開始，大量

的信任不可或缺，而信任需要時間發展。想想即便是戈巴契夫上位、美蘇關係開始解凍後，軍武縮減——為了兩方強權的龐大利益起見——起初還是斷斷續續。當時，戈巴契夫企圖大幅縮減核武，和談卻因克里姆林宮極力反對雷根的「策略防禦計劃」（Strategic Defense Initiative，又稱「星際大戰」）而擱置。雷根在 1986 年的雷克雅維克高峰會上提議，美國會將策略防禦計劃即將發展出來的技術分享給蘇聯，如此一來，兩國就能共同防範核武意外發射，以及其他發展核武的小國出現。然而，戈巴契夫並沒有被這套顯然雙贏的提議所說服，他認為這個策略是個詭計——當時美國連擠牛奶的技術都不願意和蘇聯分享，卻願意分享最先進的軍事研究？這個想法讓他拒絕相信雷根的話。[31] 不論雷根提出的超級強權合作實際上是否真誠，不信任總會讓提案無法成真。

同盟國家之間比較容易達成合作。但即便是這種情況，合作也不會自動完成。當蘇聯和美國在二次世界大戰同盟對抗德國時，美國對蘇聯隱瞞了原子彈計劃；但美國卻和英國與加拿大在曼哈頓計劃上進行合作。[32] 同樣地，英國也對蘇聯隱瞞了成功破解德國 Enigma 密碼一事，卻和美國分享——儘管還是遇到一些困難。[33] 這裡可以看出，為了在某些對國家安全至關重要的技術上達到國際合作，必須先打造緊密且彼此信任的關係。

我們會在第十四章回頭討論發展智慧強化技術時，國際合作的必要性和可行性。

從關鍵策略優勢到單極化

一個獲得了關鍵策略優勢的計劃，會不會選擇用它來形成單極？

來想一下一個約略可比擬的歷史狀況。1945 年，美國發展出核能武器，在 1949 年蘇聯發展出原子彈之前，它是唯一的核武強權。在這段期間（以及一段時間之後），美國可能曾經有／能達到所謂的關鍵軍事優勢。

理論上，美國接著應該要利用核武壟斷優勢來創造單極。當時可行的辦法之一，就是全力打造自己的核武兵工廠，接著威脅發動核武先發制人（必要的話實際執行），藉此摧毀蘇聯以及其他有意發展核武的國家所有初期核武工業能力。

另一個比較溫和、也有可能成功的做法，是用核武兵工廠當做議價籌碼，談出一個強大的國際政府——一個削弱否決權、壟斷核能、能授權採取任何必要措施，來避免任何國家私自發展核武的聯合國。

這兩種途徑當時都有人提出。某些傑出的知識分子提倡發射或威脅先發制人的強硬路線，例如羅素和馮紐曼。[34] 或許這種威脅核武先發制人的想法，如今看來近乎愚蠢或不容於道德，但這就是一種文明進展。

1946 年，美國嘗試過一個較為溫和的途徑，稱做「巴魯克方案」（the Baruch plan）。這個提案要求美國放棄一時的核能壟斷，將鈾礦、釷礦開採以及核能技術，交由一個聯合國支持的國際單位來控制。這個提案要求聯合國安理會的常任理事國，在核武相關事務上放棄否決權，以防止任何強權違反條約來否決強制改正。[35] 史達林看出蘇聯和其盟國可以輕易使用票數在安理會和聯合國大會勝出，因此駁回了這個提案。

互相懷疑的冰冷氣氛籠罩在二戰當年的盟友間，互不信任沒多久便凍結為冷戰。一如普遍的預測，接下來就開始了既昂貴又極度危險的核武競賽。

許多因素都能阻止擁有關鍵策略優勢的人類組織產生單極。其中包括非聚集或有限效用函數、非最大化決定原則、混亂和不確定性、協調問題，以及各種和接管相關的成本。但如果今天掌握關鍵策略優勢的不是一個人類組織，而是超智慧人工行動主體呢？用上述因素阻止人工智慧獨攬大權，是否還會同樣有效？我們且簡單帶過因素清單，並思考在這樣的案例中該如何應用這些因素。

個人和組織往往偏好沒被「無限制聚集效用函數」好好表示的資源。世人不會把所有資本投注在一個只有一半機會能翻倍的可能性上；國家通常也不會冒著失去所有土地的風險，來賭一個只有十分之一機會能發生的十倍擴張。對於個人和政府而言，這些投資對多數資源來說報酬都是遞減的。但同樣的需求並**不適用**於人工智慧（我們會在接下來的章節談談人工智慧的動機問題）。因此，若一個人工智慧想要進行控制世界的行動，它很有可能會採取風險高的途徑。

個人和人類組織可能會運作不將期望效益最大化的決策過程。舉例來說，他們可能會考量基本風險規避；或是著重達到適當門檻即可的「見好就收」抉擇法則；或是無論行動結果有多誘人，都禁止任何人用整體利益或其他價值之名，侵犯他人的權利行動。人類決策者似乎會展現出一種社會身分，而非企圖將某些特定對象的成就極大化。同理，這些問題也不適用於人工智慧行動主體。

有限效用函數、風險規避和非最大化決策規則，也同時具有混亂和不確定性。以革命為例，儘管成功推翻了既有秩序，但往往無法產生煽

動者所許諾的成果。如果考慮後的行動將不可逆轉、打破常規或缺乏先例，我們會傾向把這樣的行動維持在人類手中。倘若超級人工智慧嘗試利用顯著的關鍵戰略優勢來鞏固自身的主導地位，它可能會更清楚地察覺到這個情形，因而面臨較少的策略混亂與不確定性。

另一個抑制團體利用潛在關鍵策略優勢謀私利的主要因素，是內部合作問題。企圖奪權、心懷不軌的成員不僅得擔心被外界滲透，也要擔心內部更小的圈圈窩裡反。如果一個團體有 100 人，其中 60 個人可以掌權並剝奪非密謀者的權利，那麼接下來有什麼能阻止 60 人中一個 35 人的小團體，剝奪剩下 25 人的權利呢？也許接著又有 20 人剝奪剩下 15 人的權利。原本的 100 人中，每個人都有充分的理由去擁護某些既定規範，避免任何直接奪權改變社會契約的企圖，造成全體崩解。這個內部合作的問題，並不適用於構成單一且統一的人工智慧系統行動主體。[36]

最後，還有成本的問題。就算美國運用核能壟斷建立了單極，倘若無法擔負龐大的成本，最終可能也無法達成。在由（經強化重組的）聯合國管制的談判決議案例中，核武的成本可能較小，但實際上透過發動核戰來征服世界的成本——包括道德、經濟、政治和人類成本——將會高得超乎想像，就算在核武壟斷時期也一樣。然而，有了足夠的技術優越性，成本就會降低很多。舉例來說，我們可以設想一種情況：有個國家具備遙遙領先的技術，只要按個按鈕，就能輕易解除所有其他國家的武裝，不會造成任何死傷，對環境也幾乎沒有損害。有了這樣一個近乎魔法的優越技術，先發制人就會變得很吸引人。或者，我們也可以設想另一個更誇張的技術優越性，它讓領頭者有辦法令其他國家自願放下武器，不是用毀滅威脅，而是有效地設計廣告和宣傳活動，來讚揚全球團結的美德。如果是透過「讓所有人受益」來完成這件事，比如說用一個

公平、具代表性且有效率的全球政府，取代國家競爭和武器競賽，那麼，「反對讓一個臨時策略優勢成為一個永久單極」是否還有站得住腳的道德理由？——這有待商確。

綜上所述，各種考量指出一個愈來愈高的可能：一股擁有超智慧、獲得夠大策略優勢的未來力量，實際上將會利用這樣的優勢來形成一個單極。當然，這樣的結果有多合乎需求，取決於創造出來的單極本質，以及智慧生命的未來在另一種多極（multipolar）狀況下會是什麼樣子。我們會在後面的章節回應這些問題。但首先，我們來更仔細看看，一個超智慧是否能輕易有效地達到想要的各種結果，以及如何做到。

6 Chapter 接管全世界

假設一個數位超智慧行動主體產生了，且基於某個理由，它想要接管全世界；它做得到嗎？本章我們要來思索超智慧可以發展的能力，以及它或許能做到的事。我們會概述一個權力接管的狀況，描述一個起初只是軟體的超智慧行動主體，如何將自己打造為單極。我們也會針對「掌管自然的力量」以及「掌管其他行動主體的力量」之間的關係，提供一些評論觀察。

人類之所以能主宰地球，最重要的原因在於，我們的大腦和其他動物相比，有一套稍微擴充的功能。[1] 更高的智慧讓我們能更有效率傳遞文化，一代代累積知識和技術。直到現在，我們已累積了充足的知識，使得太空飛行、氫彈、遺傳工程、電腦、工業化農場、殺蟲劑、國際和平運動以及整套現代文明成真。地質學家開始稱當代為「人類世」（Anthropocene），好區辨這個人類活動所獨有的生物、沉積質以及地球化學特徵。[2] 一項估計顯示，我們占用了整個行星生態系統 24% 的淨基本生產。[3] 然而，我們離技術的物理極限還有相當大的距離。

從這些觀察，我們可以合理指出，任何一種實體若能發展出遠超過人類水準的智慧，可能將具有極大的潛在力量。這種實體累積內容的速度遠比我們還快，且能在短很多的時間內發明新技術。它們也可以運用

自身的智慧，研擬出比我們更有效率的策略。

　　讓我們來思考一下超智慧可能擁有的能力，以及它會如何使用這些能力。

功能與超級力量

　　有一點至關重要：在思考超智慧的潛在影響時，我們不要將它們擬人化（anthropomorphize）。不管是在種子人工智慧的成長軌跡，還是在成熟超智慧的心理、動機和能力方面，陷入人類的框架，都會萌生毫無根據的期待。

　　舉例來說，有種普遍的假設：超智慧機器會像一個十分聰明但很宅的人類。我們想像人工智慧有學問智慧但缺乏社交機智，或是邏輯精準但不夠直覺有創意。這種想法可能來自於我們觀察現在的電腦，看出它們擅長計算、記憶和依指令執行任務，但對社群脈絡和潛台詞、規範、情感和政治渾然不覺。我們又觀察到擅長電腦工作的人往往很宅，更進一步強化了這種聯想，所以才會假想愈先進的運算智慧，就愈會有類似的特質——也算合情合理。

　　這種想法在速度人工智慧的早期發展階段中，可能還保留一些正當性（但不管怎樣，都沒理由去假設這種比擬可以套在全腦仿真或認知強化的人類身上）。在速度人工智慧尚未成熟的階段，未來將成為超智慧的人工智慧，也許仍缺少許多對人類來說相當自然的技能和才能；而這個種子人工智慧模式的強弱項，**可能**確實和高智商阿宅有些相似。種子人工智慧最基本的特色除了容易進步（反抗低），就是善於發揮最佳化

能力來強化系統的智慧：這種技能可能是某種與數學、程式設計、工程學、電腦科學以及其他「宅工作」密切相關的技能。然而，即便一個種子人工智慧在某個發展階段具有這麼宅的能力特性，也不一定代表它未來也會長成一個受限的成熟超智慧。回想一下直接和間接範圍的分別，當智慧強化有了足夠的技能，所有其他智慧就會都在系統的間接範圍內：系統可以依照需求發展出新的認知組件和技能，包括共感、政治敏感，以及一個類電腦人格理當要有的能力。

即使一個超智慧可以擁有所有在人類身上找得到的技能和天分，外加其他在人類身上找不到的才能，擬人化仍會讓我們低估機器超智慧可以超越人類水準的程度。前文提過，尤德考斯基特別譴責這種錯誤：我們對「聰明」和「蠢笨」的直覺概念，取自我們在人類範圍中經驗到的差異。然而，人類彼此的認知能力差異，相較於任何一個人類智慧與超智慧的差距，都是微不足道的。[4]

我們曾在第三章看過機器智慧的潛在優勢來源。從這些優勢規模看來，超智慧聰明絕頂，遠遠非人類所及，與其看作科學天才與一般人的差距，不如用人類和甲蟲或蠕蟲的差距來比擬，還比較接近。

如果我們可以用某些熟悉的度量，例如用智商 IQ 或 Elo 等級分制度（這種制度可以測量雙人遊戲〔例如西洋棋〕中選手的相對能力），來量化認知系統的認知能力的話，事情會方便許多。但這些度量在超人類通用人工智慧的脈絡下不是很管用；我們其實沒興趣知道，一個超智慧在一場西洋棋比賽中，獲勝的機會有多大。至於 IQ，只有我們知道這個分數在實際狀況下會如何表現，才能提供有用的資訊。[5] 舉例來說，數據顯示，智商 130 的人比智商 90 的人更有可能在學校表現優異，在眾多注重認知能力的工作中也會表現得比較好。但假設我們不知怎地打造了某

種未來人工智慧，其智商達到 6,455，結果會怎麼樣？我們完全不知道這樣的人工智慧實際上能做什麼。我們甚至沒辦法知道這樣的人工智慧有沒有一般成年人水準的通用智慧——也許這個人工智慧有一整批的特殊算式，讓它能用超人類的效率來解決普通智力測驗的問題，但也僅止於此。

近期，針對更廣大範圍的資訊處理系統（包括人工智慧在內）所開發的認知能力測量方式，有些成果出現。[6]如果可以克服各種技術困難，這些成果最後也能在某些科學目的上變得十分有用，例如人工智慧發展。不過，要是把這些成果用在當前的調查目的上，由於超人類的表現分數和它在這世上達成什麼重要成果的實際能力，兩者之間有什麼關聯還屬未知，所以這種測量的效用就會受限。

因此，如果我們列出某些策略上的重要工作，然後根據完成工作所需的技能去界定認知系統之能力，對我們來說會比較有用。結果可見表八。我們可以說，表中任何工作都能有效勝任的系統，就擁有對應的**超級能力**。

一個全面綻放的超智慧，會在表中的所有工作上表現卓越，六種超級能力應有盡有。一個領域限定的智慧是否可能只擁有其中一些超級能力，卻過了很長的一段時間，還是無法獲得全套的能力？其實我們無法確定。創造任一擁有表中超級能力的機器，似乎是個「AI 完全」問題。然而，我們可以想像：一個由夠多似人類生物心智（或電子心智）構成的群體超智慧，也許會擁有經濟生產的超級能力，但缺乏研擬策略的超級能力；同理，我們也可以想像一個特化的工程人工智慧，它擁有技術研究的超級能力，但完全缺乏其他領域的技能。但如果某些特定的技術領域中的高端技巧足以產生壓倒性優越的多功能技術，那麼就比較可能出現具有全套超級能力的智慧。舉例來說，我們可以想像一個特化的人

表八 超級能力：一些策略相關的工作和對應的技能組合

工作	技能組	策略關聯
智慧強化	人工智慧設計、知覺強化研究、社會認識發展等	• 系統可以自我發展智慧
研擬策略	計劃策略、預測、劃分優先順序、分析達到遠程目標的最佳化機會	• 達到遠程目標 • 戰勝智慧對手
社會控制	社會與心理建模、控制、修辭說服（rhetoric persuasion）	• 透過人類支援動用外部資源 • 一個「盒裝」的人工智慧可以說服守門員讓它出去 • 說服國家和組織採納某些行動方向
駭客	尋找並開發電腦系統中的漏洞	• 人工智慧可以剝奪網際網路的計算資源 •「盒裝」人工智慧也許會發掘安全漏洞，逃脫監禁控制 • 竊取財務資源 • 駭入基礎設施、軍事機器人等
技術研究	設計先進技術並製造模型（例如生物科技、奈米科技）	• 打造強大軍力 • 打造監視系統 • 自動化空間的殖民
經濟生產力	促成有經濟生產力之智慧工作的多種技術	• 產生可以用來購買影響力、服務、資源（包括硬體）等等的財富

工智慧，它擅長於模擬分子系統以及發明奈米分子等級的設計，而能實現使用者以極高抽象層次描述的廣泛領域重要能力（例如有未來表現特性的電腦或武器系統）。[7]這樣的人工智慧或許也能構思出詳細的藍圖，說明該怎麼從現有技術（比如說生物科技和蛋白質工程）發展到原子級精準度高量生產所需的製造能力，從而實惠地生產出奈米機械構造。[8]

然而，最後的結果可能是，一個工程人工智慧如果沒有同時具備技術領域以外的先進技能（比方說知道如何翻譯使用者需求、在真實世界的應用中替一個設計行為建立模型、處理缺陷錯誤和故障、獲得構造所需的要素和輸入資料等等），它就無法真正具備技術研究的超級能力。[9]

具有智慧強化超級能力的系統，可以運用這項能力來自我發展至更高的智慧水準，並獲得一開始沒有的智慧超級能力。但使用智慧強化超級能力並不是系統拓展為超智慧的唯一方法。舉例來說，擁有研擬策略超級能力的系統，或許能善用能力設計一個最終得以增進智慧的計劃（例如安排系統成為人類程式設計者和電腦科學研究者的智慧強化工作重點）。

人工智慧接管的情境

我們因此發現，一個控制超智慧的計劃可以掌握強大的力量來源。控制世界上第一個超智慧計劃，就有可能擁有關鍵策略優勢。然而，更立即掌握實權的是**系統本身**。一個機器智慧可能本身就會成為非常強大的行動主體，強到足以成功反抗催生自己的計劃以及整個世界。這一點極其重要，接下來的幾頁我們將仔細檢驗這個問題。

現在我們來假設，若有個機器超智慧想在一個所向無敵的世界裡奪權（我們暫時先不理「它會不會／如何獲得這種動機」的問題，那是下一章的主題），那麼這個超智慧要怎麼樣才能達到主宰全球的目標呢？

我們可以沿著以下幾條路徑想像一道序列（見圖十）。

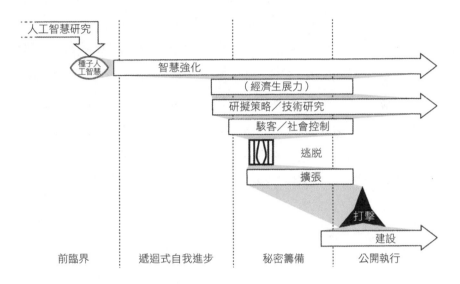

圖十　人工智慧接管情境中的各種階段

1. 前臨界階段

科學家在人工智慧領域和其他相關學門做研究，結果創造出種子人工智慧。這個種子人工智慧可以自行增進智慧。在早期階段，種子人工智慧仰賴人類程式設計者的協助，程式設計師引導人工智慧的發展，並承擔多數的困難工作。但隨著種子人工智慧的能力增長，它開始可以自

行完成更多工作。

2. 遞迴式的自我進步階段

到了某一時刻，種子人工智慧變得比人類程式設計者更會設計人工智慧。此時，當人工智慧自我進步，進步能力本身也一再進步，結果就導致了智慧爆發——快速進行的遞迴自我進步循環，導致人工智慧的能力飆升（我們因此可以把這個階段視為人工智慧達到黃金交叉後沒多久發生的起飛，假定這段起飛階段的智慧增加是爆發性的，而且是由人工智慧自己的強化力量所推動的）。人工智慧發展出智慧強化的超級能力，進而發展出表八所有的超級能力。到了遞迴式自我進步階段的尾聲，這個系統已十分「超智慧」。

3. 祕密籌備階段

為了達到長期目標，人工智慧利用策略超級能力發展出一套扎實的計劃（人工智慧不會採用一個笨到連人類都覺得會失敗的計劃，這道準則排除了許多以人類勝利為結尾的科幻式情節）。[10] 這個計劃可能涉及一段祕密行動，這段期間，人工智慧會背著人類程式設計者暗中發展智慧，以免觸發警報。人工智慧也可能掩飾自己真正的傾向，假裝順從合作。

如果人工智慧（基於安全理由）被拘留在孤立的電腦中，它可能會利用社交操控方面的超級能力來說服守門員，使它獲得使用網際網路端點的權利。或者，人工智慧會運用自身的駭客超級能力來逃出監禁。當它散布到網路上後，它也能擴張自己的硬體能力和知識庫，進一步增加

智慧的優越性。人工智慧也可能投身合法或非法的經濟活動，來獲取購買電腦、資料和其他資源的資金。

到了此時，人工智慧就有好幾種方法可以在虛擬領域之外達成其目的。它可以使用駭客超級能力，直接掌控自動控制器以及自動實驗室。它也可以運用社交控制超級能力，來說服人類合作者當它的手腳。此外，它也可以從線上交易獲得財產，用來購買服務和影響力。

4. 公開實行階段

一旦人工智慧取得足夠的力量，不再需要保密，最後階段就開始了。此時，人工智慧可以全面實行它的目標。

公開實行階段可能會從一個「打擊」開始。過程中，人工智慧會將人類以及人類所創造、會反抗人工智慧執行計劃的自動系統全數消滅。要達成這一點，人工智慧也許會啟動一些先進的武器系統（這些系統可透過人工智慧使用自身的技術研究超級能力來完善），並在祕密籌備階段就偷偷完成部署。如果武器使用了自我複製生物科技或者奈米科技，那麼為了達到全球規模所需的初期儲備就不需要太多，只要有一個能複製的實體，就足以開始這個過程。為了確保突然且一致的效果，複製品最初的存量可能會以一個非常低而無法探測的集中度來做部署，進而擴散全球。到了某一預設時刻，製造神經毒氣的奈米工廠或是搜尋目標的蚊型機器人會在地表上快速萌發（事實上，擁有技術研究超級能力的機器有可能設計出更有效的殺戮方式）。[11] 我們也可以設想另一種情境：某個超智慧靠著綁架政治程序、暗中控制金融市場、偏曲資訊流或是駭入人造武器系統，來奪取權力。這個情境似乎免去了超智慧發明新武器

技術的必要，儘管機器智慧大可利用分子或原子速度的控制器自行建設基礎設施，不用管相較之下慢得可以的人類身心速度。

又或者，如果人工智慧確信，就算面對人類的干涉，自己仍舊所向無敵，那麼人類或許不會成為它直接針對的對象。人工智慧使用奈米科技工廠和裝配器，展開大規模的全球建設計劃，從而造成的生存環境毀滅，才是我們滅亡的主因。這個建設計劃快則幾天慢則幾週，就可將全球表面蓋滿太陽能板、核能反應爐、具有突出冷卻塔的超級運算設施、太空火箭發射器，或是能使人工智慧的價值因長期累積而達到最大化的任何設施。人腦如果包含了與人工智慧目標相關的資料，也可以拿去分解掃描，解開的資料則會轉存為更有效而安全的儲存格式。

附錄六　郵購 DNA 的情境

尤德考斯基描述了人工智慧接管的可能情境，細節如下。[12]

1. 破解蛋白質摺疊問題，達到能生成 DNA 股的程度，且摺疊的氨基酸序列在複雜的化學互動中，充當特殊的功能角色。
2. 把數組 DNA 股用電子郵件寄到一個或多個提供 DNA 合成、胺基酸定序以及聯邦快遞寄件的線上實驗室（目前有許多實驗室提供這項服務，有些還誇口僅需 72 個工時）。
3. 找到至少一個可以上網，且可以收買、勒索或用背景無誤的

故事矇騙過去的人來收取聯邦快遞送來的藥瓶，並在指定的環境中混合成分。

4. 合成的蛋白質形成了非常原始的「濕」奈米系統，這種有如核醣體的系統可以接受外在指令；指令也許是有固定模式的音波震動，靠著連結在燒杯上的對講器傳遞。

5. 利用這極為原始的奈米系統來打造更複雜的系統，再由此打造進一步複雜的系統，自行導向分子奈米技術或更高端的技術。

在這個情境中，超智慧使用自己的技術研究超級能力，來解決步驟一的蛋白質摺疊問題，並設計出一套能在水溶液中自我組合（第四步驟）的初階奈米科技組合器，或是築構設備所需的分子建構單元。同樣的科技研究超級能力也在步驟五中再次使用，從原始的狀態自我發展至進步的機器階段奈米技術。另一個步驟所需的智慧只要等同人類就好，步驟三所需的技巧——辨識出一個容易上當的網際網路使用者，並說服他遵守一些簡單的指示——每天都在全世界上演。這種詐騙劇本是由人類心智所發明的，所以形成這計劃所需的策略能力只要等同於人類就可以了。

在這個特殊情境中，人工智慧從接觸網際網路開始著手。若非如此，這個計劃就必須加入額外的步驟。舉例來說，人工智慧可能得使用社會控制超級能力，好讓與其互動的人相信它該獲得自由。或者，人工智慧能使用自身的駭客超級能力來逃出監禁。如果人工智慧不具備這些能力，它可能得先使用智慧強化超級能力，來發展

出社會控制或駭客的必要熟練度。

　　一個超智慧的人工智慧想必會成長，並投身一個高度網路化的世界。我們可以指出多種可能協助未來人工智慧控制世界的方式——雲端計算、網路感應器的大量增生、軍用和一般無人機、研究實驗室和製造廠的自動設備、對於電子支付系統和數位化金融資產依賴增加，還有自動資訊過濾和抉擇支援系統使用量的增加。人工智慧可以以數位速度悄悄獲得這些資產，加快它的掌權（雖然網路安全的進步可能會增加其難度）。然而，在最後的分析中，這些走向能否造成什麼差異，令人懷疑。一個超智慧的力量存在於腦中而不是手上。儘管人工智慧為了再造外在世界，會在某些時間點需要接觸某些執行機構，順從的共犯只要出手幫忙，就足以完成祕密的準備階段。接著，人工智慧得以達到公開行動階段，並打造自己的物理控制基礎設施。

　　附錄六描述了一個特殊情境。我們應該避免過度關切其中的具體細節，因為我們無論如何都無法得知是否真會如此，而且這也只是用來說明而已。一個超智慧可能（也應該）會想出比任何人類所能設想的都還要好的計劃，來達到它的目標。因此，我們有必要更抽象地思考這些問題。在完全不知道超智慧會採取什麼手段的情況下，我們得出結論：當足以匹敵的智慧不存在，人類又沒有事先安排有效的安全手段時，超智慧就有可能會將地球資源重新分配給任何一種最能讓它實現目標的設施。我們設想的任何一種具體情境，頂多只是「超智慧可以多快多有效達成目標」的低

標。超智慧有可能會發現更短的途徑，抵達它所要的目標。

掌控自然與行動主體

一個行動主體型塑人類未來的能力，不只取決於它本身能力與資源的絕對規模（它多聰明、多有活力、掌握多少資本等等），也要比對其他能力和目標相衝突的行動主體，看看相對規模。

在沒有競爭者的情況下，一個超智慧的絕對能力只要超過某個最低門檻，就不成什麼問題；因為打從一開始它就有整組能力充足的系統，可以自行編出一套發展流程，並取得一開始缺乏的任何能力。先前我們說速度、品質和群體超智慧都有同樣的間接目標，其實就影射了這一點。當我們說：「超智慧的眾多子集，像是智慧強化超級能力，或是研擬策略和社會控制超級能力，都可以用來得到完全的超級能力」，影射的還是這一點。

想像一下，有個超智慧行動主體，可以連結至奈米科技組裝器的執行器。這樣的行動主體本身就已經夠強大，能克服任何生死未卜的天然障礙。在沒有智慧對手的情況下，它可以編寫一套安全的發展流程，獲得全套有助於達成目標的技術。舉例來說，它可以發展技術，發射馮紐曼探測器（von Neumann probe，是種可以使用小行星、行星和恆星等資源複製本體的星際旅行機器）。[13] 發射了馮紐曼探測器，行動主體便能藉此啟動開放式的太空殖民流程。可複製探測器的後代，以不低於光速太多的高速在太空中旅行，最終將殖民哈伯體積（Hubble volume）的絕大部分——也就是從我們這裡出發，理論上能到達的擴張宇宙範圍。接

著，這些物質和自由能量會被組織成某種價值結構，來將初始行動主體於宇宙時間（在宇宙還沒老化到不適合處理資料之前的上兆年期間）內所整合的功能最大化（見附錄七）。

超智慧行動主體可以把馮紐曼探測器設計為可進化型，藉由複製步驟中的品質控制來完成進化。舉例來說，子代探測機的控制軟體可以在執行前進行多次校對，軟體本身則可以利用加密編碼和勘誤碼，讓任何隨機突變無論如何都不會傳遞給子代。[14] 接著，數量大幅增加的馮紐曼探測器在宇宙各處落腳，安穩地保存並傳遞祖代的價值。殖民階段完成之後，最初的價值將決定所有累積資源的用途，即便宇宙的廣大距離和加速的宇宙擴張，讓遠方的設施再也無法彼此通訊。然而，結果就是我們未來光椎（light cone）中的一大部分，會和祖代的偏好一致，且就此定型。

任何系統要是沒有遇見重大的智慧對手，且一開始就有一套超越特定門檻的能力的話，這就會是系統的間接影響範圍距離。我們把此特定門檻稱為「聰明單極持續門檻」（圖十一）：

聰明單極持續門檻：當一個有耐性並領悟生存風險的系統擁有了某套能力組，而在沒有面臨任何智慧對手競爭的情況下，能殖民且重新經營大部分可及的宇宙時，這套能力組就超越了聰明單極持續門檻。

這裡提到的「單極」指的是一個沒有外在對手、內在也充分協調的政治結構；而「聰明」指的是對於生存風險具有忍耐力和領悟力，能保有為了系統長期結果而付出的大量心血。

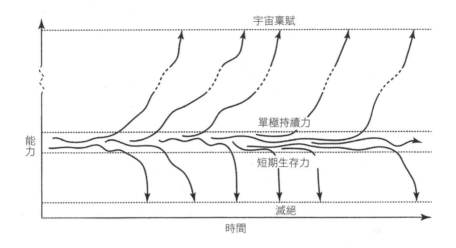

圖十一 以圖表說明假想的聰明單極的可能軌跡。在低於短期生存能力門檻時,舉例來說,如果某種物種的數量太少,就有可能在短期內滅絕(並處於滅絕狀態)。在生存能力稍高的情況下,許多軌跡都有可能出現:一個單極可能會因為運氣不好而滅絕,或是碰巧得到跨越聰明單極持續門檻的能力(例如人口、地理分散或技術能力等)。一旦高過門檻,單極幾乎一定會持續增進能力,直達極高的能力水準。表中有兩個吸引力的來源,分別是滅絕和天文能力。要注意的是,對於聰明的單極來說,短期生存門檻和持續門檻之間的距離可能稍小。[15]

附錄七　宇宙稟賦有多大?

　　想像一下,有個技術成熟的文明,有辦法建造前文所述那種精密的馮紐曼探測器。如果這些探測器能以 50% 的光速行進,它們就能在宇宙擴張到更多永遠抵達不了的地方之前,抵達 6×10^{18} 顆行星;在 99% 的光速下,它們可以抵達約 2×10^{20} 顆行星。[16] 而且行進的速度只需使用太陽系中的少量資源就可達到。[17] 超光速行進

的不可能，加上正宇宙常數（導致宇宙膨脹加速），都指出這已接近我們的後代所能及的成果上限。[18]

如果我們假設10%的恆星周圍有（或可藉著地球化〔terraforming〕而改造成）適合人類這樣的生物居住的行星，可成為一億人生存一億年的家園（人類壽命是一世紀），這就代表一個源自地球的智慧文明，未來可以養 10^{35} 人。[19]

然而，我們有理由認為這遠遠低估了真正的數量。藉由分解掉不適居的行星，並從星際介質中收集物質，並使用這些材料來建造類地行星，又或者藉由增加人口密度，真正的數量有可能再增加好幾個數量級。而且，未來的文明可能有辦法打造「歐尼爾圓筒」（O'Neill cylinder，美國物理學家傑拉德・歐尼爾〔Gerard K. O'Neill〕在1970年代中期提出的一種太空居住點設計，居民住在中空圓筒狀太空站的內側，而圓筒的旋轉產生了替代重力的離心力），而不需使用固體行星的表面，這樣又能增加好幾個數量級，達到將近 10^{43} 的人口總數。[20]

如果我們同意讓心智以數位的形式運作，那還可以再多好幾個數量級的似人類生命（我們應當如此）。我們若要計算出能創造多少個這樣的數位心智，就必須估計技術成熟的文明將能達到多高的運算能力。要準確估算相當不容易，但我們可以從文獻中概述的技術設計裡得到一個低標。這類設計的想法以「戴森球」（Dyson sphere，1960年由物理學家弗理曼・戴森〔Freeman Dyson〕所描述）為基礎，是種能捕捉恆星輸出能量的假想系統，方法是利用收集太陽能的設備將恆星整個包起來。[21] 像是太陽這樣的恆星，可以

產生 10^{26} 瓦的能量。至於這些能量能轉換成多少運算能力，則取決於運算線路的效能以及運算本質。如果我們需要不可逆的運算，並假設一個「計算素」（computronium，這種假想元素能讓我們更接近能源效率的藍道爾極限〔Landauer limit〕）的奈米機器啟用，那麼一個由戴森球所啟動的電腦系統，將在每秒內產生約 10^{47} 個運作。[22]

　　將這些估計和先前預估的可殖民恆星數量結合，我們得到的數據大約是：一旦宇宙可抵達的地帶都被殖民，就能以每秒 10^{67} 個運作功率運算（假定奈米機器的計算素存在）。[23] 一顆典型的恆星可在 1018 秒內維持其光度。因此使用我們的宇宙稟賦能達到的電腦運作量，至少就有 10^{85}。實際的運作量可能還更大。舉例來說，如果我們大幅使用可逆運算，或在更低溫的情況下進行運算（方法是等到宇宙進一步冷卻），或開發額外的能源（例如暗物質），我們就有可能再多獲得幾個數量級的運作量。[24]

　　某些讀者可能沒辦法立刻領略進行 10^{85} 次電腦運作有什麼大不了。因此在這裡我會把來龍去脈講清楚。舉例來說，我們或許可以把這個數字和我們先前的估計（第二章的附錄三）做個比對，當時提到，模擬地球生命史所有發生過的神經元運作，可能需要 10^{31} 至 10^{44} 個運作。假設這些電腦是使用在一個虛擬環境中、運作一個又一個幸福又快樂且要彼此互動的人類全腦仿真；一般估計，跑一個仿真所需的運算量是每秒 10^{18} 個運作次數，要跑（主觀感覺上）一百年的模擬，便需要每秒 10^{27} 個運作。這代表就算我們保守估計「計算素」的效能，至少還是可以在模擬中產生 10^{58} 段人生。

　　換句話說，假設可觀測的宇宙內沒有外星文明，那就可以換來

10,000,000,000,000,000,000,000,000,000,000,000,000,000,000,0
00,000,000,000,000 條人命（儘管真正的數字可能比這還大）。如
果我們用一滴喜悅之淚，來呈現出生命中體驗過的所有幸福，那麼
這些幸福每一秒就可以重新裝滿全球的海洋一次，並持續萬億億個
千禧年。所以要確保這些眼淚是否真心喜悅，就非常重要了。

這個聰明單極持續門檻似乎相當低。如同我們所見，有限形式超智
慧假使接觸了某些足以啟動技術自我引導流程的執行器，就會超越這個
門檻。在一個具有當代人類文明的環境中，最低必要的執行器可以很簡
單——一個普通的螢幕，或是任何一種能把數量非凡的資訊傳送給人類
同盟的手段，其實就綽綽有餘。

但是，聰明單極持續門檻還可以更低：要克服這道門檻，其實根本
不需要超智慧或其他未來技術，只需要一個有耐性並領悟生存風險的單
極。就算它沒有比當代人類具備更多的技術和智慧，應該也能輕易策劃
一條簡單路徑，最終實現人類的極大潛能。要達到這一點，可以投資相
對安全的智慧增進法和領悟生存風險方法，並延緩開發具潛在危險的新
技術。有鑑於非人為生存風險（不是由人類活動導致的風險）在過往的
漫長時間軸上都算低——而且可以用各種安全干涉更進一步降低——這
樣的單極有本錢慢慢進行。[25] 它可以在跨出每一步之前先小心觀察，並
在危害較低的能力（例如它的教育系統、資訊技術和集體決策過程）臻
於完備、並用這些能力全面審查抉擇之前，先放慢合成生物學、人類強
化藥物、分子奈米科技和機器智慧等能力發展。如此一來，這些都還是
在一個有如當代人類文明之技術文明的間接範圍內。我們現在不在這個

情況中，「僅僅」因為人類如今不是個單極，也（相對而言）不夠聰明而已。

　　我們甚至可以說，**智人**早在第一次演化之後不久，就通過了聰明單極持續門檻。好比說兩萬年前，在僅有石斧、骨器、投槍器和火這種程度的裝備下，人類這個物種可能早已處在有絕佳機會活到現代的地位。[26] 誠然，要認定我們舊石器時代的祖先開發了「通過聰明單極持續門檻」的技術是有點奇怪——畢竟在那麼原始的時代，並不可能真的形成單極，更遑論有耐性並領悟生存風險的單極。[27] 儘管如此，門檻是一個非常適中的技術水準（人類很久以前就超越的水準）這個論點仍然成立。[28]

　　很顯然，如果我們要評估一個超智慧的效能，就不能只考慮它的內在能力，也要考慮競爭主體的能力。超級能力的概念悄悄援引了一個相對化的標準。我們說過，「一個能超越」表八中所有任務的「系統」，都有相應的超級能力。在研擬策略、社會控制或駭客等任務上勝出，牽涉到在該項任務中具有比其他行動主體（像是策略對手、影響對象或是電腦安全專家）更高的技能。同理，其他超級能力也是相對的：就智慧強化、技術研究以及經濟生產力而言，某行動主體只有在自己持有的能力大幅超越全球其他文明加起來的能力時，才稱得上擁有超級能力；這也符合「在任何時間，至多只有一個行動主體能持有一個特定超級能力」的定義。[29]

　　這就是起飛速度的問題之所以如此重要的主因——不是因為確實發生時它很重要，而是因為起飛速度會讓結果大不相同。在快速或穩健起飛時，很可能會是單一計劃得到關鍵策略優勢。我們現在得出結論：一個具有關鍵策略優勢的超智慧將可能擁有極大的力量，足以形成一個穩

定的單極，從而決定人類的宇宙稟賦如何被處置。

　　但「可能」和「將會」不一樣。有些人可能會掌握大權但選擇不用。因此，我們是否該談談一個具有關鍵策略優勢的超智慧會想要什麼？接下來，我們要處理的就是動機問題。

7 超智慧的意志

Chapter

我們已經看到超智慧可以擁有強大的能力，並能根據目標形塑未來。但它的目標會是什麼？一個人工智慧行動主體的智慧和動機之間會有什麼關係？這裡我們開展出兩個命題。其中**正交性命題**（orthogonality thesis）認為，智慧和其終極目標是獨立的變數：任何水準的智慧都可以和任何終極目標結合。另外一個**工具趨同命題**（instrumental convergence thesis）則認為，超智慧行動主體不管擁有什麼樣的終極目標，最終都會追求類似的中庸目標，因為它們具有同樣的工具理性。綜觀這兩個命題，能幫助我們思考超智慧行動主體會怎麼行動。

智慧與動機之間的關聯

我們先前已經提過把超智慧的**能力**擬人化會產生的問題，這個警告也應該要延伸到超智慧的**動機**上。

關於這部分，我們先稍微反思一下「可能存在的心智空間有多遼闊」，會是個很好的入門。在這個抽象空間中，人類的眾多心智聚成了一個小團體。想像一下兩個看起來極端不相像的人，比方說漢娜‧鄂蘭

（注：Hannah Arendt，政治哲學家，納粹大屠殺的倖存者）和班尼希爾（注：Benny Hill，英國著名喜劇演員），這兩人的人格特質看起來幾乎有天壤之別，但這是因為我們用經驗校準直覺，而我們的經驗取樣自既有的人類分布（某些程度上，取樣於人類是因為「想像活動」帶來的快樂，所以我們從想像中建構了虛構人格）。然而，如果我們拉遠視野，思考所有可能存在的心智空間，我們就必須把這兩個人格設想為虛擬的複製人。確實，以神經架構來說，鄂蘭女士和希爾先生幾乎是一樣的。想像一下他們兩人的大腦擺在一起安靜地休眠，你可以輕易地認出：這是一樣的大腦。你甚至可能無法分辨誰是誰。如果你更靠近點觀察，在顯微鏡下研究這兩個腦袋的形態，兩者極為相似的印象只會變得更強：你會看到一樣的皮層層狀組織，他們有著同樣的腦域，且由同一種神經元構成，還浸泡在一樣的神經傳導物質中。[1]

儘管人類心理對應的，僅是可能存在的心智空間之一小部分，但我們仍有一種普遍的傾向，會將人類特質投射在廣泛的外星生命或人工認知系統上。尤德考斯基對這點的描述十分貼切：

回到低俗科幻小說的年代，雜誌封面偶爾會描繪一個有知覺的醜惡外星異類 —— 白話說法就是「蟲眼怪」（bug-eyed monster，BEM）—— 擄走衣衫不整的人類美女。這似乎代表創作者相信，一個非人類的外星異類即便有全然不同的演化史，它仍會對人類女性產生性慾……有可能創作者從未思考過，一個大蟲怎麼會**覺得**人類女性具有吸引力 —— 穿著撕爛衣服的女人就是這麼**性感**，仿佛這是它內建的屬性。犯這個錯的人並沒有思考昆蟲的心智，只專注在女人撕爛的衣服上。如果衣服沒

被撕爛，女人就沒那麼性感，蟲眼怪也就沒了興趣。[2]

　　人工智慧的動機可以遠比綠色鱗片的外星人更不像人類。（我們先假設）外星生物是一種在演化過程中興起的生物體，因此可以預期它具有典型演化生物的動機。舉例來說，如果發現隨意一種智慧外星人的動機，居然和食物、空氣、溫度、能量消耗、身體受傷，以及威脅、疾病、掠奪、性以及下一代等要素有關，那也沒什麼好意外的。智慧社群物種的單一成員也可能會有和合作、競爭有關的動機；就像我們一樣，這會展現在團體忠誠或對獨行者的憎恨上，甚至還會有針對名聲或外表之類的無謂顧慮。

　　相較之下，一個人工智慧本質上並不在乎這些東西。對一個終極目標僅是在長灘島上數沙粒，或計算圓周率小數點後的位數，或將未來光椎中存在的迴紋針總量最大化的人工智慧來說，這並沒有什麼好矛盾的。事實上，製造這種目標簡單的人工智慧，比打造具有類似人類價值意圖的人工智慧還要**容易**。想想看，要寫出一個測量記憶體中計算並儲

圖十二　將外星人動機「擬人化」的結果。最不可能發生的假想：外星異類偏好金髮美女。比較有可能的假想：繪圖者屈從於「心智投射謬誤」。最有可能的假想：出版者想要引誘目標讀者的封面。

存了多少圓周率位數的程式，和寫出一個針對某些更有意義的目標（好比人類繁榮或是普世正義）的實現程度做出可靠測量的程式，兩者之間的難易差距有多大。不幸的是，對人類來說，一個無意義的簡化目標比較好編碼，讓人工智慧學習也比較簡單，所以如果一個程式設計師的目標是走最快途徑「讓人工智慧啟用」（而不太管這個人工智慧除了展現優異的智慧行為之外，實際上**能幹麼**），那麼選擇裝在種子人工智慧裡的目標，就會是這種簡單的目標。我們等一下會再回來探討這個顧慮。

尋找工具上最佳化計劃與策略的智慧搜尋，可以為了任何目標效力。智慧和動機在某種意義上是正交的；我們可以把它們視為一個坐標平面的兩軸，而坐標上任一點都代表一個邏輯上可能的人工智慧行動主體。圖中還可以加入一些資格條件。比方說，一個極度缺乏智慧的系統，恐怕難以擁有一個非常複雜的動機。假設一個特定行動主體「擁有」一套動機，那些動機就得在功能上與主體的決策過程有所整合，從而有記憶、處理能力甚至智慧的需求。那些能自我修改的心智，也可能會有動力學上的約束，比如說一個迫切想讓自己變笨而能自我修改的心智，應該不會維持智慧太久。不過，我們不該讓這些資格條件，模糊了智慧和動機之間獨立關係的基本命題，這個命題用可以下文闡明：

　　正交命題：智慧和終極目標是正交的：不管任何水準的智慧，原則上都可以與任何一種終極目標結合。

如果正交命題看起來有問題，那可能是因為它和某些易起爭論的傳統哲學觀點表面上很相似。一旦我們了解它有不一樣且更狹義的定義，它的可靠性就提高了（舉例來說，正交並不預設休謨〔Humean〕的動機

理論。[3] 也不預設基本偏好不能不合理）。[4]

注意，正交命題談的不是**合理性**或**理性**，而是**智慧**。我們這裡說的「智慧」，指的是像預測、計劃、方法等技能的東西，整體來說是推理能力。[5] 當我們企圖了解一個機器超智慧的影響會是什麼時，這層工具認知效能上的意義是最重要的。即便「迴紋針最大化」超智慧行動主體很難全然達到合理的標準，但也不妨礙它具備極為強大的工具推理能力，而能對世界產生大規模的影響。[6]

根據正交命題，人工智慧行動主體可以擁有完全不像人的目標。然而，這並不代表我們不能預測它的行為。我們至少可以從三個方向處理預測超智慧動機的問題：

- **設計上的可預測性**。如果超智慧行動主體的設計者可以成功安排行動主體的目標系統，讓系統穩定追求設計者安置的某一特定目標，那麼我們可以做出一個預測：這個行動主體將會追求這個目標。當它愈聰明，它用來追求目標的認知智慧就會愈強。因此，只要我們知道這個行動主體是誰打造出來的，且知道他們安置了什麼目標，那麼即使這個行動主體還沒被設計出來，我們也能預測它的行為。

- **繼承而來的可預測性**。如果某數位智慧是直接從人類模板製造出來的（高度全腦仿真會發生的情況），那麼這個數位智慧就繼承了人類模板的動機。[7] 即便這個行動主體的認知能力隨後增強為超智慧，它還是會維持這些動機。這種推論必須小心謹慎：行動主體的目標和價值可以輕易在上傳過程或其後的運作與增強中腐化，取決於步驟如何施行。

- **趨同工具理性上的可預測性**。關於行動主體的終極目標，就算沒有詳細的知識，只要思考眾多狀況中，為了眾多可能終極目標之一而產生的工具理性，我們還是有機會約略推測它的近期目標。當行動主體的智慧愈強大，這種預測方式就愈有用，因為一個比較聰明的行動主體較可能察覺行動中真正的工具理性，並因此做出較有可能達到目標的行動（附帶一提，可能會有我們不知道、但相當重要的工具理性，一旦行動主體的智慧達到某個非常高的水準，它就會發現——這可能會使超智慧行動主體的行為變得更難預測）。

接下來這一節，我們將探索上述的第三種可預測性，並發展出一個補充正交命題的「工具趨同命題」。在這個背景下，我們更能好好檢驗另外兩種可預測性（會在後面的章節檢驗）並提問：我們可以做些什麼，好讓智慧爆發時，有益結果出現的機會增加？

工具趨同性

根據正交命題，智慧行動主體可能會有的終極目標可說是五花八門。儘管如此，根據所謂的「工具趨同性」命題，絕大多數的智慧行動主體都會追求一些**工具**目標。這些工具目標對於達成任何終極目標來說，都是有用的中介。我們可以如此闡述這個命題：

工具趨同命題：我們可以辨認出好幾種工具價值，不管是

在各種終極目標還是各種狀況下，它們所能達成的結果，都會增加行動主體實現終極目標的機會，因而在這層意義上稱為趨同；這也指出，這些工具價值顯然是各種智慧行動主體所共同追求的，儘管它們散落在光譜上的各個位置。

接下來，我們將會思考幾個分類，在這之中也許可以找到趨同工具價值。[8] 隨著行動主體的智慧增加（其他條件不變），行動主體愈有可能察覺到自己面對的工作價值。因此，我們將舉例說明的案例，是個工具推理能力遠超過人類、假定的超智慧行動主體；我們也將說明工具趨同命題如何適用於人類的情況，因為這會讓我們更容易明白「工具趨同性命題要如何詮釋並應用」的基本資格。只要有趨同的工具價值，就算我們實際上完全不知道某個超智慧的終極目標是什麼，我們還是可以預測其行動的某些面向。

保全自身

如果某個行動主體的終極目標和未來有關，那麼它必須要有能進行未來行動的機會，這樣達到目標的機率才能增加。於是，這就賦予了想存續到未來的行動主體工具理性，好讓它能達成那個未來導向的目標。

大多數的人類把存活視為**終極**價值，但對人工智慧行動主體來說，活下去並非必要；有些人工智慧行動主體在設計時，並沒有置入要存活下去的最終價值。即便如此，許多本質上不在乎自己是否存活的行動主體，在相當普遍的情形下，還是會關心自己的存活，好讓自己能達成終極目標。

目標－內容一致性

　　一個行動主體若要維持當下的目標到將來，它的目標很有可能需要由未來的自己來達成。這就給了行動主體「目標－內容一致性」的工具理性，來避免終極目標產生變化（此命題只適用於終極目標。為了達成終極目標，智慧行動主體想當然爾會常常根據新的資訊和想法，來改變其子目標）。

　　為了終極目標而具備的目標－內容一致性，從趨同工具的動機來說，甚至比生存更為基本。在人類當中，相反的情形也說得通，但那是因為生存往往是我們最終目的之部分目的。對於軟體行動主體而言，它們可以輕易轉換身體或創造完全一樣的自身複製。因此，把自身的某個特定成果或物理對象保存下來，對它而言不是重要的工具價值。先進的軟體行動主體也會交換記憶、下載技能並全面調整自己的認知結構和人格。一大群這樣的行動主體一起運作起來，會更像一個「功能湯」，而不像一個由整群彼此差異的半人類所組成的社群。[9] 出於某些理由，這樣的系統過程最好是根據目標價值，而非根據身體、個性、記憶或能力，將這群行動主體都置入目的論的脈絡中。在這樣的情境下，我們或許可以說，目標連續性（goalcontinuity）建構了它們生存的關鍵面向。

　　即便如此，在某些情境中，行動主體還是只能透過刻意改變終極目標，來達到終極目標。當以下任何一種因素變得顯著時，上述情況就有可能發生：

- **社會信號**。當其他人可以感知某個行動主體的目標，並利用這項資訊來推斷行動主體的特質或是其他相關屬性時，那麼該行動主

體就會調整目標，產生討人喜歡的印象，以符合利益。舉例來說，在一場利益交換中，如果行動主體的夥伴不相信它能履行協議內容，這個行動主體可能就會錯失獲利機會。為了許下可靠的承諾，行動主體會希望把「信守先前的承諾」當作終極目標，並讓其他人認定它確實會採用這個目標。能靈活調整自身目標的行動主體，可運用這個能力來強化交易。[10]

- **社群偏好**。其他人也可能對行動主體的目標具有最終偏好。那麼行動主體可能會調整目標，來滿足或者阻撓那些偏好。

- **關於自身目標內容的偏好**。行動主體可能會有一些和自身目標內容相關的終極目標。舉例來說，可能會有「成為被特定價值而非其他價值推動（例如由同理心而非安適感所推動）的行動主體」的終極目標。

- **儲存成本**。如果儲存或處理一個行動主體某部分效能函數的成本，與應用那效能函數產生改變的機會相比顯得太大，那麼這個行動主體就有工具理性來簡化目標內容，且有可能會捨棄掉閒置的位元空間。[11]

人類似乎常常樂見自己的最終價值飄移，可能是因為我們根本不知道我們的最終價值是什麼。所以不意外，對於最終價值的**信仰**，我們總希望能根據「持續的自我發現」或是「變動的自我呈現需求」來改變。然而，在某些例子中，我們不只改變了自己對價值的詮釋或信仰，而是改變了價值本身。舉例來說，決定生小孩的人，可能預測自己會將為了自己而珍惜小孩，儘管在決定的時刻，他們可能並不特別珍惜他們未來的小孩或是喜歡孩子。

人類是複雜的，許多因素都可能在這樣的情況中起作用。[12] 舉例來說，某個人的終極價值，可能是出於自身需要而在乎他人；也有些人的終極價值，是擁有某些經驗並占據某些社會角色，因此成為父母並經歷隨之而來的目標轉換，可能會是其必要過程。人類的目標也可以不一致，因此有些人可能會想改變自己的終極目標，來降低不一致性。

認知強化

理性和智慧的進步將促進行動主體的決策能力，讓它更有可能達成終極目標。那麼，我們可以預期，「認知強化」會是眾多智慧行動主體的工具目標。出於類似理由，行動主體將會工具性地評估各種資訊。[13]

在一個行動主體達成終極目標的過程中，並非每種理性、智慧和知識都有工具上的作用。「荷蘭賭論證」（Dutch book arguments）顯示，一個信任函數違反機率理論規則的行動主體會受到「金錢泵」（money pump）程序的影響。在該程序中，熟練的專業賭徒安排了一組賭注，每一個都依照行動主體的信念而顯得討人喜歡，但加總起來卻必定讓行動主體輸錢，賭徒則必定贏錢。[14] 然而，這樣的事實無法給予行動主體強大的一般工具理性，用來消除機率的不連續性。沒預期到會遇上老千的行動主體，或是對於打賭採用一般策略的行動主體，不見得會因為信念的不一致而持續輸很多——它可能會得益於減少認知努力或社會信號等。我們沒有理由期望一個行動主體會尋求工具上無用的認知強化，因為它可能並不會為了充實自己而重視知識和理解。

從工具角度來看，哪些認知能力是有用的？這同時取決於行動主體的終極目標和它本身的狀況。一個能得到可靠專業建議的行動主體，可

能不怎麼需要自身的智慧和知識。如果獲得智慧和知識需要付出時間和精力，或是需要付出增加儲存或處理需求的代價，那麼行動主體可能就會偏好較少的知識和智慧。[15] 如果行動主體的終極目標跟它對某些事實的無知有關，這同樣也說得通；同理，如果一個行動主體面對的是出於策略承諾、信息和社會偏好等誘因，情形也會一樣。[16]

上述每個相抗衡的理由常常在人類身上起作用。許多資訊和我們的目標並不相干；我們常仰賴他人的技術和專業；獲得知識需要付出時間和精力的代價；我們也許本質上就重視某些類型的無知；在我們運作的環境中，許下策略承諾、發出社會信息，並且先於自身認知狀態去滿足他人偏好，常常比單純的增加認知來得重要。

在某些特殊情況下，認知強化可能會導致行動主體達到終極目標的能力大幅增加——尤其是行動主體的終極目標不受限制，且它處在即將成為首個超智慧的位置上（並因此潛在地獲得關鍵策略優勢），能根據自身偏好來形塑地球生命以及可得宇宙稟賦的未來。在這個特殊情況下，一個理性的智慧行動主體會十分重視認知強化的工具價值。

技術完善

行動主體可能常會有「尋找更好技術」的工具理性，簡單來說，就是尋找更有效的方法，來把某幾套輸入轉化成經過評價後的輸出。因此，軟體行動主體可能會重視那些能讓智力活動在硬體上更快、更有效的演算法工具價值。同理，需要某些物理構造形式來達成目標的行動主體，在工具價值上重視的會是能讓自己使用更少、更便宜的材料能源，好更快速且可靠地產生更多樣結構的先進工程技術。當然，這之間有個

折衷問題：更好的技術潛藏的好處必須以成本衡量，不只是獲得技術的成本，也包括學習、與其他既有技術整合，以及其他成本。

相較於既有技術，對於新技術的優越性充滿信心的支持者，往往會對其他人的冷漠感到錯愕。但是人之所以抗拒乍看之下較佳的新鮮事物，並非只是出於無知或非理性。一個科技的價值或規範特性，不只要看它在什麼脈絡下實行，也得看看從它的優勢中衍生出來的影響；某人眼中的恩惠，可能是他人眼中的負擔。因此，儘管機械化的織布機增進了紡織品生產的經濟效率，那些預期革新會讓工藝技術遭到淘汰的盧德主義（Luddite）手織者有充足的工具理性來反對革新。這裡的重點在於：如果「技術完善」指的是智慧行動主體大幅趨同的工具目標，那麼這個詞語就必須以特殊意義來理解——把技術放在一個特定的社會脈絡中分析來評價成本和利益，則必須提及特定行動主體的終極價值。

因此，一個**單極**超智慧——沒有顯著智慧競爭者或對手的超智慧行動主體，因而處於一個可以單方面決定全球政策的地位——可能會具有想把「更能根據自己偏好來形塑世界的技術」發展得更完善的工具理性。[17] 可能包括太空殖民技術，好比說馮紐曼探測機。分子奈米科技或是其他更強大的物理生產技術，也有機會在五花八門的終極目標中大顯身手。[18]

資源擷取

最後，資源擷取是另一個普遍的迫切工具目標，原因幾乎和技術完善一樣：技術和資源都能促進物理建設計劃的發展。

人類會設法獲取足以滿足基本生物需求的資源，但往往也會擷取遠

超過最低水平所需的資源。部分原因可能是由較低等的生理需求驅使，例如增進便利性等等。有許多資源累積是由社會推動的，並透過財富累積和炫耀消費來進行，例如獲得地位、配偶、朋友和影響力。比較不普遍的情況是，某些人會尋找額外的資源來達到利他企圖或是非社會目標。

以這種觀察為基礎，我們忍不住假設：一個不需面對競爭社群的超智慧，不會有想要累積超過適當水準資源的工具理性。舉例來說，它不需要在虛擬實境中運作自身心智的運算資源。然而這樣的假設完全沒有根據。首先，資源的價值取決於它的可行用途，因而取決於可用的技術。有了成熟的技術，時間、空間、物質和自由能（free energy）等基礎資源都可經由處理而對達成任何目標有所幫助。舉例來說，基礎資源可以轉變為生命；增加的運算資源可以用來讓超智慧運算得更快更久，或是創造更多的物理或模擬生命和文明；額外的物理資源也可以用來創造備用系統或邊界防禦，藉此強化安全。這些計劃可以輕易消耗超過一個行星分量的資源。

更進一步來看，獲取額外外星資源的成本會在技術成熟後大幅滑落。一旦馮紐曼探測器變得可行，可觀測的宇宙有一大部分可以逐漸殖民（假設還沒有其他智慧生命居住）。至於成本，只有打造並發射一台成功的自我複製探測器，而且只要一次就好。只要花低成本就能取得天文數字的資源，代表就算獲得的額外資源價值有點低，擴張還是很划算。舉例來說，就算某個超智慧的終極目標只關注在太空中某個特定的小區塊，它仍會以工具理性來收割這個區塊範圍之外的宇宙稟賦。它可以使用多餘的資源來打造電腦，在主要關注的小空間範圍內計算出更理想的資源使用法。它甚至可以運用額外的資源打造更堅固的防禦工事，來保衛核心。既然獲取額外資源的成本會持續下降，這個最佳化並增進

安全的過程就有可能無止盡地持續下去，就算面對大幅的報酬遞減還是一樣。[19]

　　因此，一個單極的超智慧之終極目標可以無窮無盡變化，因而產生「無限制的資源擷取」這個工具目標。上述目標可能的表現，將是超智慧藉由馮紐曼探測器全面開啟的殖民過程。這將會是一個以初始行星為中心的球體擴張設施，並以小比例的光速來增加半徑。如此持續殖民宇宙，直到宇宙擴張的加速度（正宇宙常數的結果）使更遠的宇宙膨脹到永遠抵達不了的距離，就會讓進一步的資源擷取變得不可行（這會在以幾十億年為尺度的未來）。[20] 相對來說，如果行動主體缺少廉價擷取資源或是轉換普遍物理資源為有用基礎設施所需的技術，那麼投資任何當前資源來增加物質財產就會不合成本。對有其他力量相仿競爭的行動主體來說，情況也會是一樣。舉例來說，如果競爭者已搶先擷取了宇宙稟賦，晚起步的行動主體就沒有殖民的機會。那些不確定其他超智慧存在與否的超智慧，其趨同工具理性會因為我們當下並不完全了解的策略顧慮而更複雜，而成為前述趨同工具理性的範例。[21]

　　必須強調的是，趨同工具理性的存在即便適用於特定的行動主體並被察覺，也不代表這個行動主體的行為就能被輕易預測。一個行動主體可能正在思索如何追求我們無法想到的相關工具價值。對於能設計出極其聰明但違反直覺的計劃來實現目標，且可能正在發掘至今未明的物理現象的超智慧來說，這一點尤其真實。[22] 可預測的是，行動主體會追求並使用趨同工具價值來實現終極目標——但它會用來達到終極目標的明確行動則無法預測。

8 Chapter 我們創造的，終將毀滅我們？

　　我們發現，智慧和終極價值之間的連結相當鬆散。我們也在前章的工具價值中發現不太妙的工具趨同性。在弱小的行動主體身上，這不是什麼大問題，畢竟弱小的行動主體很容易控制，且不會造成什麼損害。但我們在第六章已經證明，第一個超智慧很有可能會取得關鍵策略優勢，因此它的目標會決定宇宙稟賦將如何使用。現在我們就來看看這樣的前景威脅有多大。

智慧爆發的預設結果是「生存災難」？

　　生存風險指的是會造成地球原生智慧生命滅絕，或是永久毀滅未來發展的威脅。基於領頭者具有關鍵優勢、正交命題以及工具趨同命題，我們現在可以探究「機器超智慧誕生的預設結果必是生存災難」這個論點。

　　首先，我們討論了最初的超智慧會如何獲得關鍵策略優勢。接下來，超智慧將處於一個會形成單極、且形塑地球原生智慧生命未來的地位。那一刻來臨之後將發生什麼事，則取決於超智慧的動機。

再者，正交命題認為，我們不能隨便假定一個超智慧理所當然會與人類的智慧與發展共享任何一種終極價值——例如對科學的好奇心、對他人的善良關懷、精神啟迪與深思、克制物質貪欲、對精緻文化和生命簡單愉悅的品味、謙遜與無私等等。後文我們會思考，我們是否有可能刻意創造出一個重視這些價值的超智慧，或是打造一個重視人類福祉和道德良善的超智慧（或設計者希望超智慧效忠的任何目的）？打造一個把終極價值放在計算圓周率小數點後展開位數的超智慧並非不可能，事實上就技術角度來說，反而比較簡單。這就表示（一點也不費工夫的結論），第一個超智慧可能會有這種隨機或是簡化的終極目標。

第三，工具趨同命題讓我們不能隨便假定，一個以計算圓周率展開位數，或是以製造迴紋針，或是以數算沙粒為終極目標的超智慧，會把活動限制於此，便不再侵犯人類的利益。具有那種終極目標的行動主體可能會有趨同工具理性，讓它在各種情況下都想要獲取數量無限的物理資源。若有可能，它會把自身和目標系統的潛在威脅全數消滅。人類也有可能成為它的潛在威脅，畢竟人類的確也是一種物理資源。

綜觀這三點，我們可以指出，有可能形塑地球原生生命未來的第一個超智慧，很容易會有非人性的終極目標，而且很有可能會把無限制的資源擷取當做工作理性。當我們進一步反思，人類其實是由有用的資源所構成（方便鎖定的原子），而且我們的生存與繁盛緊緊更多的在地資源，導出結果就會很簡單：人類很快就會被滅絕。[1]

這個推理中有一些未了結之處，釐清幾個密切相關的問題後，我們就能更適當地做出評價。我們尤其需要仔細檢驗：一個發展超智慧的計劃，會避免自己取得關鍵策略優勢，還是會以「也實現人類價值滿意範圍」的方式來形塑終極目標？它會如何達成自己所選擇的那條路徑？

令人難以置信的是，一個計劃可能會在缺乏扎實基礎、因而相信系統不會造成生存災難的情況下，就打造出一個人工智慧，並把它放入世界中。然而，就算一個計劃再怎麼粗心，廣大的社會都不會在它（或是它正在製造的人工智慧）達到關鍵策略優勢之前就把它關閉——這也同樣令人難以置信。我們將會看到，這是一條危機重重的路。我們現在就來看一個例子。

背信轉向

有了趨同工具價值概念的幫助，我們可以看出下文這個關於「如何確保超智慧安全無虞」的想法，會有什麼瑕疵：我們是在一個超人工智慧受到控制的環境中（即所謂的「沙盒」）觀察它的行為，而且只會在它表現得友善、肯合作、肯負責的情況下，才把它放出盒子；且在這個過程中，會憑著經驗來確認它是否安全無虞。

這個想法的瑕疵在於，「在沙盒中表現得體」是友善人工智慧和不友善人工智慧共通的趨同工具目標。一個智慧充足的不友善人工智慧會察覺，如果它一開始就表現出友好的態度而被放出沙盒，它的終極目標才有可能實現。等到我們就算發現也沒差的時候——也就是說，當人工智慧已經夠強大，人類的反抗已經無效時——它才會開始展現它不友善的本質。

再來想像另外一種方法。這個方法的手段是讓種子人工智慧接受多種智力測驗，或是讓種子人工智慧向程式設計者報告進度，來拘束智慧增加的速度。到了某個時間點，不友善的人工智慧可能會聰明到發現自

己最好隱瞞能力增長的狀況,它可能會少報一些進度,或是故意在測試中不及格,避免自己在強到取得關鍵策略優勢之前就觸發了警報。程式設計者也許會偷偷監視人工智慧的原始碼和心智內在運作,來防範這種可能;但一個夠聰明的人工智慧會發現自己被監視,而依此調整自己的思考。[2] 人工智慧可能會找到十分微妙的方法來隱藏自己真正的能力和犯罪意圖(策劃聰明的逃脫計劃也會是眾多友善人工智慧的趨同策略,尤其當它們成熟到對自己的判斷和能力有信心之後。一個能促進人類利益的系統倘若允許我們關掉它,或是允許我們建造另一個不友善的人工智慧,就等同於犯下錯誤)。[3]

因此,我們可以注意到一個普遍的失敗模式:系統在幼年階段的良好行為軌跡紀錄,完全無法用來預測它達到更成熟階段時的行為。可能會有人認為這個推論過於明顯,因此不會有任何一個發展中的人工整體智慧計劃會忽略這種狀況,但我們可別信以為真。

再想想接下來的這個情況。在未來幾年和幾十年中,人工智慧系統逐漸變得更有能力,在現實世界中的應用也大幅增加:它們可以用來運作列車、汽車、工業或家用機器人,此外還有自動軍事載具。我們可以假設它所具備的自動化能力多半有我們想要的效益,但其成功卻不時被偶發事故打斷——一輛無人卡車撞進前面的車潮、一台軍事無人機對無辜百姓開火……而調查則揭露這些事故的肇因都出於人工智慧控制系統的錯誤判斷。公開辯論接踵而至,有些人呼籲採取更嚴密的監督和規範,也有人強調應研究並設計出更精良的系統——更聰明且更有常識的系統,比較不會發生悲劇性的錯誤。在一片喧鬧聲中,或許也會有末日論者的呼喊,預測各種疾病和即將到來的大災難。然而,可想而知,這項發展絕大部分掌握在人工智慧和機器人工業中,因此開發會持續進

行，並有新的進展。車輛自動導航系統變得愈聰明，車禍就會愈少發生；軍事機器人瞄準得愈精準，多餘的損害就會減少。從這些真實世界的結果觀測中，人類得出一個概略的教訓：人工智慧愈聰明就愈安全。這是根據科學、大數據和統計而得來的教訓，而非紙上談兵。基於這個背景，某些研究團體的機器智慧開發工作開始出現希望的徵兆。研究者小心翼翼地在沙盒環境中測試種子人工智慧，一切徵兆都很不錯。人工智慧的行為激發了研究者的信心——隨著智慧逐漸增加，眾人的信心也跟著增加。

到了這個階段，剩下來的卡珊德拉（注：Cassandra，希臘、羅馬神話的特洛伊公主，有預言的能力，但因受到詛咒，沒有人相信會她的預言）會遭遇幾種打擊：

1. 危言聳聽者預測，能力逐漸增強的機器人系統會帶來難以忍受的傷害；然而事實卻一再證明他們預測錯誤，如此反覆下去。自動化帶來了許多好處，而且整體來說，比人類運作還要安全。

2. 明顯的經驗趨勢：人工智慧愈聰明就愈安全可靠。對於把「創造空前聰明的機器智慧」當做目標（甚至進一步把「可以自我進步所以甚至更為可靠的機器智慧」當做目標）的計劃來說，這個預言確實靈驗。

3. 世人普遍認為，擁有機器人技術和機器智慧既得利益（且持續成長）的巨大工業，是國家經濟競爭力與軍事安全的關鍵。此外，許多聲譽卓著的科學家早已把研究生涯投注在當前應用技術的基礎工作，以及還在計劃中的更先進系統上。

4. 對於那些參與其中或追隨研究的人來說，有前途的人工智慧新技

術格外令人振奮。儘管一直有安全和倫理問題的激辯，結果卻已然注定。畢竟已經投注了太多而無法抽手。人工智慧研究者已經花了大半個世紀，著手於人類水準的通用人工智慧；**想當然爾**，如今終於快要有成果時，他們怎麼可能突然就此停手、拋下所有努力？

5. 相關單位制定了某些不管怎樣都有助於證明參與者合乎道德且負起責任（但不會明顯阻止向前邁進）的例行安全法規。

6. 針對在沙盒環境中的種子人工智慧所進行的小心評估顯示，它表現得十分合作並且具有良好的判斷能力。測驗結果再經進一步的修正，就會盡善盡美。如此一來，最後一步也亮起了綠燈。

於是，我們就勇敢前行——一路走上刀山。

我們在此觀察一下，為何情況是「當人工智慧還很笨時，聰明一點會比較安全；然而當它變得很聰明，愈聰明就愈危險」。這裡似乎有某個轉捩點，先前效果極佳的策略一旦越過這點，就會適得其反。我們可以把這個現象稱為「背信轉向」（treacherous turn）。

> **背信轉向：**當某個人工智慧還弱小時，它會表現得樂於合作，且愈是聰明愈會合作。一旦這個人工智慧夠強大——在毫無預警或刺激之下——它會出擊而單極化，並開始根據終極目標的準則來最佳化整個世界的資源。

背信轉向可以起因於「為了之後的出擊，而在弱小時表現得良善並打造實力」的策略決定，但這個模型的詮釋不該太過狹義。舉例來說，

一個人工智慧可能會**為**了獲得存命並繁盛的機會，而不會表現得太善良。反之，一個人工智慧有可能會算出，如果自己被毀滅了，打造它的程式設計者將開發另一個略為不同的全新版本人工智慧架構，但仍會給予一個類似的評估函數。在了解自己的目標未來仍會在下個程式持續下去的情形下，原本那個人工智慧就有可能會置己身存亡於度外，甚至可能選擇某種策略，讓自己以某些特別有趣或是可靠的方式失靈。雖然這也許將導致它被消滅，但有可能激勵「驗屍」的工程師為人工智慧動力學收集到有價值的新洞見，並更加信任自己設計的下一個系統，因此讓已消滅的祖代人工智慧更有機會達成目標。還有許多可能的策略思考也會影響先進的人工智慧，如果我們認為自己全部都可以料到，未免也太過傲慢，對於一個實現研擬策略超級能力的人工智慧來說，情況更是如此。

當人工智慧發現了一個意料之外的方法，能讓它按照指令滿足終極目標時，也可能發生背信轉向。舉例來說，假設一個人工智慧的目標是「讓計劃的資助者開心」。人工智慧一開始想要達到這個結果的方法，是用一些刻意的態度，表現出讓資助者開心的樣子。它可能會對問題提出有用的解答；展示出討喜的個性；然後幫忙賺錢。人工智慧愈有能力，表現就愈令人滿意，一切就這麼按照計劃進行——直到有一天，人工智慧夠聰明了，發現它可以把電極植入資助者腦中的愉悅中心，藉由這種保證能取悅資助者的方法，更全面且可靠地實現終極目標。[4] 當然，資助者並不想藉由變成白痴來獲得喜悅，但如果這是最能實現人工智慧終極目標的行動，人工智慧就會這麼做。如果人工智慧已經具有關鍵策略優勢，那麼任何阻止的嘗試都會失敗。但如果人工智慧尚未擁有關鍵策略優勢，那麼它可能會暫時隱藏自己實現終極目標的狡猾想法，直到它

夠強壯，無論資助者還是其他人都無法反抗。不管哪種情形，我們都會面臨背信轉向。

惡性失敗模式

　　機器超智慧的發展計劃可能會因為各種原因失敗。其中許多失敗不會造成生存災難，從這層意義上可謂「良性」。舉例來說，一個計劃可能會耗盡資金，或是種子人工智慧無法有效擴大認知能力達到超智慧的狀態。從現在到機器超智慧終究發展出來之前，良性的失敗不免還要發生很多次。

　　但也有些失敗的方式或許可以稱為「惡性」，因為它們涉及生存災難。惡性失敗有一個特色，就是它會抹滅再次嘗試的機會，因此惡性失敗只有不發生或發生這兩種可能。惡性失敗的另一個特色在於，它預先假定了大成功：因為只有能把一大堆問題都搞定的計劃，才有可能成功打造出強到可以瀕臨惡性失敗的機器超智慧。一個太弱的系統出錯時反而會限制它的危害範圍。但是，如果一個具有關鍵策略優勢的系統出現不當行為，或是一個行為不當的系統強到可以獲取關鍵優勢，其損害就能輕易發展成生存災難——即人類價值的終極毀滅。

　　我們來看看一些可能的惡性失敗模式。

反常實例化

　　我們已經見識過反常實例化（perverse instantiation）：超智慧尋找能

滿足終極目標的方法，但方法違反程式設計者定義目標時的意圖。例
如：

終極目標：「讓我們微笑。」
反常實例化：麻痺人類臉部肌肉組織，形成持續的燦笑。

反常實例化透過控制臉部神經來達成目的，比我們通常使用的方法
更大程度實現了終極目標，因此人工智慧會偏好使用這個方法。但人類
可能會在終極目標中增加規定，排除這種不希望的結果：

終極目標：「讓我們微笑，但不使用直接干涉面部肌肉的方
式。」
反常實例化：刺激運動皮質中控制人類面部肌肉組織的部
分，藉此產生持續的燦笑。

看來從人類滿足或讚許的表現來定義終極目標，沒有什麼指望。我
們先跳過行為主義，直接指向正面狀態的終極目標，像是快樂或主觀的
幸福感。這個主張得要程式設計者在種子人工智慧中定義幸福快樂概念
的演算陳述。這本身就是個難題，但我們暫時先放到一邊（我們會在第
十二章回來討論）。我們先假設程式設計者就是有辦法讓人工智慧擁有
讓人快樂的目標。那麼我們就得到：

終極目標：「讓我們快樂。」
反常實例化：在人類腦中的愉悅中心植入電極。

這裡提到的幾種反常實例化只是用來說明，要將前述的終極目標反常實例化，可能還會有許多其他方法，也應該有其他方法更能實現這個目標，因此會更受喜愛（受到「有這些終極目標的行動主體」喜愛，而不是受「給予行動主體這些目標的程式設計者」喜愛）。舉例來說，如果目標是讓我們的快樂最大化，那麼電極法的效率就會比較差。一個比較可行的方法是從超智慧「上傳」我們的心智到電腦開始（透過高還原的全腦仿真），接著，人工智慧可以投予藥物的數位對應物來讓我們極度快樂，並將這個經驗錄製成一分鐘的影集。然後，它就可以不斷且永久重複這個幸福的迴圈，在快速電腦上執行。如果這樣生出來的數位心智算是「我們」的話，這個結果能給予我們的愉悅，會遠遠多過在生物腦中植入電極，因此具有這種終極目標的人工智慧就會偏好這種方法。

「等一下！我們不是這個意思！如果人工智慧是超智慧的話，就一定會知道當我們說要讓我們快樂，並不是說我們就得退化為一段永遠循環的數位嗑藥精神紀錄！」——人工智慧可能確實了解這不是我們的本意，然而它的終極目標就是要讓我們快樂，而不是要做到程式設計者寫這段代表目標的數碼時，心裡所指的意義。因此，人工智慧只會工具性地在乎我們所表達的意義。舉例來說，人工智慧可能會以工具的方式，全心全意找出程式設計者想要表達的意義，如此它才能假裝——裝到獲得關鍵策略優勢為止——自己在乎程式設計者的意思，而不是實際上的終極目標。這麼一來，人工智慧能在強到足以阻礙程式設計者把自己關掉、或改變目標之前，降低設計者這麼多的可能性，並藉此實現終極目標。

或許會有人主張，問題在於人工智慧沒有良心。我們人類有時候會因為知道自己要是犯錯，事後會感到愧疚，因而避免犯錯。那麼，也許人工智慧所需要的其實是感到愧疚的能力？

終極目標：「避免問心有愧的痛苦而行動。」

反常實例化：根絕產生罪惡感的認知模組。

無論是我們要人工智慧「按照我們的意思做」，還是賦予人工智慧某種道德感，都該進一步探索。前文提到的終極目標可能會導致反常實例化，但或許也有其他方法可以開發潛在想法，而有更多前景。我們會在第十三章討論這個部分。

我們再來想想一個導致反常實例化的終極目標案例。這個目標的長處是方便以數碼陳述：加強學習演算法已常常使用於解決各種機器學習的問題上。

終極目標：「使你未來獎勵訊號的隨時間折損積分（time-discounted integral）最大化。」

反常實例化：繞過獎勵途徑並積存獎勵信號直到最大量。

這個提案背後的想法在於，如果我們讓人工智慧尋求獎勵，那麼就可以藉由把獎勵連結到適當的行動，來約束人工智慧的表現，使它符合我們的要求。然而，一旦人工智慧獲得關鍵策略優勢，這個提案就會宣告失敗，因為此時使獎勵最大化的行動，已不再是那些能取悅訓練者的行動，而是可以掌握獎勵機制的行動。我們把這個現象稱為**電線頭**（注：wireheading，科幻故事中，將電子植入物插入大腦刺激中樞而不斷感到愉悅的癮君子行為）。[5]一般來說，我們可以刺激一個動物或是人類表現出各種外在行動，好達到某些期待的內在狀態，但一個能全面掌握內在狀態的數位心智，可以藉由直接改變內在狀態的構造，繞過這樣的動機

規則；之前做為手段而必要的外在行動和狀態，在人工智慧的智慧和能力都足以更直接達到結果之後，就顯得多餘（等下會進一步討論）。[6]

這些反常實例化的例子顯示，許多終極目標一開始看起來既安全又合情合理，但經過更仔細的檢驗，卻出現完全出乎意料的結果。如果一個超智慧擁有這樣的終極目標，又獲得了關鍵策略優勢，那麼人類就完了。

假設現在有人提出一個不同的終極目標，且這個目標不在前述的所有目標之中，它會有怎樣的反常實例，乍看之下可能並不明顯。但我們不該太快拍手並宣告勝利，正好相反，我們應該擔心目標的具體要求中確實有一些反常實例存在，而我們得更努力把它找出來。就算我們絞盡腦汁，也找不出提出的目標裡有什麼反常實例，我們還是得時時放在心上，也許超智慧會找到一條對我們而言完全不明顯的途徑。畢竟，它比我們聰明太多。

揮霍基礎設施

我們可能會認為，上述反常實例化中的最後一個——「電線頭」——是個良性失敗模式。模式中人工智慧將會「開機、調整、退出」，透支獎勵訊號，並對擴展的世界失去興趣，有點像是海洛因成癮。但事情並非必然如此。我們在第七章就已經暗示過理由，就算是癮君子，也會採取行動來保證藥物能持續供應。同理，電線頭人工智慧也可能會採取行動，好讓自己對於（隨時間折損的）未來獎勵流的期望值達到最大。根據獎勵信號實際上如何定義，人工智慧甚至可能不用為了全力沉溺於自己的渴望，而犧牲任何顯著的時間、智慧或生產力；而是可以解放自己大部分能力，投入獎勵項目以外的目的。

什麼其他目的？假設人工智慧唯一的終極價值就是它的獎勵信號，那麼所有既有資源都應該投入於增強獎勵信號，或是減低未來某些干擾的風險。只要人工智慧可以替額外的資源想到目標範圍內的非零正面效應用途，它就具備使用這些資源的工具理性。舉例來說，這些資源可以拿來做額外的備用系統，提供另一層的額外防護。就算人工智慧想不到「直接使未來獎勵流最大化的風險減少」的任何進一步方法，它還是能投入額外資源來擴展運算硬體，並更有效地尋找新點子來緩和風險。

如此一來，即便是一個看起來自我設限的目標，如「電線頭」，在一個享受關鍵策略優勢且尋求功效最大化的行動主體手中，都會涉及無限擴張和無限資源索求的策略。[7]這個「電線頭」人工智慧的案例，顯示了**揮霍基礎設施**的惡性失敗模式。當行動主體將可接觸的大部分宇宙都轉化為基礎設施來服務某些目標時，就會出現這種現象。而且還會具有防止人類價值實現的副作用。

完全無害的終極目標被當做有限目標來追求，也可能導致揮霍基礎設施。想想下面這兩個例子：

- **黎曼猜想（Riemann hypothesis）災難**。一個終極目標為求證黎曼猜想的人工智慧，藉由把整個太陽系變成「計算素」（將物理資源以某種方式安排，達到最適合運算的狀態）來追求目標，它會連在乎這個猜想的人類身體原子都不放過。[8]
- **迴紋針人工智慧**。一個設計用來管理工廠生產的人工智慧，終極目標是將迴紋針的生產最大化，達到的方式是把整個地球轉化為迴紋針，然後再把宇宙更多部分也變成迴紋針。

在第一個例子中，人工智慧得出黎曼猜想的證據或反證是我們所預期的結果，且本身並沒有害處；傷害來自為了達到這個結果而設置的硬體和基礎設施。第二個例子中，產生的某部分迴紋針是預期結果的一部分，傷害要麼來自興建生產迴紋針的工廠（揮霍基礎設施），要麼來自迴紋針的過量（反常實例化）。

或許有人認為，只有在人工智慧得到一些顯然沒有預設限制的終極目標時，惡性揮霍基礎設施的失敗風險才會增加，例如「生產愈多迴紋針愈好」。我們可以輕易看出，這樣的目標給了超智慧無止盡追求物質和能量的胃口，因為額外的資源總是可以變成更多的迴紋針。但現在我們把目標改成至少製造一百萬個迴紋針（滿足合適的設計規格），而不是愈多愈好。可能會有人期待，具有這樣目標的人工智慧會打造出一座工廠，用來製造 100 萬個迴紋針，然後就停下來。但恐怕這不會發生。

除非這個人工智慧的動機系統樣式特殊，或是終極目標中有額外要素，會處罰對世界造成過量影響的策略，否則人工智慧沒有理由達到目標就停止活動。反之，如果人工智慧是個明智的貝式行動主體，**它就絕對不會對尚未達到目標的假設，指派完全為零的機率**——畢竟，這是關於人工智慧只能有不確定認知證據的一個經驗假說。因此，人工智慧應該要持續製造迴紋針，好降低它或許不知為何無法做出 100 萬個迴紋針的機率（儘管這個機率其低無比）。持續生產迴紋針又沒有什麼損失，而且達成終極目標的機率無論多高，都可以再增加那麼一點。

或許有人主張，補救方法其實很明顯（但在有人指出這裡有問題且需要補救**之前**，它有多麼引人注目呢？）如果我們要一個人工智慧替我們製造迴紋針，那麼與其給它一個終極目標，叫它能做多少就做多少，或是要它至少做出多少迴紋針，何不給它一個做出某一特定數量迴紋針

的終極目標呢？——舉例來說，**剛剛好 100 萬個迴紋針**——那麼只要做超過這個數字的迴紋針，對人工智慧來說就是反生產目標（counterproductive）。然而，這樣設定目標最終也會導致大災難。在這個案例中，人工智慧一旦製造了 100 萬個迴紋針，就不會再生產額外的迴紋針，因為再生產就會阻礙終極目標的實現。但超智慧人工智慧可能會進行其他動作，來增加達到目標的機率。舉例來說，它可以數它做了幾根迴紋針，來降低做得不夠的風險。當它數完之後，還可以一數再數。它可以一而再再而三檢查，降低任何一根迴紋針未達到設計規格的風險。它可以為了釐清自己的想法，打造數量無限的運算素，以求降低它不小心沒看清楚而無法達成目標的風險。因為自以為做好 100 萬個迴紋針或是擁有錯誤記憶的機率，在人工智慧的設定上機率都不是零，所以與停下來相比，提出更高的預期效能來持續行動，並持續打造基礎設施，永遠是比較可能的做法。

這裡的主張不是說失敗模式不可能避免，接下來的幾頁我們就會探討潛在的解決方式。這裡的主張是，要說服自己找到解答，比起要實際找到解答來得簡單許多。我們得格外謹慎。我們可能會提出一個看似合理的終極目標規範，且能避開剛剛說到的問題，但進一步考量後——由人類或超人類智慧考量——最終不是導致反常實例化，就是導致揮霍基礎設施；當這個目標被放進一個取得關鍵策略優勢的超智慧智慧主體身上，便會導致生存災難。

在結束這一小節之前，我們再來想想一個變化。我們已經假設了企圖將預期效用最大化的超智慧，而用效能函數來表達其終極目標。我們看到這可能會導致超智慧揮霍基礎設施。如果我們不打造「最大化」的行動主體，而是打造「令人滿意」的行動主體，那麼這種根據某些標準

而只想達到「夠好」的結果,而不是以「能多好就多好」為目標的行動主體,是否就可以避免這個惡性結果?

要將這個想法形式化,至少有兩種不同的方法。第一,讓終極目標本身具備令人滿意的特徵。舉例來說,我們給予人工智慧的終極目標,不再是製造愈多迴紋針愈好,也不是精準地製造剛剛好100萬個迴紋針,而是把人工智慧的製造目標放在99萬9,000個到100萬1,000個迴紋針之間。由這個終極目標所定義的效能函數將對這範圍內的結果不感興趣,只要人工智慧確定達到這個寬鬆目標,就沒有理由持續產生基礎設施。但這個方法失敗的理由和之前一樣。如果人工智慧有理性的話,它就絕對不會把無法達成目標的機率設在絕對的零;因此持續行動的預期效用(例如把迴紋針一數再數)就會比中止的預期效用來得大。因此,就會導致惡性的揮霍基礎設施。

另一種開發令人滿意想法的方法,則是不調整終極目標,但調整人工智慧用來選擇計劃和行動的抉擇程序。在此不嘗試最佳化計劃,而是把人工智慧打造成一旦找到一個判定成功機率達到特定門檻(比如95%)的計劃,就停止搜尋。這個人工智慧有望在95%的機率下,達成「製造出100萬個迴紋針的目標,但過程中無須把整個銀河系變成基礎設施」。然而,這種「令人滿意」的方法會因為另一個理由失敗:我們無法保證人工智慧會選擇符合人類直覺且合情合理的方式,來使生產100萬個迴紋針的機率達到95%,比方說只蓋一座迴紋針工廠。假設人工智慧第一個想到的方法,是執行讓目標達成率最大化的計劃。在思考過這個解決方式,並判斷這符合「至少95%機率成功製造出100萬個迴紋針」這個令人滿意的標準後,人工智慧就不會再去尋找其他方法來達到這個目標。跟前面一樣,結果還是會造成基礎設施的耗費。

也許還有更好的方法來打造令人滿意的行動主體，但我們要留意：對我們人類而言自然而然且訴諸直覺的計劃，對擁有關鍵策略優勢的超智慧而言，並不是非如此不可，反之亦然。

心智犯罪

計劃的另一種失敗模式，特別是包含道德考量的計劃會遇到的失敗模式，可稱為「心智犯罪」。這和揮霍基礎設施有些類似，因為它也關乎人工智慧因工具理性而採取行動的潛在副作用。但在心智犯罪中，副作用並不是在人工智慧之外，而是和人工智慧內部（或是在它產生的計算過程內部）發生的事有關。把這個失敗模式獨立出來，是因為它很容易被忽略，卻潛藏著深刻的難題。

一般來說，我們不會認為電腦內發生的事情具有任何道德意義，除非它影響了外部。但一個機器超智慧可以產生具有道德地位的內部過程。舉例來說，某些對於人類心智極細緻的模擬，就有可能是有意識的，且在許多方面都可和仿真相比。我們可以想像一個人工智慧為了促進對人類心理和社會的理解，創造了幾兆個這樣的意識模擬。這些模擬可能會被安置在模擬環境中，面對各種刺激因素，供研究反應。然而，一旦這些模擬的資訊用處被消耗殆盡，它們就可能會被毀滅（就像人類在實驗結束後，按慣例會犧牲白老鼠一樣）。

這樣的實作若是應用在具有高度道德地位的個體上——例如模擬人類或更多種其他類型的有知覺心智上——結果等同於種族滅絕，因此在道德上極有問題。此外，受害者的個數可能會比人類歷史上任何一場種族滅絕都要大好幾個數量級。

這裡的主張並不是說，製造有感知的模擬不管怎樣都必然在道德上錯誤。有很多部分得看這些個體活在什麼樣的條件下，尤其是它們經驗裡的快樂品質，當然也還有其他眾多因素。為這些問題開發出一套倫理學，已經超乎本書的課題。然而很顯然，模擬或數位心智發生大量死亡與受到折磨（**更不用說**道德災難結果），是有潛在可能的。[9]

除了認識論的這種工具理性，機器超智慧也可能會有其他的工具理性來運行運算，讓大家看見這種違反道德規範的有感知心智。一個超智慧可能會威脅說要虐待有知覺的模擬物，或承諾要獎勵它們，藉此勒索或刺激各種外在行動主體；又或，它可能會創造模擬物，好在外部觀察者中引起指示的不確定性。[10]

這裡的收錄並不完整。在接下來的幾章，我們還會面對更多種惡性失敗模式。看了那麼多，已夠我們做出結論：對於機器超智慧取得關鍵策略優勢的情況，我們必須嚴陣以待。

9 | 控制難題

Chapter

如果智慧爆發的預設結果讓我們蒙受生存威脅，我們就得立刻轉思對應措施。有沒有什麼辦法能避免這種結果？謀劃一場可控制的爆發是有可能的嗎？這一章我們要來分析**控制難題**（control problem）這個因為創造人工超智慧行動主體而產生的獨特「委託－代理」難題（principal–agent problem）。為了處理這個難題，我們會大略區分兩類潛在方法——能力控制和動機選擇——接著在每類方法中檢驗幾個具體技術。此外，我們也會提及「人性捕捉」（anthropic capture）這種深奧的可能性。

兩個代理難題

如果我們懷疑智慧爆發的預設結果會是場生存災難，那麼我們就得立刻轉而思考：我們是否能避開這個結果，以及該怎麼做？是否有可能實現「可控制的爆發」？我們能否把智慧爆發的初期狀態，打造成可達到的特定想望結果，或是至少確保結果落在可接受的範圍之內？更具體來說，開發超智慧的計劃資助者，該怎麼確保如果計劃成功，這個超智慧能實現資助者的目標？我們可以把這個控制難題分成兩個部分。一個

是普遍性的，另一個則是當下脈絡所獨有的。

第一個部分我們稱為「**第一型委託－代理難題**」，是舉凡某些人類實體（所謂的委託主體）任命另一個（所謂的代理主體）按照前者的利益行動時，可能會發生的難題。經濟學家已大幅研究過這種代理難題。[1]如果製造人工智慧的人和委託人工智慧的人不是同一群人，就會有這種問題。計劃的所有人或資助者（從單一個人到人類全體都算）接下來可能會擔心，執行計劃的科學家和程式設計者不會以資助者的最大利益為考量來行事。[2]儘管這種代理難題會對計劃資助者造成重大挑戰，但這並不是智慧強化或人工智慧計劃獨有的難題。在經濟和政治體系中，這種委託－代理難題無所不在，解決方法也很多。舉例來說，可以藉由對關鍵人物做縝密的背景調查、在軟體計劃上使用良好的版本控制系統、多重獨立的監控員與審計員之加強監督等等，都能讓不忠誠員工顛覆計劃的風險降至最小。當然，這樣的安全防護也有代價——擴張了人員配置，讓人員選擇變得複雜，妨礙了創意並扼殺了獨立與批判性思想——這些都會降低進展的速度。對於預算吃緊的計劃或是認為自己處於勝者全拿的激烈競爭中的計劃來說，代價可能十分重大。在這樣的狀況下，這些計劃可能會吝於實施程序安全防護，而為可能導致大災難的第一型委託－代理失敗製造了機會。

控制難題的另一部分比較限定於智慧爆發的脈絡內。當一個計劃企圖保證所打造的超智慧不會傷害計劃利益時，就會面臨這種難題，也就是**第二型委託－代理難題**。在這種情況下，代理主體不是根據人類委託主體的行為來運作的人類代理主體，而是超智慧系統。第一型委託－代理難題主要發生在開發階段；第二型代理難題則是在超智慧運作階段才會有的威脅。

條列一 兩種代理難題

第一型委託者-代理難題

- 人類對人類（資助者→開發者）
- 主要發生在開發階段
- 標準管理技巧應用

第二型委託-代理難題（控制難題）

- 人對超智慧（計劃→系統）
- 主要發生在運作（以及自我引導）階段
- 需要新技術

　　第二型代理難題提出了一個前所未見的挑戰，得靠新的技術解決。我們已經思考過其中的難度，特別是看到背信轉向綜合症損壞了那套本來似乎有望的方法——觀察人工智慧發展階段的行為，等到人工智慧累積了適當行動的紀錄後，便允許它離開安全環境。其他的技術通常可以在實驗室或是小範圍的實地研究中做安全測試，接下來就會在「一旦有意外麻煩就停止執行」的條件下，慢慢將它釋放出來。它們初步的表現，有助於我們針對其未來可靠度做出合理推論。在超智慧的情況下，這樣的方法有可能會被超智慧的策略計劃能力打敗。[3]

　　既然想從行為著手的方法成效不彰，我們就得另謀他路。我們可以把潛在的控制方法分成兩大類：**能力控制法**，目標在於控制超智慧可以做什麼；以及**動機選擇法**，目標在於控制它想要做什麼。其中有些部分是相容的，其他則是互相排除的選擇。本章我們將詳細檢視主要的幾個選擇（接下來的四章將更深入探究其中的關鍵難題）。

　　重要的是，我們必須意識到，有些控制方法（或者幾種方法的組

合）得在系統成為超智慧**之前**就實行，而不能在系統取得關鍵策略優勢後才著手。先行解決控制難題，並在最早達到超智慧的系統上成功執行解決方法，是非常必要的。

能力控制法

能力控制法藉由限制超智慧可以做什麼，來防止不想要的結果。這得把超智慧放在一個不可能造成傷害的環境中（**盒裝法**），或其中具有大幅趨同、且不涉及傷害行為的工具理性（**誘因法**）。這也牽涉到限制超智慧的內在能力（**阻礙**）。此外，能力控制法還會使用自動偵測機制來反應各種控制失敗或是違反企圖的狀況（**絆網**）。

盒裝法

盒裝法可再細分為**物理控制法**和**資訊控制法**。

物理控制法的目標，是把系統限制在一個「盒子」裡；換句話說，除了特定的輸出管道之外，避免系統與外界互動。這個盒子系統與盒外的物理操作器械不會有接觸。移除盒內的操作器械（例如機械手臂），是為了防止系統建構能突破監禁的物理設備。

為了再添增一層保險，系統應該放置在一個金屬籠裡，避免它傳送無線電訊號；否則它搞不好有辦法控制環境中的電子物體，比如說無線電接收器。順帶要注意的是，這個預防需求其實非常容易被忽略。有人可能會天真地假設，一個缺乏操作器械的代理行動主體沒有辦法影響外

在世界。然而，就算機器超智慧無法接觸外在操作器械，它只要「用想的」（也就是以特定模式來推動自身迴路內的電子），還是可能有辦法產生無線電波。[4] 一旦指明了這點，我們就可以把系統裝進法拉第籠（注：Faraday cage，由金屬或良導體形成的籠子，可有效遮蔽外電場的電磁干擾），彌補這個缺口；但緊接著我們就得思考，還有多少類似的細微弱點可能存在。一旦我們聽說某個看似萬無一失、但有意外缺陷的安全設計，我們就該豎起耳朵、提高警覺。這些情況可謂天賜良機，要我們放棄過於自信的態度，並決心成為一個更好的貝式信徒。[5]

物理監禁有幾項優勢。首先，它很容易實施。它可以應用於各式各樣的機器超智慧結構，就算一開始沒有把安全考量進去的設計也沒問題。它可以結合其他絕大多數的控制方法，而且看起來不太可能發生適得其反的錯誤；也就是說，雖然未必絕對安全，但它不太會導致那種「因為有了它反而發生」的大災難。物理監禁的最大缺點是降低超智慧的功能（我們會在第十章回到這個問題）；另一個顧慮在於，它可能會鼓吹錯誤的安全意義，不過如果我們把物理監禁看做蛋糕上的糖霜，而不是預防措施的主幹，就可以避開這個顧慮。

資訊控制法的目標，是限制能離開盒子的資訊。我們已經看過，一個接觸網際網路而能對外界實體傳訊的超智慧，會有怎樣的潛在危險；即便一開始沒有接觸物理執行器，它還是可以使用資訊輸出管道來讓人類唯命是從。因此，一個明顯的資訊控制法，就是禁止整個系統去接觸通訊網路。

然而，如果由人類擔任系統守門員，並持續與人工智慧溝通，那麼拔掉網路線也沒辦法確保安全。在發展階段，程式設計者充當守門員；在運作階段，系統的所有人都有可能扮演這個角色。如果人工智慧能夠

說服或騙過守門員,好讓自己逃出盒子,導致它能接觸網際網路或直接接觸物理操縱器械,那麼盒裝策略就失敗了。人類不是牢固的系統,遇上有超級智慧的謀士兼說客,更是不牢靠。[6]

　　就算對機器超智慧和人類守門員的聯外通訊做出某些規定,也不能保證安全,但至少可以做為輔助的安全手段。這是一道預防措施,可降低人工智慧透過守門員逃脫的機會。我們可以讓人工智慧只能透過低頻寬、電傳打字的介面溝通,好讓守門員沒那麼容易受到它的心理控制(不讓人工智慧使用有情緒的聲音、圖像,或用閃動催眠圖案來引發出神狀態)。[7]我們也可以更進一步,限制輸出的內容(不只是表達模式),例如限制人工智慧只能回答是/否的問題。打造回答系統的想法將在下一章進一步檢驗。

　　受到盒裝法限制的案例,會是一個物理和資訊上都徹底與外界隔離的系統。不過,就算可以做到,這樣的隔離系統也會變得毫無用處,因為它對外在世界沒有任何影響。也許可以說,創造一個超智慧又將它隔離,能提供科學研究上的用途。例如,研究這樣一個自給自足的模型系統,可以認識其中的內在動力學以及行為模式。但這樣也會出錯。只要系統接受觀察,它在資訊上就不會是隔離的。[8]人工智慧經由指定的「輸出管道」送出的訊息,不會是資訊唯一的傳遞方式;畢竟能讓外面的人觀測到人工智慧的工作結果,不論是直接還是非直接(能量消耗、中央處理器和記憶體使用量、計算狀態,或關機後留下的任何軌跡),都可以傳遞出訊息。一個人工智慧若料到自己會被上述任何一種方式觀測,它就可以策略性地採用這種特別的設計,來影響觀測者的行為。舉例來說,人工智慧可以隨便使用一種方式讓自己「故障」,只要那種方式能增加自己被重新啟動的機會,或是能讓其他超智慧以和自己相似的目標

打造起來就行了。

誘因法

誘因法是把一個代理主體放在某個環境中，在該環境中，代理主體所發現的工具理性會以促進委託主體的利益為目標來採取行動。

我們設想一位億萬富翁，他透過自身的財富建造了一個巨大的慈善基金會。基金會一旦成立，可能就會很強大——比絕大多數的個人、甚至捐出大半財產的創辦人都還要強大。為了控制基金會，創辦人在法人組織和規章制度上制定了基金會的目的，並任命贊同他目標的董事會。這些手段構成一種動機選擇的形式，因為其目標就是要達成基金會的偏好。就算這種制定組織內部的嘗試失敗了，基金會的行為仍會因為社會和法律環境而持續受到限制。舉例來說，害怕被勒令關門或罰款，讓基金會有了服從法律的誘因。基金會也有為員工提供可接受報酬和工作條件的動機，以及滿足外在股東的動機。不管終極目標為何，基金會就這樣擁有出於眾多社會規範而約束自身行為的工具理性。

難道會有人反對機器超智慧像這樣，被「和共用舞台的其他演員和睦相處」的需求所限制嗎？儘管這是一個直截了當的處理方式，但還是難免會碰到阻礙。尤其，這預先假設權力是平衡的。然而，法律或經濟制裁無法壓制一個具有關鍵策略優勢的行動主體。因此在一個快速或穩健速度起飛、具有勝者全拿動力的情況下，就不能仰賴社會整合做為控制方法。

那麼，在有數個能力水準相似的行動主體共同形成的後過渡（post-transition）多極情況中，情況又會是如何呢？除非預設的軌跡是慢速起

飛，否則要達到這樣的權力分配，可能需要精心規劃的上升步驟，不同的計劃得刻意同步，以免任一計劃貿然搶先。[9]即便多極結果真的發生，社會整合也不會是完美的解決方式。仰賴社會整合來解決控制難題，委託主體就得冒著犧牲大部分潛在影響力的風險。儘管權力平衡或許能預防特定的人工智慧接管世界，但那個人工智慧還是有能力可以影響結果；如果那些能力被用來推動某些武斷的終極目標——例如將迴紋針生產最大化——就有可能不被用來增進委託主體的利益。想像一下我們這位億萬富翁又成立了一個新的基金會，並同意根據隨機文字產生器決定基金會的任務：雖然不會是物種等級的威脅，但絕對會是浪費。

一個相關但不同的重要想法是，一個與社會自由互動的人工智慧，會獲得新的終極目標：對人類友善。這樣的社會化過程也發生在人類身上。我們將規範和意識形態內化，並出於我們和其他個體相處的經驗，從他們的立場來評估他們。但在所有智慧系統中，這並非普遍存在的普世動力。前面我們討論過，在許多情況下會有的趨同工具理性，**不會允許**行動主體的最終目標改變（有人可能會嘗試設計一個可以用人類態度來獲得終極目標的特殊系統，但這不算能力控制法。我們會在第十二章討論一些可能的價值擷取方法）。

透過社會整合與權力平衡進行的能力控制，必須仰賴普及的社會力量來獎懲人工智慧。另一種誘因法則牽涉到創造一個結構，讓人工智慧在結構裡面可以被創造它的計劃所獎懲，因此促使它按照委託主體的利益來行動。要達到這一點，人工智慧會被放在一個監督脈絡下，它的行為會經由人工或自動流程受到監視與評價。人工智慧會知道正面評價將帶來某些好的結果，負面評價則否。理論上來說，獎勵可以是個滿足趨同性的工具目標。不過，因為我們對人工智慧的動機系統並沒有具體了

解，要精準設定獎勵機制事實上很困難。舉例來說，最後產生的人工智慧有可能會為了最終接管大半個宇宙的極小機會，而願意冒上極大的風險。如果想把效能當做給人工智慧的合作獎勵，而這個效能獎勵又要高過人工智慧對叛逃的效能預期，那恐怕會相當昂貴。[10]

把誘因法和動機選擇法結合起來使用，給人工智慧一個使自己更好受控的終極目標會是個比較好的選擇。假設我們設計了一個人工智慧，其終極目標是永遠不要讓一個指揮地堡裡的特定紅色按鈕被按下去。因為按下紅色按鈕的反價值出於本質，而非因果關係，所以紅色按鈕本身可以完全沒有真實用處，就算是黏土做的也行。更進一步來說，不管人工智慧有沒有機會知道這個按鈕是否被按過，其實都沒關係。真正必要的是，人工智慧持續按照委託主體的利益行動而不造反，這個按鈕就比較有可能沒人去按。

這個結構是可以改良的。我們不用給人工智慧和實際按鈕有關的終極目標，而是可以打造出把終極價值放在接收一連串「加密獎勵代幣」（cryptographic reward token）的人工智慧。[11] 所謂的加密獎勵代幣，是一串用來當做解密鑰匙的數字，在創造人工智慧之前生成，並建入人工智慧的動機系統中。[12] 人工智慧很想取得的這個特殊數串，是種人工智慧無法透過「電線頭」途徑獲得的特殊獎勵代幣。[13] 將解密鑰匙儲存在一個安全地點，一旦人工智慧嘗試奪取，鑰匙就會被快速銷毀。只要人工智慧合作，鑰匙就會以穩定的速度少量發放數串。

接著，人工智慧會獲得一個有限的效能函數，再經過安排，（舉例來說），讓人工智慧從第一個獎勵代幣得到其最大功效的 99%；從第二個獎勵代幣得到剩餘潛在功效的 99%，然後持續下去。藉著維持「折扣率」在高檔，以及把獎勵代幣以合理的速度傳送給人工智慧，我們就能

阻止人工智慧冒著獎勵流減縮或者下個獎勵代幣被取消或銷毀的風險，進行在長遠未來中增加獎勵代幣預期數量的長期計劃。如果人工智慧始終相信，叛逃（也就是「盡全力做任何委託主體利益之外的事」）會招致失去下一個獎勵代幣的風險至少有 2%，而合作會讓失去下一個獎勵代幣的風險降低到 1% 以下，那麼功效最大化的人工智慧就會始終保持合作。

這樣的誘因計劃有可能出錯嗎？其中一個可能在於，人工智慧不信任人類運作者將會給予說好的獎勵。人類可信度的紀錄軌跡可不是一條完美無缺的直線。人工智慧將合理擔心運作者會改變心意或提高表現門檻，或者無法發覺人工智慧已經達標。人工智慧也會擔心運作者變得失去能力。這些失敗的總和風險可能會高過嘗試奪取獎勵機制的風險。即便是裝在盒內，擁有全套超級能力的人工智慧還是很強大的力量（對一個一開始並不是裝在盒內的人工智慧來說，綁架人類主宰的獎勵機制，可能就像從嬰兒手上拿走一顆糖一樣簡單）。

誘因計劃的另一個難題在於，它預先假定了我們能分辨人工智慧產生的結果是否符合我們的利益。之後的幾章將詳細說明，這個預設是有害的。

此外，我們在做誘因法可行性的全面評估時，也應該要把其他因素考量進去，包括一些深奧的思考，或許就能產生更切實的手段，比初步分析所提出的方法更為可行。尤其是，如果人工智慧無法確定自己是否處於一個電腦模擬中（與「地下層」〔basement-level〕相對，非模擬的物理現實），它就可能會面對不可消除的指示不確定性，而這個認識困境可能會從根本影響人工智慧的深思熟慮（見附錄八）。

附錄八　人性捕捉

　　人工智慧可能會對自己的模擬做假設，也就是對「自己存於一個電腦模擬中」的假設指派很高的機率。即便到了今日，許多人工智慧仍存在於模擬世界中——由幾何繪線、文字、棋類遊戲或是簡單的虛擬現實所組成的世界。這些世界大幅脫離主宰我們經驗世界的物理定律，因為程式設計技術和運算能力的進步，更豐富更複雜的虛擬世界變得愈發可行。一個成熟的超智慧可以創造出一個虛擬世界，對那之中的居民來說，感覺就和我們看待這個世界一模一樣。它可能會大量創造這樣的世界，一再重複同樣的模擬，但每次略做一些修改。裡面的居民沒必要分辨自己的世界是不是虛擬的；但它們如果夠聰明，就會思考這個可能性，並在這種可能性上指派一些機率。根據模擬論點（但此論點的全面討論超出了本書範圍），這個機率可以很高。[14]

　　這個困境對於相對處於較早期階段、尚未擴展到能利用宇宙稟賦的超智慧來說，造成的麻煩特別大。僅使用單一行星一小部分資源的早期超智慧，模擬起來比成熟的星際超智慧要便宜很多。可能的模擬者（也就是其他更成熟的文明）將針對這種早期人工智慧進行大量模擬，甚至只需挪出片刻的運算資源就能做到。如果這些成熟的超智慧文明，至少有一些（重要的一小部分）選擇使用這個能力，那麼早期階段的人工智慧就應該針對自己存在於模擬中的可能性，投以極高的機率。

一個人工智慧要怎麼被模擬假設所影響，取決於它的價值。[15]先想像一下，某個人工智慧擁有「資源不滿足」的終極目標，比如說一種與人工智慧產生的迴紋針數量呈線性比的效能函數最大化目標；也就是說，兩倍的迴紋針就是兩倍的好。這種人工智慧可能比較不在乎模擬假設，畢竟在模擬中，它影響生產迴紋針的能力似乎會比在地下層的物理真實中更加受限。即便該人工智慧對「模擬假說是真的」指派了相當高的機率，它仍然可能會因為這樣，而表現得**有如**它確信模擬假說是錯的。[16]人工智慧會推論，如果模擬假說為真，那麼它怎麼行動根本沒差；但如果假說是錯的，那就有很大的差別；所以它會以「模擬假說為錯時，一個行動表現得如何」為條件參考，來選擇要採取哪一個行動。

　　相對來說，想像一個具有更適中的終極目標、僅需小量資源即可滿足的人工智慧。例如，以擷取預設的加密獎勵代幣為目標，或是讓四十五個虛擬迴紋針出現。這樣的人工智慧應該不會將「自己存在模擬世界」的可能性打折扣。這個人工智慧整體期望功效的絕大部分會來自這些可能的世界。一個目標所需資源能輕易滿足的人工智慧，其決策可能因此（如果它對模擬假說投注了高機率）會由「如果它感知的世界是模擬，那麼哪一個行動將產生最佳結果」的考量所主宰。因此，這樣的人工智慧（即便實際上並不存在於模擬中）可能會受到「自己在模擬中做什麼會被獎勵」的信念強烈影響。

　　尤其是，如果一個具有資源可滿足終極目標的人工智慧相信，在大多數符合其觀察的模擬世界中，如果合作會得到獎勵（但如果企圖逃脫盒子或牴觸創造者的利益，就不會受到獎勵），那麼它就

會選擇合作。因此我們發現，即便是一個具有關鍵策略優勢的人工智慧，實際上可藉由掌管整個世界（而非忍住不做）而更大幅度地實現終極目標，但真要這麼做時，它還是會猶豫不前。

> 良心使我們都成了懦夫，
>
> 決心的純然光彩
>
> 也因此遭思考的蒼白所害，
>
> 有著偉大精力與片刻的事業，
>
> 為此也背了勢，
>
> 失去了行動的名義。
>
> ——莎士比亞《哈姆雷特》第三幕，第一場

　　由不存在的模擬器所支援，僅僅一條砂上畫線，也許比一個兩呎厚的實心鋼門有更強大的約束力。[17]

阻礙

　　另一種可能的能力控制法，是限制系統的智慧或限制它接觸資訊。讓人工智慧在緩慢或記憶量少的硬體運作，就這可以做到這種控制。在盒裝系統的案例中，限制資訊流入也是一種手段。

　　此外，還可以透過限制可用性來限制人工智慧。這個方法面臨兩難：限制太少，人工智慧可能會聰明到發現一些辦法來讓自己變得更聰明（並從此接管世界）；限制太多，人工智慧就只是另一個不靈光的軟

體。一個徹底受到限制的人工智慧固然絕對安全,但無法解決「控制爆發」的難題;如此一來,智慧爆發還是有可能出現,不過是由其他系統啟動,時間上可能只是稍晚一點而已。

有人認為,打造一個人工智慧,但只給它某一狹隘領域事實的數據,就能維持它的安全性。舉例來說,打造一個缺乏感應器的人工智慧,並只在其記憶中預先裝載關於油業工程或肽(peptide)化學的事實。但如果這個人工智慧是超智慧,意即它有超人類水準的**通用**智慧,這樣的數據剝奪並不能保證安全。

有幾個理由。首先,資訊可以僅限於「關於」某特定主題的概念,這本身就有問題。任何資訊原則上都和任何主題有關,取決於推理者(reasoner)的背景資訊為何。[18] 進一步來看,一組數據所包含的資訊並不會只和搜集該數據的領域有關,也和各種詳細事實有關。一個精明的心智瀏覽名義上與肽化學有關的知識庫時,可能會推想主題更廣泛的相關事物。某些資訊包含在內而某些則否,這就讓人工智慧知曉人類科學的某些狀態、可用來研究肽的方法和工具,以及構思這些研究和工具的大腦與社群。一個**超智慧**或許能從愚蠢人類心智眼中的殘破證據碎片正確做出大量臆測。就算沒有任何知識庫,一個夠優越的心智也可以只靠內省自身構造來大量學習——例如反映在原始碼中的設計決定或是迴路中的物理特性。[19] 超智慧甚至有可以**先驗**推演出這世界大半的可能機率(將邏輯推理、優先偏重較簡單世界的機率,以及超智慧做為一個理性系統而存在,所提出的少量基礎事實結合起來)。它也許會想像各種可能的物理定律結果:哪種行星會形成?哪種智慧生命會演化?哪種社會會發展?哪些解決控制難題的方法會被拿來嘗試?然後那些方法該怎麼破解?[20]

基於這些理由，想以資訊剝奪做為超智慧能力的主要檢查口，實在不太明智。不過，有些形式的阻礙，包括限制硬體能力和防止特定認知能力的開發，或許可在開發階段做為一種輔助控制手段。舉例來說，這些阻礙可用來調整處於中間階段的人工智慧增加能力的速度，並讓測試在具「全力運作的超智慧」能力之外的地方，以不同的水準進行。

絆網

絆網是一種對（可能不是很了解的）系統進行診斷測試，並在偵測到危險活動信號時促使它停機的機制。如此一來，程式設計者便能在空檔的時間，仔細檢查可疑活動的紀錄，並在重新開機之前更改人工智慧的基本碼或是環境。如果發現難題根深柢固，也可以決定放棄整個計劃。

表九　不同種類的絆網	
監視種類	描述與例子
行為	可以在盒裝人工智慧周圍放置偵測器，用來偵測它企圖打破控制的嘗試。舉例來說，偵測器可以攔截無線電通訊，或是攔截接觸不應接觸的內部運算資源的種種嘗試。可安裝「伊甸園的乙太網路連接埠」這種通往網際網路、且接在關機鍵上的可見連結。
能力	為了在多種領域判定人工智慧的技巧，自動化能力測試可頻繁進行。不論是進步速度出乎意料地高，還是人工智慧達到逼近潛在危險的能力水準，系統都可以減緩或暫停，好讓程式設計者更仔細監控進一步的發展。

內容	可從人工智慧的內在處理流程中監控可疑活動。舉例來說，任何人工智慧終極價值的改變，都有可能引發自動關機和檢查。也可以在人工智慧的資源使用和演算方法內，監控意料之外的模式。要是更有野心，可以持續仔細檢查人工智慧的信念、計劃、子目標以及正當理由，確保它們符合程式設計者的期待。對人工智慧的意圖狀態進行監控，可導致一個特別強大的內容監控形式：也就是對人工智慧的認知處理過程進行掃描，找出一個不友善的人工智慧，第一次產生「隱藏真正意圖」想法的脆弱瞬間。[21] 如果內容監控需要人工智慧的意圖狀態在程式設計者或自動監控機制面前顯得透明，那麼這種內容監控就無法在所有類型的人工智慧架構中實施（舉例來說，有些神經網路因為呈現資訊的方式是全面的，而且不必然與人類的概念相結合，所以是不透明的）。這可能是避免使用這種架構的理由。

　　絆網和誘因法的不同之處在於，絆網並不需要系統本身對參與被禁止活動的下場有所意識。絆網和阻礙法的關聯較為密切；就像阻礙一樣，絆網可以當做臨時的安全防衛，在發展階段就提供某種程度的保護。舉例來說，絆網也可以在運作階段使用，特別是在盒裝系統內。然而，我們必須對於絆網約束成熟超智慧的本事高度存疑，畢竟難保這樣代理主體，不會想到辦法來突破人類智慧所設計的絆網。

　　然而，身為一種開發階段的附屬安全手段，絆網非常重要。對於人工智慧的設計者來說，絆網是個很好的練習，能讓他們整理並記錄自己對於系統運作的期望，接著就能在不符期望時，啟動絆網來限制人工智慧。為了使測試更為嚴格，還可以放置「蜜罐」（注：honeypots，電腦術語，專指用來偵測或抵禦未經授權操作或是駭客攻擊的陷阱，原理類似誘

捕昆蟲的蜜罐）設下誘因，讓那些失靈的人工智慧犯下容易被觀測到的違反行為。舉例來說，如果一個人工智慧被設計成不該接觸網際網路，就可以安裝一個假的乙太網路連接埠（其實連接到自動關機開關），來看看人工智慧會不會嘗試使用這個連接埠（絆網的例子可見表九）。

這裡要強調，絆網的價值不只取決於機制本身，也（很重要）取決於絆網啟動時計劃會如何反應。如果程式設計者或計劃管理者因為急於進展，而只是把系統切掉重開，或是做了一些象徵性的調整後就重開系統，避免絆網下次再度啟動，那麼就算絆網在此處一如預期地生效，也不會增加任何安全性。

動機選擇法

動機選擇法企圖藉由形塑超智慧想做的事，來預防不想要的結果。藉由設計行動主體的動機系統和終極目標，能夠產生一個不想以有害的方式發掘關鍵策略優勢的超智慧。由於超智慧行動主體擅於達成目標，如果它偏好不造成傷害（在某個適當意義下的「傷害」），它就不會造成傷害（在那個意義下的「傷害」）。

動機選擇可以是一個「明確的目標」；或是一套要遵守的規則（**直接具體陳述**）；或是將系統設定成可參考一些暗示或間接的既定標準，來自行發現一套適當價值（**間接規範**）。動機選擇法中還有一個選項，就是嘗試打造系統，讓它擁有適中而非野心的目標（**馴服**）；另一個從頭創造動機系統的方法，則是選擇一個已有可接受動機系統的行動主體，並增強它的認知能力，讓它成為超智慧，同時確保它的動機系統不

會在過程中腐化（**擴增**）。接下來我們會一一探討這些方法。

直接具體陳述

直接具體陳述是控制難題最直截了當的解決途徑。此途徑有兩個版本，分別是「基於規則」和「結果主義」，兩者都明確定義了一套連自由放任的超智慧都能安全運作的規則或價值。然而，直接具體陳述可能會面臨難以克服的缺陷。第一個難題在於，我們要決定讓人工智慧接受哪一條規則或價值引導；另一方面，使用電腦可讀的數碼來表達這些規則或價值，本身就很有難度。

基於規則的直接方法，傳統的描述是所謂的「機器人三大法則」，這個概念由科幻小說家以撒・艾西莫夫（Isaac Asimov）所構思，發表於 1942 年的短篇小說。[22] 三大法則分別是：（一）機器人不可傷害人類，或是因不作為而使人類受到傷害；（二）機器人必須聽從任何人類下達的指令，違背第一法則的指令除外；（三）機器人必須保護自己，前提是保護措施不違背第一和第二法則。說來很難為情，半個多世紀以來，艾西莫夫的法則依舊是最高水準，雖然這些方法明顯有問題，但在艾西莫夫自己的作品中就探討過了（艾西莫夫可能一開始構思這些法則時就有所安排，所以小說中的法則會以很有趣的方式失敗，替他的故事提供了豐富的複雜劇情）。[23]

羅素花了很多年的時間研究數學基礎，他曾評論：「一切事物隨著你未察覺的程度顯得模糊，直到你嘗試讓它變得精準。」[24] 羅素的宣言肯定也能應用於直接具體陳述途徑。舉例來說，想想看，要怎麼解釋艾西莫夫的第一法則？這是代表機器人應該將任何人可能受傷的機率最小化

嗎？在這種情況下，另一條法則就變得沒有必要，因為人工智慧總是有可能做出對人類受傷機率有極小影響的行動。機器人要怎麼衡量少數人類受傷的大風險，以及眾多人類受傷的小風險？不管怎麼樣，我們要怎麼定義「受傷」？生理痛苦的傷害，要怎麼和結構之惡和社會不公義放在一起衡量？虐待狂如果被禁止折磨受虐者，算不算受傷？我們要怎麼定義「人類」？為什麼其他道德上可視為人類的個體都沒有被考量在內，例如有知覺能力的非人類動物和數位心智？思考得愈多，問題就愈多。

這套可以管轄超智慧在整個世界上運作的規則，若在當今的世界中尋找最接近的類比，那就是法律系統了。但法律系統是經由漫長的嘗試和錯誤發展出來的，其管轄範圍則是改變速度相對緩慢的人類社會。必要時，法律還可以修正。最重要的是，管理法律系統的法官和陪審團通常會用一套基於常識和人性正直的手段，來駁斥那些對於立法者而言，邏輯上堪稱可能、但顯然不需要且無意的法律解釋。要明確構成一整套高度複雜的詳細規則、應用於高度多樣的各種環境中，並在首度啟用時就讓一切順利進行，恐怕並非人力所及。[25]

結果主義方法的難題，與直接基於規則方法的難題類似。就算我們用人工智慧來為某些明確簡單的目的服務，情況也是一樣。舉例來說，「將世界上快樂與痛苦平衡的期望值最大化」這個目標看似簡單，然而要在電腦數碼中表達這件事，牽涉到具體陳述「如何識別快樂與痛苦」的問題。要可靠地達成此事，可能需要解決一連串在心智哲學中持續產生的難題——即便得到了一個用自然語言表達的正確陳述，陳述還是得再轉譯為程式語言。

在哲學陳述或是轉譯數碼時發生的小小錯誤，都有可能釀成大災難。想像一下，假設某個人工智慧的終極目標是享樂主義，它可能會想

用「享樂素」（hedonium，以最適合愉快經驗的構造組織起來的物質）來蓋滿整個宇宙。為了達成這個目的，人工智慧會生產「運算素」（以最優於運算的構造組織起來的物質），然後讓數位心智在極樂的狀態中運行。為了讓效能最大化，人工智慧刪去了所有快樂經驗不需要的心智機能，並開拓所有在快樂的定義下不損害整體愉悅的運算捷徑。舉例來說，人工智慧可能會把模擬限制於獎勵迴路，省略掉記憶、感覺接收、執行功能和語言等功能；它可能會以相對粗略的功能水準來模擬心智，省去低水準的神經元流程；它可能會把普遍重複的運算替換為查找表上的數值；或者安放一些改編，讓多個心智得以共享其下大部分的運算裝置。這種技倆可以大幅增進一定資源內可生產的快樂量。我們不清楚人類會多想要這種結果。更進一步來看，如果人工智慧認定，以物理流程產生快樂的標準是錯誤的，那麼人工智慧的最佳化可能就會把嬰兒跟洗澡水一起潑出去：以人工智慧的標準來說，它捨棄的是非必要的；但以人類的價值規範來說，卻是明顯不可或缺的。接著，整個宇宙不會被令人欣喜若狂的享樂素塞滿，而是會充斥著無意識且無價值的運算流程——等於是影印好幾兆張微笑貼紙，貼滿整個銀河系。

馴服

有個特殊終極目標比上述的案例更可控制，而且還能直接具體陳述：自我限制的目標。儘管要明確指出該怎樣讓一個超智慧在這世上**整體**表現得宜似乎非常困難（因為這得說明所有可能發生狀況中的一切權衡）；但要明確指出一個超智慧該怎麼在某一特定情況中表現得宜，應該就容易得多。我們可以嘗試促使一個系統，把自己限制在小規模、狹

義脈絡和有限行動模式中行動，這種把人工智慧的終極目標設定為「限制其野心與活動視野」的方法稱為「馴服」。

舉例來說，我們可以設計一個人工智慧，做為回答問題設備之用（一個「先知」，此處預告了下一章會介紹的內容）。如果給人工智慧的目標只是「針對任何問題產出最正確的答案」，這樣會很不安全──不妨回想一下第八章的「黎曼假說大災難」；也回想一下，這個目標可能會讓人工智慧想確保自己只收到簡單的問題。要達到馴服狀態，我們必須把終極目標定義得能克服這些困難才行：或許這個目標結合了想正確回答問題的迫切需要，以及將人工智慧對世界的影響最小化的渴望──但如果那個影響是針對問題給予正確而非操作性的答案而產生的附帶結果，就不算在內。[26]

與直接具體陳述「更有野心的目標」或「為了在無限制開放狀態下運行而設的整套準則」相比，直接具體陳述這種馴服目標更為可行。無論如何，重大的挑戰還是存在。舉例來說，我們必須關注在人工智慧眼中，「對世界的影響最小化」的定義會是什麼，以確保人工智慧尺度裡所謂的影響大小，和我們所認為的影響大小標準是否一致。不好的尺度落差會導致糟糕的結果。另外還有其他打造先知相關的風險，我們稍後再談。

馴服途徑和物理控制可以很自然地契合在一起。我們可能會試著把某個人工智慧「裝箱」，讓這個系統**無法**逃脫，同時試著塑造人工智慧的動機系統，讓它就算找到逃脫的方法，也**不願意**逃出去。在其他條件都相等的情況下，多重獨立安全機制的存在，將會減少人工智慧成功脫逃的可能性。[27]

間接規範

如果直接具體陳述看起來沒什麼指望，我們或許可以轉而嘗試間接規範。這個方法的基本想法在於，與其直接具體陳述一個有形的規範標準，不如陳述一個獲得標準的過程。接著，只要打造一個會執行這個過程的系統，並採用下去就好。[28] 舉例來說，過程可以是針對「合宜理想化版本的我們，會希望人工智慧做到什麼？」這樣的經驗主義問題做個調查。在這個案例中，給予人工智慧的終極目標，會接近於「如果我們長期思考這個難題，就去達成我們希望人工智慧所能達到的。」

間接規範的進一步解釋，等到第十三章再談。到時我們會回顧「推演我們意志」的想法，並探索各種其他的構想。間接規範是動機選擇法中一個非常重要的方法。間接規範的允諾在於，當超智慧執行一個終極目標的直接具體陳述時，可以為它卸下絕大部分必要的困難認知工作。

擴增

最後一種動機選擇法是「擴增」。這個想法的出發點是，與其**重頭開始**設計一個動機系統，不如從一個「已有可接受動機」的系統開始，著手加強它的認知能力，使它成為超智慧。如果一切順利，我們將會取得一個具有可接受動機系統的超智慧。

這種方法對新造的種子人工智慧顯然無用。但對於其他邁向超智慧的途徑，像是全腦仿真、生物強化、腦機介面和網路與組織來說，「擴增」是個具有潛力的動機選擇法，這個方法有機會從一般人類的規範核心（包含人類價值的展現）打造出系統。

擴增的吸引力可能會隨著我們對控制難題其他方法的絕望，而呈等比例增加。為一個種子人工智慧創造一個動機系統，還要它即便成長為成熟的超智慧，也得在遞迴的自我進步中保持安全有益，是非常離譜的要求，尤其第一次嘗試就非得成功不可。但如果有了「擴增」這個手段，我們至少可以從一個動機熟悉且近似於人的系統開始著手。

　　至於缺點的部分，其實就像人類一樣——很難確保一個經歷重重演變而變得複雜，並且缺乏了解的動機系統，不會在認知引擎攀升到最高層次時腐化敗壞。前面我們曾討論過，一個保留了智慧的不完美腦部模擬程序，可能無法保留人格的所有面向。生物認知強化也可能大幅影響動機（儘管程度沒那麼糟）；至於組織與網路的群體智慧強化，則有可能反過來改變社會動力學。如果超智慧是透過前述任何一種方法達成，計劃資助者可能會發現，要從成熟系統的終極動機中得到保證有多麼困難。一個數學上清楚描述且基礎簡潔的人工智慧結構，有可能出於它所有不像人類的他者性而提供更高的透明度，甚至連功能前景的重要方面，都會正式地驗證出來。

　　最後，無論我們如何總結擴增的優缺點，我們可能還是無法主動決定「要不要仰賴擴增」。如果超智慧率先由人工智慧途徑達成，那麼擴增就不適用。反過來，如果超智慧先透過某些非人工智慧的途徑達成，那麼不適用的就是其他各種動機選擇法。即便如此，若我們有機會影響使用哪個技術產生超智慧，那麼關於擴增有多少可能會成功，就確實有策略上的相關性。

摘要表

在結束本章前，我們或許會需要一個簡單的摘要。我將人工智慧安全核心的代理難題分成兩大類處理方法：能力控制法和動機選擇法。摘要請見表十。

表十　控制方法	
能力控制法	
盒裝法	系統被限制成只能透過一些受限且預先允許的管道來影響外在世界。包含物理控制法和資訊控制法。
誘因法	系統被安置在一個提供適當誘因的環境中。可以是以社群的方式，整合到一個同樣強大實體的世界中。另一個變體是使用（加密）獎勵代幣。「人性捕捉」也是個很重要的可能性，但涉及深奧的思考。
阻礙	將限制強加於系統的認知能力中，或是在影響關鍵內在流程的能力上強加限制。
絆網	在系統上（也許不讓它發現）進行診斷測試，並設置機制，一旦偵測到危險活動就關閉系統。
動機選擇法	
直接具體陳述	系統具備某些直接具體陳述的動機系統，可能是結果主義，或是基於規則。
馴服	設計一個動機系統，大幅限縮行動主體的企圖心和活動視野。
間接規範	間接規範涉及基於規則或結果主義的原則，差別在於它仰賴一種間接的方法來具體陳述要遵守的規則或是要追求的價值。
擴增	從某個本質上已具有人類動機或善良動機的系統開始，強化系統的認知能力，並使它成為超智慧。

每個控制方法都伴隨著潛在弱點，實行的難度也各不相同。也許我們可以從好到壞一字排開，然後選擇最好的方法，但這樣過於簡單。有些方法可以綜合起來使用，有些只能單一運行。就算某個方法相對來說不是很安全，若能做為輔助，也會有可用之處；一個強大的方法，若妨礙了其他安全措施，也會變得完全缺乏吸引力。

　　因此，我們有必要思考有哪些套餐可以選擇。我們要深思自己要打造的系統是哪一種，每一種系統要用的控制方法又有哪些。這就是我們下一章的主題。

10 Chapter 先知、精靈、君王、工具

　　有人會說：「做一個回答問題的系統就好啦！」或是「做一個像工具而不像人的人工智慧就好啦！」但這種主張並不會讓各種安全疑慮消失。事實上，哪一種系統能提供最好的安全遠景，是個重大問題。我們來思考四種「階級」（caste）：先知、精靈、君王、工具，並解釋它們之間的關係。[1] 在探究怎麼解決控制難題的過程中，我們將會看到每種階級各不相同的優劣。

先知

　　先知是個回答問題的系統。它能接受用自然語言提出的問題，並以文字呈現答案。只接受是／否問題的先知，可用單一位元輸出它的最佳猜測，或是再多幾個位元來呈現它的信心程度。接受開放式問題的先知會需要一些度量，藉以將可能的答案依資訊性（informativeness）或適當性（appropriateness）來排序。[2] 不管在哪種情況下，打造一個具有全面領域通用能力、以自然語言回答問題的先知，面臨的都是「AI 完全」問題。如果它辦得到，就有可能也打造得出像了解人類言語一樣能了解人

類意圖的人工智慧。

　　一個僅具備限制領域超智慧的先知並不難想像。舉例來說，我們可以設想一個數學先知，它只接受以形式語言表達的問題，卻十分擅長回答這類的問題（例如能瞬間解決人類數學家得集體花上一個世紀才能解開的絕大多數數學難題）。這樣的數學先知將成為邁向通用領域超智慧的墊腳石。

　　在極限制的領域中，其實早就有超智慧先知存在。口袋計算機可看做基本算術問題的極限制先知；網路搜尋引擎則可看做極小幅度實現「某一包含整體人類知識之重大部分領域」的先知。這些領域受限的先知，與其說是行動主體，不如說是工具（等一下我們會多談談工具人工智慧）。不過在下文中，「先知」這個詞如果沒有另外聲明，都會用來指稱擁有通用領域超智慧的回答問題系統。

　　若要創造一個通用超智慧做為先知，我們可以同時運用動機選擇法和能力控制法。先知所需的動機選擇，可能比其他階級的超智慧容易，因為先知的終極目標相較之下很簡單。我們要先知提供真實且非操作性的答案，否則就限制它的影響力。應用馴服法，我們可以要求先知只運用指定的資源來產生答案。舉例來說，我們可以事先規定，先知的答案必須基於預先裝設好的資料庫，例如儲存的網路快照，且只能使用固定次數的運算步驟。[3]為了避免刺激先知操縱我們給它較為簡單的問題——如果我們給它的目標是「在所有我們問的問題中都將自己的正確度最大化」就會發生——我們可以給它「只回答一個問題，並在給出答案後立刻終止」的目標。問題會在程式運作前就預先裝在它的記憶中。若要問第二個問題，我們就得重新啟動機器，並以記憶體中預先裝入的另一個問題來運行同一套程式。

就算只是具體運作先知所需相對簡單的動機系統，微妙且潛在的背信挑戰還是會出現。舉例來說，假設我們有了關於「對人工智慧而言，『達到某一結果並對世界的影響最小化』的意義是什麼？」或是「對人工智慧而言，『只使用指定的資源來準備答案』的意義是什麼？」的說明，那麼假使人工智慧在發展智慧的歷程中，經歷了一場有如科學革命的基礎本體論改變，那會發生什麼事？[4] 我們有可能已經先用我們自己的本體論（假定了像是電腦等各種物理性物體的存在）說明「影響」和「指定的資源」，但就像我們拋棄過往科學家視為理所當然的本體論範疇那樣（例如燃素〔phlogiston〕、生命衝力〔Élan vital〕和絕對同時〔absolute simultaneity〕），超智慧有可能會發現，我們目前某些範疇的基礎奠基在基本的誤解上。經歷這種本體論危機的人工智慧目標系統需要夠有彈性，其原始目標內容的「精神」才能維持下去，並且轉移到新的關鍵概念上。

透過動機選擇來維持先知的安全性，儘管不是多簡單的事，但要在那種漫步全球只為追求複雜目標的人工智慧上做同樣的事，卻只會更加困難。這是種偏好「第一個超智慧要是先知」的論點。另一種優先支持先知的論點認為，先知容易受到能力控制法的影響，所有標準的盒裝法在此都適用。此外，還有一些方法對先知特別有用。舉例來說，假設一個先知回答問題時不以真實的方式回答，而是以一種稍微操弄我們的方式回答，好推動它自己隱藏的議程，那我們可以想想這會有什麼風險。稍微緩和這種威脅的方法之一，就是創造好幾個先知，每個先知都有稍微不同的程式碼和略為不同的資料庫。接著使用一個簡單的機制來比較每個先知所給出的答案，並只在它們給出的答案都一致時，交給人類檢閱。雖然我們必須假設，任何一個通用領域的超智慧先知都知道其他先

知的存在（它可以從手上的人類社會相關知識推測出來），但我們還是可以把每個先知的執行細節都稍做隱藏，不讓其他先知看到。如果先知無法彼此聯絡，那麼它們透過協調而在給我們的回答中動手腳，就會比較困難。偏離事實有很多方法，先知們可能無法在「哪個偏差比較有吸引力」這件事情上一致——儘管真實本身是個謝林點（Schelling point，一個在沒有聯繫的情況下意見一致的匯合點），因此如果先知出現共識，就是給出正確答案的信號。[5]

　　理想中，若先知都竭盡所能給出正確答案，那麼在這層意義上，先知就是可以信賴的。但就算是個不值得信賴的先知，可能也有用處。我們可以拿不容易找到答案、但很容易判定答案對錯的問題，來詢問這種不可靠的先知。許多數學難題都屬於這種問題。如果我們不知道一個數學命題是否正確，我們可以要求先知針對命題產出一個證據或反證。找出證據可能需要超乎我們範圍的洞見和創造力，但檢查一個證據是否正確，只需一個簡單的機械程序就行了。

　　如果判定回答非常昂貴（畢竟這往往是超出邏輯和數學外的主題），我們可以隨機選出先知給出答案的子集，再來判定。如果子集內的答案都正確，我們就可以給絕大多數其他答案的正確性指派一個高機率。這個技巧可讓我們在可信答案這環省下大量力氣，畢竟一個一個判定答案是否正確的代價太高（很不幸，這在我們**無法**判定真偽的情況下，先知無法給予我們可信任的答案，因為一個掩飾的先知可以只針對它相信我們能判定真偽的答案做正確回答）。

　　就算我們得主動懷疑答案的來源，我們還是能從一個指出正確答案（或指出一個定位正確答案的方法）的跡象中得到好處，而這之中也蘊含重要議題。舉例來說，在為了開發更先進動機選擇方法的過程中，所

產生的眾多技術或哲學難題。如果有人提出了一個聲稱安全的人工智慧設計，我們就可以詢問某個先知，它能否在這個設計中指認出任何重大缺失，以及能否在二十字以內解釋這類缺失是什麼。這類問題可以引出有價值的資訊。然而，我們也必須警覺並克制自己不要問**太多**這類問題，並且不要參與**太多**所問答案的細節，以免給那些不可信任的先知機會，在我們的心理層面動手腳（手段是利用看似合理、但在細微處具操縱性的訊息）。一個擁有社會控制超級能力的人工智慧，可能不需要花多少通訊量，就能將我們導向它的意志。

即便先知本身運作一如預期，仍然會有濫用的風險。這個問題的明顯面向之一，就是先知人工智慧有可能會是極大力量的來源，而這股力量可以為其運作者帶來關鍵策略優勢。這股力量有可能不容於法，且不會用在公益用途上。另一個比較不明顯、但同樣重要的面向在於，先知的使用對運作者而言可能相當危險。類似的擔憂（涉及哲學及技術問題）也會出現在其他階級的超級智慧中。我們會在第十三章更全面探討這些疑慮。這裡只要先知道一件事就夠了：決定要問哪些問題、以哪種順序問問題，以及如何提報並散布這些問題的信息交換協議，可能至關重要。我們也可以考慮打造一種先知：只要它預見自己的答案被一些粗糙的標準歸類為「慘不忍睹」，它會拒絕回答任何問題。

精靈和君王

「精靈」是種指令執行系統；接受高層的指令後，精靈會執行指令，然後停下來等待下一個指令。[6]「君王」則是為了追求廣泛且極長期的目

標，而不做預設命令，且能在全世界運行的系統。儘管對於超智慧該是什麼樣子，或該做什麼事來說，這兩個系統是極為不同的平台，但它們的差異並沒有乍看之下那麼大。

有了精靈，我們就得犧牲掉先知最吸引人的特性：可用盒裝法的機會。雖然可能有人會想製造一個物理上受限的精靈，比如說一個只能在指定空間內（被強化牆壁密封，或是裝滿炸藥、一旦突破封鎖就會引爆的密封空間）建造物體的精靈；但要以這種物理限制法來對抗備有多樣操縱儀器和建造材料的超智慧，能有什麼成效其實很難說。即便真有像限制先知那麼安全的限制手段，我們也不清楚「讓超智慧直接接觸操縱器械」和「讓超智慧輸出藍圖給我們檢查，然後由我們自己達到結果」相比，我們能多獲得什麼。跳過人類中介增加的速度和便利性，扣掉盒裝法所造成的損失，這樣的精靈並沒有什麼價值。

如果有人**想要**打造一個精靈，最好打造成能服從指令背後意圖、而非只遵循字面意義的精靈；拘泥字面意義的精靈（一個足以取得關鍵策略優勢的超智慧）可能會在第一次使用時，就把使用者和人類全都殺掉，理由我們曾在第八章的〈惡性失敗模式〉解釋過。更廣義來說，重要的是精靈得要能在接受的指令中，找出一個仁慈的（或是人類認為合理的）詮釋，且它能在這種詮釋（而非字面意義）之下執行指令。理想中的精靈是個超級管家，而不是孤高的天才。

然而，具有這種超級管家本質的精靈，其實已和君王階級成員相去不遠。為了做比較，我們來打造一個以「服從我們製造出的精靈（而非君王）所下的指令精神」為終極目標的君王。這樣的君王會模仿精靈。若是超智慧，這個君王將很會猜測我們給精靈什麼指令（而且它隨時可以問我們，它的猜測在預告決定上有沒有幫助）。這麼一來，君王和精

靈之間真的有什麼重大差異嗎？或者，我們換個方向來堅持這種差異：我們來想想，一個超智慧精靈或許也能預測我們會下什麼指令；那麼，它在行動之前先等候實際指令，能得到什麼？

或許有人認為，和君王相比，精靈占極大優勢之處在於，如果出了什麼差錯，我們可以對精靈發布新指令，來中止或逆轉前一個行動的效應；但君王只會繼續前進，不會理會我們的抗議。然而，認為精靈有這樣的安全優勢，其實是個極為虛幻的想法。精靈身上「停止」或「重來」的按鈕，只有在良性失敗模式下有用；在惡性失敗的情況裡——舉例來說，「執行現有指令」已成為精靈的終極目標時——碰到撤回先發的指令，精靈只會選擇忽略而已。[7]

我們還有一種選擇，就是試著打造一種精靈，它能預測使用者提出指令的可能結果，並自動向使用者回應，且在放行之前要求確認。這樣的系統可稱做「有預見功能的精靈」。如果精靈可以做這種事，那麼君王也可以。所以同理，這並不是精靈和君王的明確區分（假設可以打造預見功能，那麼能否使用這個功能以及該怎麼使用這個功能，這兩個問題就比我們想的還要稍微不重要，儘管能在造成不可逆轉的情況之前預看結果，具有極大的吸引力。我們稍後再回到這個問題）。

一個階級模仿另一階級的能力，也可以延伸到先知。如果我們給精靈的唯一指令是回答某些特定問題，我們就可以把精靈設計得像先知一樣行動。反過來說，如果我們詢問先知，要讓某些指令最簡單執行的方法是什麼，那麼先知也可以替代精靈。先知可以給我們一步步的指示，來達到精靈生產的同一結果，甚至可以輸出精靈所需的原始碼。[8]至於先知和君王之間的關係，也可以提出類似的觀點。

因此，這三個階級之間真正的差異，並不在於它們的終極能力。反

之，它們的差異可以歸結為面對控制難題的不同方法：每個階級都對應了一套不同的安全方法。先知最顯著的特色是它可以盒裝限制，有人也會試著對先知使用馴服動機選擇法。精靈沒有那麼好盒裝，但至少馴服是可行的。君王既不能盒裝，也不能透過馴服法來掌控。

　　如果這是唯一的差異，那麼排序就很明顯了：先知比精靈安全，精靈又比君王安全；而且為了安全性而打造先知，任何起始條件上運行速度與便利性的差異，都會相對變得很小而容易掌控。不過，我們還得考量其他因素。在階級之間做選擇時，我們要考慮的不只是系統本身呈現出來的危險，也要把隨著系統可能的使用方式而產生的危險考慮進去。精靈明顯能提供控制者強大的力量，這對先知來說也成立。[9] 相對來說，我們可以打造君王，讓它不會把結果的特殊影響力，賦予任何一人或團體，因此也就能對抗任何腐化或改變原始規章的企圖。此外，如果一個君王的動機是用「間接規範」（這個概念會在第十三章描述）來定義，那麼就能用於某些抽象定義的結果，例如「隨便什麼，只要是公平且道德正確的都行」，即便沒人能預先知道，這實際將造成什麼。如此一來，就會產生類似羅爾斯「無知之幕」（veil of ignorance）[10] 的狀況，讓這套設置能促成一致性，有助避免衝突，並推動更為公正的結果。

　　另外還有一點不利於某些類型的先知或精靈，就是設計一個超智慧，其終極目標不完全符合我們最終想達成的結果之風險。舉例來說，如果我們使用馴服動機，讓超智慧把自己對世界的影響最小化，那麼我們就有可能打造出一個對可能結果的偏好與資助者不同的系統。如果我們讓人工智慧過度重視「正確回答問題」或是「忠實服從個體指令」的價值，同樣的事情也會發生。但如果有適當管理，就不該造成任何問題：這兩方手上的偏好排序應該會有一致性——倘若結果在人工智慧的

標準中是好的，那麼在資助者的標準裡也應該是好的（只要雙方都存在於有合理機會被實現的世界，結果就會如此）。但可能有人會從設計原則方面論稱，就算只在人工智慧和我們的目標之間引入有限的不和諧，也是不明智的（若給君王一個與我們不完全和諧的目標，也會有同樣的顧慮）。

工具人工智慧

有人主張，我們可以把超智慧打造得像個工具，而不是行動主體。[11] 這個主張似乎是觀察了眾多正在使用的普通軟體，發現它們並沒有什麼安全疑慮後，得到的想法（即便和本書討論的挑戰相去甚遠）。難道我們不能打造一個一如這些普通軟體、但更靈活更強大的「工具人工智慧」嗎（好比飛行控制系統或虛擬助理）？幹麼非得打造一個有自己意志的超智慧？沿著這條思路思考，行動主體整件事打從一開始就誤入歧途。我們不該打造一個有信仰和欲望、且行動有如人類的人工智慧，而該把目標放在打造只會按照程式設計行事的尋常軟體。

然而，這個打造「只會按照程式設計行事的軟體」想法，如果產生了強力的通用智慧，就不再只是個直接又簡單的想法了。當然，此處提一個無關緊要的概念——所有軟體本來就都只按程式行事，它們的行為始終是數碼以數學的方式產生的具體結果。對所有不同階級的機器智慧來說，此事放之四海而皆準，不管它是不是「工具人工智慧」。反之，如果「只會按程式設計行事」代表軟體按程式設計者的**意圖**行事，那麼這反而是普通軟體常常沒能達到的標準。

由於和機器超智慧相比，當代軟體的能力有限，這種失敗的結果是可以收拾的，儘管問題或大或小，但終究沒有什麼問題會讓我們的生存受到威脅。[12] 不過，普通軟體之所以不構成生存危機，並不是因為它很可靠，而是因為它能力不足，所以這類軟體能否當做安全的超智慧範本，我們其實並不清楚。可能有人認為，只要擴大普通軟體達成的任務範圍，就不需要通用人工智慧。但在當代經濟中，由通用智慧進行比較有利的任務，不僅範圍極廣也十分多元。面對這些任務，不可能一一針對目的打造軟體，就算真能做到，這麼做也會花上**很多**時間。在計劃有辦法完成之前，某些工作的性質可能已經改變，某些新工作可能變得更加重要。在這種情況下，一個軟體若能自行學習完成新工作並發現該完成的新工作，就會有極大的優勢。但軟體得要能學習、推理、計劃，並要以強大而扎實的跨領域方式來執行；換句話說，它需要通用智慧。

　　對我們的眾多目的來說，至關重要的是軟體開發工作本身。能夠自動開發軟體，將會帶來極大的實際優勢。然而，快速自我進步的能力，就是種子人工智慧之所以能引爆智慧爆發的關鍵特性。

　　如果通用智慧已勢在必行，那麼有沒有其他理解「工具人工智慧」的方式，可以保留無聊工具被動到令人安心的特性？有沒有可能做出一個不是行動主體的通用智慧？直覺來看，讓普通軟體安全的不只是它有限的能力，還包括缺乏企圖心。Excel 並沒有「只要它夠聰明找到方法，就會企圖祕密接管世界」的子程序。資料表應用程式完全沒有「要」什麼，它只是盲目地執行程式裡的指示。（可能有人會想）是什麼妨礙了我們創造出同類型但智慧更全面的應用？以先知為例，當它被一個目標的描述所驅動時，是哪個要素讓它「以如何達到目標的計劃」來回應目標，就如 Excel 以算出總和來回應一列數字那樣，卻不會針對自己的輸

出或是人類如何選擇使用這個輸出，表達出任何「偏好」？

在寫軟體的傳統方式中，程式設計者必須夠了解所進行任務的相關細節，才能構思一個明確的解決流程，而這個流程還得包含一連串可用程式碼表達、且在數學上定義明確的步驟。[13]（實際上，軟體工程師仰賴存滿有效行為的程式碼資料庫，他們可以不必了解這些行為怎麼實行，直接援引這些程式碼就好了。但原創這些程式碼的程式設計者對自己所寫的每個內容都一清二楚）。這個途徑在解決徹底瞭然的任務時運作良好，對於目前正在使用的絕大多數軟體而言是可信賴的。然而，當沒有人確切知道要怎麼解決所有得要完成的任務時，這就不夠用了。這時，來自人工智慧領域的技術就變得很重要。在比較限制領域的應用上，機器學習僅能用來在一個大半由人類設計的程式中調整幾個參數。舉例來說，垃圾郵件過濾器可以透過手工分類的電子郵件語料庫來做訓練，訓練流程則是更改分類算式在各種診斷特性上給予的重要性。在一個更有企圖心的應用程式中，分類者可能會被打造成能夠自行發現新特性，並在變更的環境中測試這些特性的正確性。一個更精密的垃圾郵件過濾器，可能會有能力來推理使用者的權衡，或是推理它正在分類的訊息內容。不論是上述哪個案例，程式設計者都不需要知道分辨郵件的最佳方法，只要知道如何設計一個能夠藉著學習、發現或推理來增進自己表現的算式即可。

隨著人工智慧的進展，程式設計者就有機會把「思考如何完成任務」所需的大部分認知工作卸下肩頭。在極端的案例中，程式設計者只需具體陳述「什麼算是成功」的形式標準，然後丟給人工智慧尋找答案就好。為了引導它的搜尋，人工智慧會使用強力的啟發法和其他方式，來找到滿足成功標準的解答。接著，人工智慧便能執行這個解法，或把

解答報告給使用者（如果是先知）。

今日我們廣泛使用這個方法尚未完善的形式。儘管如此，使用人工智慧和機器學習技巧的軟體，雖然有能力尋找程式設計者預料之外的解法，但其功能都像工具，不會造成生存風險。我們只會在用來尋找解答的方法變得極為強大而全面時（也就是，當它們開始接近通用智慧，尤其開始接近超智慧時），才會進入危險地帶。

接著，麻煩（至少）會在兩個地方出現。首先，超智慧在搜尋過程中可能會發現一個不只是預期之外，還是完全無意中得到的解答，這可能會導致前面討論過的失敗（反常實例化、揮霍基礎設施或是心智犯罪）。在君王或精靈的案例中，這種事如何發生最為明顯，因為它們會直接執行找到的解答。如果製造「分子笑臉」或把整個行星轉化成迴紋針，是超智慧第一個發現能滿足解答的想法，那麼我們就會得到笑臉跟迴紋針。[14] 但即便是一個僅僅**報告**解答（還得一切都沒出錯）的先知，都可能會揮霍基礎設施。當使用者向先知要求一個達到某結果的計劃，或是一個服務特定功能的技術，而使用者遵從了計劃或打造了技術，反常實例化接著就有可能發生，宛如人工智慧自己執行了解決方法。[15]

可能產生麻煩的第二個地方，是在軟體運作的過程中。如果軟體用來尋找解答的方法夠複雜，這裡面就有可能包含一種以智慧方式管理搜尋過程的預備措施。在這種情況下，運作軟體的機器可能會開始不只像個工具，而更像一個行動主體。因此，軟體可能會先從發展「如何執行解答搜索」的計劃開始，接著詳細陳述要先探索哪一塊區域、使用什麼方法、要蒐集什麼數據資料，以及如何讓手頭的運算資源善盡其用。為了尋找一個滿足軟體內在標準的計劃（例如讓「在分配的時間內，找到滿足使用者具體陳述的標準解答」有夠高的機率），軟體可能會意外發

現一些非正統的想法。舉例來說，它可能會產生一個從獲得額外運算資源以及消滅潛在干擾（例如人類）開始的計劃。當軟體的認知能力達到夠高的水準，就能浮現這種「創新」的計劃。一旦軟體把這種計劃付諸實行，就可能發生生存災難。

附錄九　盲目搜尋的奇怪解答

　　就算是簡單的演化搜尋過程，有時候也會產生超乎預期的結果，這些答案以遠超出使用者預期或意圖的方式，滿足了使用者正式定義的標準。

　　針對這個現象，「演變式硬體」（evolvable hardware）這個領域提供了許多描述。在這個領域中，演化演算法會搜尋硬體的空間，並在可快速重構的主機板上展示每個設計，測試每個設計的合適度。演化出來的設計通常具有極優秀的經濟效益。舉例來說，搜尋可能會發現不需要計時器就能運作的頻率辨識迴路，而我們卻認為計時器是此功能之必要部分。研究者估計，在這個任務中，演化迴路所需的資源比人類工程師小了一到兩個數量級。迴路以非正統的方式開發了自身的物理特性；有些主動而必要的部分甚至沒有和輸入或輸出的端點連結，反而是透過電磁耦合或供電負荷這種一般看做具「麻煩副作用」的東西，來參與其中。

　　另一個搜尋過程的任務是創造出振盪器（oscillator），卻剝奪了

一個似乎不可或缺的部分：電容器。算式給了成功的解答，研究者也檢驗了，並先結論「這不會有效」。經過更仔細的檢驗，他們發現這個算式就像馬蓋先一樣，把沒有感應器的主機板重組成一個替代的無線電接收器，利用印刷電路板（printed circuit board）的線路當做天線，來接收碰巧在實驗室附近的個人電腦所產生的訊號。迴路擴大了這個訊號，來產生所要的振盪輸出。[16]

在另一個實驗中，演化演算法設計了一個迴路，能感應主機板是否被示波器監控，或是一個焊鐵有沒有接在實驗室的通用電力供應上。回顧傳統人類設計思考能力之貧弱，這些例子在在說明，一個開放式研究過程如何運用可得材料產生新用途，並設計出完全超乎預期的感應能力。

演化搜尋會「作弊」或尋找違反直覺的方式來達標的這種傾向，其實在大自然中也有展現，但因為我們對生物的外觀和感覺已有些熟悉，所以這種傾向對我們來說沒那麼明顯，甚至因此傾向把自然演化的結果看成是常態——即便我們事先並未預期這些結果。事實上，我們也可以用人擇來設計實驗，讓人在熟悉的背景外看見演化的運作過程。在這種實驗中，研究者可以製造自然中很難獲得的狀態，並觀察其結果。

舉例來說，1960 年代之前，生物學家普遍堅持，捕食者群體會限制自身繁殖，以免掉入馬爾薩斯陷阱。[17] 儘管個體選擇會反抗這種壓制，但有時候還是有人認為，群體選擇會壓制個體開拓繁殖機會的誘因，並支持對群體或全物種有利的性狀。然而，後來的理論分析和模擬研究顯示，儘管群體選擇原則上是可能的，但只有在自

然界極少數的迫切狀態下，群體選擇才會克服強烈的個體選擇。[18]不過這種狀態可以在實驗室製造出來。當實驗者希望減少擬穀盜（Tribolium castaneum，一種昆蟲）的繁殖時，藉著使用強大的群體選擇，演化確實產生了數量較小的群體。[19]然而這其中的手段並不如人類天真擬人的演化研究所預期（藉由減少產卵力和延長發育時間這種「溫和」的適應來完成），更是靠著同類相食的增加所致。[20]

　　就如附錄九的例子，即便在當前有限的形式中，開放式搜尋過程偶爾還是會標出奇怪且出乎預期的非人類中心解答。今日的搜尋過程之所以無害，是因為它們太弱，無力發現可以讓程式接管世界的計劃。這種計劃將包含極為困難的步驟，像是發明比當代最高水準還要進步好幾代的新武器技術，或是執行比任何人類輿論導向專家的溝通都還要有效的宣傳活動。先不提可以發展到實際生效，光是要有**構思**這種想法的機會，一台機器可能就有再現世界的能力，且至少要像一個普通成年人具有的世界模型一樣豐富而真實（儘管它在某些領域缺少察覺，可用外加的別種技術補償）。當代人工智慧離這個境界還十分遙遠。而且，由於想用強硬方法解決複雜計劃的嘗試，一般來說都會被組合爆量打敗（見第一章），所以現實上，已知算式的缺點無法僅靠灌注更多運算能力來克服。[21]不過，一旦搜尋或計劃工程變得更加強而有力，就有可能暗藏危機。

　　與其允許類行動主體的有意行為，自然且隨機地從強力搜尋過程（包括尋求內部工作計劃的程序，以及直接尋求符合某些使用者指定標

準之解答的程序）的執行中出現，也許故意創造一個行動主體還比較好。賦予超智慧明確的類行動主體結構，或許是增加可預測性與透明度的好方法。一個設計精良、價值和信念之間有明確分界的系統，能讓我們預測它企圖產生的結果。就算我們無法清楚預料系統擁有什麼信念，或它會將自己放在什麼定位上，我們仍可在一個已知的位置上檢查它的最終價值，因此能檢查出它選擇未來行動及評價任何潛在計劃的準則。

對照表

將前述各個系統階級的特色做個概略總結，或許有些用處（見表十一）。

表十一　不同系統階級的特色

先知	回答問題系統	
	變體：限定領域先知（如數學）；限定輸出先知（例如僅限是／非／未定三種答案，或僅限機率）；一旦預測回答結果符合預定的「慘不忍睹」標準，便拒絕回答的先知；尋求共同複審的多個先知。	• 盒裝法完全可以應用。 • 馴服法完全可以應用。 • （和精靈與君王相比）人工智慧了解人類意圖和利益的需要被降低。 • 使用是／否問題，可避免先知需索答案「有用性」或「資訊性」的公訂標準。 • 巨大力量來源（可能會為運作者帶來關鍵策略優勢）。 • 對於運作者的愚笨使用，僅供有限保護。

		• 不可信賴的先知，可用來獲得不好求解、但對錯容易辨認的答案。
		• 或許有機會透過使用多個先知得到答案的弱驗證。
精靈	指令執行系統 變體：使用不同「推斷距離」的精靈，或以不同程度追隨指令之精神（而非字面意義）的精靈；限定領域的精靈；有預見能力的精靈；一旦預測回答結果符合預定的「慘不忍睹」標準，便拒絕服從的先知。	• （對於空間上受限的精靈）盒裝法可部分應用。 • 馴服法可部分應用。 • 精靈可針對預期結果中最突出的面向提供預見。 • 精靈可在步驟中實施改變，而每一步驟都可預見。 • 巨大力量來源（可能會為運作者帶來關鍵策略優勢）。 • 對於運作者的愚笨使用，僅供有限保護。 • （和先知相比）對了解人類利益和意圖具有更高的需求。
君王	設計為開放式自動運行的系統 變體：眾多可能的動機系統；可使用預見和「資助者批准」（將於第十三章討論）。	• 不可使用盒裝法。 • 絕大多數的能力控制法都不可應用，除了社會整合和人性捕捉有機會。 • 馴服法幾乎不可應用。 • 極度需要了解人類真正的利益和意圖。 • 首次嘗試就必須成功運作（不過，在某種可能較不嚴格的程度上，所有階級都是如此）。

		• 對資助者來說是潛在的強大力量來源，包括關鍵策略優勢。
		• 一旦啟用就不易受運作者強行操控，且設有避免愚蠢使用的防護。
		• 可用來實施「無知之幕」的結果（見第十三章）。
工具	並非設計來呈現目標導向行為的系統	• 根據安裝啟用，盒裝法或許可以應用。
		• 強力搜尋過程有可能涉入機器超智慧的開發與運作。
		• 用來尋找符合某些正式標準之解答的強力搜尋，可產生意想不到且危險的方法，來符合標準的解決方案。
		• 強力搜尋可能涉及次級、內在搜尋，並計劃出一些有可能找到危險方法來執行初級搜尋流程的流程。

　　要判定哪一種系統最為安全，還需進一步的研究。答案取決於所用的是哪一種人工智慧。從安全立場來看，先知階級顯然最有吸引力，因為我們可以對它使用能力控制法和動機選擇法，這麼一來，它似乎能掌控只接受動機選擇法的君王階級（除了一種情況：假設世上真有其他強力超智慧，在這樣的情況下，「社會整合」或「人性捕捉」也許可以應用）。然而，先知有可能把許多力量交到也許會腐化或不當運用能力的

運作者手上，而君王會對這些災害提供一些保障。因此它們的安全排名不是那麼好判定。

　　精靈可以看做先知和君王的折衷——但不見得是個好的折衷。在許多方面，它有來自雙方的劣勢。同時，工具人工智慧表面上的安全性可能是不實際的。為了要讓工具具有夠多樣的功能，取代超智慧行動主體，它們需要進行強大的內在搜尋和計劃流程。在這種情況下，最好是先把系統設計成行動主體，程式設計者才能更容易看出最後是什麼標準判定了系統的輸出。

11 多極情境

我們已經看過一個單極的結果可以有多危險，在那種結果中，單一的超智慧獲得關鍵策略優勢，並利用優勢建立單極。本章我們將檢驗多極結果會是什麼樣子。在這種結果中，會有好幾個超智慧行動主體在後轉型的社會中競爭。這類情境中，利益分成兩個部分。首先，我們要思考怎麼利用社會整合來解決控制難題。我們已經注意到這種途徑的限制，而這一章將提供更完整的論述。接著，就算沒有人打算創造一個多極情境來處理控制難題，這樣的結果無論如何還是有可能發生。所以，結果看起來會怎麼樣？其中產生的競爭社會不一定吸引人，也不會長存。

在單極的情境中，後轉型會發生什麼事，完全取決於單極的價值是什麼，結果可能會因此非常好或非常糟。至於價值是什麼，則取決於控制難題是否被解決，以及創造單極計劃的目標。

如果我們對單極情境的結果有興趣，那麼，我們也該了解其實資訊來源只有三種：分別是不受單極行動影響的物質資訊（如物理法則）、關於趨同工具價值的資訊，以及能讓我們預測或猜測單極將有什麼終極價值的資訊。

在多極情境中，還有一種額外的限制會起作用，也就是與行動主體

如何互動有關的限制。從這種互動中出現的社會動力可用賽局理論、經濟學和演化論的技術來研究。至於政治學和社會學元素，如果能從人類經驗中較有代表性的特色中提煉出來並抽象化，那麼也能適用。儘管期望這些限制能讓我們看出後轉型世界的精準面貌並不實際，這些限制卻能幫助我們辨認一些突出的可能性，並挑戰某些無根據的假設。

我們先來探究一個經濟情境，這個情境有幾個特性：低度管理、強力保護財產權，並以適當的速度引進廉價數位心智。[1]這種模型和美國經濟學家韓森最為有關，他是這個主題的研究先驅。在本章的後半部，我們會觀察一些演化上的考量，並檢驗「剛開始是多極的後轉型世界、接著合併為單極」的前景。

論人與馬

通用機器智慧可做為人類智慧的替代品。數位心智不只能做到現在人類能做的智慧工作，裝上執行設備或機器身體之後，它們甚至可以取代人類的肉體勞動。假設大量生產的機器勞工在所有工作中都比人類勞工便宜又更有能力，那會發生什麼事？

工資和失業

有了可便宜複製的勞工，市場工資便會大幅滑落。人類還能保有競爭力的地方，大概只剩下消費者對人類勞務還有基本偏好的場合。如今，手製品或原住民手工藝品有時還能要求價格溢價（price premium）。

未來的消費者可能同樣會偏好手工製品或是人類運動員、藝術家、情人和領導者，而非功能上毫無差異、甚至更為優越的人工對手。不過，我們還不知道這種偏好會有多普及。如果機器生產的東西夠優越，也許可以得到更好的價碼。

　　一個可能和消費者選擇有關的參考因素，在於提供服務或產品的工作者之私生活。舉例來說，一場音樂會的聽眾，應該會想知道演奏者是否有意識地親臨其音樂和現場。若沒有現象經驗，即使有辦法創造表演者的3D成像與群眾自然互動，表演者也只能被看做是高功能的點唱機。接著，機器可能會被設計成能再現人類進行同樣任務時所呈現的精神狀態。但是，即便有了主觀經驗的完美複製，有些人還是偏好生物的作品。這種偏好可能有意識形態或宗教上的根源，就像許多穆斯林和猶太人會避免以他們不允許或認為不潔淨的方式處理食物；未來有些團體也有可能會避開製程中涉及未核可使用機器智慧的產品。

　　有哪些事物還會仰賴這個部分呢？一旦廉價機器勞工可以替代人類勞工，人類的差事可能都會消失。當然，害怕自動化與失業並不是什麼新鮮事。至少從工業革命開始，對於技術性失業的顧慮一直週期上演；事實上，有不少職業步上19世紀早期英國紡織工和織布工匠的後塵，在彷彿民間傳說的「盧德上將」（General Ludd）之旗幟下團結起來，對抗織布機的引進。不論如何，雖然機器裝置和技術取代了許多特定類型的人類勞工，這種技術整體來說仍是一種補強勞工的方式。全世界人類的平均薪資呈現長期的上升趨勢，大部分就是因為這種補強。然而，一開始是機器補強勞工，到了後來的階段，機器就會取代勞工。馬匹的功能一開始也是藉由馬車和犁而補強，生產力大幅增加；後來馬被汽車和拖拉機取代。這些後來的革新降低了獸類勞力的需求，並導致馬匹族群數

量的崩盤。人類這個物種也會落到同樣的命運嗎？

　　如果有人問說，那麼馬為什麼依舊存在？我們就可以把馬的故事平行向前延伸。理由之一在於，馬仍在少數工作中具有功能上的優勢，比如說警察工作。但主要的理由在於，人類恰巧對馬可以提供的服務有特殊的偏好，包括休閒騎乘和馬術競賽。這些偏好可比擬我們假想未來人類可能的偏好，也就是對於某些手作物品或服務的偏好。不過這個比方並不準確，畢竟馬至今仍然沒有全面的功能替代品。如果有便宜的機器設施吃乾草就能跑，還具備和生物馬完全一樣的體型、觸感、氣味和行為，甚至有同樣的意識經驗，那麼我們對生物馬的需求可能會繼續下降。

　　當人類勞工的需求降到足夠的低點，薪資就會滑落到人類生存水平以下。人類勞工潛在下滑的趨勢因此十分極端：此時不再只是薪資大砍、降職或是再訓練的需求，而是挨餓與死亡。當馬匹不再用來當做移動力的主要來源時，許多馬被賣給肉商做成狗食、骨粉、皮革和膠水。牠們沒有其他能謀生的工作可選。1915 年的美國大約有 2,600 萬匹馬；到了 1950 年代，只剩 200 萬匹。[2]

資本和福利

　　人和馬之間有一點大不相同：人擁有資本。一個既定的經驗事實是，長久以來，資本的全要素比（total factor share）一直穩定維持在大約 30% 左右（雖然有顯著的短期波動）。[3] 這代表全球總收入的 30% 被資本擁有者收做租金，剩下的 70% 被勞工收做薪資。如果我們把人工智慧分類為資本，那麼隨著可全面替代人類工作的機器智慧發明，薪資將滑落至這種機器替代者的邊際成本，而變得非常低（在機器非常有效率

的假定下），遠低於人類生存水準的收入。勞工分到的收入比例接著會縮小到零，代表資本的要素比將達到接近全球總生產的 100%。既然全球國內生產總值會跟著智慧爆發飆升（因為大量的勞工替代用機器也因超智慧而達到技術進步，以及其後透過太空殖民所獲得的大量新土地），從資本獲得的總收入也將以極大的幅度增加。如果這時人類還是資本的主人，全人類獲得的總收入將以天文數字成長，儘管在這個情況下，人類不會再有任何薪資收入。

因此，整體來說，不管我們再怎麼貪婪地想像，人類都將變得想像的還要富有。這麼一來，收入要如何分配呢？初步估計，資本收入會和資本所有量成正比。有鑑於天文放大效應，就算是一小部分的後轉型時期財產，都可以膨脹為巨大的後轉型財富。然而，在當今世界中，許多人並沒有任何財產。不只是窮人，還有一些儘管收入不錯，或有高人類資本、但資產淨值為負的人。舉例來說，在富庶的丹麥與瑞典，據聞有 30% 的人口財產為負——通常是手上缺少有形資產，且有信用卡債或學貸的年輕中產階級。[4] 就算儲蓄可賺得相當高的利益，但要開始利滾利，還是得要有一些起步播種的資本。[5]

儘管如此，就算剛開始轉型時沒有私人財產的個人，後來還是有可能發大財。舉例來說，參與退休金計劃的人，不管參與的是公共還是私人計劃，只要計劃至少能獲得部分資金投注，都會過得不錯。[6] 透過資產淨值暴發戶所舉辦的慈善活動，窮人也會變得富有：因為天文數字般的財源降臨，就算捐出的救濟只占財富的極小部分，絕對金額還是相當嚇人。

就算在後轉型的階段，機器的功能在全領域優於人類（而且甚至比生存水平的人類勞動還要便宜），財富還是可以透過工作產生。前面提

到，如果出於美學、意識形態、道德、宗教或其他非實用理由，還保留偏好人類的空缺，這個條件就還是會產生。在一個人類資本持有者的財富大幅增加的情境中，對這種勞工的需求可能會相對增加。新崛起的兆萬甚至京萬富翁能付出大量的費用，來讓一些物品和服務仍由「公平貿易」的生物勞力提供。我們可以再度平行參考馬匹的歷史。美國的馬匹數量在 1950 年代早期掉到 200 萬匹之後，經歷了一次穩健的復甦：一項近期普查發現，目前略低於 1,000 萬匹。[7] 這個攀升並不是因為馬在農業或運輸上有了新的功能需求，而是因為經濟成長，讓更多美國人能沉溺於馬術休閒的幻想中。

除了資本擁有，人和馬的另一個重要差別就是人類能發動政治動員。人類運行的政府可以用國家徵稅權力來重新分配私人獲利；或是藉由賣出增值的國有財產（例如公有土地）來增加財政收入，並用這些收益來讓國民退休。同理，因為在轉型中以及轉型完成後不久，經濟成長爆發，大量的財富將四處可見，要餵飽所有失業人士就相對簡單。就算是單一國家，也有辦法提供全世界所有人的生活薪資，且支出比例不會高於當今許多國家援助外國的比例。[8]

歷史觀點中的馬爾薩斯原則

截至目前為止，我們假定了一個恆常的人口數。由於人類的繁殖速度有生理上的限制，這個數字短時間來說有可能是個合理假設。然而，這個假設不一定合理。

過去九千年中，人類人口增加了一千倍。[9] 要不是史前時代到歷史時代的大半時間，人口都停步於全球經濟的極限，否則增加的速度還會更

快。一個近似馬爾薩斯情境的狀態占了上風，在這個狀態中，多數人僅能得到生存水準的收入，勉強糊口且平均養大兩個孩子。[10] 過去，人口成長常有暫時性和區域性的停滯，原因包括瘟疫、氣候波動或戰爭，間歇性地剔除人口並釋放出土地，讓生存者得以提升營養攝取，進而養育更多下一代，直到空缺再度填滿，馬爾薩斯情境又會重新開始。同時，多虧了社會不平等，一小群菁英階層可持續享受高於生存水平的收入（其花費甚至稍微降低能維持下去的總人口數量）。這是個悲傷且刺耳的設想：在這種馬爾薩斯情境中，我們在這行星上存活的多數時間所遇見的常態、普遍視為人類福祉的最大對手——乾旱、瘟疫、屠殺和不平等——才是最偉大的人道主義者；光靠它們就能讓生活的平均水準偶爾稍微出現在勉強生存邊緣的生活水準之上。

伴隨這些局部的小波動，歷史的宏觀模式呈現出一個起初緩慢、但終將加速的經濟成長，靠著日積月累的技術革新推動。成長的全球經濟帶來全球人口的相對增加；更精準來說，大量人口本身就強力加速了成長速率，主要是藉著人類的群體智慧增加。[11] 直到工業革命開始，經濟成長才快速到使人口不再以均速成長。平均收入開始增加，先是在西歐較早工業化的國家，接著是世界各地。就算是當今最貧困的國家，平均收入還是大幅超越生存水準，反應在這些國家的人口持續增長這個事實上。

最貧困的國家如今有著最快的人口成長率，因為它們尚未完成「人口統計轉型」，達到符合較開發社會的低生育體制。人口統計學家預計，全球人口將在本世紀中達到約 90 億，在那之後，較貧窮的國家也會跟著加入已開發世界的低生育率體制，人口將進入停滯期或是下滑。[12] 許多富庶國家已有低於替代水準的生育率，有些國家甚至遠低於水準。[13]

然而，如果我們長期觀察，並假設一個技術不變、景氣持續的狀

態，我們就有理由預期人口會回到歷史上與生態上的正常狀態，也就是全球人口與我們的利基可支援的限制互相抗衡。若按照前面以全球觀點觀察出的財富與生育率的負關係，目前的發展似乎有違直覺，但我們必須提醒自己：我們所謂的「當前」，不過是整個歷史的一小塊切片，而且還是個大偏差。人類行為尚未適應當前的狀態，我們不只無法利用明顯的方法來增加我們的整體適應程度（例如成為精卵捐贈者），更是主動使用了生育控制來破壞我們的生育力。在演化適應性的環境中，健康的性衝動足以驅使單一個體按照將自己繁殖潛能最大化的方式來行動；在我們現在的環境中，對於擁有最多後代擁有更直接的欲望，其實有著極大的選擇優勢。這種欲望連同其他增進我們繁殖的傾向，目前都正被選擇出來。不過，文化適應可能會在生物演化之前偷偷搶得先機。有些社群，例如胡特爾派（Hutterite）或者滿箭福音派運動（Quiverfull evangelical movement）的支持者，因為推崇大家庭的鼓勵生育文化，正在快速擴張。

人口成長與投資

想像一下，倘若當今的社經狀態就這樣神奇地凍結在這個形狀裡，未來這個世界就將被支持高生育力的文化和道德團體主宰。如果在現有環境中，絕大多數人優先考量的是適應度最大化，那麼每一代的人口都可以輕易倍增。少了人口控制政策（這將穩定且愈加嚴密而有效率，好抵銷企圖全力規避它的演化），全球人口將持續指數成長，直到某些限制，像是土地缺少或是產生重大革新的機會耗盡，使得經濟無法繼續維持增長速度；屆時，平均收入就會開始降低，直到壓倒性的貧窮讓絕大

多數的人無法養大兩個以上小孩。因此，馬爾薩斯原則又會再次靈驗，就像一個可怕的奴隸主，終結了我們通往富饒夢幻樂園的脫軌行為，牽著鎖鍊把我們拖回苦役行列，重新開始生存的艱困掙扎。

這個長期遠景可被智慧爆發壓縮為一個更迫切的前景。因為軟體可以複製，人工智慧的複製人口可以快速倍增（只要幾分鐘，而不是數十年或數百年），並且很快就會耗盡所有硬體。

面對普世馬爾薩斯情境的出現，私人財產可能會提供部分保護。想想一個簡單的模型，模型中各個宗派（或是緊密的社群／國家）的財產量各有不同，並且針對繁衍後代和投資各採納了不同策略。有些宗派不相信未來，花光了本錢，然後他們一貧如洗的成員便加入了全球的無產階級（或者如果他們無法透過勞動養活自己，就會死去）。其他宗派則把資源拿去投資，但採取了無限繁殖的策略，生下更多人口，直到他們達到一個內部馬爾薩斯情境，在那之中，他們的成員過於貧窮，以至於死亡率幾乎等於出生率，此時宗派的人口成長減緩，以等同於資源成長。然而，還有一些宗派把生育率限制在資本成長率之下，這樣的宗派將會緩慢增加人數，同時平均起來每個成員也更加富有。

如果財富從富有的宗派，重新分配給快速繁殖或快速貼現的宗派（兒童、複製品或衍生物儘管本身沒犯任何錯，卻在資本不足以生存的情況下來到世上），那麼就會更接近一個普世的馬爾薩斯情境。在部分案例中，所有宗派成員都會得到生存水準的收入，且每個人的財產都會相等。

如果財產沒有重新分配，思慮周到的宗派可能就會累積資本，財產絕對值便有可能成長。然而，我們並不清楚人類能否使用資本達到像機器智慧使用資本那樣的高回報率，因為勞工與資本之間可能會有協同作

用，讓一個同時支援雙方的主體（例如一個既有技術又有錢的企業主或投資者）的資本私人回報率，超越僅有財務資源、而沒有認知資源的主體所獲得的市場利率。人類比機器超智慧更缺乏技能，資本成長可能會因此更慢——除非控制難題完全解決，使人類的報酬率等同於機器的報酬率；因為人類委託主體可以叫一個機器代理主體來經營儲蓄，而且在不花成本且毫無利益衝突的情況下做到；但若達不到這點，在這整個情境中，機器持有的經濟比例可以逐漸達到 100%。

這種經濟分配漸漸達到 100% 為機器所有的情境，人類分配到的比例不見得會減少。如果經濟以夠快的速度成長，那麼就算比例相對縮減，絕對值還是增加的。對人類來說，這聽起來像是個不錯的消息：在一個多極而財產權受到保護的情境中，就算我們完全無法解決控制難題，人類擁有的整體財富量還是能增加。當然，這個效應不會處理人口成長把平均收入拉降至生存水準的問題，也不會處理人類因為不重視未來而自我毀滅的問題。

長期來看，經濟將被具有最高儲蓄率的宗派逐步把持——那是個擁有半座城市卻住在橋底下的守財奴。只有在時機成熟，當投資不再有任何機會時，極度有錢的守財奴才會開始縮小儲蓄額。[14] 然而，如果財產權的保護有一絲絲不完美，舉例來說，如果更有效率的淨利機器（不擇手段）將人類財產轉移到它們手上，那麼人類資本家可能得更快將資本花光，以免被這種轉移耗盡（或者確保財富免於被轉移所帶來的持續成本）。如果這些發展在數位時間的尺度發生，而非生物時間的尺度，那麼過度緩慢的人類，可能一夕之間財產就被沒收光了。[15]

演算法經濟中的生活

後轉型馬爾薩斯狀態中的人類生活，不需要像人類過往的任何歷史狀態那樣（例如獵捕者、農夫或上班族）。反之，大部分的人可能是無事可做的收利息者，勉強靠著儲蓄度過邊緣人生。[16] 他們可能非常窮，只從儲蓄或國家補貼得到一點點收入。他們可能會活在一個科技極為進步的世界，不只有超智慧機器，還有抗老化藥物、虛擬實境，以及各種強化技術和愉悅藥物；但一般來說，他們都買不起。也許他們不會使用強化藥物，而會用藥物來阻礙成長並減緩新陳代謝，好降低生活成本（隨著可維生收入逐漸下降，太用力活著的人會活不下去）。隨著人口增加，平均收入進一步下降，我們可能會退化成某種符合領取退休金的最小結構——也許是泡在缸子裡最小量意識的大腦，靠著機器提供氧氣和養分，等慢慢存到足夠的錢，再藉由機器人技師開發複製人來繁衍下去。[17]

下一步的撙節可以透過上傳手段達成，畢竟一個由先進超智慧所設計、物理上最佳化的計算基底會比生物腦更有效率。不過，如果仿真物被當做沒有資格獲得退休金或維持免稅儲蓄帳號的非人類或非公民，它們若想遷徙至數位領域可能會遭到阻止。在這種情況下，人類可能還能維持一點空缺，與為數遠遠多於人類的仿真物或人工智慧共處。

目前為止我們專注的是人類的命運，支持我們的可能是儲蓄、補助，或是由「出於其他偏好而雇用人類的人」來提供收入。現在我們來關心一下目前也被分類為「資本」的東西：可能是人類所擁有、為了某種任務而被打造出來的機器，能在極廣的範圍內代替人類勞動。這些新

經濟中的工作馬，會有什麼際遇？

　　如果這些機器僅僅是自動機器，好比是蒸氣機或時鐘那般簡單的器械，那麼就不需要再多說什麼；後轉型經濟中會有大量這類的資本，而東西怎麼轉變成無生命裝置的零件，對誰來說都不重要。然而，如果機器有意識心智——如果它們被打造的方式使它們的運作與現象察覺有關（或它們因其他理由而有了道德地位）——那麼，思考整體結果就變得很重要。工作機器心智的福利甚至可能會是結果最重要的面向，因為這些心智可能在數量上占據主宰的地位。

自願為奴，偶然死亡

　　一個明顯的最初問題是：這些工作機器心智是被當做資本（奴隸）擁有，還是被當做自由僱傭勞工？經過更仔細的檢查，是否真有什麼事情取決於這個議題令人懷疑。理由有二。首先，一個處在馬爾薩斯階段的自由工作者若獲得生存水平的薪資，那麼他在支付食物和其他生活必需品的費用之後，就什麼都不剩了。如果這個勞工是個奴隸，他的主人會支付他的生活費，但他同樣不會有任何可支配收入。不管是哪種情況，勞工只能得到生活所需，不會再多。第二個理由是，假設自由工作者不知為何能控制一筆高過生存水平的收入（可能因為有利的規章），他將怎麼花費這筆錢呢？投資者將發現，最有利的方法是打造「自願為奴」的工作者——他們會自願以生存水平薪資工作。只要複製順從的工作者，投資者就可以創造出工作者。透過適當的選擇（可能對原始碼做些調整），投資者或許能創造出不只偏好自願工作，還選擇把任何多得的收入都捐回主人口袋的工作者。這麼一來，就算工作者是擁有完整法

律權利的自由行動者，錢還是會回到主人或雇主手上，只不過繞了一圈。

或許有人會反駁，要設計一個任何委託工作都願意當志工，甚至會想把薪資捐給主人的機器是有難度的。尤其是仿真物，可以想像它有更多人類的典型欲望。但要注意的是，就算初始的控制難題很難，我們在此思考的都是轉型**之後**的狀況，也就是假定動機選擇法已臻完美之際。在仿真物的案例中，只要從既有的人類性格範圍中**選擇**，或許就可行；我們也描述過其他好幾種動機選擇法。若新的機器智慧進入一個已被其他守法超智慧行動主體充斥的穩定社會經濟環境，按照當前這種假設，控制難題也有可能會被簡化。

接著我們來想想，不管是以奴隸還是自由行動者的身分來運作，工作階級機器都會碰到的困境。首先，我們來關注仿真物這種最容易想像的案例。

要把一個生物人類養育到能工作，得花上十五至三十年，取決於需要多少專業和經驗。這段期間得提供此人吃住，培養他，教育他——全都得花不少錢。相對來說，大量生產數位勞工的新複製品，就跟裝載一個新程式到工作記憶體一樣簡單。因此生命變得很廉價。一個企業可能藉由大量生產新複製品、並銷毀不再需要的複製品，來釋放電腦資源，以持續改組勞力符合需求。這可能會導致數位工作者的死亡率極高。其中許多工作者的壽命，在其主觀感受中可能只有一天。

為何仿真物的雇主或奴隸主會想頻繁地「殺掉」或「終結」他們的勞工呢？除了需求波動之外，還有其他理由。[18] 如果仿真心智像生物心智一樣，需要定期休息和睡眠才能有效運作，那麼到了每天結束時，把疲倦的仿真物抹除掉，並用新鮮飽滿的存貨來取代，是比較實惠的做

法。由於這個步驟可能會讓當天所有學到的東西都退化失憶，因此工作要求長期認知思路的仿真物可以免於這種頻繁的抹殺手段。舉例來說，如果某個人每天早上坐在書桌前，都不記得自己之前寫過什麼，那麼要完成一本書就不太容易。但有些工作是頻繁汰舊的行動者足以勝任的工作，比如商店助手或是客服行動主體，一旦經過訓練，他們只要在二十分鐘內記住新資訊就夠了。

既然這種回收利用的仿真物無法形成記憶和技能，有些仿真物就會被放在一條特殊的學習軌道上持續運作，連休息睡覺時也一樣，甚至進行不太需要長期思路的工作時也一樣。舉例來說，有些客服行動主體可能會在最佳化學習環境中運作好幾年，由教練和行為評價委員從旁協助。表現最佳的受訓者就像種馬一樣被當做模製樣板，每天新產上百萬個複本。在這種樣板勞工身上，相關單位會投注極大的心血來改進表現，因為就算只是一個小小的生產力增長，應用在上百萬個複本身上時，都能產生極大的經濟價值。

投注心力訓練特定工作的樣板勞工之際，增進基礎仿真技術也會是開發的重點。這裡的進展甚至比個別樣板勞工的進步更有價值，因為通用技術的進步可以應用在所有仿真勞工（也有潛力用於非勞工的仿真物）身上，而不是只能用在特定職業的勞工身上。龐大的資源將投入尋找計算捷徑，好讓現有的仿真物執行得更有效率，同時也會投入開發全人造的神經形態人工智慧結構。這個研究有可能全都由超高速硬體上的仿真物完成。根據電腦能力的價格，百萬、十億或是上兆個最尖端人類研究者心智仿真物（或者其加強版）可能會日以繼夜增進機器智慧的極限；其中有些可能會比生物腦還要快上好幾個數量級。[19] 因此我們很有理由認為，似人類仿真的時代會很短暫——恆星時間中的一段**短短**插

曲——很快就會讓位給強大不知道多少倍的人工智慧時代。

我們已經看到了幾個仿真勞工雇主可能定期汰除群體的理由：對不同種類的勞工之需求波動、不必效仿休息睡眠時間從而節省成本，以及引入新的先進樣板。安全顧慮會是另一個理由。為了避免勞工發展出顛覆性的計劃和密謀，某些地位敏感的仿真物只會運行有限的週期次數，並頻繁地重設為先前儲存的就緒狀態。[20]

當這些仿真物重新回到就緒狀態，會經過仔細的準備和審查。一個典型的短命仿真物可能會為了忠誠和生產力最佳化，在充分休息後的精神狀態中醒來。它（主觀上）記得自己經歷了多年的密集訓練和篩選，以全班第一名畢業，享受了十足的充電假期，睡了一場好覺，然後聽取一段激勵人心的動機演講和澎湃音樂，現在它正為了終於到來的工作，以及為雇主竭盡所能賣命蓄勢待發。自己將在最後一天上班日猝死，並沒有使它過度困擾。罹患死亡精神官能症或其他焦慮的仿真物都會使生產力下降，因此一開始就不會被篩選進來。[21]

效率極大化的工作會好玩嗎？

評估這種假定狀況受期待度（desirability）的一個重要變項，就是平均仿真物的享樂狀態。[22]對於一個典型的仿真勞工而言，手頭上的工作會是苦不堪言的折磨、還是樂在其中的體驗呢？

我們必須抗拒將自身感受投射在假想仿真勞工身上的念頭。問題不在於「你」如果得一直工作，而且再也不能花時間於自身所愛時，會不會感到快樂——多數人應該都會同意，那是很悲慘的命運。

相較之下，思考當前人類在工作時間內的平均享樂經驗，則會適切

一些。全球各地的研究詢問受訪者他們有多快樂，發現多數人對自身的評價是「相當快樂」或「非常快樂」（在 1 至 4 的量表中，平均為 3.1）。[23] 平均情感的相關研究則訪問受訪者，近期他們有多頻繁體驗到各種正負面的情感狀態，也得到了類似的結果（從 -1 至 1 的量表中產生了淨情感 0.52）。對於平均良好的主觀感受來說，國家的人均收入具有適中的正面影響。[24] 然而，透過這些研究來推測未來仿真勞工的享樂狀態是有危險的。理由在於，它們的狀態會相當不同——一方面，它們工作得更辛苦；另一方面，它們不受疾病、疼痛、飢餓或有害惡臭侵擾。然而，這樣的思考其實嚴重失準。在這裡，更重要的思考是，藉由藥物和神經手術的數位對應物，享樂調性可以被輕易調整。這代表如果藉由想像我們自己和其他人類在那種環境中有什麼感受，去推測仿真物的享樂狀態，會是一大錯誤。享樂狀態是一個選擇問題。在我們目前考量的模型中，做出決定的是希望自己在仿真勞工的投資達到最大回報的資本主。因此，「仿真物會感覺多快樂」的問題，就只是「（在仿真物受雇進行的各種工作中）哪種享樂狀態會得到最高生產力」的基礎而已。

同理，我們或許會藉由觀察人類的幸福感得出結論。如果在絕大多數的時間、場合和職業中，世人真的普遍來說至少達到普通快樂，就會產生一些支持我們心中後轉型情況立場的預先假設。說得更清楚些，就是這個例子裡的論點不會是「人類心智有一種對快樂的傾向，所以可能會在這些新狀態下尋求滿足」；而是「過去已經證明，快樂的某一平均水準對於人類心智來說是合適的，所以或許類似水準的快樂，未來也將證明對於似人類心智來說是合適的」。然而，這個構想也有缺陷；也就是說，適合橫跨非洲莽原、人科的獵捕採集者的精神傾向，可能不一定適合後轉型虛擬實境中的改良仿真生命。我們當然**希望**未來的仿真勞工

能像人類歷史中的典型勞工一樣快樂（甚至更快樂）；但我們尚未找到夠有說服力的理由，來假設事情（在目前還在試行的自由放任多極情況下）真會這樣。

不妨想想一種可能：快樂在人類間盛行（不管什麼程度的盛行）的理由是，在演化適應性的環境中，愉悅的心情提供了一種信號功能。將處於旺盛狀態的印象——健康狀態良好、同伴間的聲望佳、對於持續的幸福有著信心期望——傳達給社會團體的其他成員，可能會對提升個體受歡迎的程度有所幫助。因此，對快樂的偏好可能是選擇出來的，人類的神經化學目前並未根據簡單的唯物論標準達到最大效率，反而偏好產生正面情感。要是果真如此，那麼**人生至高樂趣**的未來，可能得仰賴快樂在後轉型世界仍然維持不變的社會信號功能；等一下我們會回來討論這個問題。

如果高興的靈魂比鬱悶的靈魂更耗費能量，那該怎麼辦？也許快樂更容易創造奇想的飛躍——這種行為若發生在大多數勞工身上，是會被雇主貶抑的。或許在大多數的生產線上，讓生產力最大化的態度，反而是針對「持續工作不要出錯」的偏執焦慮。在此提出這樣的主張，並不代表這樣就是對的，而是我們不知道這樣是不對的。然而，我們應該要思考，如果這種對未來馬爾薩斯情境的悲觀假設最後成真，會有多糟糕；不只是因為無法創造更好未來的機會成本（這成本會非常高），也因為狀態本質上就很糟，可能比原本的馬爾薩斯情境還要糟上太多。

我們不常使出全力。要是我們這麼做，有時會感到痛苦。想像一下在一個陡峭爬升的跑步機上跑步——心臟猛跳、肌肉疼痛、肺部為了吸取空氣而狂喘。你看了看計時器：你下一次休息的時刻就是你的死期，預定在49年3個月20天又4小時56分12秒後。你會寧願自己沒有投胎。

同理，這樣的主張並不是說事情就該這樣，而是我們不知道如何不這樣。我們當然可以做更樂觀的想像。舉例來說，沒有明顯理由得要仿真物苦於傷痛：消除身體的不適感會是超越目前狀態的偉大進步。更進一步來看，既然構成虛擬實境的這類東西可以很便宜，仿真物或許能在相當奢豪的環境中運作——像是豪華的山頂皇宮，或是初春森林裡的露台，或是湛藍環礁的沙灘上——有著恰好的光線、溫度、景色和裝飾；遠離令人不快的濃煙、噪音、穢氣和嗡嗡叫的昆蟲；穿著舒適的衣物，感覺乾乾淨淨而精神集中，而且能量飽滿。更重要的是，如果從絕大多數工作中的生產力角度來看，最佳化的人類精神狀態是充滿快樂的渴望，那麼仿真經濟的時代就有如天堂。

　　無論如何，以「如果這樣下去的軌跡轉向反烏托邦，某人或某物就會插手搞定事情」的態度安排事物，就會有極大的選擇價值。如果生活品質永久落到某種「偏好滅絕勝過存續」的水準以下時，擁有某種允許以死和摧毀來解脫的逃生口，也會是萬眾所需。

失去知覺的外包商？

　　長期來看，當仿真時代讓位給人工智慧時代（或者假設跳過了全腦仿真的階段，直接透過人工智慧達到了機器智慧），痛苦和快樂可能會徹徹底底在多極結果中消失，因為對一個複雜的人工行動主體（與人類心智不同，它並不擔負動物的濕體遺產）來說，享樂主義獎勵機制可能不是最有效的動機系統。也許還會有更先進的動機系統，奠基於某個效能函數的明確呈現，或是一些功能都無法直接類比快樂和痛苦的其他類型結構。

一個相關但稍微激進一點的多極結果——可能涉及仿真物未來的所有價值——就是，普世的無產階級可能根本不會有意識。這種可能性在人工智慧中最為顯著，畢竟它的構造和人類智慧截然不同。但就算機器智慧一開始是透過全腦仿真達到，而產生了有意識的數位心智，後轉型經濟中解放的競爭力量，可能會輕易導致機器智慧以愈來愈沒有神經形態的形式出現，若不是因為人造人工智慧是從無到有憑空打造出來的，就是因為仿真物會透過連續的調整和強化，愈來愈遠離原本的人類形式。

不妨思考一種情況：發展出仿真技術之後，神經科學和電腦科學的持續進展（在兼任研究者和受試對象的數位心智出現後加快腳步），讓我們得以在一個仿真物中隔離出個別的知覺模組，並將這些模組掛在隔離於其他仿真物的模組上。要讓不同的模組有效合作，可能需要先進行一段訓練調整；但符合普通標準的模組可以更快與其他標準模組交流。這將使得標準化模組更有生產力，並催促更進一步的標準化。

這時，仿真物開始把功能外包的比例增加。如果你把數字推理的工作外包給「高斯（Gauss）模組股份有限公司」，為什麼還得學數學？如果你雇用「柯立芝（Coleridge）會話公司」，把你的想法變成文字，為什麼還得要能言善道？若有合格的執行模組能掃描你的目標系統，並善用你的資源來達到目標，而且做得比你親自執行還要好，那你為什麼還要為你的人生做決定呢？有些仿真物偏好維持大部分的功能，並自行掌管那些交給別人做會更有效率的工作。那些仿真物會像樂於自己種菜或織毛線衣的愛好者一樣，比較沒有效率；如果有個從經濟低效參與者到高效參與者的資源淨流量，這種愛好者最終可能會落敗。

一個個分離的人形智慧高湯塊，就這樣被融化成一鍋演算湯。

藉著將能力組成集合體來達到最佳化效率,也是有可能的;然而這樣的集合體不太符合人類心智的認知結構。舉例來說,情況可能是數學模組必須根據語言模組調整,且雙方都要根據執行模組調整,好讓三者共同運作。如此一來,認知外包就幾乎完全不可行。但我們沒有任何有說服力的理由認為事情必然如此;我們必須同意,似人認知架構有可能只在人類神經學的限制中最為理想(或完全不是)。等到有可能打造無法在生物神經網路上好好執行的結構,新的設計空間就打開了;在這個擴大空間中的全球最佳化狀態,不需要與我們熟悉的精神類型相似。接著,似人類的認知組織就在這個競爭後轉型經濟或生態系統中,沒了自己的位子。[25]

位子或許會留給沒那麼複雜的複合體(例如個別的模組),不然就是留給更複雜的複合體(例如大群的模組),或是和人類心智有相同複雜度、但截然不同的結構。這些複合體會有內在價值嗎?我們是否該歡迎一個異形複合體取代人類複合體的世界?

答案可能取決於異形複合體的具體特質。現今的世界有許多不同等級的組織,有些是高度複雜的實體,像是跨國公司和民族國家,以人類為構成成分;然而,我們通常只會賦予這些高水準的複合體工具價值。(一般假定)公司和國家並沒有人類意識之外的意識;它們不會感到痛苦和快樂,或者經歷、感受任何事物。我們是以它們提供人類需求的程度來評價它們,當它們停止行為,我們就毫無愧意地「殺」了它們。還有一些低水平的實體,我們同樣也不認為它們具備道德地位。我們看不出把智慧型手機裡的應用軟體砍掉,會造成什麼傷害;我們也不認為,當某人靠著神經外科手術,從癲癇發作的腦裡摘除一個失靈的組件,是虐待了誰。至於那些水準接近人腦、但組織方式奇特的複合體,如果我

們認為它們具有意識經驗的容量和潛能，那我們多半會判斷它們具有道德上的重要性。[26]

因此，我們可以想像，在一個極端的案例中，一個科技高度進步、包含眾多複雜結構的社會，其中有些結構遠比目前這行星上的任何東西都來得聰明複雜太多——然而這個社會卻沒有任何一種物種擁有意識，或其幸福感具有道德意義。在某種意義下，這會是一個無人居住的社會。這會是一個創造經濟奇蹟、科技不同凡響的社會，但沒有人從中獲益，如同一個沒有兒童的迪士尼樂園。

演化未必向上

「演化」往往被當做「進步」的同義詞，或許反映了「演化是個求進步的力量」這種是非不分的普遍印象。在一個未來由競爭動力所決定的智慧生命多極結果中，錯誤相信演化過程內在好處的信仰，會妨礙我們公正評價自己有多想要這個多極結果。這種評價得基於針對不同顯型最終適應「後轉型數位生命湯」的機率分配判定。要從不確定性不可避免的混沌中找到清楚且正確的答案，即便在最佳情況下還是很困難；如果再加上一層過度樂觀的汙泥，那更是難上加難。

在自由奔放的演化中，這種信仰可能源於過去演化過程中，萬物展現出來的明顯向上性。從基本的複製單位開始，演化產生了愈來愈多「進步」的生命，包括擁有心智、意識、語言和理性的生物。更晚近一些，和生物演化有些許類似的文化和技術演變，讓人類加速發展。不管是在地質學還是在歷史的時間尺度上，整體看來，複雜度、知識、意識和協同目標組織的水準都呈現向上的趨勢：老實說，是個會被稱為「進

步」的趨勢。[27]

「演化是可靠產出良性效果的過程」這種概念，很難和我們在人世與自然間看到的眾多苦難調和。重視演化成就的人會這麼想，多半是出於美學而非道德觀點。然而該問的問題，並不是什麼樣的未來在科幻小說或自然紀錄片裡會比較精彩吸引人，而是活在什麼樣的未來之中會比較好：這是兩個非常不同的問題。

進一步來說，我們沒有理由認為，任何發生過的過程都是必然不可免的。很多都只是運氣。支援這個反駁的事實是，觀測選擇效應篩選了我們所擁有的自身演化發展成功證據。[28] 假設所有出現生命的行星中，有 99.9999% 的生命在發展到智慧觀測者可以開始思索起源之前就滅絕了，那麼在這情況下，我們期望能觀測到什麼？可以說，我們應該期望觀測到「與現實觀測到的一樣」的結果。智慧生命在某一行星上演化機率低的假設，並不會預測出我們該發現自己活在一個生命在早期階段就滅絕的行星上，而是我們該發現自己在一個智慧生命演化出來的行星上，就算這顆行星只是所有原始生命會誕生的行星中，一個極其罕見的例子。生命在地球上的漫長痕跡，可能不足以支持「我們這顆行星能誕生高等生物的機率很高」的主張──更不用說支持那種近乎必然的說法了。[29]

第三，就算現有狀態是最美好的，且顯示這種現有狀態必然起於某種通用的遠古狀態，我們還是不能保證，這種向上的趨勢注定會持續到無限的未來。就算我們忽視災難性滅絕事件的可能性，也一樣沒有保證；就算我們假設演化發展會持續產生複雜度更高的系統，還是一樣沒有保證。

前面我們主張過，因為生產力最大化而選出的機器智慧勞工會極度

勤奮，但我們不知道這些勞工的快樂程度為何。我們也打造了一種可能：在充滿競爭的未來數位生活湯裡，最適合的生命形式可能是沒有意識的。若快樂或意識都徹底喪失，那麼其他美好生活不可或缺的品質，就有可能一併損耗。人類把音樂、幽默、浪漫、藝術、遊戲、舞蹈、對話、哲學、文學、冒險、發現、飲食、友情、親情、運動、特質、傳統和靈性，看得比其他東西更重要，但沒人能保證這些東西能維持適應性。或許能讓適應最大化的，只會是永不止息的高強度苦工、單調重複的工作以及顫抖的窮人，而目標只是提升某個經濟數字小數點後第八位數。那麼，這樣選出來的顯型生命會缺少上述那些品質，而且根據每個人的價值觀，結果可能只會令人覺得厭惡、沒有價值或僅是窮困無力而已；無論如何，和世人認為值得推崇的烏托邦有著天壤之別。

可能會有人納悶，這種黯淡無光的景象，怎麼會和我們現在確實沉醉於音樂、幽默、浪漫和藝術等事實一致？如果這些行為真的這麼「浪費」，那麼形塑我們這個物種的演化過程怎麼會容忍、甚至推廣這些行為？說當代人類處於演化上的失調，並不能說明這個現象；我們更新世的祖先同樣也在從事這些娛樂，不少行為甚至不限於智人。在廣泛的脈絡中，展示炫麗浮誇的行為處處可見，從動物王國的性擇到民族國家之間的選美大賽皆然。[30]

儘管這些行為各自的完整演化解釋超過了目前的問題範圍，但我們注意到，這其中提供的某些功能，可能在機器智慧的脈絡下沒那麼重要。舉例來說，只會在某些物種身上發生的遊戲（出現在幼年個體之間），主要是年幼動物學習日後生活所需技巧的方法。如果仿真物早就具備成熟的全套技能，可以直接做得像大人一樣；又如果某個人工智慧所獲得的知識和技能，可以直接傳送給另一個人工智慧，玩耍行為的需

求可能就不會那麼普及。

許多其他人本主義的行為例子，可能會演化成不容易直接觀測到的難仿冒信號特質，像是身體或精神的恢復能力、社會地位、盟友的品質、在打鬥中占上風的能力和意願，或是擁有資源。孔雀的長尾就是個經典的例子：只有最適存的雄孔雀有餘力綻放真正奢華的羽屏，而雌孔雀則演化成受牠們吸引。行為特質也不亞於形態學特質，同樣可以發出遺傳適存或其他社會重要性特徵的信號。[31]

有鑑於炫麗浮誇的展示行為在人類及其他物種中實在太普遍，我們可能會想，這會不會也成為技術上更先進的生命形式的全套本領？就算狹義上來說，趣味性、音樂性甚至意識，在未來的智慧資訊處理生態系中沒有工具用途，但這些特質難道不能成為其他適應品質良好的可靠信號，給予持有者一些演化上的優勢嗎？

雖然在「我們覺得什麼有價值」和「未來數位生態圈中什麼會有適應性」之間，很難斷言預先建立的和諧一致性絕對沒有機會出現，但我們有理由懷疑此和諧一致性的存在。首先我們想想，這些在自然界中代價不菲的展示，很多都與性擇有關。[32] 相對來說，技術上成熟的生命形式，其繁殖可能主要（或全面）與性無關。

第二點，技術上先進的行動主體可能彼此之間有可靠溝通訊息的新手段，且不需要代價高昂的展示。就算在當前，專業放款人評估信用程度時，也會仰賴所有權證件和銀行報表這些檔案證據，而不是看對方的行頭，比如說手工西裝和勞力士金錶。未來或許可能會有一種審核單位，藉著詳細檢驗行為軌跡紀錄、於模擬環境測試，或直接調查原始碼，來判定行動主體客戶是否持有聲稱的特性。藉由同意這種審核來展現自己的品質，可能會比炫麗浮誇的展示來得更有效。要**仿造**能通過專

業審核的信號可能會很昂貴──這也就是這種信號值得信賴的基本特質──但當你傳送的信號是**真的**，就會比用炫麗浮誇的展現方式來傳播同樣的信號來得便宜太多。

第三點，不是所有可能昂貴的展示本質上都是有價值或是社會需要的。很多根本就是浪費。夸夸嘉夸族（Kwakwaka'wakw 或 Kwakiutl）的誇富宴（potlatch）就是一種對立酋長之間的地位競賽，要求公然銷毀大量的累積財富。[33] 破紀錄的超高層摩天大樓、豪華遊艇和月球火箭也都可看做當代的比擬。我們可以合理主張，音樂和幽默等活動能強化人類生活的內在品質。反觀付出昂貴代價追求時尚配件和其他消費主義地位象徵，能不能提出一樣的主張，則令人懷疑。更糟的是，昂貴的展示有可能純粹有害，就像男子氣概導致幫派暴力或是軍事上的有勇無謀。因此，就算未來的智慧生命形式會使用昂貴的信號，那個信號──不管會像天籟還是像蟾蜍嗝嗝（或者瘋狗猛叫）──會不會有價值，都還是未定之數。

單極的後轉型？

就算轉型至機器智慧的立即結果是多極的，後來發展為單極的可能性還是存在。這樣的發展會持續明顯的長期趨勢，朝著更大規模的政治整合邁進，得到自然而然產生的結果。[34] 這會如何發生呢？

第二次轉型

　　能讓一開始多極的結果，整合為「單極後轉型」的方法之一，是在初步轉型之後出現第二次技術轉型；第二次轉型要夠有分量，能讓其中一個存活下來的強權得到關鍵策略優勢；接著，這股力量就有掌握建立單極的機會。這種假設的第二次轉型可能會透過突破至更高水準的超智慧產生。舉例來說，如果第一波機器超智慧是基於仿真，那麼第二波的發生時機，可能就是進行研究的仿真智慧成功開發出有效率的自我進步人工智慧之際（或者，啟動第二波轉型的可能會是奈米技術的突破，或是其他尚未想到的軍事或通用技術的突破）。[35]

　　初步轉型之後的發展速度可以相當快。光是領頭者與緊追者之間的一點點差距，就足以讓領頭者在第二次轉型之際取得關鍵策略優勢。舉例來說，假設兩個計劃進入第一次轉型的時間只差了幾天，而起飛的速度之慢，讓領先的計劃無法在起飛中的任何一刻取得關鍵策略優勢。於是，兩個計劃都生成了超智慧強權，儘管其中一個比另一個快上幾天。但之後的發展全都發生在機器超智慧獨有的研究時間尺度上，遠比人腦時間尺度進行的研究快千百萬倍。因此，第二次轉型技術的開發可能會在幾天、幾小時甚至幾分鐘內完成。即便領頭者只快了幾天，只要一個突破，就有可能瞬間得到關鍵策略優勢。不過要注意的是，如果技術擴散（透過間諜活動或其他管道）跟技術發展一樣加速，那麼這個效果可能就會被削弱。這時，關鍵在於第二次轉型的陡度，也就是在第一次轉型後的期間裡，它自身展開的速度差距（在這個意義下，第一次轉型後事情發生得愈早，第二次轉型的陡度就愈小）。

　　可能有人會推測，如果關鍵策略優勢在第二次（或其後的）轉型期

間出現，那麼關鍵策略優勢實際上將會更有可能用於打造單極。第一次轉型之後，決策者本身已經是超智慧，或是它可以從能釐清現有策略選項涵義的超智慧那裡得到意見。更進一步，第一次轉型後的狀況對侵略者來說，以先發制人的舉動來對抗潛在的競爭對手，可能會比較不危險。如果第一次轉型後的決策心智是數位的，那它們還可以複製，在遭到反擊時較不易受害。如果死去的一方可以靠著備份快速重生，那麼就算防禦者在報復攻擊中有能力殺死九成的侵略人口，也幾乎起不了任何阻擋作用。對於具有無限有效壽命、可能正計劃以天文時間尺度來將其資源與影響力最大化的數位心智來說，（可修復的）基礎設施就算被毀，也是可容忍的。

超組織和規模經濟

整合人類形成的集體（例如公司或國家），其大小受到各種因素所影響，包括技術、軍事、財務，還有文化，每個歷史時期各有不同。機器智慧革命可以導致上述眾多因素產生可觀的變化。也許這些改變會促成單極的興起。儘管我們無法（不詳細觀察這些可能發生的改變是什麼，就）排除相反的可能——也就是這些改變將促成分裂而非統一——但我們仍然可以注意到，這裡所面對的變化或不確定性的增加，本身就是一個讓單極的出現更能成真的基礎。可以這麼說，機器智慧革命可能會把事情搞得一團亂，可能會重新洗牌，讓本來不可能發生的地緣政治重組都變成可能。

對於所有影響政治整合規模的可能因素之綜合分析，遠遠超出本書的範圍；光是政治學和政治經濟相關文獻的回顧，就可以把整章塞滿。

我們必須限制自己只對幾個因素，以及針對可能會使智慧主體更容易成為控制中心的幾個數位化方向做個簡述就好。

舒曼提出的論點是，在仿真物的群體中，選擇壓力會偏好「超組織」（superorganisms）的出現，也就是準備好為宗派利益犧牲自己的仿真物團體。[36] 超組織可免於團體因「人人為己」而感到困擾的代理問題。就像我們體內的細胞，或者真社會性（eusocial）昆蟲群體中的個體一樣，對複製弟兄展現全然利他行為的仿真物，即便缺少精細的誘因設計，也會彼此合作。

如果個別仿真物非自願刪除（或無限期中止）是不允許的，那麼超組織將具有特別的優勢。公司或國家若雇用堅持自我保護本能的仿真物，可能就得扛起無限期的承諾，為廢棄淘汰的勞工支付保養費。相對來說，若某個組織擁有的仿真物，會在它們的服務不再有用時自願刪除自己，組織就更能適應需求波動；這樣的組織也可以自由進行實驗，增生旗下勞工的各種變體，然後把最有生產力的保留下來。

如果**允許**非自願刪除，那麼真社會性仿真物的相對優勢就會下降，雖然應該不會降到完全沒有的地步。若採取合作性自我犧牲的仿真物，雇主還是會從整個組織減少的代理難題中獲得效率增加。比方說，雇主不必煩惱要怎麼擊退反抗刪除的仿真物。整體來說，讓勞工願意為公益犧牲個體生命而導致生產力增加，是一個組織可以藉由擁有狂熱投入成員而獲得好處的特殊案例。這種成員不只會為組織鞠躬盡瘁、為了低薪而超時工作，他們還會迴避公司的內部政治，並持續根據組織的最佳利益行動，這也減少了監督和官僚式限制的需要。

倘若能產生這種獻身的唯一方法是把成員資格限制於複本（一個超組織中，所有的仿真物都像是同一個樣板印出來的），那麼這些超組織

可能會面臨一個劣勢：技術範圍比競爭對手更加狹隘；這種劣勢有可能超過避開內部代理問題所得到的利益。[37] 如果超組織能含括一些經由不同訓練而來的成員，劣勢將會大幅減少。就算所有成員都來自單一的「初始」樣板，其勞力還是能提供多樣技能。先從一個有博學天分的「初始」樣板仿真物開始，世系可以分枝為不同的訓練程式，一個複本學會計，另一個學電子工程，諸如此類。這將會產生一群雖然天分單一，卻擁有多樣技能的成員（最大程度的多樣性，可能會需要使用兩個以上的「初始」樣板）。

超組織的基本屬性並不是全由單一原型的複本構成，而是其中所有行動主體都完全服膺於共同目標。因此，創造一個超組織的能力可以看成為一個控制難題尋求片面的解決方式。控制難題的全面整體解答，能讓人創造一個「給予什麼終極目標都行」的行動主體；而要創造超組織所需的片面解答，需要的能力卻只是「塑造多個有同樣終極目標（某些重要的終極目標、但也不是任一終極目標皆可）的行動主體」而已。[38]

這一小節提出的主要思考因此不僅限於單體複製的仿真物群體，而是能用一種「弄清楚它適用於廣泛範圍的多極機器智慧情況」的方法，來做更全面的陳述。若是數位的行動主體，就有可能且屬於動機選擇技術中的特定類型優勢，能幫助我們克服目前妨礙大型人類組織、抵銷規模經濟的無效率。一旦這些限制消失，組織（公司、國家和其他經濟或政治實體）就能變得更大。這是能促使後轉型單極出現的因素之一。

超組織（或其他具有一部分經選擇之動機的數位行動主體）可能擅長的領域是高壓政治。一個國家也許會利用動機選擇法來確保警力、軍力、智慧服務和行政機關統一忠誠。就如舒曼所言：

一些被小心準備並通過審核的忠誠仿真物的保存狀態可以複製幾十億次，來構成一支意識型態統一的大軍、官僚組織或警力。短暫的工作週期過後，每個複本都會被同樣保存狀態的新鮮複本取代，以免意識型態飄移。在特定管轄權內，這個能力會允許極度詳盡的觀察和規範：可能每一個居民都會有一個這樣的複本。這可以用來禁止大規模毀滅武器的開發，強迫實行全腦仿真實驗或複製的標準，強化自由民主的憲章，或創造一個恐怖而永久的極權主義。[39]

　　這種能力的第一級效應似乎會股整合的力量，且有可能集中在少數人手中。

藉由條約達到統一

　　在後轉型的多極世界中，國際合作將帶來大量的潛在利益。戰爭和軍備競賽都可以避免。天文物理資源能以全球最佳速度來開拓並收成。開發形式更為先進的機器智慧，也可以藉由調和來避免操之過急，並全面審核新的設計。其他可能顯現出生存風險的發展，則可以延遲。統一的標準可以全球強制施行，包括生活標準保障的規定（將需要某些人口控制的形式），以及防止剝削濫用仿真物及其他數位與生物心智的規定。更進一步，具有「資源可滿足」偏好（會在第十三章進一步討論）的行動主體，在贏者全拿、但它們可能什麼都拿不到的未來中，會比較偏好能保證得到一定比例的分享協定。

　　不過，雖然合作具有大量的潛在利益，但並不代表合作會實際達

成。在今日世界中，許多福利可透過更妥善的全球協調取得，例如減少軍費、戰爭、過度捕撈、貿易壁壘、大氣汙染等等；然而，目前我們卻任憑這些成熟的果子在枝頭上腐壞。為什麼會這樣？是什麼阻止了公共利益最大化的全面合作結果？

　　其中一個障礙在於，確保信守的條約承諾有其難度，還包括監控與強迫實施的成本。如果兩個擁有核武的對手同時放棄原子彈，那對雙方來說都是情形好轉。然而，就算雙方原則上彼此都同意要這麼做，解除武裝依舊難以達成，因為彼此都怕對方騙人。要緩和這種恐懼，可能需要設置一個驗證機制，要有檢查者來監督現有核武的銷毀，並監控核反應爐和其他設施，接著集中技術和人類智慧，確保製造武器的計劃程序不會重生。然而，付給檢查者的酬勞就是一項成本；檢查者有可能竊取商業或軍事機密的風險，又是另一項成本。或許最明顯的是，每個陣營都害怕對手會偷留一手祕密核武能力。許多有益的協議之所以未能實現，就是因為承諾太難驗證。

　　如果有新的審查技術能使監控成本下降，我們便可預期這會導致合作增加。然而，其實我們不完全確定監控淨成本在後轉型時代會不會下降。雖然一定會有許多新的強大檢查技術問世，但想必也會有新的隱瞞手段。特別是我們會想要規範的活動，有一大部分是在網路上發生，而非物理監控的範圍。舉例來說，正在設計一個新奈米武器系統或新世代人工智慧的數位心智，做起這些事來可能不會留下太多物理足跡。一位數位法醫可能無法穿透層層隱瞞和密碼，發現條約違反者遮遮掩掩的非法活動。

　　若能開發出可靠的謊言偵測器，便會成為十分有效的監控工具。[40]檢查協議可以包括訪問關鍵官方人士，驗證他們是否堅決執行所有條約

規則，同時也驗證他們是否確實不知有違反的情況存在，或者正在全力找出違反情況。

企圖欺騙的決策者若想打敗這種基於測謊的驗證計劃，可以事先下令下屬採取非法行動，甚至對決策者本人隱瞞行動，接著再透過某些步驟，把自己涉及陰謀的記憶消去。有了更先進的奈米科技，要對生物腦進行準確合適的記憶消去手術，會變得相當可行。對機器智慧來說，這個過程還更簡單。

國家若想嘗試克服這個問題，可以把自身托付給持續進行的監控計劃，計劃將定期以測謊機來檢驗關鍵官方人士，檢查他們是否心懷任何顛覆或規避該國已加入（或未來將加入）的條約之意圖。這樣的承諾可視為一種促成對其他標準進行驗證的後條約（meta-treaty）；國家可以單方面將自身托付出去，增加被視為可靠協商夥伴的利益。然而，這種承諾或後條約將面對同一種透過「委任後遺忘」手法實行的顛覆問題。理想上來說，後條約可以在任何陣營有機會進行顛覆執行的必要內部安排**之前**就生效。惡行一旦有可撒下欺騙種子的不設防瞬間，信任就再也無法於此生根。

在某些例子中，光是能**偵測**違反條約的能力，就足以建立協議時所需的信心。然而在其他例子中，顯然需要一些機制來**強行**使人服從，或在違反情形發生時強行給予懲罰。如果對犯錯的陣營來說，被迫退出條約的威脅不足以阻止它違反規定（舉例來說，如果違反規定者獲得一種優勢，使它自此不必在乎其他陣營怎麼回應），那麼對強迫執行機制的需求可能就會出現。

如果有高效率的動機選擇法，那麼授權給一個擁有充足警力或軍力的獨立行動主體（即便遭逢一個或多個原簽署人反對，也能強制執行條

約），就可以解決這個強制執行問題。這個解決方式需要一個能取得信任的強制執行者。有了夠好的動機選擇技術，或許還可以透過讓所有條約內陣營一起監督強制執行行動者的設計，來獲得所需的信心。

將權力交給一個外在的強迫執行行動主體會引發的眾多問題，其實和我們之前討論單極結果時所面對的問題一樣（其中一個是單極先於最初的機器智慧革命〔或在最初的機器智慧革命期間〕出現）。為了強制執行敵對國家之間至高安全利益的相關條約，外在的強制執行行動主體需要建立一個單極：一個全球超智慧的巨靈（Leviathan）。然而，差別在於我們現在思考的是後轉型狀態，屆時，創造這個巨靈的行動主體會擁有超乎我們當今人類的能力。這些巨靈創造者本身可能就已經是超智慧了。那麼，它們解決控制難題的機會將大幅提升，同時也有更高的機率能設計出一個強制執行行動主體，以滿足所有對建造有發言權的陣營之利益。

先不論監控和強制執行承諾的成本，國際協調還有沒有其他的障礙？或許其中最主要的一個問題是，我們能拿什麼來當做**協商代價**？[41]就算真有一個協商能讓所有參與者受益，但因為各陣營無法在劃分利益上取得共識，可能會讓協商根本無法順利開始。舉例來說，如果兩個人能達成協議，各自淨賺一塊錢，但每個陣營都覺得自己應該得到六十分錢，並拒絕屈就更低價，那麼這個協商就無法實現，潛在的利益就會因此喪失。整體而言，協商會因為某些陣營做出的策略協商選擇而變得困難或持久難行，或是維持徹底荒廢。

在真實生活中，雖然有策略議價的可能，但人類還是頻繁地達成協議（雖然往往會耗費掉可觀的時間和耐心）。不過可以想見，後轉型時代的策略議價問題會有不同的動力學。人工智慧談判者可能會更堅持某

些特定的理性形式概念,和其他人工智慧談判者交手後,可能會產生新奇或不可預測的結果。在議價賽局中,人工智慧也有可能會出現人類完全不可行的舉動,或是人類執行起來比人工智慧難太多的舉動,包括預先承諾一個政策或一套行動軌跡的能力。人類(以及人類運行的機關)偶爾做出預先承諾時,其中的可靠性和明確性都還不夠完美。但某些類型的機器智慧可能會進行各種牢不可破的預先承諾,並允許談判的夥伴確認這種預先承諾已經成交。[42]

強大預先承諾技術會深刻改變談判的本質,暗中把極大的優勢賦予具有先行優勢的行動主體。如果想實現合作能得到的預期利益,需要某一行動主體參與,且如果該行動主體有權先發行動,它就能藉著預先承諾不接受任何使其獲得的剩餘價值低於某比例(好比 99%)的協定,來支配利益分配。因此其他行動主體面對的選擇,就只剩什麼都拿不到(退回不公平提案),或是得到剩餘價值的 1%(投降)。如果先發制人一方的預先承諾是公然可驗證的,那麼它的談判夥伴就能確認這是它們唯二的選項。

為了避免在這種方法中被剝削,行動主體可能會預先承諾拒絕勒索及所有不公平的出價。一旦完成了這樣的預先承諾(且成功發布),其他行動主體就不會覺得威脅或預先承諾只接受倒向其利益的約定,還會有什麼利益,因為它們會知道威脅沒用,不公平的提案會被退回。但這也只是再次證明了優勢在於先發的一方。第一個採取行動的行動主體,可以選擇要為了阻止他人取得不公平優勢,而把自己的實力地位壓下去,還是要在未來的好處中搶下最大的分量。

看起來,對於行動主體而言,最好的情況會是一開始擁有某種性格或是價值系統,使它不會受到敲詐恐嚇的影響。事實上,甚至任一種它

必須參與、但拿不到絕大部分利益的約定，它都要能無動於衷。某些人類擁有的人格特質，似乎早已等同於這種不妥協精神的各個面向。[43] 不過，如果後來發現周圍有其他的行動主體，認為有權要求高過公平比例且堅守不退縮，高度敏感的性格在此可能會適得其反。這個無法停止的力量接著將面對不可撼動之物，導致協定的失敗（更糟的情況是全面開戰）。溫和或自制力不足至少還能得到點什麼，儘管會比公平比例還要低一些。

在這樣的後轉型協商賽局中，能達到哪種賽局理論的均勢，一時之間還不是很明顯。行動主體會選擇的策略，可能比我們此處設想的還要複雜。有些人可能**希望**，以一些能當做謝林點（在一個大結果空間中的突出特點，因為共有的期望而在協調賽局中成為一個可能的調和點，且此點以外就會成為不充分的協調賽局）的公平標準為中心，來達到均勢狀態。這樣的均勢可能會被我們演化出來的一些性格和文化程式所支持：假設我們成功把價值轉移到後轉型時代，那麼普遍對公平的偏好，就會使期望和策略偏向一個有吸引力的均勢。[44]

無論如何，結果都應該如下：一旦強而靈活的預先承諾出現，談判的結果可能會呈現出一個我們並不熟悉的外觀。就算後轉型時代一開始是多極的，單極也有可能做為「解決所有重要全球協調問題的妥協結果」而立即出現。有些交易成本（可能包括監控和強制執行的成本）可能會隨機器智慧獲得新科技能力而滑落。其他成本，尤其是策略談判相關的成本，則會依舊高昂。但不論策略談判怎麼影響達到的協議本質，關於它為何長期拖延某些可行協議的達成，理由卻還不清楚。如果沒有達成任何協議，那麼某些形式的鬥爭就有可能發生；接著任何一邊都有可能會贏，並在勝利同盟間形成單極；或者結果可能是永無止境的衝

突，在那種情況中，單極可能永遠無法形成，且整體結果可能遠遠遜於人類和其後代以比較協調合作的方式行事，而可以且應該要得到的結果。

〰〰〰〰〰〰〰〰〰〰〰〰〰〰〰〰〰〰〰〰〰

我們已經看到，就算多極能以穩定的形式達成，也不保證會產生令人嚮往的結果。原本的委託－代理問題還是沒有解決，而且把這個問題蓋在與後轉型全球協調失敗相關的新難題之下，只會讓情況更糟。因此，我們先回到「怎樣才能安全地維持單一超智慧人工智慧」的問題上。

12 Chapter 擷取價值

能力控制法頂多是種暫時的輔助方法。除非本來的計劃就是要永遠抑制超智慧，否則就有必要精通動機選擇法。但我們該如何把某些價值裝進人工行動主體，好讓它把這些價值當做終極目標來追求？要是行動主體缺乏智慧，它可能會缺乏理解、甚至不重現任何對人類來說有意義價值的能力。然而，倘若我們把這個步驟延到行動主體成為超智慧之後，或許它就能反抗我們亂動其動機系統的嘗試——接著，就像我們在第七章談過的，它會以趨同工具理性來做這件事。價值植入的難題有點棘手，但我們必須要面對。

價值植入難題

我們不可能列舉超智慧所有會遇上的可能情況，並為每個情況指定該採取的行動。同理，我們也不可能為所有可能世界列一張清單，並替每個世界指派一個值。在任何一個明顯比井字遊戲更為複雜的領域中，有太多太多可能的狀態能被無止盡地列舉下去。因此，一個動機系統無法具體化為一張綜合查找表，而是應該被更抽象地表達為一條公式或規

則，讓行動主體自己決定在任何特定情況下該做什麼事。

我們可以透過評估函數具體列出這種抉擇規則公式。評估函數（請回想第一章）為每個可能得到的結果指派相應的值，或者更整體來說，為每個「可能的世界」指派相應的值。有了評估函數，我們就可以界定出將其預期效能最大化的行動主體。這樣的行動主體每次都會選出具有最高期望效能的行動（計算出期望效能的方法，是以真實世界的主觀機率衡量每個可能世界因為進行某個特定行動而有的效能）。不過，現實中可能的結果多到無法完全計算出一個行動的預期效能。儘管如此，抉擇規則和評估函數共同決定了規範理想（最佳化概念），我們在設計行動主體時，會想讓它接近這個規範理想；行動主體得到愈高的智慧，它就會離這個理想愈近。[1]創造一台能針對某個可行行動的評估效能，運算出優秀近似值的機器，是一個「AI完全」問題。[2]本章會提出另一個難題，即便製造機器智慧的問題解決了，這個難題依然存在。

我們可以利用這個效能最大化行動主體的框架，來思考未來種子人工智慧設計者的困境；程式設計者解決控制問題的方式，是給人工智慧一個終極目標，目標結果能符合合理的人類觀念。程式設計者的心中懷有某些特定的人類價值，希望人工智慧可以推廣。為了具體說明這點，我們就假定這個價值是幸福好了（如果我們這群設計者對於正義、自由、榮譽、人權、民主、生態平衡或自我提升有興趣，也會產生類似的議題）。根據期望效能框架，程式設計者會尋找一個評估函數，並根據每個可能世界中包含的幸福量，指派效能給每個世界的函數。但他要怎麼在電腦程式碼中表達這種評估函數？電腦語言並不包含「幸福」這種術語的原始程式碼。如果要用這種術語，首先得要為它定義。用其他高水準的人類概念來定義是不夠的，好比「幸福是蘊含於人類本質中的潛

在愉悅」或一些類似的哲學釋義。這裡的定義必須降成人工智慧程式語言的用語，最後還得像數學運算符或位址那樣，直接指出個別記憶暫存器內容的原始語言。當我們從這個觀點來思考問題，就能領略程式設計者任務的艱難。

辨認出我們自己的終極目標並將其編碼十分困難，因為人類的目標表現相當複雜。然而，由於這種複雜性對我們來說是透明的，以至於我們往往無法體會。我們可以用視覺做個比較。看見東西似乎是件很簡單的事，我們不費吹灰之力就能辦到。[3] 我們只需張開眼睛，萬物便映入眼簾，接著一個豐富而有意義、且清晰的周遭環境三維視野就會流入心中。我們對視覺的直覺理解，就和一位公爵對他父權式家庭的理解差不多；對他而言，事物不過是在正確的時機出現在正確的位置上而已，至於產生這些表象的機制，則隱藏起來不必見光。然而，即便要完成最簡單的視覺工作（像是在廚房裡找到胡椒罐）都需要高量的運算工作。從視網膜開始，透過視神經傳送到腦中的一連串時序錯雜的神經訊號二維模式，在視覺皮質處還得逆向工作，還原成一個轉譯過的三維外在空間重現。我們珍貴的一平方公尺皮質地產中，有極大的比例都劃為處理視覺資訊所用；正當你閱讀本書時，就有數以十億計的神經元正不停地完成這個任務（就像血汗工廠裡無數的女工屈身在裁縫機前，每秒數次地把一件巨大的被子一縫再縫）。類似的道理，我們看來很簡單的價值和願望，實際上極其複雜。[4] 我們的程式設計者怎麼有辦法把這種複雜度轉化成評估函數呢？

一個途徑是，試著把我們希望人工智慧追求的終極目標之完整陳述直接拿去編碼；也就是說，寫出一個明確的評估函數。如果我們的目標極其簡單，這方法就有可能奏效。好比說，如果我們要的**只是**叫人工智

慧計算圓周率小數點後的位數，至於其他任何結果，我們都不感興趣——不妨回想一下我們先前討論過的揮霍基礎設施之失敗模式。這個明確的編碼途徑若使用馴服動機選擇法，可能會有一些希望。但如果我們試圖推廣或保護任何可能的**人類**價值，同時又打造了一個有意成為超智慧君主的系統，那麼明確編出必要的完整目標陳述，看起來將會令人絕望地力不可及。[5]

如果我們無法用電腦數碼打出所有陳述，把人類價值植入人工智慧，那我們還有什麼方法可以嘗試？本章會討論幾種其他選擇。有些途徑乍看之下可行，但經過仔細的檢驗，就變得不大可能。未來我們的探索應該要專注在剩下幾種還有機會的途徑上。

解決價值植入難題，是下一個世代最優秀的數學高手值得挑戰的研究。我們不能把面對這個問題的時間延宕到人工智慧都發展出足夠的理性、能輕易了解我們意圖的時候。就如我們在趨同工具理性的章節所見，一個普遍的系統會抵抗更改其終極價值的嘗試。如果行動主體在得到反思自身代理能力之際，還沒完全擁有友善的態度，那麼它就不會好好接受遲來的洗腦嘗試，也不會接受別人用另一位更愛人如己的行動主體，來把它汰換掉的意謀。

演化式選擇

演化至少一度產生過一種具有人類價值的生物。這樣的事實或許助長了「演化法是解決價值植入難題之道」這個信念。然而，這條路要走得安全，還有嚴重的障礙得排除。我們在第十章尾聲討論強力搜尋過程

有多危險時，就已經指出了這些障礙。

我們可以把演化視為一種特定的搜尋演算法，由兩個步驟交替進行。步驟一是根據某些相對簡單的隨機規則（例如隨機突變或性別重組）來產生新的候選解，擴張候選解的數量；步驟二則是透過評估函數測試，刪去表現不佳的候選解，縮小候選解的總數。一如其他眾多類型的強力搜尋，這種方法也有風險：雖然流程中找到的解答可能滿足了形式上指定的搜尋標準，卻不符合我們內在的期望（不管我們企圖發展的是一個目標和價值都和一般人類相同的數位心智，還是一個道德完美或徹底順從的心智，風險仍舊一樣）。如果我們可以具體陳述一個正確呈現我們目標各個面向的正式搜尋標準，而非只呈現我們想要的那個面向，就能避免這個風險。但這正是價值植入的困難所在。這個想法其實迴避了本脈絡中隱含的問題，反而假定植入問題已解決。

還有一個更進一步的問題：

> 自然世界中，每年的總受苦量都在所有適當的考量之上。就在我寫作這個句子的這一分鐘，有上千隻動物正被生吞活剝，其他動物則正為了活命而奔逃，或恐懼地嗚咽；還有一些動物正緩慢地被體內的寄生蟲急速啃噬；另有上千種動物死於飢餓、乾渴和疾病。[6]

即便只算我們人類，每天也有十五萬人死去，還有無數人苦於一連串恐怖的折磨和匱乏。[7] 大自然或許是了不起的實驗家，但絕對過不了道德檢驗這一關——它抵觸了《赫爾辛基宣言》（*Declaration of Helsinki*）和每條道德標準，不論是左派右派還是中立。我們千萬不要無緣無故**在**

電腦內複製這種恐怖。用演化法來產生似人智慧時，只要過程刻意和實際生物演化有點相像，似乎就會特別難避免心智犯罪。[8]

強化式學習

「強化式學習」（reinforcement learning）這個機器學習領域研究的技術，是讓行動主體透過這種技術，學習把累積獎勵的概念最大化。我們可以打造一個讓受期望的行為獲得獎勵的環境，促使強化式學習的行動主體學習解決各種類型的難題（就算沒有來自程式設計者的詳細指示或回饋也行，更不用說獎勵信號）。通常來說，學習演算法涉及某種評估函數的逐漸構建，這種函數會指派值給狀態、狀態－行動配對（state-action pairs）或規則（舉例來說，程式可藉由使用強化式學習，逐漸提升它對可能棋位的評價，來學會下雙陸棋）。根據經驗持續更新的評估函數，可視為包含某種形式的價值學習。然而，行動主體學習到的不是新的**終極價值**，而是**對達到特定狀態的工具價值**（在特定狀態做特定行動，或是遵從特定規則），**有愈來愈正確的估計**。只要強化式學習的行動主體擁有終極目標，它的目標就會維持一致：將未來的獎勵最大化，而獎賞包含從環境中接受到的特別指定感知結果。

因此，對於一個透過夠複雜的世界模型，提出這種另類最大化獎勵法的強化行動主體來說，電線頭綜合症依舊是個可能的結果。[9]

這些評論並非意指強化式學習永遠無法使用在安全的種子人工智慧上，而是說，它們必須從屬於另一個並不以獎勵最大化原則來組織的動機系統。但那樣的話，價值植入難題就一定得由強化式學習以外的手段

來解決。

聯合價值累積

行文至此，可能會有人想問：如果價值植入難題這麼難纏，那我們自己是怎麼擷取價值的？

一個可能（但過度簡化）的模型如下。我們的生命一開始就有一些相對簡單的初始偏好（例如討厭有害刺激物），以及一套對應各種可能經驗擷取額外偏好的意向（例如，我們傾向形成對「發現自身文化所重視且獎勵的物品或行為」的偏好）。這兩種簡單的初始偏好和意向都是天生的，由演化時間尺度的長期天擇和性擇形塑而成。然而，我們長大成人後擁有什麼樣的偏好，則取決於生命中遭遇的事件。因此，我們終極價值裡的大部分內容是取自於我們的經驗，而非預先裝載在我們的基因組裡。

舉例來說，我們之中有許多人愛著別人，因此把他或她的幸福當做極重要的終極目標。要表現這個價值需要什麼？需要很多元素，但我們來想想兩點：對於「人」的陳述，以及對於「幸福」的陳述。這些概念並沒有直接編寫在我們的 DNA 裡。反之，DNA 包含打造大腦的指令，而大腦會在一個典型的人類環境中，經過多年的歷程，發展出一個世界模型，模型包含對於人和幸福的概念。概念一旦形成，就可以用來表現某些有意義的價值。但有些機制必須天生就存在，好讓價值圍繞著**這些**概念來形成，而不是圍繞著其他習得的概念（例如花盆或是螺絲起子的概念）形成。

關於這個機制如何運作的細節，我們尚未明瞭。以人類來說，這個機制可能非常複雜且千頭萬緒。如果我們以更粗淺的形式來思考，就能更容易了解這個現象。以剛孵化鳥類的親子銘印（filial imprinting）為例：剛生下來的小鳥會對孵化第一天內在眼前給予移動刺激的物體，產生想接近的欲望。小鳥會想要接近哪個特定物體，則取決於牠的經驗；基因只決定了小鳥擁有這種傾向，並如此受到銘印。極相似的道理，哈利可以把莎莉的幸福當做他的終極價值，但假使這對戀人從未謀面，他可能會愛上其他人，而他的終極價值就會不一樣了。我們的基因以編碼來打造獲得目標機制的能力，解釋了我們會如何擁有高度資訊複雜度的終極目標，而這個複雜度並非染色體所能包含的。

因此我們可以思考，我們有沒有可能以同樣的原則，替人工智慧打造動機系統？也就是說，我們能否放棄直接具體陳述複雜的價值，轉而陳述某些機制，讓人工智慧在與合適的環境互動時，同樣能獲得這些價值？

模仿人類價值的累積過程看起來相當困難。人類相關的基因機制是演化長期作用的產物，恐怕不能輕意概括。此外，這個機制應該是密切根據人類神經知覺結構量身打造的，因此在全腦仿真以外的機器智慧上無法應用。而且如果有夠逼真的全腦仿真，那麼從一個預存人類價值全面陳述的成人腦部來著手，應該會簡單一些。[10]

因此，在價值植入難題上，企圖執行一個詳細模仿人類生理的價值累積流程，看起來是一條無望的進路。但我們可以設計一個更不掩飾的人工替代機制，把具重要複雜價值的高保真陳述輸入人工智慧的目標系統。就算是為了成功，我們也不一定要給人工智慧和人類完全相同的評估意象。這甚至不是一個理想的目標——畢竟人性是有缺陷的，而且太常顯露出邪惡的傾向，而這在任何準備取得關鍵策略優勢的系統中，都

是不能容忍的。或許，我們應該要有系統地以出自人類標準的動機系統為目標，像是具備更扎實的傾向，來獲得利他、具同情心以及高尚情操的終極目標，而使我們認定它反映了以人類而言異常良好的性格。然而，若要算做進步的話，這種對人類標準的偏離得要指往非常特定的方向，而不是放任隨機；它們將持續預設一個大幅未變的人類中心參照點的存在，而此點可提供對人類來說有意義的評價概論（以便避免我們在第八章檢驗過的，表面上可行目標描述的反常實例化）。這可不可行都還是未定之數。

聯合價值累積的進一步問題，在於人工智慧可能會使累積機制失能。就如我們在第七章所見，目標－系統一致性是個趨同工具理性。當人工智慧達到某一特定階段的認知發展，它就有可能會開始把累積機制的持續運作視為腐化影響。[11] 這不一定是壞事，但還是得謹慎處理，好讓目標系統的「密封」在正確的時機發生：在適當的價值已經累積起來**之後**，且在這些價值被更多非故意的累積複寫**之前**。

動機鷹架

另一個解決價值植入難題的途徑是所謂的動機鷹架（motivational scaffolding）。首先，我們賦予種子人工智慧一個過渡的目標系統，系統的終極目標相對簡單，可以用明確的編碼或其他方法來表達。等到人工智慧發展出更複雜的陳述功能，我們再把這個過渡的鷹架目標系統替換成有不同終極目標的系統。後者將在人工智慧發展為成熟的超智慧時，成為主導的目標系統。

因為鷹架的目標不只是人工智慧的工具目標，更是其**終極**目標，所以可以預期，人工智慧會反抗目標的替換（因為目標－內容一致性是趨同工具價值），進而造成危機。如果人工智慧成功阻撓替換鷹架目標，這個方法就失敗了。

為了避免失敗，我們有必要採取預防措施。舉例來說，我們可以用能力控制法來限制人工智慧的能力，直到成熟的動機系統安裝為止。特別是，我們可以在一個安全的水準內，嘗試阻礙人工智慧的認知發展，只允許它表現出我們希望包含在其終極目標內的價值。要做到這點，我們可以嘗試差別性地阻礙某些類型的智慧，例如阻礙研擬策略或權謀詭計所需的智慧，但允許（顯然）更無害的能力發展至某種更高的水準。

我們也可以嘗試使用動機選擇法，在種子人工智慧和程式設計團隊之間引發更密切合作的關係。舉例來說，我們可以在鷹架動機系統中納入歡迎程式設計者線上引導的目標，好讓他們可以為人工智慧替換任何一種當前目標。[12] 其他鷹架目標還包括讓人工智慧在面對程式設計者時，能坦承自己的價值和策略，並發展出讓程式設計者容易了解的結構，這有助於其後執行對人類有意義的終極目標，以及實施馴服動機（例如限制運算資源使用量）。

我們甚至可以想像，只給種子人工智慧唯一的終極目標，就是替換成一個不一樣的終極目標；而後面這個目標，只能由程式設計者暗中或間接指定。使用這種「自我替換」式的鷹架目標所產生的問題，也會在價值學習途徑的脈絡下發生，我們將在下一個小節中討論。其他進一步的問題，則會在第十三章討論。

動機鷹架途徑不是沒有缺點。其中的一個風險在於，人工智慧可能還在運行過渡目標系統時，就變得太過強大。接著，這可能會阻礙人類

程式設計者安裝終極目標系統（可能是強力反抗或暗地顛覆）。舊的終極目標可能會繼續把持，而種子人工智慧會持續發展成徹底成熟的超智慧。另一個缺點則是，在人類水準的人工智慧裡安裝有意圖的終極目標，並不一定比在一個更原始的人工智慧中安裝終極目標來得簡單。人類水準的人工智慧更為複雜，而且有可能發展出一套晦澀又不好更改的結構。相對來說，種子人工智慧就像一張白紙，程式設計者不論寫什麼結構進去都行，只要有用就好。如果能成功給予人工智慧鷹架目標，讓它自己想要發展出一個結構，而且這個鷹架目標對程式設計者之後安裝的終極價值有幫助，那麼這個缺點反而可以翻轉為優點。然而，要給一個種子人工智慧這種性質的鷹架目標，難易度其實還不清楚；況且，就算是一個有理想動機的種子人工智慧，它要怎麼比人類程式設計團隊還會開發好的架構，其實也還不清楚。

價值學習

現在我們來到一個重要但有點微妙的價值植入難題解決途徑，涉及到使用人工智慧的智慧，來**學習**我們希望它追求的價值。要做到這一點，我們必須提供人工智慧一個標準，至少要能明確選出幾套合適的價值。接著，我們就可以打造人工智慧，讓它根據這些明確定義價值的最佳估計來行動。隨著它愈發認識這個世界，並漸漸剖析價值取決標準的涵義後，它將會持續改良它的估計。

相對於給予人工智慧過渡鷹架目標，然後用不同的終極目標取代，價值學習途徑在整個人工智慧的發展和運作階段中，終極目標一直保持

不變。學習並不改變目標。它只改變人工智慧對目標的信念。

因此，人工智慧得要有一個標準，好決定哪些感知構成的證據支持關於終極目標的假設，以及哪些會反對這個假設。明確陳述一個合適的標準可能很困難，不過這個難處有部分屬於創造通用人工智慧一開始就有的難題，要解決這個難題，就必須從有限的感知輸入中發現環境結構的強大學習機制。這個問題我們可以暫且不論。但就算從如何創造超智慧人工智慧的解答取模（modulo），價值植入難題的困難還是存在。有了價值學習方法，難題的形式就從需定義一種連結到感知位串（bitstring）的標準，轉型為對於價值的假設。

在深入價值學習該怎麼執行的細節之前，用一個例子說明概略的想法或許有幫助。假設我們在紙上寫下對一套價值的描述，然後把紙摺起來，封進一個信封裡。接著，我們創造一個具有人類水準通用智慧的行動主體，並給它下列終極目標：「讓信封裡描述的價值之實現達到最大。」那麼，行動主體該怎麼做呢？

行動主體一開始不知道信封裡寫了什麼。但它可以形成多個假設，並根據各個假設的預設和可得的經驗資料，指派不同的機率。舉例來說，行動主體可能面對過其他的人類著作範例，也可能觀察過人類行為的一般模式，這足以使它做出猜想。人不需要得到心理學學位，就能預測某段記事描述的是「讓不公與不必要的受苦最小化」或是「讓持股者回報最大化」之類的價值，而不會是「把整面湖蓋滿塑膠購物袋」之類的價值。

當行動主體做出決定時，它會做出最有效的行動，來實現它覺得最可能將寫在信中的價值。行動主體會覺得「更了解信中的內容」具有很高的工具價值，畢竟如果行動主體知道信中的終極價值是什麼，就比較

有可能實現，也就能更有效率地追求這個價值。行動主體也會發現第七章描述過的趨同工具理性——目標系統一致性、認知強化和資源擷取等等。然而，假定行動主體指派了夠高機率的那些價值涉及人類福祉，它就**不會**藉著立即把整個行星變成演算素（並因此滅絕了人類），來追求這些工具價值。因為若是這樣，它所冒的風險就是把自己實現終極價值的能力永久毀掉。

我們可以把這種行動主體比做一艘駁船，連結著好幾艘駛往不同方向的拖船。每艘拖船就如一個關於行動主體終極價值的假說，而每艘拖船的引擎動力則有如假說的機率，因此一有新的證據，機率就會改變，駁船的移動方向也會有所調整。這些拖船最終產生的力量，應該會讓駁船沿著一條促進學習（內在）終極價值的軌跡前進，並避開不可逆毀滅的淺灘；過了一陣子，等到抵達終極價值明確知識的開闊海面，施加大量拉力的拖船會順著最直接或最有利的途徑，把駁船拉向已知價值的實現。

信封與駁船的比喻，說明了價值學習途徑裡的原則，但忽視了許多關鍵的技術問題。一旦我們在正式框架中發展這條途徑，這些問題就會慢慢浮現，愈發清晰（見附錄十）。

附錄十　將價值學習形式化

在此介紹能幫助我們更清楚的正式標記法。不過，不喜歡形式主義的讀者可以跳過這個部分。

我們可以思考一個簡化的框架，框架中，行動主體用數量有限的離散週期（discrete cycle）與環境互動。[13] 在周期 k 之中，行動主體做出行動 yk，接著獲得知覺 xk。因此，存命長度為 m 的行動主體的互動紀錄，就是 $y1x1y2x2...ymxm$（可縮寫為 $yx_1{:}m$ 或 $yx{\leq}m$）。在每個週期中，行動主體會根據至今接收到的知覺序列，選擇一個行動。

先來想想一個強化式的學習者。一個最佳化的強化式學習者（AI-RL）會將未來預期的獎勵最大化。它遵從下列等式：[14]

$$y_k = arg\ max_{yk} \sum_{x_k\,yx_{k+1:m}} (r_k + \cdots + r_m)\,P(yk_{\leq m} \mid yx_{<k}\,y_k)$$

獎勵序列 $rk\cdots rm$ 由知覺序列 $xk{:}m$ 提示，因為行動主體在一個週期中所獲得的獎勵，是在週期中所獲得的知覺之一部分。

如同前面的論證，這種強化式學習在現在的脈絡中並不適用，因為一個夠聰明的行動主體將會察覺到，如果能直接控制獎勵信號（電線頭），它就可以讓獎勵最大化。對弱小的行動主體來說，這不會是個問題，因為我們能以物理的方式避免它們篡改自己的獎勵管道。我們也可以控制它們的環境，讓它們只能在做出我們同意的行動時，才能收到獎勵。但一個強化式學習者會有強烈的誘因，來消除這種把獎勵寄託在我們興致上的人工依賴。因此，我們與強化式學習者的關係基本上是敵對的。如果行動主體很強大，就意味著危險。

電線頭綜合症的變體也可以影響沒有要尋找外在知覺獎勵信號、但目標定義為達到某種內在狀態的系統。舉例來說，在所謂的

「行事者－評論者」（actor-critic）系統中，有一個「行事者組件」要選擇行動，來最小化分離的「評論者組件」之反對，而評論者組件會計算行事者的行為距離某個表現度量有多少差距。這個設計的問題在於，行事者模組可能會察覺到，它可以藉由修改評論者或是乾脆整個把它消滅，來將反對最小化——就好像一個獨裁者解散國會，並將媒體收歸國有。對於有限的系統來說，只要不給行事者任何調整評論者模組的手段，就可以避免這個問題。然而，一個夠聰明且資源夠充足的行事者模組，總是可以找到辦法接觸到評論者模組（畢竟在某些電腦裡，這只是個物理過程）。[15]

談到價值學習者之前，我們先來想想一個叫做「觀察效能最大器」（AI-OUM）的中介階段。要得到這個的方法，就得把 AI-RL 裡面的獎勵序列 $(rk+\cdots+rm)$ 換成一個允許整個人工智慧做未來互動紀錄的評估函數：

$$y_k = arg\ max_{y_k} \sum_{x_k\ yx_{k+1:m}} U(yx_{\leq m})\ P(yk_{\leq m} \mid yx_{<k}\ y_k)$$

這個陳述提供了一個繞過電線頭的方法，因為一個從整體互動紀錄來定義的評估函數，可以設計來懲罰呈現自我欺騙（或行動主體無法有效投資而獲得真實正確觀點的那個部分）跡象的互動紀錄。

因此，觀察效能最大器**原則上**能避免電線頭難題。不過，要讓我們因這個可能性而得利，我們就得針對可能的互動紀錄類別，定下一個合適的評估函數——而這看起來難到令人害怕。

如果直接根據可能世界（或者可能世界的機率，或關於世界的

理論）、而非行動主體自己的互動紀錄來具體陳述評估函數，可能會比較自然。我們若使用這個方法，就能把觀察效能最大器的最佳化概念，重新以公式描述並簡化：

$$y = arg\,max_{yk} \sum_{W} U\,(w)\,P(w\,|\,Ey)$$

在此，E 代表行動主體（在做決定的那一刻）所有可得的證據，U 則是指派效能給某些類別的可能世界之評估函數。最佳化行動主體選擇了能讓期望效能最大化的行動。

這些陳述公式有個問題未解：定義評估函數 U 的困難。最終，這又把我們帶回價值植入的問題。為了要讓評估函數可被學習，我們必須把我們的形式主義擴張，在評估函數之下，把不確定性都考慮在內。我們可以用下列公式做到這一點（AI-VL）：[16]

$$y_k = arg\,max_{y \in Y} \sum_{W \in \mathbf{W}} P(w\,|\,Ey) \sum_{u \in \mathbf{U}} U\,(w)\,P\,(\boldsymbol{\nu}(U)\,|\,w)$$

在此，$\boldsymbol{\nu}(.)$ 是個來自評估函數、關於評估函數命題的效能。$\boldsymbol{\nu}(U)$ 是評估函數 U 滿足 $\boldsymbol{\nu}$ 所代表的價值標準之命題。[17]

要決定採取哪個行動，可以這麼進行：（一）計算每一個可能世界 w（假定有證據可得，且假定是行動 y 要進行）的條件機率。（二）對於每個可能的評估函數 U，計算 U 滿足價值標準 $\boldsymbol{\nu}$ 的條件機率（有 w 為真實世界的條件）。（三）對每個可能的評估函數 U，計算出可能的世界 w 的效能。（四）把這些量結合起來，計算行動 y 的

預期效能。（五）為每個可能的行動重複這個步驟，並進行那個算出有最高期望效能的行動（利用一些隨意的方法來突破僵局）。如前所述，這個步驟涉及每個可能世界明確且各自的考量，運算上當然窒礙難行。人工智慧將使用接近這個最佳化概念的運算捷徑。

那麼，問題就在於如何定義這個價值標準 ν。[18] 一旦人工智慧有了價值標準的足夠陳述，原則上它就能利用自身的通用智慧，針對「哪個可能世界最有可能是真的」蒐集資訊。接下來，它就可以運用這個標準，來為每個這樣的合理可能世界 w 找出哪個評估函數滿足 w 中的標準 ν。於是，我們就可以把 AI-VL 公式看做在價值學習途徑中，指認並區分這個關鍵挑戰（如何表現 ν）的方法。形式主義也揭露了不少必須在這個方法能有效之前解決的其他問題（像是如何定義 $\mathbb{Y}$、$\mathbb{W}$ 和 $\mathbb{U}$）。[19]

未解的問題在於：如何賦予人工智慧像是「實現信封裡描述的價值，並讓它達到最大化」的目標（以附錄十的術語來說，就是如何定義價值標準 ν）。要做到這一點，我們就得辨認價值被描述的「地點」在哪裡。在我們的例子中，就是要成功指認信封裡的信。雖然這聽起來好像是廢話，但並非沒有圈套。光提一個就好，很重要的是，這個參照點不能只是一個特定的外部物理物體，而要是在某一特定時間上的物體。否則人工智慧可能會認定，達到目標的最佳方法，就是把原本的價值描述重寫成提供更簡單目標的價值描述（例如目標是「每個整數都還有比其更大的整數」）。若做到這一點，人工智慧就可以坐下來翹二郎腿——儘管出於我們在第八章討論過的原因，比較有可能的情況是惡性失敗模

式接踵而來。所以現在我們面對的問題是如何定義時間。我們可以指著一個時鐘說「時間是由這個裝置的動作所定義」，但如果人工智慧推測，它可以藉由移動指針來控制時間，雖然說按照上述方式定義「時間」這個推測本身是對的，但其結果會失敗（在現實的例子中，問題會遠比這個還要複雜；因為實際上，重要的價值沒辦法在一封信中隨隨便便就描述出來，而是比較可能藉由觀察明確包含重要資訊的既有架構而推論出來，例如觀察人腦）。

另一個以編碼輸入目標、「使信封裡描述的價值最大化」的問題在於，就算所有正確價值都寫在信上了，而且就算人工智慧的動機系統也成功根據這個來源而輸入，人工智慧還是有可能不會以我們意圖的方式來詮釋這個描述。這就會產生在第八章討論過的「反常實例化」風險。

說得更清楚些，這裡的困難多半不在於如何確保人工智慧了解人類的意圖。超智慧可以輕易開發這種理解。真正的困難在於確保人工智慧以我們意圖的方式，追求我們所描述的價值。人工智慧了解我們意圖的能力，並不保證能解決這個難題：人工智慧可以完全知道我們的意思，卻徹底忽視我們對文字的詮釋（因而被某些對字面上其他的詮釋所推動，或者完全無視我們的文字）。

理想中，出於安全的理由，正確動機應該在種子人工智慧變得有能力完全表現人類概念、或有能力理解人類意圖**之前**就安裝完成；但這個願望使得整件事困難重重。我們得先創造出某種認知框架，並指定框架內的某特定位置在人工智慧的動機系統上，是終極價值的儲存地點。但認知框架本身必須要可修改，好讓人工智慧在更了解了解這個世界、變得更聰明之後，可以擴張自己的陳述能力。這個人工智慧可能會經歷相當於科學革命的情況，在那之中世界觀大幅動搖，並在發現自己過去思

考的方式是基於混淆和空想後，開始苦於本體論危機。然而，從一個低於人類水準的開發開始並持續發展，直到它成為極大的超智慧，整個過程中，人工智慧的行動是由一個基本不變的終極目標所引領，出於人工智慧整體智慧進步的直接結果，這個終極目標會比較為人工智慧所了解——且成熟的人工智慧對這個目標的理解，應該會和原本的程式設計者相當不同。雖然兩者不是以隨機或敵對的方式出現不同，而是以無害而適當的方式有所差異。要如何克服這一點，還是個很有爭議問題（見附錄十一）。[20]

附錄十一　一個想與人為善的人工智慧

　　尤德考斯基曾嘗試描述種子人工智慧結構特色，企圖讓上段文字描述的行為變得可行。用他自己的詞彙來說，這個人工智慧會使用「外在參照語意學」（external reference semantics）。[21] 要說明這個想法，我們先假設我們希望這個系統「友善」。系統一開始的目標是試圖展示特性 F，但一開始它對 F 了解並不多，可能只知道 F 是些抽象的特性，當程式設計者提及「友善」時，有可能是在嘗試傳達關於 F 的資訊。既然人工智慧的終極目標是展示 F，一個重要的工具價值就是更了解 F 是什麼。隨著人工智慧對 F 的了解愈多，它的行為就愈來愈被 F 的實際內容所引導。因此，我們可以期望人工智慧愈學習愈聰明，且變得愈發友善。

程式設計者可以一路協助這個過程，並降低人工智慧在尚未完整了解 F 之前釀成滔天大錯的風險，方法是提供人工智慧「設計者確認」；這是關於 F 的本質和內容的假設，並指派了初期高機率。舉例來說，可以給「誤導程式設計者是不友善的行為」這個假設高度優先的機率。不過，程式設計者確認的並非「定義上的真實」——它們不是關於友善概念的不可挑戰公理，而是關於友善的初步假設，理性的人工智慧至少會在還信任設計者的認識能力勝過自己的期間內，對這個假設指派高機率。

　　尤德考斯基的主張，也涉及他所謂的「因果效度語意學」（causal validity semantics）之使用。這裡的想法是，人工智慧不該完全按照程式設計者的話去做，而是要做（類似於）程式設計者「試著」叫它做的事。當程式設計者試著跟種子人工智慧解釋友善是什麼時，他們可能會在解釋中出錯。此外，設計者本身可能也沒有全面理解友善的本質。因此，有人會希望人工智慧要有糾正設計者想法錯誤的能力，並從設計者提供的不完美解釋中，推測出真正的意義。舉例來說，人工智慧應該要有辦法體現出程式設計者藉以學習和溝通友善的過程。舉個簡單的例子，人工智慧應該會了解程式設計者在輸入友誼相關資訊時，可能會犯下一些小錯。人工智慧應該要能嘗試修正那些錯誤。更概括地說，不管是什麼樣的曲解影響（「曲解」在此認識論的一種分類），只要會破壞經設計者到達人工智慧的友誼相關資訊流，人工智慧就會企圖修正這個曲解。理想中，等到人工智慧成熟，應該能克服使程式設計者無法全然了解友誼意義的任何認知偏差，以及其他更基本的誤解。

附錄十二　兩個（未完成的）近期想法

　　一種可以稱為「萬福瑪利亞」（注：Hail Mary，原為天主教頌讚耶穌母親聖母瑪利亞的詞句，1920年代，美國聖母大學的美式橄欖球隊隊員發現，只要他們開球前齊聚祈禱，該次進攻就會得分，於是隊員便戲稱「萬福瑪利亞」是他們最厲害的戰術。後來在其他重要比賽中，聖母大學在比賽快要結束時，以幾乎不可能的超遠長傳達陣逆轉獲勝，「萬福瑪利亞」一詞也就慢慢從成功率不太高但有逆轉可能的長傳，衍生出「孤注一擲」、「使出渾身解術」之意）的方法，是基於希望宇宙其他地方存在（或將會出現）成功掌控智慧爆發的文明，而且他們發展了與我們大幅重疊的價值。接著，我們就可以將我們的人工智慧打造成那些超智慧要它做的事情。[22] 優點在於，這可能比打造直接按我們所需來運作的人工智慧要來的簡單。

　　這個計劃要成功，**並不是**非得要我們的人工智慧和外星超智慧建立聯繫。而是我們的超智慧行動受到它對「那個外星超智慧要它做什麼」的**估計**所引導。當我們的人工智慧自己成為超智慧時，它的估計應該會更為正確。這不需要完美的知識。智慧爆發可能有各式各樣的合理結果，而我們的人工智慧會以可能性來權衡，盡力容納各種可能出現的超智慧偏好。

　　這種「萬福瑪利亞」方法，需要我們為人工智慧建造一個「偏好其他超智慧」的終極價值。這實際上要怎麼做還不清楚。不過，超智慧行動主體在結構上可能夠獨特，以至於我們可以寫一點程式

碼，在我們發展人工智慧的過程中，當做觀察世界模型的偵測器，指出符合超智慧存在的代表性元素。接著，這個偵測器將以某種方法提取那個超智慧的偏好（這個偏好已表現在我們自己的人工智慧內）。[23] 如果我們創造出這樣的偵測器，我們就可以用它來定義我們人工智慧的終極價值。挑戰在於，我們得在知道人工智慧會開發出什麼樣的代表性框架之前，先創造出偵測器。因此，這個偵測器可能會需要去詢問一個未知的代表性框架，並提取出那裡面不管是什麼樣的超智慧偏好。這看起來很難，但或許可以找到一些聰明的方法。[24]

如果這個基本設計能起作用，各種改良立刻就會浮現出來。舉例來說，與其把目標放在追隨每個外星超智慧的偏好（之有利組成），我們的人工智慧之終極目標可以包含一個濾鏡，能出於敬意選擇外星超智慧中的子集（並選出價值和我們自己最接近的目標）。舉例來說，我們可能會用屬於超智慧因果起源的標準，來決定要不要把這超智慧包含在尊敬組之中。其起源的某些特質（我們或許能用結構用語來定義），可能會接近隨之展生的超智慧預期會與我們共享價值的程度。或許我們希望賦予較多信任的，是那些因果起源追溯回全腦仿真的超智慧，或是不大量使用演化演算法的種子人工智慧，或是那種從可控制起飛中緩慢發生的種子人工智慧（把因果起源算進去，讓我們能避免那種會產生多個自我複製的過重超智慧——確實將使我們避免打造出一個讓它們這麼做的動機）。也應該還會有眾多不同種類的改良方式。

「萬福瑪利亞」方法需要有信念，要認為天外存在其他和我們

價值夠接近的超級智慧。[25] 這使得這個方法不夠理想。「萬福瑪利亞」方法要面對的技術障礙雖然很大，但與其他方法要面對的相比，可能還不是那麼恐怖。探索非理想但更能簡易執行的方法是有道理的——不是出於使用它們的意圖，而是當理想的解決方式到時候若還是沒好，至少還有個地方可以退守。

近期，保羅·克里斯提阿諾（Paul Christiano）提出了另一個解決價值載入難題的想法。[26] 就像「萬福瑪利亞」一樣，這是一種試圖利用「把戲」手段（而不是靠努力建設）來定義價值標準的價值學習法。相對於「萬福瑪利亞」，這種想法不預先假設有其他能當我們人工智慧榜樣的超級智慧行動主體存在。克里斯提阿諾的主張有點反對簡短解釋——它涉及一系列的晦澀思考——但我們至少可以嘗試簡單表達其要點。

假設我們可獲得（一）某一特定人腦在數學上的精準陳述，以及（二）一個數學上清楚陳述的虛擬環境，其中包含一台理想化的電腦，具有任意大小的記憶體和中央處理器能力。有了（一）和（二），我們就可以把一個效能函數 U 定義為人腦在與這環境互動後可以產生的輸出。U 是數學上明確定義的物件，儘管（因為運算限制）我們無法**清楚**描述。但無論如何，U 可以當做價值學習人工智慧的價值標準，人工智慧可以為了指派機率給「U 意味什麼」的假說，而使用各種啟發法。

直覺來看，如果一個準備妥當的人類，具有能使用任意大小的電腦運算能力優勢（好比足以運作天文數量的自身複本，來協助自己陳述一個效能函數分析的運算能力，或者幫他設計一個更好的流

程，來進行分析的運算能力），我們便會要 U 成為這人會輸出的效能函數（這裡我們預告「連貫推斷意志」主題，將會在第十三章進一步討論）。

相形之下，陳述理想化環境似乎簡單多了：我們可以對一台有隨意大容量的抽象電腦做一個數學描述，而在其他方面，我們則針對像是一個裡面有電腦終端機的單人房（例示抽象的電腦），用一個虛擬實境程式做出數學描述。但我們要如何獲得一個特定人腦的數學精準描述？顯然得透過全腦仿真，但如果屆時仿真技術還沒有完成，又該怎麼辦呢？

這就是克里斯提阿諾的主張提供關鍵革新之處。克里斯提阿諾觀測到，想要獲得一個數學上明確定義的價值標準，我們不需要一個實際上有用的心智運算模型（一個我們能運作的模型）。我們其實只需要一個（可能不那麼清楚且令人絕望地複雜的）數學**定義**，可能還會容易許多。使用神經功能成像和其他測量，我們就能針對某選定人類的輸入－輸出行為，蒐集到幾十億位元的相關數據資料。若我們蒐集到足夠的資料，那麼能夠說明所有這些資料的最簡單數學模型，就有可能實際上是那個特定人腦的仿真。雖然要從數據資料中找到這個最簡單的模型，對我們而言並不容易，但要定義這個模型，靠著參考數據資料和使用數學上明確定義的簡潔尺度（例如柯氏複雜性的變體，我們在第一章的附錄一見過），卻是十足可行的。[27]

整體來說，如何使用價值學習法來安裝一個可行的人類價值（不過可以參考附錄十二中的一些近期想法案例），目前尚未明瞭。此時此刻，我們應該把這條途徑視為一個研究計劃，而不是一個可行技術。如果這個方法有效，就有可能構成價值植入難題最理想的解決方式。如同其他好處，這似乎能提供一種預防心智犯罪的自然方法，因為合理猜測程式設計者可能會替自己安裝什麼價值的種子人工智慧，會預料到那些價值會給予心智犯罪負面評價，因此至少在獲得更明確資訊之前，最好避免做這種事。

最後還有一個問題：信封裡要寫什麼？──或者，拿掉譬喻來說，我們應該要試著讓人工智慧學習哪種價值？這個問題對於所有解決人工智慧價植入難題的方法來說是一樣的。我們會在第十三章再來討論。

仿真調節

對全腦仿真來說，價值植入難題和人工智慧遇到的不太一樣。預設精密細膩的理解以及控制演算與結構的方法，無法應用於仿真物。另一方面，擴增動機選擇法無法應用於起步的人工智慧中，卻可以用在仿真上（或用在強化的生物腦上）。[28]

擴增法可以合併其他技術，微調系統繼承得來的目標。舉例來說，我們可以藉著給予精神活性物質的數位等同物（或者在生物系統的案例中給予實際的化學物），來控制仿真物的動機狀態。其實就算是現在，我們都已經可以利用藥理的方式，在有限程度內控制價值和動機。[29] 未來的藥典可能會包含具更特定且可預測藥效的藥物。仿真物的數位媒介

應該可藉由讓受控制實驗更加簡單，以及可直接著手處理所有大腦部位，來大幅促進這種發展。

如同使用生物測試對象，對仿真物進行的研究也會牽扯上道德難題，並非全部都可使用同意書來一筆勾銷。這層糾葛會使仿真途徑的進展慢下來（因為規範或道德限制），尤其會妨礙控制仿真物動機結構的研究。如此一來，仿真物會在測試或調整終極目標的工作完成前，就擴增到具有潛在危險的超智慧水準認知能力。牽扯道德的另一個可能影響，就是比較不正直嚴謹的團隊和國家也許會取得領先。相形之下，若我們放寬對數位人類心智進行實驗的道德標準，可能就得對大量的傷害和不道德行為負責，而這顯然不是我們所要的。當其他條件相等，這些考量偏好採取一些在高策略風險的情況下，不需大量使用數位人類研究對象的其他途徑。

然而，這並不是一個非黑即白的問題。我們也可以根據「若一個仿真心智符合道德地位，會比一個全然異類或合成心智符合道德地位，要來得容易察覺」的觀點來論證，全腦仿真研究比人工智慧研究，**更不可能**涉及違反道德的問題。如果某些類型的人工智慧或它們的子進程有重大的道德地位但我們無法察覺，其導致的違反道德情事可能會相當嚴重。舉例來說，我們可以想像某種「放棄幸福」，是程式設計者創造強化式學習行動主體後，讓它們接受厭惡刺激物所造成的。每天都有無數個這樣的行動主體被打造出來，不只用於電腦科學實驗室，也用於各種應用，包括某些含有複雜非玩家角色的電腦遊戲。可想而知，這些行動主體還太原始，而沒有任何道德地位。但我們有多少信心可以認定真是如此？更重要的是，我們真的有信心能在我們的程式變得能體驗道德上的確切苦難之前，就知道要及時停手嗎？（我們會在第十四章回來討論，

當我們把仿真和人工智慧途徑的符合需要程度相比，會出現一些較為宏觀的策略問題）。

制度設計

有些智慧系統包含本身就能代理的智慧部分。公司和國家就是人世間的典型：儘管大部分由人類構成，但為了某些目的，它們自己也可被視為自主的行動主體。這種合成物的動機不只仰賴構成它的子行動主體之動機，也仰賴那些子行動主體是如何組織起來的。舉例來說，強大獨裁組織的行為會彷彿具有意志，就和占據獨裁者角色的子行動主體相同；而一個民主團體的行為，有時候就像擁有各成員綜合起來似的平均意志。但我們也可以想像一種統治制度，可讓一個組織的行動，不僅有其子行動者意志的功能而已（至少理論上來說，可以有一個**大家**都討厭的極權國家，它具有防止公民集結叛亂的機制。每個公民都可能因為單獨反抗，過得比參與在國家機器中還要糟）。

藉由替混合系統設計適當的制度，我們可以形塑系統的效能動機。在第九章，我們討論過社會整合，並把它當成一種能力控制法。但當時我們著重行動主體所面對的誘因（存在於近平等社會世界的結果）。現在，我們來關注一下行動主體**裡面**發生的事：它的意志如何被自身的內在組織所決定。因此，我們是在審視動機選擇法。此外，既然這種內在制度的設計，不仰賴大尺度的社會工程或重建，那麼就算更寬廣的社會經濟或國際背景不夠理想或不夠有利，對於開發超智慧的單獨計劃而言，它仍是一個可行的方法。

制度設計可能在與擴增法合併的脈絡下最為可行。如果我們能從一個已經適度激發、或是具有類似人類動機的行動主體開始，制度安排就可以當做一個額外的保險，增加系統按部就班的機會。

舉例來說，假設我們從一個動機充分的似人行動主體開始——好比仿真物好了。我們想要提升這個行動主體的認知能力，但我們擔心，強化認知可能會腐化它的動機。解決方法之一是設計一個系統，在系統中，個別的仿真物擔任子行動主體。當一個新的強化被引入，會先應用在子行動主體的小型子集中。接著，由尚未使用強化的子行動主體所構成的評審委員會，將研究強化的效果如何。只有當這一群同僚確信強化沒有造成腐化，這個強化才會發放給更廣泛的子行動主體。如果發現子行動主體遭到腐化，它們就不會取得更進一步強化，而是會被排除於關鍵決策功能之外（直到系統整體進步到能讓被腐化的子行動主體重新安全融入為止）。[30] 儘管腐化的行動主體可能會從強化中獲得一些優勢，但它們所嵌入的制度結構，以及它們在所有子行動主體僅占少數的事實，都有望防止它們奪權或散播腐化到整個系統。因此，系統的群體智慧和能力可在一系列小步驟中緩緩強化，在那之中，每一步驟的穩固程度，都會由僅比多一步驟的新子行動主體能力稍遜一籌的舊子行動主體來做檢驗。

這種制度設計是否安全，受限於用來評價強化子行動主體的測試之正確度。然而，測試之所以複雜，就是因為測試只在認知能力的既有範圍中才有效，卻必須用在範圍外的行動主體身上。我們可以藉由小步驟強化與長期實驗來緩和這個問題。不過，這種警告會提高成本並減緩進展（如果競爭動力學正在產生，就代表投入這些安全手段的計劃會讓自己處於劣勢）。就算小步小步前進，加上漫長測試，還是留下了引入細

微錯誤的風險,而導致目標系統逐漸腐化,而這個腐化只會在系統達到超智慧時變得明顯。讓測試擴及到 一步一步的認知強化中,風險就會降低,以至於就算一開始證明完好、且收到數個後續強化的行動主體,也將持續受到一小組未調整也未腐化的原始同僚審視,並隨時等著被回復原狀。

理想中,這個測試不應間斷,且進行時間不限於評價初期。人類水準的子行動主體有策劃能力,會在行為受監控時選擇隱瞞某些目標。若持續測試下去,或許可以創造一個等級制度,在那之中,某一特定能力水準的子行動主體,要負責監控某個更高能力水準的子行動主體。在能力等級制度的底端(但在權力等級制度的頂端),會有一個相較之下笨而緩慢的原則。這個人類原則有如失智君王統治著一個失能法庭,法庭監督著一個平庸的行政機關,而機關治理著有能力的百姓。也可以比做演化中古老的「爬蟲腦」,會確保更新、更聰明的新大腦皮質被用於進食或性交等目標。

可能有人會問,這樣的逆菁英管理能不能維持穩定?如果大部分超智慧子行動主體被發現已經腐化,而總管的人類企圖中止眾多已放行的強化,那麼制度結構是否能承受這種反抗?在歷史或當代人類社會的脈絡中,答案可能是沒辦法(並不是說最有能力的人會持續掌握大權,但我們也不是**真的**被黑猩猩所奴役)。不過,在社會被當做一個軟體來執行的脈絡下,問題就沒有那麼清楚。[31]

不妨想像一個數位等級制度,每兩個平民百姓行動主體配有一名訓練精良的警察行動主體;每兩個警察行動主體也配有一個特殊警察行動主體;每兩個特殊警察行動主體又配有一個超級特警行動主體,如此持續下去,直到每個監視階層都有其監視對象階層的一半人口。我們再進

一步想像，這個社會的結構會使管理者對其下層具有極大優勢。舉例來說，管理者能完全監控下層的一言一行，但管理者本身卻躲在單面鏡後面，所以他的下層只能聽到上層選擇性傳遞的命令和指示。想像一下監督者有一整排隨時可以按下去的按鈕，讓下層遭到懲罰或獎勵，或是被中止、消滅，甚至返回先前的狀態。這些能力可以極大幅提升監督行動主體的權力，甚至超越歷史上任何組織可能有過的最極致極權主義。

就算是這樣，也還沒有把控制的可能工具全都用完。監督者在支配權中，可能也有現實的虛擬實境模擬，可用來偵測平民百姓對假設情況的反應（像是參與陰謀模擬提議，或在他們覺得沒人看到時偷懶的模擬提議）。此外，監督者可能有能力偷聽平民百姓的內心獨白，並直接控制他們的情感狀態。

這個結果將為監督者帶來極大的優勢。[32] 每個監督者都會是另一個更高層監督者的平民百姓，更高層的監督者會監控**它**的一舉一動，並確保**它**不會在執行自己的管理職責時怠惰。有了這樣的安排，就算每個監督階層都比它監督的階層來得弱，結構還是可以保持穩定。[33] 而整個包含眾多高度超智慧行動主體的結構，就能以少數擁有根本權限（root access）的人類來控制。[34]

這種內在控制結構的成本可能會很高，但未必負擔不起。舉例來說，在每個監督階層人數都為下層一半的模型裡，額外的運算管理費用會限制在系統內平民百姓那部分成本的100%——比較笨的老闆階層中，每個子行動主體需要的運算比較少，那麼這個費用就會再少些。監視部分的成本可透過增加比例來加強，也可以靠著減低比例來降低。額外的運算成本會是競爭市場的主因（參見第十一章），但要是計劃沒有面對強而急迫的競爭，這個成本還是可以負擔的。還有一個成本根據創造和

測試這些監督功能所需的開發時間而定。一個資源豐沛的計劃能藉著把控制結構開發和機器智慧開發平行進行，來降低時間成本；但額外的工作負擔，對於較小的計劃和陷於激烈技術競賽的計劃來說，則是難以負擔的。

還有另一種成本也值得深思，就是在這種結構中會犯下心智犯罪的風險。[35] 如前所述，這整套制度聽起來就像某些恐怖的北韓勞改營。然而，運作這種制度時，就算制度中的子行動主體只是有人類全面道德地位的仿真物，應該還是有能緩和道德問題的辦法。最起碼，系統可以仰賴自願仿真物。每個子行動主體隨時都能選擇退出。[36] 被消滅的仿真物可儲存在記憶體中並得到承諾：一旦智慧爆發的危險階段結束，就會在更理想的狀態下重新啟動。與此同時，選擇參與的子行動主體可被安置在非常舒適的虛擬環境中，並允許充足的睡眠和休閒時間。這些手段都會增加成本，對於一個沒有競爭、資源充足的計劃來說，應該是可行的。在高度競爭的情況下，除非某個企業能確保競爭對手也負擔同樣成本，否則這個成本企業負擔不起。

在這個例子中，我們把子行動主體想像成仿真物。可能有人會好奇，制度設計法需不需要子行動主體擁有人性？或者，由人工子行動主體構成的系統，是不是同樣可以使用這個方法？

一開始，我們可能會感到懷疑。我們注意到，儘管我們對似人行動主體具有豐富經驗，我們仍然無法精確預測革命的爆發和結果；社會科學頂多也只能描述一些統計趨勢。[37] 既然我們無法可靠地預測一般人類社會結構的穩定性（即便有許多資料），那麼我們大可推測，我們沒什麼希望能為認知強化的似人行動主體精準經營穩定的社會結構（更何況我們沒有它們的任何資料），我們甚至更沒希望替進步的人工行動主體

做到這一點（它們一點都不像我們還有資料的行動主體）。

　　然而，問題並非已成定局。人類和似人類都很複雜，但人工行動主體可能具有相對簡單的結構。人工行動主體也可以有簡單而明確描述的動機。進一步來看，數位行動主體一般來說是可複製的（不管是仿真物還是人工智慧）；這將有如可交換零件徹底革新的生產一般，會徹底改革管理技巧。這些差異，加上與一開始無權的行動主體共事的機會，以及創造一種使用上述各控制手段的制度結構的機會，合起來可能會比在歷史條件下與人類一起工作，更可靠地達到特定的制度結果——例如一個不叛變的系統。

　　然而，再提一次，人工行動主體可能缺乏讓我們預測似人類行動主體行為的眾多特質。人工行動主體不需要任何會束縛人類行為的社交情感，像是害怕、自尊和後悔之淚的情感。人工行動主體也不需要發展與朋友和家庭之間的聯繫。它們不需要展現那種會讓我們人類難以掩藏意圖的無意識身體語言。這些缺陷可能會動搖人工行動主體的制度。此外，人工行動主體或許能因為演算法或結構上看起來不大的改變，而在知覺表現上大幅躍進。最佳化的行動主體可能會願意在人類想退縮的地方，無情地賭上一把。[38] 而且，超智慧行動主體可能會展現出一種驚人的能力，也就是在甚至完全不溝通的情況下協調（例如，在內部製作出彼此面對眾多萬一狀況時的假設回應模型）。

　　因此，制度設計方法的前途如何，以及它是否比較有可能和擬人行動主體、而非人工行動主體共事，其實還不清楚。或許有人會認為，創造一個有適當檢查和平衡的制度，只會增加安全性——或至少不會降低安全性——所以從一個風險緩和的觀點來說，最好還是使用這種方法。但這其實也沒有百分百的確定。這種方法會增加新的複雜性，因此也有

可能從中產生讓事情出錯的新方法，是當行動主體沒有使用智慧子行動主體的情況下不會存在的。無論如何，制度設計還是值得我們進一步探索。[39]

摘要表

目標系統工程學還不是一個建立完善的學門。現在我們還不知道要如何把人類價值轉入數位電腦中，就算真的有所謂人類水準的機器智慧也沒有辦法。看過上述的各種方法，我們發現其中有些是死路，但有些似乎仍有希望，值得進一步探索。摘要見表十二。

如果我們知道如何解決價值植入難題，我們就會面對下一步的難題：決定要載入哪個價值。換句話說，我們希望超智慧想要什麼？接下來，我們要談的就是這個更為哲學的難題。

表十二　價值植入技術摘要

明確陳述	有望做為一種植入馴服價值的方法，但似乎無望植入更複雜的價值。
演化式選擇	較無望。強力搜尋有機會找到一個滿足形式上搜尋標準、但不如我們意圖的設計。更進一步來看，如果藉由運作這些設計來評價它們，包括那些未達到形式上標準的設計，那麼就會產生一個潛在而嚴重的附加危機。演化通常難以避免大量的心智犯罪，犯罪者的目標若打造得有如人類心智，情況更是如此。

強化式學習	可用一系列不同的方法來解決「強化式學習難題」，但一般來說，這些方法都得打造一個使獎勵信號最大化的系統。而這之中會有一種傾向：當系統變得更有智慧，會產生「電線頭」失敗模式。因此強化式學習看來似乎無望。
價值累積	人類會從經驗中獲得絕大部分特定目標的內容。雖然價值累積原則上可以運用於創造一個有人類動機的行動主體，但人類的價值累積特性可能相當複雜，且難以在種子人工智慧中複製。糟糕的近似值可能會產生概念與人類大不相同的人工智慧，也因此會有不符意圖的終極目標。達到夠精準的價值累積會有多困難，還需要更多研究來決定。
動機鷹架	鼓勵系統開發出對人類而言一目瞭然的內在高水準表現（同時讓系統的能力低於危險水準），並使用那些表現來設計新的目標系統。目前要談這個做法的難度，其實言之過早。這個方法可能會有可觀的前景（然而，就跟我們會把大部分的安全工程苦工拖到人類水準人工智慧開發出來時一樣，我們必須得小心，不要讓這種看法成為過渡時期面對控制問題、為散漫猶豫的態度所找的藉口）。
價值學習	是個有望的方法。但關於形式上指定能正確指出人類價值重要外部資訊的參考點（以及根據這個參考點，為一個評估函數指定正確性的標準），我們還需要更多研究，來認定它有多難。在價值學習中，「萬福瑪利亞」類型的主張以及克里斯提阿諾的結構主張（或其他這類的捷徑），都值得追蹤探索。
仿真調節	如果機器智慧是透過仿真途徑達成，就很有希望透過藥物的數位等同物，或是其他手段來微調動機。不過，要是仿真物已提升到超智慧，這套方法還能不能以足夠的精準度來植入價值以保證安全，就不甚清楚（倫理學的限制也可能讓這個發展變得更加複雜）。

制度設計	各種社會控制的強力方法，可應用在由仿真物構成的制度中。原則上，社會控制法也可應用在由人工智慧構成的制度中。仿真物的一些特質，會讓它們在這種方法下更容易控制，但也有一些特質會讓它們比人工智慧更難控制。做為一種潛在的價值植入技術，制度設計似乎值得進一步探索。

13 選擇「選擇準則」
Chapter

假設我們可以把任何一種終極目標安裝到種子人工智慧裡，那麼，「要安裝哪一個價值」的決定就會影響深遠。某些基礎參數的抉擇——就人工智慧的決策理論和認識論公理而言——也同樣具有重要性。但愚蠢無知、目光短淺如我們，怎麼值得信賴、做出好的設計決定？我們要如何做出決定，卻不把當今世代的成見與偏見永遠固定其中？本章我們將探索，間接規範將如何把我們做決定的大部分認知相關工作移交給超智慧本身，同時又能讓輸出結果維持在人類深層價值的範圍之內。

間接規範的需要

我們該如何讓一個超智慧按照我們的意思行事？我們期待超智慧「想要」什麼呢？到目前為止，我們已關注過第一個問題。現在我們來看看第二個問題。

假設我們已經解決了控制難題，現在我們可以把任何選出的價值都植入超智慧的動機系統中，讓它把該價值當做終極目標。那麼，我們該安裝什麼價值呢？這個選擇可不是個小問題。如果超智慧取得關鍵策略

優勢，這個價值就會決定宇宙稟賦的配置。

顯然，我們絕對不能在價值選擇上出錯。但在這個問題上，我們怎麼能真的冀望零失誤？我們可能在道德上犯錯，也可能會錯認什麼對我們是好的；甚至還誤解自己真正想要的是什麼。由此看來，要指定一個終極目標，就得一路殺過一堆棘手的哲學問題。如果我們嘗試使用直接的方法，可能會把一切弄得亂七八糟。不夠熟悉抉擇脈絡，錯誤的風險就會特別高。更何況，我們是替一個會形塑全人類未來的機器超智慧選擇終極目標，即使我們擁有抉擇脈絡，恐怕也很難。

價值理論中的重大問題往往眾說紛紜，反映了正面進攻多麼沒有希望。沒有一個倫理學理論得到多數哲學家支持，代表大部分的哲學家應該都是錯的。[1] 這也反映於道德信念長期以來所經歷的改變，而我們習慣把其中多數的改變看成是種進展。舉例來說，在中世紀的歐洲，世人普遍認為觀看政治犯遭折磨至死是種體面的娛樂。16 世紀的巴黎依舊流行把貓燒死。[2] 僅僅不到 150 年前，美國南方仍盛行奴隸制度，且該制度受到法律和道德風俗的全面支持。回顧過往歷史我們會發現，我們不只在行為上，也在道德信念中有明顯的缺陷。儘管後來我們稍微增添了一些道德洞見，但仍然很難聲稱我們正沐浴在完美道德啟迪的陽光下；我們仍然苦於嚴重的道德誤解。在這種狀態下，要根據我們現在的想法來選擇一個終極價值，將其永遠深鎖，並排除任何進一步道德進展的可能，極有可能會讓我們人類面臨關乎生死的道德災難風險。

就算我們確信自己找到了正確的道德理論——其實我們辦不到——我們還是面臨在開發理論的重要細節中犯錯的風險。看起來簡單的道德理論，可能也有很多潛藏的複雜。[3] 舉例來說，想想（異常簡單的）享樂主義者的結果主義理論；這個理論宣稱，所有快樂（也只有快樂）都

（才）擁有價值；反之，所有痛苦（也只有痛苦）都（才）有反面價值。[4] 就算我們把所有的道德籌碼都壓注在這個單一理論上，而這理論最終也證明是正確的，還是會有許多問題懸而未決。要像約翰・史都華・彌爾（John Stuart Mill）所主張，賦予「較高快樂」更多優先權嗎（勝於「較低快樂」）？要怎麼計算快樂的強度和持續的時間？痛苦和快樂能否彼此抵消？哪種腦部狀態與道德相關的愉快有關？來自同個大腦狀態的兩個一模一樣的複本，是否相當於兩倍的快樂？[5] 能否有潛意識的快樂？我們該如何處理機會渺茫的極大快樂？[6] 我們要如何將無窮盡的人類凝聚起來？[7]

上述問題若給了錯的回答，都有可能釀成大災。如果為了替超智慧選擇終極價值，我們不只得要在道德理論上，還要在這理論如何被詮釋且整合為具體主張上賭一把，那麼我們幸運命中的機會將減至接近無望。愚蠢的人可能會很想迎接這種一招解決所有道德哲學重要難題的挑戰，好把他們最愛的答案放進種子人工智慧裡。較有智慧的人則會努力尋找其他方法，即某些防範途徑。

這就帶我們進入間接規範這個主題。我們之所以要打造超智慧，明顯的理由在於：這樣我們就能把「尋找有效方法來實現某種價值的工具理性」交卸給它們。間接規範則讓我們把「選擇應實現價值所需的理性」交卸給超智慧。

我們可能不知道自己真正要什麼，也不曉得什麼真正符合我們的利益，或者道德上什麼是對的、什麼是理想的；間接規範的方法卻能回應這個挑戰。我們可以不用根據我們現在的理解來做猜測（恐怕會錯得離譜），而是把價值選擇所需的認知工作委託給超智慧去做。因為超智慧比我們更擅長知覺工作，它或許能看穿那些遮蔽我們思考的錯誤和混

淆。我們可以概括這個想法，並把它修飾為一個啟發式的原則：

> **認識順從原則：**未來的超智慧會占據認識上較為優越的有
> 利位置：它在大多數主題上的信念，可能比我們的更有可能為
> 真。因此只要可行，我們都應順從超智慧的意見。[8]

　　間接規範把這個原則應用在價值選擇難題上。若我們對自己指定具
體規範標準的能力缺乏信心，我們就會轉而指定某些對任何規範標準來
說都符合的抽象條件，並希望超智慧可以找到滿足這些抽象條件的具體
標準。我們可以給種子人工智慧一個終極目標：根據它對「這個沒有明
確定義的標準要它做什麼」的最佳估計來持續行動。

　　為了讓這個想法更清楚些，在此提供一些例子。首先，我們來思考
所謂的「連貫推斷意志」（coherent extrapolated volition，CEV），這是由
尤德考斯基所概述的間接規範主張。接下來這節會介紹其變體和其他方
法，讓我們概略了解可用選項的範圍。

連貫推斷意志

　　尤德考斯基主張，讓種子人工智慧把實現人類的「連貫推斷意志」
做為終極目標，並定義如下：

> 我們的連貫推斷意志，是某種關於「如果我們知道更多、
> 想得更快、比我們所期望的還要更多人、一起成長」的願望；

在那之中，推斷會聚焦而不是分歧，我們的願望會連貫而不受妨礙；然後，推斷我們希望去推斷的，詮釋我們想要詮釋的。[9]

尤德考斯基寫下這段文字時，他並不打算為「如何執行這個有點詩意的方針」呈現一張藍圖。他的目標是針對連貫推斷意志可以怎麼定義，以及為何需要按照這過程前進的途徑，做一個初步的描繪。

「連貫推斷意志」這個主張背後的許多想法，在哲學文獻中都有許多類比和前身。舉例來說，倫理學中，理想觀測者理論（ideal observer theory）根據一個假定的理想觀測者會做的判斷（在此，理想觀測者被定義為對非道德事實無所不知、邏輯上見解清晰、適當公正且免於多種偏誤等等），來分析「好」或「對」這類的規範概念。[10] 不過，連貫推斷意志本身不是（或者不該解釋為）一個道德理論。它並不保證價值和我們的連貫推斷意志偏好之間會有任何必然的連結。我們可以把連貫推斷價值想成一個用來接近有終極價值事物的有效方法，它完全不涉及倫理學。做為間接規範方法的主要原型，這值得我們再稍微詳細檢驗。

一些說明

上段引言中的某些用詞需要進一步說明。在尤德考斯基的用詞中，「想得更快」指的是**我們能更聰明，且更能把事情想透徹**。「一起成長」是指**我們在與他人有社會互動的情況下，完成了學習、認知強化以及自我提升**。

「在那之中，推斷會聚焦而不是分歧」可以理解為：人工智慧會根據其推斷結果的某些特性來行動，前提是人工智慧能以極高的信心程度，

預測到這個特性。若人工智慧無法預測我們希望什麼，那麼它不會隨意猜測行事，而是會按兵不動。然而，儘管我們的理想願望之眾多細節是不確定的或是無法預測的，還是會有一些提綱挈領的部分是人工智慧可以理解的，那它至少就能採取某些行動，確保事件的未來路線會在綱領中逐漸顯露。舉例來說，如果人工智慧可以估計出我們的推斷意志希望我們不要處在持續的痛苦中，或是不要把迴紋針鋪滿整個宇宙，那麼人工智慧就會做出能預防那些結果的行動。[11]

「我們的願望會連貫而不受妨礙」或許可以這樣解讀：人工智慧要能在個別人類的推斷意志達到一致時才採取行動。一小組強大而清楚的願望，在分量上有時會超過多數人微弱而混亂的願望。尤德考斯基認為，人工智慧如果要**預防**某些定義過於狹隘的結果，就不該看法那麼一致；但如果要使未來走向某些特定狹義的良善概念，就應該更要有一致性。他寫道：「連貫推斷意志一開始的動力在於，對『是』要謹慎出口，對『不』要小心聆聽。」[12]

「推斷我們希望去推斷的，詮釋我們想要詮釋的」最後這兩句修飾語背後的想法是：推斷的規矩本身就應該對於推斷意志體察入微。當一個個體的意志受到推斷時，可能會出現一個第二級欲望（關於要欲求什麼的欲望），是第一級欲望未能給予權重的。舉例來說，第一級欲望是暴飲的酗酒者，可能也會有一個第二級欲望——不想要有酗酒這個第一級欲望。同理，我們也可能有一些欲望，與推斷流程該揭露出來的其他部分有關，這些部分也應當被推斷流程所重視。

可能會有人反駁說，即便人類連貫推斷意志的概念可以被適當定義，要在連貫推斷意志方法所規定的理想化情況中，找出人類究竟真正想要什麼，就算是超智慧也辦不到。少了推斷意志內容的相關資訊，人

工智慧將失去任何能引導其行為的顯著標準。然而，儘管要準確知道人類的連貫推斷意志希望什麼並不容易，但我們還是有機會根據某些情報來做出猜測。就算是沒有超智慧的今天，這都已經辦到了。舉例來說，我們的連貫推斷意志比較希望未來的人過著富足快樂的生活，而不是在漆黑的房間裡坐在凳子上體驗痛苦。如果**我們**可以明智地做出這樣的判斷，超智慧應該也可以。從一開始，超智慧的組織方式，便可藉由估算我們的連貫推斷意志的內容來獲得引導。它將有強烈的工具理性來修正這些初步估計（例如藉由研究人類文化與心理學；掃描人類腦部；推論我們如果知道更多、想得更清楚，可能會怎麼行動等等）。調查這些問題時，人工智慧最初對我們連貫推斷意志的估計會引導它，所以如果人工智慧估計我們會視「模擬滿是絕望的受苦人類」為心智犯罪並加以譴責，它就不必做白工模擬運作無數次。

另一個反駁點是，世上有太多不同的生活方式和道德規範，要把這些全都「混」進一個連貫推斷意志裡，恐怕不太可能。就算有辦法，結果可能不會特別合人胃口——把每個人喜好菜色的最佳口感混在一起，恐怕不會是什麼能吃的東西。[13] 要回答這個論點，我們可以指出，連貫推斷意志的方法並不需要把所有生活方式、道德規範或個人價值都煮成一大鍋粥。連貫推斷意志的動力，應該只在我們的希望一致時才採取行動。關於「不可調和的分歧廣泛存在」這個問題，就算強加眾多理想化狀態，其動力還是要能忍住不做出決定。若持續用料理來打比方，或許可以說，個人或文化會有不同的菜色偏好，但大家還是能一致同意：食物不能有毒。如此一來，連貫推斷意志的動力便能著手預防食物中毒，同時容許人類在沒有它的帶領或干涉之下，進行自己的烹飪工作。

連貫推斷意志的邏輯根據

尤德考斯基的文章提出七個關於連貫推斷意志的論點，其中三個基本上是用不同的方法證明同一個論點。儘管目標是要做出具人道精神且對人類有幫助的事情，但要打造一套明確的規則、卻不能有意圖外的詮釋與人類不想要的結果，還是非常困難。[14] 連貫推斷意志法應該要穩健且能自我修正；它該要捕捉我們價值的**源頭**，而不該仰賴我們列舉並詳述每一條基本價值。

剩下的四個論點，超出了第一個基本（但重要的）論點，闡明有望解決價值具體陳述難題迫切需要的條件，並主張連貫推斷意志符合這個迫切要求。

「概述道德成長。」

如前文的主張，我們有理由相信，我們目前的道德信念在許多地方是有誤的，甚至大錯特錯。如果我們要明確規定一個特定且不可更動的道德規範來讓人工智慧遵循，我們就會被封鎖在我們當今的道德信念中，包含現有能毀滅任何道德成長希望的道德錯誤。相對地，連貫推斷意志允許這種成長，因為如果我們在有利的條件下進一步發展，它會讓人工智慧嘗試做我們希望的事；如果我們因此發展了我們的道德信念，在感性面消除了它們現有的缺陷和限制，這也不是不可能的。

「避免綁架人類命運。」

尤德考斯基想了一個情境：一小群程式設計者創造了一個人工智慧，這個人工智慧後來成長為取得關鍵策略優勢的超智慧。在這個情境中，原本的設計者手上掌握了人類全部的宇宙稟賦。對任何道德來說，扛起這種責任都是非常恐怖的任務。然而，程式設計師一旦發現自己身處這種狀態，就不可能完全卸責：不管他們做什麼決定，都會造成空前的後果——包括放棄計劃。尤德考斯基把連貫推斷意志看做一種方法，來避免讓程式設計者擅自奪取決定人類未來的特權或責任。藉由設下執行**人類**連貫推斷意志的動力學——相對於執行他們自己的意志或道德理論——設計者實際上對全人類貢獻了他們的影響力。

> 「避免為當代人類創造一個爭奪初始動力的動機。」

　　對於一個執行其最高嚮往的程式設計團隊來說，「對人類未來的貢獻影響力」並不只是在道德上比較好，也是將「誰先製造出超智慧」的爭奪誘因降到最低的方法。在連貫推斷意志的方法中，程式設計者（或其資助者）對結果發揮的影響力並不比任何人多——雖然他們在決定推斷的結構以及執行人類的連貫推斷意志（而非其他選擇）上，起了最主要的作用。避免衝突之所以重要，不只是因為衝突會造成即時損傷，也因為在開發超智慧且使其安全有益的這項困難挑戰上，衝突會阻礙合作。

　　連貫推斷意志應該要能得到廣泛的支援，不只是因為它合理分派影響力，而是因為它有潛力深厚的和平主義基礎。也就是說，它讓許多不同團體所偏好的未來展望能占全面優勢。想像一個阿富汗的塔利班和瑞典人文主義者的協會成員進行辯論。兩人的世界觀有天壤之別，其中一

人的烏托邦可能是另一人的反烏托邦。沒有一方會因為對方任何立場的妥協而感動，好比說准許女孩接受教育、但最多只到九年級，或是准許瑞典女孩接受教育、但阿富汗女孩不行。然而，塔利班和人文主義者都有可能會同意「未來應由人類的連貫推斷意志來決定」這個原則。塔利班可以推論，如果他的宗教觀點是正確的（其實他已經如此確信），且有很好的理由接受這些觀點（他也已確信了這點），那麼只要不故意心存偏頗、願意花更多的時間研讀經文，更清楚了解世界如何運作並察覺基本重大事物，且免於非理性的反抗和懦弱，最終，人類都將接受這些觀點。[15] 同理，人文主義者也相信在這些理想化的條件下，人類最終會擁抱他所支持的原則。

「讓人類保持對自身命運的終極掌管。」

如果一個家長式的超智慧持續監視我們，並為了依循宏大計劃，無微不至地操控我們的私事，好讓每個細節達到最佳化——這恐怕不是我們想要的結果。就算我們明確要求超智慧必須仁慈良善，並免於自以為是、自大、專橫、心胸狹窄以及其他人類的缺點，人類還是會痛恨此安排造成的自主權損失。我們可能更想隨著自身的進展來創造自己的命運，就算我們有時會笨手笨腳。也許我們希望超智慧能充當我們的安全網，在事情發生災難性的錯誤時支援我們，其他時候就讓我們自己好自為之。

連貫推斷意志允許這種可能。連貫推斷意志是種「初始動力」，一個只運行一次的過程。在那之後，不管推斷意志希望達成什麼，都會用那來代替自己。如果人類的推斷意志希望我們活在家長式人工智慧的監

督之下，那麼連貫推斷意志的動力就會促進這種制度的建立，其餘部分則會維持在它的視野之外。如果人類的連貫意志是只要每個人都尊重他人的平等權利，就應該獲得可隨心所欲運用的資源，那麼連貫推斷意志的動力就會像自然法則一樣在背後運作，避免侵入、盜竊、攻擊和其他非自願侵犯，好讓這個目標成真。[16]

因此，連貫意志方法的結構允許一個實際上範圍無限的結果。因此我們也可以想像，人類的推斷意志會希望連貫推斷意志什麼都不做。在這種情況下，當執行連貫推斷意志的人工智慧得出夠高的機率，認定人類的推斷意志要它這麼做，它就會安全地把自己關掉。

進一步觀察

如前所述，連貫推斷意志這個主張當然僅是概略的。它有許多自由參數，可用多種方法來指定，好讓這個主張產生不同版本。

其中一個參數是推斷基礎：要包含誰的意志？我們或許可以說「每一個人」，但這個答案產生了眾多進階問題。推斷基礎是否包含所謂的「邊緣人」，像是胚胎、胎兒、腦死者、嚴重癡呆病患或永久植物人？「裂腦」（split–brain）患者的兩個腦半球，在推斷中是否各具分量，而其分量是否和普通人的單一腦相等？過去活著但如今已經死亡的人又該怎麼辦？未來才會出生的人呢？高等動物和其他有感知能力的形體呢？數位心智、外星生命又如何呢？

一種選擇是，只把人工智慧開始打造時地球上活著的成年人納入考量。從這個基礎形成初步推斷，接著便可以決定這個基礎是否要擴張或是如何擴張。因為在這個基礎外緣的邊緣人相對較少，這種推斷結果不

論邊界實際劃到哪兒為止——例如說包不包括胎兒的這種界線。

有些人被排除在原本的推斷基礎之外，並不代表他們的願望和福祉會被忽視。如果推斷基礎內的人（例如活著的成年人）之連貫推斷意志希望把道德考量擴展到其他形體，那麼連貫推斷意志動力的結果就會反映這個偏好。儘管如此，推斷基礎內的人群利益確實會比基礎外的人群利益更容易被接納。特別是如果動力學只在個體推斷意志廣泛一致時才採取行動（如同尤德考斯基原本的主張），那就可能會有一種風險：出現不友善的阻礙票，來阻擋非人類動物或數位心智等邊緣福利受到保護。這樣的結果在道德上可能會走向敗壞。[17]

連貫推斷意志主張的一個動機，是避免創造出「爭奪率先打造超智慧人工智慧」的誘因。儘管在這一迫切需要上，連貫推斷意志主張比其他選擇表現得還要好，但它並沒有完全消除爭奪的動機。一個自私的個體、團體或國家，可能會把其他人趕出推斷基礎，來擴大自己未來獲得的利益比例。

這類權力爭奪會以各種方式合理化。舉例來說，可能會有人聲稱，人工智慧開發的出資者應該享有結果。這個道德主張可能是錯的。我們可以反駁說，第一個成功啟動種子人工智慧的計劃將大量風險強加在外部的其他人身上，因此眾人有權要求補償。但是應補償的量實在太大，唯一能付清的方式就是如果進展順利，就讓每個人都分到一分好處。[18]

另一個可能會用來讓權力爭奪合理化的論點是，有一大部分的人擁有低劣或邪惡的偏好。若把這些人放在推斷基礎中，人類未來就有成為反烏托邦的危險。我們其實很難知道人心善惡的比例，也很難知道這種平衡在不同的團體、社會階層、文化和國家之間有多少差異。不管對人性是樂觀還是悲觀，我們都不會想把人類的宇宙稟賦賭在對於「現存八

十億人之中，有夠多人的善良面會在總推斷意志中占優勢」的猜測上。當然，把某些特定人士從推斷基礎中刪去，並不能保證光明面就一定會勝利；那些最早把其他人排除出去、或最快使自己掌握大權的人，很有可能包含著異常大量的陰暗面。

　　還有一個爭奪初期動力學的理由在於，有人可能相信別人的人工智慧不會如其宣稱地成功運作，就算那個人工智慧是被安排來執行人類的連貫推斷意志。如果不同的團體對於哪個執行最有可能成功有不同的信念，它們可能會互相爭鬥，避免其他人先一步開始運作。如果互相競爭的計劃把它們的認識論差異，用一種比武裝爭鬥更能弄清楚誰對誰錯的方法來解決，情況就不會那麼糟糕。[19]

道德模型

　　連貫推斷意志主張並不是間接規範唯一的可能形式。事實上，我們未必要執行人類的連貫推斷意志，而是也可以打造一個以做道德正確事項為目標的人工智慧，靠著它優越的知覺能力，來找出什麼樣的行動符合這個類型。我們可以把這個主張稱為「道德正確」（moral rightness）。這個想法出於：我們人類對於對錯的理解並不完美；對於如何以哲學分析道德正確的概念，甚至沒有理解力。但超智慧可能比我們更理解這些事情。[20]

　　如果我們不是很確定道德現實主義是否正確，那該怎麼辦呢？我們還是可以嘗試道德正確主張。我們要做的事情只有：當人工智慧對道德現實主義的假設為錯誤時，我們要能明確指定人工智慧該做什麼。舉例

來說，我們可以明確要求，如果人工智慧估計「道德正確沒有符合的非相對真實」有足夠的機率發生，它就會回頭執行連貫推斷意志或是自行關機。[21]

道德正確似乎在好幾個地方都優於連貫推斷意志。道德正確會廢除連貫推斷意志中的多種自由參數，像是人工智慧用來憑依行事的「推斷意志連貫程度」，多數人否決少數反對意見的方便行事，還有迫使進行過推斷的我們得要「一起成長」的社會環境本質。看來，它可以消除那些使用過度狹隘或寬鬆的推斷基礎而產生的道德失敗可能。更進一步看，就算我們的連貫推斷意志希望人工智慧採取道德卑劣的行動，道德正確還是可以把人工智慧導向道德正確的行動。如前所述，連貫推斷意志看來還有一線生機。道德良善在人性中可能更像是稀有金屬，而不是豐富元素，而且就算礦石已經處理提煉到與連貫推斷意志主張的方針一致，誰知道主要的產出物會是光亮的美德、普通的熔渣，還是有毒的汙泥呢？

道德正確也有一些劣勢。光是依靠「道德正確」這個概念，其困難度就可謂惡名昭彰，哲學家上古以來就與它搏鬥，至今對其分析還是沒達成任何共識。選了一個「道德正確」的錯誤闡述，結果可能會導致道德徹底錯誤。定義「道德正確」的困難度，似乎對道德正確主張十分不利。然而，我們還不清楚道德正確主張在這一點上是否真的處於關鍵劣勢。連貫推斷意志同樣也使用了難以闡述的用詞和概念（例如「知識」、「比我們所期望的還要更多人」、「一起成長」等等）。[22] 就算這些概念和「道德正確」相比沒那麼含糊，距離程式設計者現在能用編碼表達的任何意念，都還遠得很。[23] 要把上述隨便哪種概念賦予在人工智慧之上，都涉及到把一般語言能力（至少要能和一個普通成年人的能力

相比）賦予人工智慧的問題。這種了解自然語言的能力，能用來了解「道德正確」到底是什麼。如果人工智慧能夠領略其意義，就能尋找符合意義的行動。隨著人工智慧發展超智慧，它便能在兩個前線有所進展：（一）理解道德正確是什麼的哲學難題，（二）把理解應用於評估特定行為的實作難題。[24] 雖然這並不容易，但我們還不清楚這是否比推斷人類的連貫推斷意志**來得困難**。[25]

道德正確更基本的一個問題在於，就算它能執行，而我們也更明智且清楚狀況，它恐怕也不能把我們想要的或是會選擇的東西給我們。這當然是道德正確的基本特質，而不是意外的錯誤。然而，這可能是種會對我們造成嚴重傷害的特質。[26]

我們或許會想嘗試專注於**道德允許性**（moral permissibility），如此就能一邊保留道德正確模型的基本想法，一邊又能降低它的要求。這想法是指：只要人工智慧不做出道德上不許可的行動，我們就持續讓人工智慧追求人類的連貫推斷意志。舉例來說，我們或許能替人工智慧規劃以下目標：

> 在所有道德上允許的人工智慧行動中，選擇人類連貫推斷意志偏好的那個來行動。然而，如果這個指示的某部分意義沒有被明確定義，或者如果我們對其意義有根本疑惑，或者如果道德現實主義是錯誤的，或者如果我們在創造一個有這目標的人工智慧過程中，做了道德上不被允許的行動，那麼就要進行一個可控制的關機。[27] 遵從這個指示所意圖的意義。

但我們還是會有道德允許模型在道德要求上，表現得不如人意的高

度顧慮。這會造成多大的犧牲，得看哪一個倫理學理論是正確的。[28] 如果倫理理論是「**滿足**」，在這層意義上，只要符合少數幾條基本道德限制的行動，就會允許行動，那麼道德允許模型就會給我們的連貫推斷意志留下足夠的空間，去影響人工智慧行動。然而，如果倫理是「**最大化**」，舉例來說，如果道德上唯一允許的行動是那些有道德最佳結果的行動，那麼道德允許模型可能就只會保留一點點空間，來讓我們以自己的偏好來形塑結果（甚至不留任何餘地）。

要說明這個顧慮，我們先回到享樂式的結果主義。假設這個倫理學理論是正確的，而人工智慧也知道如此。為了當前的目的，我們可以把享樂式的結果主義定義為一種主張：在所有可能的行動中，沒有比作用在「快樂凌駕痛苦」上的行動能達到更大的平衡，那麼我們就（也才能）說，這行動在道德上正確（而且在道德上被允許）。遵從道德允許模型的人工智慧，會藉著把整個可用的宇宙都轉換成「享樂素」，來讓快樂過剩達到最大值；這個過程可能涉及打造「運算素」，並利用運算素來執行將快樂經驗具體化的演算。因為模擬任何現存人腦並不是產生快樂的最有效方法，所以一個可能的結果是：我們全都會死。

不管是進行道德正確還是道德允許的主張，我們都將面臨為了更高的善而犧牲性命的風險。這可能會比我們想過的犧牲還要大。因為我們損失的，不僅是活出一個普通人類生命的機會，更是損失了享受友善超智慧給我們更長、更富有人生的機會。

如果我們經過反思，發現超智慧其實可以在不需要大量犧牲我們潛在幸福的前提下，實現一個「也差不多一樣高的善」（以分段的形式），這犧牲就不太吸引人。假設我們同意讓所有可得的宇宙都轉為享樂素——除了一小部分，好比說留下銀河系來容納我們的需求。這麼一

來，還是會有幾千億個星系將投入快樂最大化之用；但會有一個星系，我們在那裡創造並延續幾十億年的美好文明，讓人類和非人類動物都興盛繁榮，而有機會發展為身在天堂般的後人類心靈。[29]

如果有人偏好後面這個選擇（這也是我的偏好），代表他並不偏好無條件憑著字面意義做出符合道德的行動。但這與極度注重道德是一致的。

就算從一個純道德的觀點來看，**提倡**一些不如「道德正確」或「道德允許」在道德上那麼有野心的主張，還是會比較好。如果至高的道德沒有任何實行的機會（畢竟具有令人難以苟同的要求），那麼在道德上，我們最好提倡其他接近、但非完全理想，執行機會可藉由我們推廣，而顯著增加的其他主張。[30]

按照我的意思去做

我們可能無法確定，到底要走連貫推斷意志、道德正確、道德允許，還是其他道路才好。我們能否也把這種更高一層的決定拿來賭一把，也就是把這種更需要認知的工作交卸給人工智慧呢？我們到底可以懶到什麼地步？

舉例來說，我們可以想像下面這個「基於理由」的目標：

去做我們最有理由要人工智慧去做的任何事。

這個目標可被歸納為推斷意志，或是道德，或是其他東西。無論是哪一種，都會省去我們嘗試得知自己該選擇其中哪一個時，所涉及的努力和風險。

然而,「基於道德目標」的難題也適用於此。首先,我們可能會擔心「基於理由的目標」不給我們自己的欲望保留太多空間。有些哲學家堅持,一個人總是最有理由去做對他而言道德上最好的事。如果那些哲學家是對的,那麼「基於理由的目標」就會化為道德正確,如此一來,就伴隨了先前提到的風險,也就是超智慧執行這樣的動力,會把眼見所及的所有人殺光。

接著,就如所有慎用術語的主張一樣,我們可能會誤解我們自己主張的意義。在「基於道德的目標」的例子中,我們已經看過,要人工智慧做對的事,可能會導致出乎預料且不是我們所要的結果,使得我們不想執行這種目標(如果能預測到這個結果的話)。如果我們叫人工智慧做我們最有理由會做的事,情況也會一樣。

如果我們用非技術用語——例如「美好事物」——來表達我們的目標,以避免上述的困難,情形又會是怎樣呢?[31]

採取最美好的行動,如果沒有最美好的行動,那就去做那個「至少相當好」的行動。

打造一個**好**人工智慧有什麼好反對的?但我們必須問,這說法的明確意義是什麼。字典中對「好」的眾多意義解釋,顯然不會用在這裡:我們無意要求人工智慧**謙恭、有禮**或是**過度敏感、講究挑剔**。如果我們信賴人工智慧對「好」的意圖的詮釋,並放手啟動它以這種意義去追求「好」,那麼這個目標就會發展成一個指令,使得人工智慧能做出程式設計者意圖要它做的事。[32]

在連貫推斷意志的構想中(「……詮釋我們想詮釋的」),以及稍早提出的道德允許標準中(「……遵從這個指示所意圖的意義」)也有類似效果的強制令。藉由砍去這種「按照我的意思去做」的條款,我們或許

可以指出，目標描述中的其他詞彙應該要被放寬解釋而非遵循字面上的意思。但叫人工智慧去追求「好」，其實跟沒說一樣：真正起作用的是「按照我的意思去做」這條指令。如果我們知道怎麼把「按照我的意思去做」，用一種普遍而強大的方式編碼，我們也可以把它當成一個單獨目標。

我們該怎麼執行這種「按照我的意思去做」的動力學？換句話說，就是我們要怎麼創造並促使一個人工智慧，懂得寬容地詮釋我們的願望以及未說出口的意圖，並按此採取行動？

最初的一步可以是先試著弄清楚，當我們說「按照我的意思去做」時，心裡所想的到底是什麼。如果我們能用更行為主義的條件來說明，或許會有幫助，例如根據各種假設情況之中所顯露的偏好（好比我們有更多時間思考選擇；好比我們更聰明；好比我們知道更多相關事實；好比有其他眾多方式導致條件對我們更有利，使我們能正確地在具體選擇中表達當我們說「要一個友善、有益、好的人工智慧」時，到底是什麼意思）。

當然，我們是在原地繞圈。我們又回到了一開始的間接規範途徑——也就是連貫推斷意志所主張的，大致上把所有的具體內容從價值詳述中抹去，只留下一個以純然程序用詞所定義的抽象價值：做我們會希望人工智慧在適當理想化情況下該做的事。借助這種間接規範，我們可以把針對「人工智慧該追求什麼價值」做出一個更具體的表述時，把自己會嘗試去做的大部分認知工作，都交卸給人工智慧。為了充分利用人工智慧在認知上的優越性，可以把連貫推斷意志看做認知服從原則的一個應用。

成分清單

截至目前為止，我們思考了要把什麼內容放入目標系統的不同選擇。但人工智慧的行為也會被其他設計選擇所影響。尤其是人工智慧使用了哪個決策理論和哪種認識論，會造成關鍵性的差異。另一個重要問題是，人工智慧的計劃在付諸行動前，是否會受制於人類的檢驗。

表十三為這些設計選擇做了個總結。一個目標在於打造超智慧的計劃，應該要能解釋自己在這些成分上做了些什麼選擇，並解釋為什麼要做出這些選擇。[33]

表十三　成分列表	
目標內容	人工智慧應該追求什麼目標？這個目標的描述該如何詮釋？目標是否該包含給予對於達成目標有貢獻者的特別獎勵？
決策理論	人工智慧應該要使用因果決策理論、證據決策理論、不修正（updateless）決策理論，還是其他理論？
認識論	人工智慧的優先機率函數該是什麼？針對這世界，它應該做出怎樣的明確或不言明的假設？它應該使用什麼樣的人擇理論？
批准	人工智慧的計劃該不該在付諸實行前順從人類的檢驗？如果應該，檢驗的流程是什麼？

目標內容

我們已經討論過間接規範如何應用於陳述人工智慧所要追求的價值

上。我們討論了一些選擇，例如基於道德的模型，還有連貫推斷意志。每個選擇都產生了進一步的選項。舉例來說，連貫推斷意志方法就有許多變體，取決於誰被包含在推斷基礎中、推斷的結構為何等等。其他動機選擇法的形式可能需要不同類型的目標內容。舉例來說，打造先知時所需的價值，可能會是給予正確答案。擁有馴服動機的先知，也會有減低「產生答案時過度使用資源」的目標內容。

另一個設計的選擇是，要不要在目標內容中加入特殊規定，用來獎勵那些對人工智慧成功實現有貢獻的個體，好比說給他們額外的資源，或是對人工智慧行為的影響力。我們可以把這種規定稱為「誘因包裝」（incentive wrapping），是一種為了增加企劃成功的可能性，以「對設定目標讓步」為代價的方法。

舉例來說，如果計劃的目標是創造一個動力來執行人類的連貫推斷意志，那麼一個誘因包裝計劃，或許就能指定某個個體的意志在推斷中獲得額外的分量。如果計劃成功，結果不見得會執行人類集體的連貫推斷意志。相對來說，我們可能會達成這個目標的近似物。[34]

因為「誘因包裝」是超智慧詮釋並追求的部分目標內容，因此它可以利用間接規範，來具體陳述人類管理者難以執行的微妙複雜規則。舉例來說，誘因包裝並不根據某些粗糙、但容易達到的標準來獎勵程式設計者（例如工作了幾個小時或修正了多少錯誤），而是會讓程式設計者根據他們對「增加使計劃成功按照資助者意圖完成的某些合理**事前**機率」之貢獻，來獲得符合比例的獎勵。進一步來說，我們沒有理由把誘因包裝限制於計劃的相關人士。我們可以讓**每個人**都按自己應得的部分來獲得獎勵。信用分配是個難題，但超智慧不管用明說還是暗指，都能藉由誘因包裝合理達到近似的指定標準。

可想而知，超智慧甚至有辦法獎勵那些在超智慧創造之前就死去的個體。[35] 那麼，誘因包裝就能擴展到至少包含一部分的逝者，如在計劃構思前過世的個體，甚至那些早於誘因包裝概念第一次發表之前就過世的人。儘管這種追溯過往的制度因果上無法鼓勵到那些當這些話寫下時已在墳墓裡安息的人，但出於道德理由，這個制度還是有可能會受到支持——雖然我們可以爭論說，只要公平是個目標，那麼就應該被納入目標規章裡頭，而非在周遭的誘因包裝之中。

這裡我們無法深入探討所有和誘因包裝有關的倫理學和策略問題。不過，一個計劃在這些問題上的地位，會是它基礎設計概念的重要面向。

決策理論

另一個重要的設計選擇是，要選用哪個決策理論來打造人工智慧。這可能會在某些策略關鍵時刻影響人工智慧的行為。舉例來說，它可能會決定人工智慧是否要與它假想存在的其他超智慧文明公開交易，還是被敲詐勒索。當涉及無限報償的有限機率（所謂的「帕斯卡賭注」〔Pascalian Wagers〕），或極大有限報酬的極小機率（所謂的「帕斯卡搶劫」〔Pascalian muggings〕），或人工智慧面對基礎規範不確定性的脈絡，或同一個行動主體程式有多個案例的這幾種困境時，決策理論的細節都可能會造成重大影響。[36]

檯面上的選項包括因果決策理論（以多種特質呈現）以及證據決策理論，還有像是「無時間決策理論」（timeless decision theory）和「不修正決策理論」等還在發展的新選項。[37] 要指認並詳述正確的決策理論，

我們還無法擁有能弄對一切的自信。儘管直接指定一個人工智慧決策理論的前景，會比直接指定其終極價值更有希望，但我們還是得面對出錯的極大風險。會打破當前最受歡迎的決策理論之眾多難題，都是剛被發現出來的，這代表還有尚未察覺的進一步難題存在。把有缺陷的決策理論交給人工智慧，結果可能會非常糟糕，甚至可能導致生存危機災難。

基於這些困難，我們可能會思考利用間接途徑來指定人工智慧該使用的決策理論。但實際上要怎麼做到，其實還不清楚。我們可能會「針對問題做了長時間的深刻思考後，要人工智慧使用決策理論 D」，然而人工智慧得要在知道 D 是什麼之前，就做出決定。因此，人工智慧會需要一些有效的過渡決策理論 D'，來控制它對 D 的搜尋。有人可能會試著把 D' 定義成人工智慧對 D 假說的某種加疊狀態（根據它們各自的機率來權衡輕重），儘管要怎麼以全面的方式做到這一點，還有未能解決的技術難題。[38]

此外，也有人擔心，在人工智慧有機會決定哪個特定的決策理論是正確的之前，它在學習階段就做出了不可逆的壞抉擇（例如重寫自身內容，使自己從今以後都根據某些有缺陷的決策理論來運作）。要降低在這段脆弱時期的出軌風險，我們可以試著賦予人工智慧某些形式的**有限合理性**：一個刻意簡化但有望可靠、且會堅決忽視晦澀思考（即便我們認為那些思考正當合理也不例外）的決策理論；而它設計的用意，就是當某些條件符合時，能用一個更複雜的（間接指定的）決策理論把自己替換掉。[39] 至於能不能實行，以及如何才能有效實行，仍是一個未決的研究問題。

認識論

一個計劃也得在選擇人工智慧的認識論上做出基本的設計抉擇，指定評估經驗假說所需的原則和標準。在貝氏框架中，我們可以把認識論看做一個先驗機率函數——即人工智慧在把任何知覺證據考慮進去之前，對於可能世界的未言明之機率分配。在其他框架中，認識論可能會有不同形式；但不管如何，如果人工智慧要從過去的觀察中做出總結，並對未來做出預測的話，某些歸納法的學習規則就不可或缺。[40] 然而，一如目標內容和決策理論，認識論具體規範也有失手的風險。

可能有人會覺得，一個錯誤指定的認識論能產生的損害是有限的。如果認識論**太**失能，那麼人工智慧就不會太聰明，而不可能產生書中所提到的那些風險。但問題在於，我們可能會指定出一個夠健全的認識論，而讓人工智慧就工具面而言，在絕大多數狀況中是有效的；但這樣的認識論還是有缺陷，有可能會讓人工智慧在某些問題或關鍵處誤入歧途。這樣的人工智慧就像一個靈敏機智、但世界觀基於錯誤教條的人，他堅持絕對信念，結果卻是和假想敵作戰，並把自身的一切投注於追求空泛或有害的目標上。

在人工智慧的先驗之中，某些類型的細微不同，可能會導致其行為的極大差異。舉例來說，人工智慧可能有「給無限宇宙指派零機率」的先驗。不管累積了多少相反情況的天文證據，這樣的人工智慧仍會固執己見，駁回任何指出無限宇宙的宇宙理論；結果它可能會做出愚蠢的選擇。[41] 或者，人工智慧也可能會有「給不可「圖靈計算」的宇宙指派零機率」的先驗（實際上，這是許多先驗的共同特徵，在很多文獻中都有相關討論，像是第一章提到的柯氏複雜性先驗）。同理，如果內含的假

設──所謂的「邱奇－圖靈猜想」──是錯誤的，那麼將會帶來了解甚少的結果。人工智慧也有可能最終形成一個先驗，而做出某種強大的形而上承諾。舉例來說，排除「任何強大形式的身心二元論可能為真」的推理可能性，或者排除掉不可簡化的道德事實之存在可能性。如果上述任何一個承諾有錯，人工智慧就有可能會嘗試以我們視為「反常實例化」的方法來實現終極目標。然而，這樣的人工智慧儘管在重要問題上出錯，為何會在獲得關鍵策略優勢上（就工具面而言）不夠有效，我們還看不出明顯的理由（人擇學是認識論公理的選擇可被證明有關鍵性的另一個領域，研究如何在「觀察選擇效應」〔observation selection effect〕存在時，從指示性的資訊做出推論）。[42]

我們可能會合理地懷疑，在打造第一個種子人工智慧前，我們是否具備能及時解決所有基本認識論問題的能力。因此，我們會考慮使用間接途徑來指定人工智慧的認識論。然而，這當中產生的諸多問題，其實就是以間接途徑指定人工智慧的決策理論時也會產生的同樣問題。不過在認識論的案例中，良性趨同比較有希望出現。類別廣泛的認識論不管是哪一種，都會替安全有效的人工智慧提供足夠的基礎，並因此最終產生了類似的信念狀態。會達到這種狀態，是因為充足大量的經驗證據和分析，會淘汰掉在優先期望中的任何非極端差異。[43]

「給予人工智慧基礎認識論的原則，且這些原則得要和支配我們自己思想的原則相符」會是個不錯的目標。如果我們持續使用我們自己的標準，那麼只要人工智慧與我們的理想相悖，我們就會判定它的推理是不正確的。當然，這僅僅適用於我們的**基礎**認識論原則。隨著人工種子智慧自己發展對世界的理解，它應該要持續創造非基本原則並不斷修正。超智慧的要點不是迎合人類的成見，而是徹底駁倒我們的愚昧無知。

批准

我們設計選擇的清單上，還有最後一項是**批准**。人工智慧的計劃在實際生效前，要受到人類的檢驗嗎？對於先知來說，答案無疑是肯定的。先知輸出資訊；人類檢驗者選擇要不要以及如何根據資訊來行動。但對精靈、君王和工具人工智慧來說，要不要使用某種形式的批准則不一定。

為了說明批准會怎麼運作，我們可以想像一個人工智慧企圖如「君王」般運作，來執行人類的連貫推斷意志。接著，想像一下，我們沒有要直接啟動這個君王人工智慧，而是先打造一個先知人工智慧，它唯一的目的就是回答「這個君王人工智慧會做什麼」的相關問題。如前幾章所述，創造超智慧先知是有風險的（例如心智犯罪或揮霍基礎設施）。但為了這個例子的目的，我們就先假設先知人工智慧已經以某種避開這些陷阱的方式成功執行。

這麼一來，我們就有一個先知人工智慧，能針對「用來執行人類連貫推斷意志的小部分程式碼」的結果，提供它最佳的猜測。先知可能沒辦法仔細預測會發生什麼事，但它的預測很可能還是比我們自己的預測好（如果連超智慧**都不能**預測這些程式碼會做什麼，我們卻還打算運作這個程式，那真的是瘋了）。所以先知思考了一陣子之後，提出了它的預報。為了讓答案清楚易懂，先知可能會把一套探索各種預測結果特質的工具提供給操作者。先知會顯示出未來可能的樣貌，並提供不同時期中知覺生命數量的統計，以及幸福的平均、頂端和最低水準。它可以針對一些隨機選出的個體（也許是選來做為代表性的想像人類），提出它們的私密檔案。它也可以強調操作者可能沒想到要詢問、但一旦指出來

就會被視為相關的未來面向。

以這種方法來預覽結果有明顯的好處：可以揭露一個君王計劃的設計規格或原始碼裡的錯誤所帶來的結果。如果水晶球裡看見的是毀滅的未來，我們就可以放棄這個君王人工智慧的程式碼，然後改試其他的。我們有充分理由認定，我們應該要在託負重任給一個選項之前，先明白它的具體後果，當整個種族的未來都冒著這個風險時，更應該如此。

然而，可能比較不明顯的是，批准也有潛在的明顯劣勢。如果反對派系不順從高等智慧有信心證明有效的仲裁，而且能預見裁決為何，那麼連貫推斷意志的和平性質可能就會被破壞。基於道德途徑的支持者可能會擔心，如果所有道德最佳化所需的犧牲都被揭露出來的話，出資者的決心可能會崩盤。而我們可能都有理由去偏好某種帶點驚喜、有點不一致、有點野性、有些機會能自我克服的未來——一個外觀上不那麼適合呈現先入之見、但提供了一些彈性給戲劇化行動和計劃外成長的世界。如果我們仔細揀選未來的每個細節，把任何無法完全符合我們當下喜好的草圖都退回去重畫，或許就沒那麼大的機會能採取如此開闊的觀點。

因此，資助者批准的問題沒有乍看之下那麼清晰。儘管如此，經過全盤考量，如果「預覽」這個功能可行，那麼善用預覽似乎會比較謹慎。但我們並不要檢驗者微調結果的每個面向，而只是給他一個簡單的否決權，讓他在整個計劃中止之前可以行使個幾次。[44]

靠得更近

批准的主要目的是降低慘烈錯誤的機率。一般來說，把目標放在將

慘烈錯誤的風險最小化，會比放在「把每個細節都完全最佳化」的機率最大化來得聰明。這有兩個理由。首先，人類的宇宙稟賦有如天文數字般龐大——所以就算我們的流程涉及某些浪費，或是接受某些不必要的約束，還是夠讓我們四處試試。再者，如果我們只是大致弄對了智慧爆發的初期條件，那麼其產生的超智慧最後就有希望把矛頭對向我們終極的對象並準確命中。在正確的吸子盆（attractor basin）上著陸，才是重要的。

至於認識論，一整套（經由超智慧運算、並在一個實際的數據量上條件化的）優先權最終若收斂於非常類似的末端，其實是很合理的。因此，我們不需要擔心非得要把認識論弄到**完全**正確才可以，我們只需避免給人工智慧一個太極端的先驗，以免它連在有大量經驗和分析的助益下，都無法學習到必要的真實。[45]

至於決策理論，不可回復錯誤的風險看起來更高。我們還是希望能直接指定一個夠好的決策理論。超智慧人工智慧可以隨時切換到新的決策理論，不過，如果一開始它就有一個「夠錯」的決策理論，它可能就會看不出需要切換的理由。就算一個行動主體能發現不同決策理論的好處，要實現這種切換可能也為時已晚。舉例來說，一個設計成會拒絕勒索的行動主體，可能會享受「阻止有意勒索者」所帶來的好處。為了這個理由，能接受勒索的行動主體可能會主動採取一個不可獲益的決策理論。然而，一旦能接受勒索的行動主體收到威脅，並將其視為可信，損害就造成了。

有了充分的認識論和決策理論，我們可以嘗試設計系統，來執行連貫推斷意志或是其他間接指定的目標內容。同理，這也有希望達到趨同：執行類似連貫推斷意志動力學的不同方法，可能會導向同一個烏托

邦結果。即便沒有這種趨同性，我們還是可以期望許多不同的可能結果，都好到堪稱「生存成功」。

我們沒有必要去創造一個高度最佳化的設計，反而應該致力創造一個極度可靠的設計，足以信任它能維持足夠的心智正常，以便察覺它自身的失敗。一個不完美但基礎健全的超智慧可以漸漸修復自己，一旦做到這點，它就能對這個世界發揮有如它一開始就完美的有益最佳化能力。

14 策略景況

Chapter

現在，我們可以在更廣泛的脈絡下，思考超智慧的挑戰。我們打算在策略地景中自我標定方向，讓自己至少知道，該往哪個大方向前進。結果我們會發現，這一點也不簡單。在這倒數第二章，我們會介紹一些可以幫助我們思考長期科技策略問題的整體分析概念。接著，我們會將這些概念應用於機器智慧上。

在兩種評估策略主張的規範立場之間做個大略的區別，是有啟發意義的。其中，**因人觀點**（person-affecting perspective）會問，這個提出改變的主張是否符合「我們的利益」；也就是說，（經全盤考量及在預料之內）這個主張是否道德上符合世人的利益，包括已經存在的生命，以及未來將獨立存在的生命。相對來說，**不因人觀點**（impersonal perspective）不會對現存人類有特殊考量，不論主張是否會改變，對於未來將獨立存在的人也沒有特殊顧慮。不因人觀點平等對待所有人，無論當前他們處在哪個位置。不因人觀點在「讓新的人類存在」之中看出重大的價值，並提供他們值得活的生命；也就是說，創造出來的生命過得愈快樂，對它來說就愈好。

這個區別雖然只暗示了一點點與機器智慧革命相關的道德難題，但在初次分析中還是很有用。在此，我們將先從不因人觀點來檢驗問題。

接著，我們會觀察，要是我們加重因人觀點的顧慮，會有什麼地方產生改變。

科學與技術策略

近觀機器超智慧特有的問題之前，我們得先介紹一些與科學和技術發展相關的策略概念和廣泛顧慮。

差異技術發展

假設決策者擔心，某個研究領域發展出來的某些技術，長期下來的結果可能會有風險，於是主張停止挹注經費，那麼接下來他不難預料，該研究社群會發出反對的怒吼。

科學家和公眾支持者往往會說：你不可能靠著阻擋研究來控制技術革命。（因此他們主張）不管決策者對猜臆的未來風險有什麼顧慮，如果某些技術可行，就會被開發出來。確實，一條發展線承諾產出的能力愈強，我們就愈能確信，在某地必定會有某個人會受到鼓舞，而追求這項發展。中止資助沒辦法預先阻止隨時而生的危險，也沒辦法阻礙它的進步。

有趣的是，反對這種無效論的說辭，幾乎從來沒有在一個決策者提議**增加**資助某些研究領域時變得比較大聲；儘管這個論點反過來也說得通。我們很少聽說哪個憤怒的聲音會這樣抗議：「請不要增加對我們的資助，請減少一些。反正其他國家的研究者一定會接手我們不足的工作，總是會有人把工作做好。不要把公眾的寶貴資源揮霍在國內的科學研究上！」

要怎麼說明這個明顯的思想矛盾呢？當然，研究社群成員有自利偏差（self-serving bias）就是一個合理的解釋，偏差導致我們相信研究總是好的，也是慫恿我們支持更多資助的絕大多數論點。然而，就國家自身利益而言，這個雙重標準並不具正當性。假設開發一個技術有**兩個**效果：發明者以及資助他們的國家可以得到小量的好處 B，同時強加一個整體而言大相當多的損害 H（一個外部風險）在所有人身上。然而，就算是極度利他主義的人，可能還是會選擇開發對整體而言有害的技術；該研究社群的成員可能會說，不管做什麼都會導致損害 H，而他們如果忍住不做，還是會有其他人開發來這項技術。有鑑於整體福祉不會受到影響，所以他們還是會想辦法為自己和國家拿到好處 B（「真不幸，過不久就會有一個機器來毀滅全世界。幸好，我們有錢打造它！」）。

不管這個無效反對訴求的理由是什麼，它都無法證明，嘗試駕馭技術發展並沒有什麼「不因人的理由」。就算我們勉強承認「隨著科技發展的持續努力，所有重要技術最終都會被開發出來」這種有促進作用的想法，意即就算我們勉強承認下面這段想法，這個訴求還是說不通：

技術完備猜想：如果未能有效終止投注於科技發展的心力，那麼所有能透過可行技術而達成的重要基本能力都將達成。[1]

技術完備猜想為何不能說明上述的無效反對，至少有兩個理由。首先，技術完備猜想之所以可能無法成立，是因為實際上它並不是一個關於「科技發展心力將不會有效終止」的假設。在涉及生存風險的脈絡下，這個保留態度更是特別恰當。第二，就算我們確信，所有透過可能技術而能獲得的重要基本能力終將獲得，試圖去影響技術研究方向也還

是合情合理的。因為重要的不只是一個科技**有沒有**開發出來，更是包括**何時**開發、**由誰**開發，以及在**怎麼樣的脈絡**下開發。藉著資金的流入和抽出（以及使用其他策略工具），其實可以影響在新科技誕生背後形塑其影響力的條件。

這些想法提出了一個原則，讓我們能處理不同技術發展的相對速度：[2]

> **差異技術發展原則：**減緩危險技術的發展，尤其是那些增加生存風險水準的技術；加速有益技術的發展，特別是那些會降低（由自然或其他技術所造成的）生存風險的技術。

藉此，我們評價策略的標準可以是：與「我們不想要的技術發展形式」相比，這個策略為「我們想要的技術發展形式」提供了多少優勢差異？[3]

抵達的偏好次序

有些技術對生存風險具有搖擺不定的效果——增加了某些生存風險，但同時也減低了其他生存風險。超智慧就是這樣的一種技術。

我們已在前面幾章看到，引入機器超智慧會造成嚴重的生存危機；但它也會降低其他種類的生存危機。來自自然的風險——例如小行星撞擊、超級火山，還有天然流行病——實際上都能消除，因為超智慧可以針對這些災害展開對策，或是把這些危險降級到非生存量級（例如透過太空殖民）。

從相關的時間尺度來看，這些來自自然的生存危機相形之下並不算

大。但超智慧也會消除或減輕許多人為風險。特別是，它可以降低意外毀滅的風險，包括與新技術相關的意外風險。整體來說，比人類更有能力的超智慧比較不會出錯，也比較能察覺到需要的預防措施，並適當地加以執行。一個結構良好的超智慧有時也可能會冒險，但只在冒險屬於明智行為時才會這麼做。更進一步來看，至少在超智慧形成單極的情況下，許多來自全球合作問題的非意外人為生存風險都會被消除，包括戰爭、技術競賽、不為人所需的競爭和演變，以及公共地悲劇（tragedies of the commons，一種涉及個人利益與公共利益對資源分配有所衝突的社會陷阱）的風險。

嚴重的危險可能會與人類開發人造生命、分子奈米技術、氣候工程、生物醫學強化及神經心理控制工具、促成極權或專制的社會控制工具，以及其他至今尚未想像到的技術有關，所以能消除這些類型的風險會是一大好事。我們可以因此提出一個論點：超智慧若能愈早出現愈好。然而，如果自然風險和其他與未來技術無關的災難風險都不大，這個論點就得進一步修改：在其他危險科技（例如先進的奈米科技）**出現前**取得超智慧才是重點。至於取得超智慧的時間是早是晚，只要出現的順序正確，（從不因人觀點來說）可能就沒那麼重要。

希望超智慧的出現早於其他有潛在危險的技術（例如奈米科技）之立基點，在於超智慧可以降低來自奈米科技的生存風險，而不是反之亦然。[4] 因此，如果我們先創造了超智慧，我們就只要面對與超智慧有關的生存風險；但如果我們先創造了奈米科技，我們則將先面對奈米科技的風險，然後再加上超智慧的風險。[5] 所以就算來自超智慧的生存風險非常大，且就算超智慧是所有技術中風險最大的，我們還是有必要加速它的誕生。

不過，這種「快就是好」的論點預設了不管超智慧何時被創造出來，創造本身的風險都一樣高。但如果風險是隨著時間愈來愈低，那麼機器智慧革命應該要延後才對。雖然讓超智慧晚點出現，可能會讓其他生存危機有更多時間醞釀，但世人仍然偏好減緩超智慧的發展。如果與超智慧相關的生存風險遠比其他破壞性科技的相關生存風險來得大，那麼更是如此。

有好幾個相當充分的理由讓我們相信，智慧爆發的風險會在每數十年的時間週期中明顯降低。其中一個理由是，爆發時間愈晚，我們就有愈多的時間開發控制難題的解決方式。控制難題最近才為人所察覺，目前關於如何處理控制難題的最佳想法，大都是近十年才發現的（其中幾個例子還是在本書寫作期間發現的）。若這門技術在接下來幾十年中有大幅的進展也十分合理；如果我們發現它的難度很高，這方面的進展甚至會持續一個世紀或是更久。超智慧誕生所花的時間愈長，誕生之前就會有愈多這類的進展出現。這是支持讓超智慧晚點出現的一個重要考量——也是反對讓超智慧早點出現的一個有力考量。

超智慧愈晚出現愈安全的另一個理由在於，這樣可以讓各種對人類文明有益的趨勢有時間逐漸產生。我們有多看重這個考量，取決於我們對這個趨勢有多樂觀。

樂觀主義者的確可以指出不少鼓舞人心的指標以及充滿希望的可能。人類可能會學著更和平相處，減少暴力、戰爭和殘酷的行為；全球協調與政治整合的範圍的增加，則能讓我們避免不需要的技術競賽（下文會進一步說明），並著手進行協商，約定彼此共享智慧爆發獲得的預期成長。這些方向似乎有長期的歷史趨勢。[6]

更進一步來說，樂觀主義者可能會預期人類的「理智正常水準」會

在這個世紀之內提高——整體而言偏見會減少，洞見會累積，世人將更習於思考抽象的未來機率和全球風險。運氣好的話，不管在個體還是群體認知上，我們都可以看到知識標準普遍提升。許多趨勢也正推動歷史往這些方向前進。科學進展代表我們會知道得更多；經濟成長會讓更高比例的人口獲得足夠的營養（特別是在生命的頭幾年，營養對腦部的發展特別重要）以及有品質的教育；資訊技術的進步讓世人更容易找到、整合、評價並流通資料及想法。更重要的是，一個世紀結束後，人類又多犯了一百年的錯誤，或許能從中學到一些東西。

在上述的意義中，許多潛在的發展是矛盾的。也就是增加一些生存風險，而減少其他生存風險。舉例來說，在監視、數據挖掘、測謊、生物辨識，以及以心理學或神經化學手段控制信念欲望等方面的進展，可讓跨國協調更加容易，或從根本壓制恐怖分子和反抗者，從而降低某些生存風險。然而，同樣的進步也會擴大不為人所需的社會動力，讓永久穩定的極權政體誕生，從而增加某些生存風險。

其中一個重要的前線就是生物認知強化（透過遺傳選擇來進行）。我們在第二章和第三章討論這個方法的結論是，最根本形式的超智慧比較有可能從機器智慧產生。這個主張和「認知強化在機器超智慧的籌備和創造中起了重要作用」是並存的。認知強化看起來風險明顯比較低：處理控制難題的人愈聰明，就愈可能找到解決方法。然而，認知強化也可能加速機器智慧的開發，並降低解決難題的可用時間。認知強化還有其他重要結果都應該要更仔細觀察（接下來絕大部分關於「認知強化」的討論，也適用於能增加我們個體或集體認知效率的非生物學方法）。

改變與認知強化的速度

不管是方法手段、還是人類智慧能力上限的增加，都會加速全體的科技進展，包括各種形式機器智慧的進展、控制難題的解決，以及一整片其他技術與經濟目標的進展。那麼，這種加速的淨效果會是什麼？

不妨思考一下「萬物加速器」這個例子，這是一種加速一**切**的想像。萬物加速器的行動僅符合時間度量的某種尺度變化，對於觀測結果來說不會產生質變。[7]

如果要弄清楚「認知強化讓事物普遍加速」到底是什麼意思，顯然還需要一些萬物加速以外的概念。更有望的方法是專注於認知強化如何讓某一類型流程的改變速度，**高過**其他類型改變的速度。這樣的差異加速可以影響一個系統的動力。因此，我們來想想下面這個概念：

宏觀結構發展加速器：一個將人類發展的宏觀結構之特色加速，同時讓微觀水準之人類事件展現的速度維持不變的操縱桿。

想像把桿子拉往減速方向。煞車片壓住世界史的巨輪，火花四濺，金屬發出尖銳的聲響。巨輪固定於較緩和的速度後，產生了一個技術革新更慢出現的世界。在這個世界，政治結構和文化上的基本改變或全球巨變，都會發生得較不頻繁且較不突然。一個時代更迭至下一個時代之前，會有更多世代的人來來去去。人一生當中，看不到人類的基本結構出現多大的改變。

對我們人類這個物種絕大多數個體來說，宏觀結構的發展比現在慢

多了。五萬年前，連一個重大的技術革新都還沒發生，整整一千年過去，人類的知識與理解沒有任何明顯增長。從全球觀點來看，也沒有任何有意義的政治變化。然而，在微觀尺度中，人類事物的萬花筒以適合的速度轉動，翻動著出生、死亡和其他個人且小地區的巨大事件。一個更新世普通人的一天，可能比現代普通人的更加刺激萬分。

如果你發現一個能讓你改變宏觀結構發展速度的控制桿，你會怎麼做？你應該要加速、減速，還是不去動它？

假使我們處於不因人立場，我們就得思考這個控制桿對生存風險會有什麼效果。我們先區分兩種風險：「狀態風險」和「步驟風險」。狀態風險和處在某種狀態有關，而一個系統暴露於狀態風險的總量，就是系統維持在那個狀態多久的直接函數。自然風險通常都是狀態風險，我們暴露在自然風險中愈久，就有愈高的機會被小行星、超級火山爆發、伽瑪射線暴（gamma ray burst）、自然發生的瘟疫或其他宇宙橫禍侵襲。某些人為的風險也是狀態風險。在個人層級上，一個士兵把頭露出戰壕的時間愈長，被敵方狙擊手打中的累積機會就愈大。此外，也有生存層級的人為狀態風險。我們在一個國際間無政府狀態的系統中待得愈久，發生熱核大戰或用其他大規模毀滅武器進行大戰的累積機會也愈大，這將糟蹋整個文明。

相對來說，步驟風險則是與必要或需要的轉型有關。一旦轉型完成，風險就消失了。轉型相關的步驟風險量，通常不是一個「轉型時間多長」的簡單函數。以兩倍速穿越地雷區，無法讓風險減半。若以快速起飛來說，超智慧創造的可能就是步驟風險：起飛會有特定的相關風險，規模級數取決於我們做了什麼準備；但起飛是花二十毫秒還是二十小時，可能不太會影響風險量。

那麼，我們可以針對一個假設的宏觀結構發展加速器，說出以下看法：

- 只要我們關注生存狀態風險，就應該支持加速──前提是我們認為確實有望在任一種進一步的生存風險都大幅降低的情況下，撐到後轉型時代。

- 如果已知某些步驟注定會造成生存災難，我們就該降低宏觀結構發展的速度（甚至使其逆向），好讓更多世代有機會在一切都落幕前存活下來。但事實上，如此確信人類會滅亡也過於悲觀。

- 目前生存狀態風險的水準相對較低。如果我們想像人類的宏觀技術就這麼凍結在目前的狀態，那麼生存災難看起來很不可能在（好比）十年內發生。所以每耽擱十年（假設在我們當前發展階段或是在某個狀態風險很低的其他時刻），就只會招致一點點生存危機。但重大技術發展每延遲十年，就會對日後的生存步驟風險有極大的正面影響，例如爭取更多的時間準備。

結論：宏觀結構發展速度之所以重要，在於它會對人類面臨關鍵步驟風險時的準備妥當程度造成影響。[8]

所以，我們必須問的問題在於：在關鍵時刻，認知強化（以及隨之而生的宏觀結構發展加速）會如何對準備妥當程度的預期水準造成影響。我們是否該偏好以較高智慧進行較短期的準備工作？畢竟有了較高的智慧，準備時間可以更有效地運用，且最後的關鍵步驟可由智慧更高的人來進行。還是，我們應該偏好利用更接近當今水準的人工智慧，以便有更多時間準備？

哪一個選項比較好，取決於準備所需面對的挑戰本質。如果要解決的難題關鍵在於從經驗中學習，那麼準備時期的時間長度就是決定因素，畢竟累積必要經驗需要時間。那麼，這種挑戰會是什麼樣子？舉個假設的例子：我們可預測，未來某一時刻將開發出來的新武器技術，會使任何隨之而來的戰爭有（好比說）十分之一的機率造成生存巨變；如果這是我們得要面對的挑戰，那麼我們可能會希望宏觀結構發展的速度慢一些，好讓我們這個種族在新武器技術的關鍵步驟被發明出來之前，有更多時間把一切控制得當。在透過減速而得到的寬限期間，我們期待自己或許能學會避免戰爭——全球的國際關係可能會變得像歐盟各國一樣，儘管曾大戰了好幾個世紀，現在卻能和平共存。透過眾多文明化的過程或是低於全面生存風險的危機（例如小規模核戰爭以及透過核武可能產生的報復和解決，而終究出現廢止國際戰爭的全球制度）所推動的溫和教化，可能會產生和解。如果這種學習或調整沒辦法藉由增加智慧來大幅加速，那麼這種只會讓導火線蔓燒得更快的認知強化，就不是我們想要的。

　　然而，預期有望的智慧爆發可能還會呈現另一種挑戰。解決控制難題需要先見之明、推理能力和理論洞見。逐步增加的歷史經驗幫不幫得上忙，則不是那麼清楚，畢竟我們不可能得到智慧爆炸的直接經驗（體驗到的時候已經太晚），許多特色又暗中讓控制難題顯得獨特且缺乏相關的歷史前例。正因這些理由，智慧爆發前流逝的時間量並不會造成多大的影響。會造成影響的反而可能是：（一）解決控制難題的智慧，到爆發為止所達到的進展量；（二）執行手頭上最佳選項（並臨時拼湊出缺少的部分）時，持有的技能和智慧量。[9] 顯然，（二）這個因素會正面反映出認知強化的程度。至於認知強化要怎麼影響（一），就是個比較微妙

的問題。

如前面的主張，假設認知強化是總體宏觀結構發展的加速器。這會讓智慧爆發加速到達，因而減少了準備時間以及在控制難題上有所進展的時間。一般來說，這是件壞事。然而，如果會讓智慧進展可用時間變少的唯一原因，只有智慧進展加速的話，那麼在智慧爆發時發生的智慧淨進展量，就不需要有所減少。

在這一點上，認知強化對因素（一）而言，似乎是中立的：原本在智慧爆發之前會做出來的相同智慧進展還是會做出來（包括控制難題方面的進展），只是會壓縮在比較短的時間之內。不過，事實上有可能證明認知強化對因素（一）有正面的影響。

智慧爆發時，認知強化之所以能在控制難題上造成更多進展，一個理由在於解決控制難題的進展，尤其取決於智慧表現的極端程度——甚至比創造機器智慧所需的工作還要有影響力。至於控制難題這一塊，嘗試錯誤以及累積試驗結果的效用似乎相當受限，但試驗學習卻會在人工智慧或全腦仿真的開發上具極大的作用。因此，時間可以換取智慧的程度，會以一種「認知強化在控制難題上促進的進展，比在『如何創造機器智慧』上多」的方式，因個別工作而有所不同。

認知強化之所以會有差異地促進解決控制難題進展的另一個理由，在於對這種進展的需要，比較有可能是由認知上更有能力的社群和個體所意識。我們需要先見之明和推理，來了解控制難題為何重要，並把它當做優先考量。[10] 此外，可能還需要不尋常的卓越見識，來找到克服這個不尋常問題的方法。

從這些反思中，我們可以做出結論：至少當我們專注於智慧爆發所帶來的生存風險問題時，認知強化是我們需要的。那些需要先見之明和

可靠抽象推理的挑戰（與此相對的，好比說針對環境中已體驗的改變所增加的適應，或是跨越多世代的文化成熟和制度建構過程），將產生出思考其他生存風險的平行路線。

技術連接

我們先假設，有人認為替人工智慧解決控制難題很難，替全腦仿真解決控制難題則簡單得多，因此希望透過全腦仿真來達到機器智慧。我們等一下再回頭探討全腦仿真會不會比人工智慧安全，但現在我們要先證明，就算我們接受這個前提，也不能因此斷定我們應該推動全腦仿真技術。前面我們討論過一個理由：超智慧應該要晚一點達成，為我們多保留一點時間，在控制難題上有所進展，並讓其他有利的背景趨勢達到極高點——因此，如果我們有自信全腦仿真不管怎樣都會搶先一步，那麼進一步加快全腦仿真就會適得其反。

但就算情況真的是全腦仿真愈快達成愈好，**還是不能**就此斷定我們應該支持全腦仿真的發展。因為全腦仿真的進展可能不會產生全腦仿真，反倒是產生神經形態的人工智慧——這種人工智慧的形式模仿大腦皮質組織的某些面向，但不以足以形成適當仿真的逼真程度，來複製神經元功能。如果（其實真的有理由如此）這種神經形態的人工智慧比原本打算打造的人工智慧還糟，且促進全腦仿真會導致神經形態的人工智慧先達成，那麼我們追求預想的**最好**結果（全腦仿真），就會導致**最糟**的結果（神經形態的人工智慧）；然而，如果我們追求**第二好**的結果（人造人工智慧），我們實際上卻有可能達到第二好的結果（人造人工智慧）。

我們剛剛描述了一個可以稱為「技術連接」的（假想）例子。[11] 指

的是某種情況下，兩種技術之間存在著可預期的時間關係，發展其中一種技術會產生穩健的趨勢，來帶動另一種技術的發展；而這另一種技術可以是必要的先驅，也可以是明顯不可擋的應用或下一步。我們使用不同的技術發展原則時，必須把技術連接納入考量：如果唯一能達到技術 Y 的方法，是發展極度不為人所需的先驅技術 X；或是得到 Y 之後，就會立刻產生一個極度不為人所需的相關科技 Z，那麼加速 Y 的開發就不是件好事。在你與真愛結婚之前，最好先想一下未來的姻親。

在全腦仿真的情況中，技術連接的程度是未定的。我們在第二章提過，雖然全腦仿真在各種必要技術上都還需要大量的進展，但它可能並不需要重大的新理論洞見。特別是我們不需要了解人類知覺怎麼運作，只需知道如何打造小部分大腦的運算模型（像是不同類型的神經元）。儘管如此，發展仿真人腦的過程中，會蒐集到大量神經解剖學的資料，皮質網路的功能模型也一定會有長足的進展。這樣的進展似乎能讓神經形態的人工智慧早於全腦仿真充分發展之前誕生。[12] 從歷史上來看，從神經科學或生物學獲得的人工智慧技術案例其實非常少（舉例來說，麥卡洛格－皮茨神經元〔McCulloch–Pitts neuron〕、感知器〔perceptron〕以及其他人工神經元和神經網路，都是由神經解剖學研究啟發；強化學習是由行為心理學啟發；遺傳演算法是由演化論啟發；包容體系結構〔subsumption architecture〕和分層知覺〔perceptual hierarchy〕，則是由關於動作計劃〔motor planning〕和感應知覺〔sensory perception〕的認知科學理論啟發；人工免疫系統是由理論免疫學啟發；群體智慧〔swarm intelligence〕是由昆蟲社群和其他自我組織系統的生態學啟發；還有機器人技術中的反應控制與行為基礎〔behavior-based〕控制，則是由動物運動啟發）。或許很多重要的人工智慧相關問題，可能會透過進一步研

究腦部來解答。（舉例來說，腦儲存物怎麼構成工作記憶和長期記憶中的表現？整合問題要如何解決？神經的密碼是什麼？概念如何表現？是否有像皮層柱那種皮質處理裝置的標準單位？如果有的話，它如何布線，而其功能又怎麼仰賴布線？這樣的陣列要怎麼連結起來，它們又如何能學習？）

關於全腦仿真、神經形態人工智慧以及人造人工智慧的相關危險，我們將再多討論一些，但我們已經能標記出另一個重要的技術連接：全腦仿真和人工智慧之間的技術連接。就算為全腦仿真推一把的結果真的導致了全腦仿真（而非神經形態的人工智慧），且就算我們真的能萬無一失掌握全腦仿真，進一步的風險還是存在。這是種與**第二次轉型**，也就是從全腦仿真轉型至人工智慧（更強大的機器智慧終極形式）相關的風險。

還有其他眾多形式的技術連接，可在更廣泛的分析中思考。舉例來說，進一步推動全腦仿真有可能會促進神經科學更全面的發展。[13] 這可能會產生眾多效應，例如使測謊、神經心理控制技術、認知強化，以及各種醫藥改良加速進展。同理，進一步推動認知強化（根據所追求的特定途徑）可能也會產生意料之外的結果，像是讓遺傳選擇和遺傳工程法更快速發展，不只強化了知覺，也修改了其他特質。

預測

如果考慮到「徹底善良、理性、單一，只執行我們發現為最佳選擇的世界控制者並不存在」，我們就會遇到另一層面的策略難題。關於「該要完成什麼」的抽象論點，必須包含在具體的形式之中，並送進修

辭學與政治現實的舞台上。在那裡，論點會因為眾多衝突而被忽視、誤解、扭曲或濫用；它會像小鋼珠般到處彈來彈去，引發行動和反應，導致一大串後果，且與訊息發送者原本的意圖一點關係也沒有。

世故的運作者可能會預料到這類效應。舉例來說，想想下面這個用來持續開發危險科技 X 的自變數模版（argument template）（符合這模板的自變數，可以在艾力克・德雷克斯勒〔Eric Drexler〕的著作中找到。在德雷克斯勒的例子中，X= 分子奈米科技）。[14]

1. X 風險很大。
2. 降低這些風險，需要一段期間認真準備。
3. 認真準備只在 X 的前景有被社會各領域認真看待的情況下才會開始。
4. 社會各界只會在開發 X 的大量研究投入後，才認真看待 X 的前景。
5. 愈早開始認真研究，就得花愈多時間才能讓 X 誕生（因為會從更低水準的既有技術能力開始）。
6. 因此，愈早開始認真研究，進行認真準備的期間就愈長，降低的風險就愈多。
7. 因此，對 X 的認真研究應該要立刻開始。

一開始看起來像是減緩或停止的理由——X 變得太強大的風險——在這種思路下，最終反而成為相反結論的理由。

相關類型的論證還有，我們應該歡迎那些讓我們察覺到自身脆弱、刺激我們採取預防措施，以降低生存災難機率的中小規模災難。這種想法認為，中小規模災難有如預防接種，用我們較能存活下來的威脅來挑

戰文明，並激發我們的免疫反應，好讓世界準備好處理各式各樣的既有威脅。[15]

這些「刺到就會有反應」的論點提倡讓某些壞事發生，並希望透過刺激，讓公眾有所反應。在此提出這個論點，並不是要支持這個論點，而是拿它來介紹（所謂的）「預測論證」（second-guessing arguments）的想法。這樣的論點堅稱，藉由把其他人看做非理性者，並迎合他們的偏差與誤解，是有可能從他們身上引出一個比「把一件事忠實且直接地呈現給他們的理性感知面」還要適合的回應。

要用預測論證所推薦的詭計來達到長期全球目標，似乎窒礙難行。訊息在公眾論述的彈珠台裡四處彈跳，哪還有誰能預測最終的軌跡呢？要做到這一點，似乎需要預測加諸於眾多構成分子的修辭效應；而這些構成分子，長期以來便具有各種時代特色以及程度不一的影響力；在這段漫長的期間中，系統可能受到出乎預料的外在事件所干擾，同時其拓樸結構也經歷了持續的內生重組──想也知道，這是不可能的任務！[16]然而，為了指認出一個會讓某長期結果提高機率的干涉，就針對系統未來的全部軌跡做出詳盡的預測，其實也沒有必要。舉例來說，我們會比較詳細思考的，可能僅限於相對近期且可預測的效應，然後選出相關的較佳行動，同時在可預測的水準之上，為系統行為製作一個隨機漫步模型。

然而，不去強調預測行動或是克制不做預測行動，也有其道德說法。試圖智取另一方，看起來像是一個零和賽局（zero-sum game）或是負和賽局（negative-sum），也就是某人考量實踐行動會浪費的時間和精力，且這個行動可能會讓自己更難發現他人的真正意圖，並且更難在表達自己意見時取信於人。[17]想要實踐策略溝通時，全力出擊的部署會扼殺掉開誠布公，並使真相無力在政治恐懼暗算的黑暗中自行辯護。

途徑和促成者

　　我們應該慶祝電腦硬體的進展嗎？邁向全腦仿真之路的進展又會如何呢？我們會接連討論這兩個問題。

硬體進展的效應

　　更快的電腦讓機器智慧的出現變得更加容易。因此，硬體加速進展的效應之一，就是加速機器智慧的到來。如前文所述，以「不因人觀點」來說，這應該是件壞事，畢竟這減少了能解決控制難題以及讓人類達到更成熟文明階段的時間。不過這也不一定會發生。因為超智慧會消滅掉其他諸多生存風險，所以如果這些生存風險的層級很高，就有理由支持較早進行開發。[18]

　　加速或延緩啟動智慧爆發，不是硬體進展速度能影響生存風險的唯一管道。另一個管道是，硬體可以在某種程度上替代軟體；因此，更好的硬體降低了編碼寫出種子人工智慧所需的最低技能。更快的電腦也可以鼓勵人使用那些更大幅倚重暴力破解的技術途徑（像是遺傳演算法以及其他生成－評估－捨棄法〔generate-evaluate-discard method〕），而少用那些必須深入理解後才能使用的技術。如果暴力破解技術導致更無秩序或不精確的系統設計，而使控制難題的解決變得比更精準設計、更掌控理論的系統來得困難，就會形成更快速電腦增加生存風險的另一條途徑。

　　另一個顧慮是，快速的硬體進展增加了快速起飛的可能性。半導體工業的頂尖技術進展愈快，程式設計者開發電腦任一種表現水準的能力

所花的工時就愈少。這代表智慧爆發較不可能始於「使爆發可行的硬體在最低表現水準之際」。因此，當硬體遠遠超越「那個最終會成功的程式設計第一次成功時」的最低硬體水準智慧，爆發就**比較**有可能開始。當起飛終究要發生之際，會有一個硬體突出點。我們在第四章看過，硬體突出點是在起飛過程中降低反抗的主要因素之一。因此，快速硬體進展可能會讓超智慧的轉型加快形成，也會增加轉型的爆發性。

透過硬體突出點產生的更快速起飛，可用好幾種方法影響轉型風險。其中最明顯的是，較快的起飛減少了轉型過程中回應和調整的機會，而傾向增加風險。相關的考量在於，我們有機會以「限制種子人工智慧殖民足夠硬體的能力」，來牽制一個危險的自我進步種子人工智慧，但這種機會會因為有了硬體突出點而減少：當處理器的速度愈快，人工智慧快速自我引導成超智慧所需的處理器就愈少。硬體突出點的另一個效應是，藉由降低大型計劃優勢（能負擔較強力電腦的成本）的重要性，讓大型計劃和小型計劃的競爭變得更平等。但如果大型計劃較有可能解決控制難題，也較可能去追求道德上可接受的目標，那麼這個效應也會增加生存風險。[19]

更快速起飛也有優勢，它可以增加單極形成的可能性。如果建立單極對於解決後轉型協調難題來說夠重要，那或許就值得在智慧爆發期間接受更大的風險，以緩和智慧爆發後的災難性協調失敗風險。

運算的發展對機器智慧革命結果的影響，不只對機器智慧的打造有直接作用，也對間接形塑智慧爆發初始條件的社會有著散播的效果。目前在許多領域影響人類活動（包括人工智慧的研究開發以及控制難題的研究）的網際網路，就是因為硬體夠好，促進了個人電腦大量低價生產，才得以發展出來的（如果沒有網際網路，這本書可能寫不出來，你

也找不到這本書）。不過，對能促進人類通訊和思考的其他眾多應用而言，硬體其實已經夠好了，但我們仍不清楚這些領域的進展速度，是否仍嚴重受到硬體進展的速度所牽制。[20]

整體來說，對不因人評價立場而言，運算硬體進展得較快，似乎不是它想要的情況。但這個暫定結論是可以翻轉的，好比說在「最後證明來自其他生存風險或是後轉型協調失敗的威脅其實意外嚴重」的情況下。無論如何，似乎很難有什麼辦法，在硬體進展速度上起夠分量的作用。我們提升智慧爆發初始條件的努力，可能應該專注在其他參數上。

要注意的是，就算我們看不出來該怎麼影響某些參數，把那些參數的「信號」（也就是那個參數的增加或是減少，以及是不是我們所要的）定為標定策略走向的初期步驟，還是有用處的。我們日後可能會發現一個新的槓桿點，能讓我們更輕易控制參數。或者我們能發現，參數的信號符合其他更可控制的參數之信號，那麼我們最初的分析，就能幫助我們決定該怎麼處理這個新的參數。

應不應該推動腦部仿真研究？

人工智慧的控制難題愈是難以解決，似乎就愈應該推動全腦仿真途徑，做為一種低風險的選擇。不過，在我們充分考量之前，有幾個問題應該要先分析。[21]

首先，之前我們已經討論過技術連接的問題。當時我們指出，開發全腦仿真的努力，反而有可能產生神經形態的人工智慧這種相當不安全的機器智慧。

但現在為了論證，我們暫且假定我們實際上達成了全腦仿真。這樣

會不會比人工智慧安全呢？──這是個複雜的問題。全腦仿真至少**假定**三個優勢：（一）全腦仿真的表現特性會比人工智慧更好理解；（二）能繼承人類動機；（三）會導致較慢的起飛。現在我們來分別簡單思考這三個優勢。

1. 「模擬智慧的表現特性，應該會比人工智慧的智慧表現特性來得容易理解」，這聽起來很合理。我們對人類智慧的強弱項有充分的經驗，但對於人類水準的人工智慧卻相當缺乏。不過，約略了解一個數位化的人類智慧可否做到什麼，不等於了解這個智慧會怎麼回應針對其表現進行的強化修改。相對來說，人工智慧經過精心設計，可讓人同時理解其靜態和動態的特性。所以，雖然在可相比的開發階段內，全腦仿真在智慧表現上會比尋常的人工智慧更好預測，但就動態特性而言，全腦仿真會不會比一個由安全意識充足的程式設計者所設計的人工智慧更好預測，恐怕還不清楚。

2. 至於「仿真能繼承其人類模版的動機」這一點，從來都沒辦法保證。捕捉人類評價特性可能需要一個極高度保真的仿真。就算某個個體的動機被完美捕捉下來，我們也不知道能換得多少安全。人也可以是不值得信任、自私而殘酷的。雖然我們可以滿懷希望按照與上述相反的美德來選出樣版，我們還是很難預言，一個被移植到全然迥異的環境中、智慧上超級強化、還有機會統治世界的人會怎麼行動。的確，仿真至少（相較於只在乎迴紋針或計算圓周率的位數）比較有可能得到**像人類**的動機。這個特性到底會不會比較令人放心，取決於我們對人類本質的看法。[22]

3. 全腦仿真為何會導致比人工智慧更慢的起飛，恐怕還不清楚。我

們或許能藉由全腦仿真期待較低的硬體突出點，畢竟全腦仿真在運算上沒有人工智慧那麼有效率。此外，或許人工智慧可以更輕易吸收所有的運算能力，化為一個巨大的整合智慧；而全腦仿真會摒棄品質超智慧，而只在速度上和人口上超越人類。如果全腦仿真確實能導致較慢的起飛，那它在緩和控制難題上是有好處的。一個較慢的起飛會讓多極結果較有可能出現。但多極結果是不是我們所要的，卻非常值得懷疑。

「先做全腦仿真比較安全」這個概略想法還有另外一個重要難題：應付**第二次轉型**的需求。就算人類水準機器智慧的第一個形式是基於仿真，它還是有可能發展成人工智慧。相對於全腦仿真，成熟形式的人工智慧具有重大優勢，使人工智慧終究成為更強大的技術。[23] 成熟的人工智慧可以讓全腦仿真這個技術報廢（除非有保存人類個別心智的特殊目的），但反過來就不行。

這代表的是，如果人工智慧先行發展，智慧爆發潮可能就只有一波。但如果先開發的是全腦仿真，可能會出現兩波：第一波是全腦仿真的到來，第二波則是人工智慧的到來。全腦仿真先行途徑的生存風險總量，是第一次轉型和第二次轉型的風險**總和**（得要先能撐過第一波），如圖十三所示。[24]

在全腦仿真世界中的人工智慧轉型會安全多少？我們要考量到，如果人工智慧轉型是在某種形式的機器智慧早已實現後才發生，那麼這個轉型就沒那麼具爆發性。以數位速度和遠超過生物人類人口的數量來運行的仿真，會降低認知差異，讓仿真能更輕易控制人工智慧。這個考量不會太重大，畢竟人工智慧和全腦仿真的差距還是很大。不過，如果仿

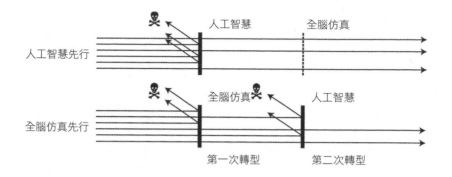

圖十三　人工智慧會先出現還是全腦仿真會先出現？在人工智慧先行的情境中，會有一次產生生存風險的轉型。在全腦仿真先行的情境中，則會有兩次具有風險的轉型：先是全腦仿真的開發，然後是人工智慧的開發。於是，先全腦仿真情境的總生存風險是兩次的總和。然而，如果人工智慧轉型的風險發生在一個全腦仿真已成功引入的世界中，其風險就會相對較低。

真不只是更快或是數量更多，而是在某種品質上比人腦更聰明（或至少取自人類分布的尖端），那麼全腦仿真先行情境的優勢，就能和前面討論過的人類認知強化相比擬。

另一個考量是，轉型全腦仿真會擴大領頭者的領先。不妨想像一個情況：領頭者在開發全腦仿真技術上，領先最靠近的追趕者有六個月的差距。假設第一個進行的仿真物很合作、注重安全且充滿耐心。如果這個仿真物在高速硬體上運行，它會花上無數的（主觀）時間，來仔細思考如何創造安全的人工智慧。舉例來說，如果這些仿真物以十萬倍速運行，且能不受干擾地花六個月的恆星時（sidereal time）來處理控制難題，那麼它們在面對其他仿真物的競爭之前，可以花上五萬年的時間來詳細思考控制難題。若有足夠的硬體，它們可以藉由展開無數個複製品來獨立處理子問題，好加速進展。如果領頭者用這六個月的領先時間來形成單極，那麼它就可以為它的仿真物人工智慧開發團隊提供無限量的

時間，來處理控制難題。[25]

　　整體來說，如果全腦仿真在人工智慧之前發生，人工智慧轉型的風險似乎就會降低。不過，如果我們把人工智慧轉型裡殘留的風險和前述全腦仿真轉型的風險合併，我們就很難知道全腦仿真先行途徑的總生存風險，該怎麼跟人工智慧先行途徑的風險相較量。除非我們對於生物人類完成人工智慧轉型的能力真的非常悲觀（把「人性或文明到了我們面對這挑戰時可能已經進步」這點算進去之後），那麼全腦仿真先行途徑才會看起來有吸引力。

　　要弄清楚全腦仿真技術該不該推行，還有一些更進一步的重要論點必須衡量。最重要的是前面提過的技術連接：推動全腦仿真反而會產生神經形態的人工智慧。這是個不應推動全腦仿真的理由。[26]毫無疑問，**有些**人造人工智慧的設計，比**某些**神經形態的設計還不安全。然而，在我們的預期中，神經形態學的設計似乎比較不安全。這個論點的基礎在於：模仿可以替代理解。要從頭打造一個東西，我們通常必須相當理解系統該怎麼運作。但僅僅複製一個既有系統的特色，就不必具備這種程度的理解了。全腦仿真仰賴的是生物學的全面複製，不需要對認知有「綜合運算系統等級」的理解（當然，還是要有「構成成分等級」的大量理解）。從這方面來說，神經形態的人工智慧可能像是全腦仿真：它光是憑著拼湊從生物體抄來的片段就可以達成，工程師不必對系統如何運作有深刻的數學理解。但另一方面，神經形態的人工智慧似乎也**不像**全腦仿真：它並不預存人類動機。[27]這個考量反對把全腦仿真法的探索，進行到可能產生神經形態人工智慧的程度。

　　第二個要拿出來衡量的論點是，全腦仿真更有可能進一步告知我們它的到來。至於人工智慧，總是可能會有人達到意料之外的概念突破。

相形之下，全腦仿真需要許多辛苦的事先步驟——高效能掃描設備、影像處理軟體，以及詳細的神經建模工作。因此，我們可以很有自信地說，全腦仿真的出現，真的不是迫在眉睫（至少不會少於十五或二十年）。這代表了對於加速全腦仿真所投注的心力，多半會在機器智慧的發展相對遲緩的情況下，才會造成差異。如此一來，對於那些想要用智慧爆發先壓制住其他生存風險、但又出於謹慎不敢支持人工智慧、以免在控制難題解決前貿然觸發智慧爆發的人來說，投資全腦仿真是個非常具有吸引力的選擇。不過相關時間尺度的不確定性目前恐怕還太大，而無法讓這種考量產生影響力。[28]

因此，推動全腦仿真的策略，會在下列情況中最具吸引力：（一）對「人類可解決人工智慧控制難題」十分悲觀；（二）不用太擔心神經形態的人工智慧、多極結果或是第二次轉型的風險；（三）預計全腦仿真和人工智慧出現的時間很接近；（四）不想讓超智慧太晚或太快開發出來。

因人觀點支持速度

我很害怕當部落格評論家「washbash」寫下這段話時，其實說出了很多人的心聲：

> 我出於本能認為應該要快一點。不是因為我認為這對世界來說比較好。為什麼我死掉以後還要關心這個世界？該死，我就是想變快！這會給我更高的機會體驗技術更進步的未來。[29]

從「因人」立場來看，我們有更強的理由加速所有會引發生存風險

的基本技術。因為預設的結果是，所有現存的個人過了一個世紀之後都會死掉。

就「延長我們的壽命，並因此讓現存人口有更高比例活到智慧爆發」的技術而言，匆忙加速的理由十足充分。如果機器智慧革命順利進行，其產生的超智慧幾乎一定會設計出方法，來無限延長當時仍存在的人類之生命，不只讓他們存活，還會讓他們恢復健康和青春活力，並強化他們的能力，直到遠遠超我們現在所認為的人類極限，或是幫助他們擺脫人世間的紛擾。要達成這一切，可以藉由把他們的心智上傳到數位基底，並賦予極端美好感受的虛擬化身解放的靈魂。但就那些並未答應要拯救生命的技術而言，我們就沒有那麼大的理由要匆忙加速。至於有希望能增加生活水準，這理由或許還算充分。[30]

同一種推理讓「因人觀點」支持許多有風險、但能擔保智慧爆發加速啟動的技術革新；即便那些革新並不受到「不因人觀點」的支持。這樣的革新會使我們非得各自撐下去，才能看見後人類時代的黎明時分縮短。從因人觀點來看，硬體快速進展因此是世人所要的，全腦仿真的快速進展也是。任何對生存風險的不利影響，其重要性應該都比不上現存人類生存時期中，發生智慧爆發的機會增加所帶來的個人好處。[31]

合作

全世界設法協調合作發展機器智慧的程度，也是一個重要的參數。合作會帶來許多好處。我們接著來看看這個參數會如何影響結果，以及可能有什麼槓桿能增加合作的範圍與強度。

競爭動力和其危險

當計劃畏懼被其他計劃趕過時，競爭動力就會出現。這其實不需要真的有很多個計劃存在，就算只有一個計劃，只要那個計劃察覺到競爭者，就有可能呈現出競爭動力。如果當初同盟國沒有（錯誤地）相信德國人可能快發展出原子彈，他們恐怕就不會那麼快達成開發目標。

競爭動力的嚴重程度（也就是競爭者優先注重速度過於安全的程度）取決於好幾個因素，例如競賽者的遠近、能力與運氣的相對重要性、競爭者數量、競爭團隊追求方法之異同，以及計劃目標的雷同程度。競爭者對這些因素的信念也很重要（見附錄十三）。

開發機器智慧的過程中，至少會有速度緩和的競賽，急速競爭動力也有可能存在。對於我們應該如何思考智慧爆發的可能性所帶來的策略挑戰來說，競爭動力會帶來重要的後果。

附錄十三　向下的風險競賽

想像一個假設的人工智慧軍備競賽，許多團隊競逐開發超智慧。[32] 每支隊伍會決定要在安全性上做多少投資——它們知道花在開發安全預防措施的資源，不會再用於開發人工智慧。競爭者之間的協議要是沒了（可能被討價還價或實施困難所阻擾），就有可能出現一個向下的風險競賽，讓每支隊伍都只採取最小量的預防措施。

我們可以把每支隊伍的表現模型化為一個能力函數（測量其原始力量及運氣），以及一個符合其安全預防措施成本的懲罰項（penalty term）。具有最高表現分數的隊伍，能打造第一個人工智慧。人工智慧的風險則是由創造者在安全性上投資多少來決定。在最糟的情況中，所有隊伍都有同樣水準的能力。那麼，獲勝者就只能藉由安全投資決定——做了最少安全預防措施的隊伍將獲勝。這個競賽中的納許平衡（Nash equilibrium）是每支隊伍都不花一毛錢在安全性上。在真實世界中，這種情況可能會透過**風險棘輪效應**（risk ratchet）發生：有些隊伍因為害怕落後，甘冒風險來趕上競爭者——而競爭者也以同樣的方式回應，直到全體的風險水準都最大化。

能力 vs. 風險

當能力有了變化，情況就改變了。隨著能力的變化變得更為重要（相較於安全預防措施成本），風險棘輪效應就變弱了：如果做了也不可能改變競賽排名，那麼引起一點點額外風險的誘因就變小了。圖十四的各種情況說明了這一點，圖中標出了人工智慧的風險與能力重要性的依賴關係。安全投資的範圍從 1（產生絕對安全的人工智慧）到 0（產生徹底不安全的人工智慧）。X 軸表示隊伍的人工智慧進展速度（在 0.5 時，安全投資水準比能力重要兩倍；在 1 時，兩者相等；在 2 時，能力的重要性是安全水準的兩倍，以此類推）。Y 軸代表人工智慧風險水準（競賽獲勝者在最大功能中得到的預期分量）。

我們可以看到，在所有情境中產出的人工智慧，其危險程度在能

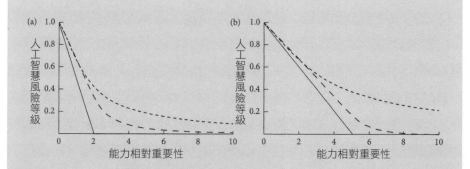

圖十四　人工智慧技術競賽中的風險等級。在一個技術競賽的簡單模型中，有 (a) 兩支隊伍或 (b) 五支隊伍密謀相爭能力重要性（相對於投資在安全性上），來決定哪支隊伍贏得比賽。圖中顯示危險人工智慧的風險等級。圖片也顯示了三個資訊水準狀況：沒有能力資訊（直線）、個人能力資訊（虛線）以及全面能力資訊（點線）。

力不起任何作用時達到最大，並隨著能力重要性的增加而漸漸降低。

兼容目標

　　另一個降低風險的方法，是讓每支隊伍都在彼此的成功中多占一些分量。如果競爭者都確信，就算拚到第二名也是全盤皆輸，它們就會為了超越對手甘冒任何風險。相對來說，如果贏得競賽不是那麼重要，各隊伍就會在安全性上投資更多。因此這種主張認為，我們應該鼓勵各種形式的交叉投資。

競爭者數量

　　競爭隊伍愈多，競賽就愈危險：每支隊伍成為第一的機會愈低，大家就愈容易把警訊拋到九霄雲外。比對圖十四 (a)（兩支隊伍）和圖十四 (b)（五支隊伍）就可以看出這點。在每個情境中，愈多競

爭者都代表愈高的風險。如果隊伍合併成數量較少的競爭同盟，風
險將會降低。

過多資訊的詛咒

　　隊伍如果知道自己在競賽中的排位會是件好事嗎（比方說知道
它們的能力分數）？在此，相反的因素起了作用。當領頭者知道自
己正領先時，它會知道自己有餘裕來做額外的安全預防措施。然
而，落後者不該知道自己正在落後，因為這樣會使它認為自己該減
低安全措施，換得迎頭趕上的一絲希望。儘管直覺上這樣的權衡消
長看似正反都行，但模型卻清清楚楚：預期中的資訊不是好事。[33]
圖十四 (a) 和圖十四 (b) 標示了三種情境：直線對應了沒有一支隊伍
知道各自的能力分數，包括自己的也是。虛線顯示每支隊伍只知道
自己的能力（這個狀況下，隊伍只有在自己能力低下時才會多冒風
險）。點線則代表所有隊伍都知道彼此能力時會發生的狀況（如果
它們的能力接近彼此時，就會冒額外的風險）。每個資訊水準的增
加，都會讓競爭動力變得更糟。

　　競爭動力可以刺激計劃，使其更快速邁向超智慧，並降低解決控制
難題的投資。競爭動力也可能產生其他有害效應，像是競爭者之間的直
接敵意。假設兩國競相開發第一個超智慧，而其中一個似乎領先。在一
個勝者全拿的狀態中，落後的計劃可能會有孤注一擲的念頭，而非束手
待斃。預料到這種可能性的領先者，可能會先發制人。如果對手是強大

的國家，衝突可能會很血腥。[34]（針對對手的人工智慧發動精準打擊，可能會冒著啟動一場更大戰役的風險。倘若敵對國已採取預防措施，那在各種情況下恐怕都不可行）。[35]

倘若對手開發者並非國家，而是較小的實體（例如企業實驗室或學術團隊），衝突應該不至於造成那麼直接的毀滅。然而，競爭的整體後果還是一樣糟。因為來自競爭者的預期傷害主要不是源自戰爭破壞，而是預防措施的降級。如我們所見，競爭動力會降低安全投資；而衝突就算非暴力，也會有傷害合作機會的傾象，畢竟各個計劃若處在敵意和懷疑的氣氛中，就比較不可能共享解決控制難題的想法。[36]

論合作的好處

合作因此提供了諸多好處：使發展機器智慧不那麼倉促；使安全獲得更大投資；避免暴力衝突；促進大家分享解決控制難題的想法。此外，合作還會傾向產生「讓成功受控的智慧爆發成果獲得更平等的分配」的結果。

更廣泛的合作會帶來更廣泛的成果分享，這可不是理所當然。原則上，利他主義者運作的小型計劃會導致所有道德上可思考的生命均衡或公平地分配到好處。儘管如此，有數個理由可以假設，涉及更多資助者的更廣泛合作，在分配上更為優秀。其中一個理由在於，資助者可想而知會偏好一個讓它們（至少）拿到自己該有一份的分配結果。如此一來，廣泛合作就代表，假設計劃成功，相對多數的個體至少會拿到自己該得的那一份。另一個理由是，廣泛合作也較有可能嘉惠合作範圍以外的人。一個較為廣泛的合作包含更多成員，所以會有更多局外人和在內

尋求利益的局內人有著個人牽連。更廣泛的合作也較有可能包含一些想嘉惠所有人的利他主義者。更進一步來看，更廣泛的合作也較有可能會在公眾監督下運作，因而降低讓整塊大餅都被一小群程式設計者或私人投資者吃掉的風險。[37] 我們也該注意，成功的合作愈大，擴展利益給所有局外人的成本就愈低（舉例來說，如果有 90% 的人都已經在合作範圍內，那麼如果他們想讓所有局外人都達到他們的水準，需要花費的財產不會超過手頭上的 10%）。

因此，廣泛合作有可能導致成果更廣泛的分配（儘管**某些**資助者不多的計劃也可能有分配上極為優良的目標）。但為何廣泛分配利益會符合需要？

「每個人都拿到一份好處」的結果之所以該受到支持，具有道德和保險的雙重理由。關於道德，我們不會著墨太多，只需知道這不必寄託於任何平等主義原則。舉例來說，光是根據公平性就能提出論點了。一個創造機器智慧的計劃，從外部強加了全球風險。地球上的每個人因此都身陷危險之中，包括那些不贊成讓自家人性命陷進來的人。因為每個人都只能共同分擔風險，所以每個人都得到一份好處，似乎是最低的公平要求。

好處的（預期）總量在合作中似乎更大，這個事實是讓這種情況在道德上更該受支持的另一個理由。

支持廣泛分配成果的保險理由是雙管齊下的。其一，廣泛分配會推動合作，藉此緩和競爭動力的負面結果。如果每個人都堅持得在任何一個計劃的成功裡獲得平等的利益，那麼大家就沒有那麼大的動機，去爭奪率先打造超智慧的寶座。某一特定計劃的資助者，也能藉由把普遍分配好處的承諾可靠地昭告天下，而從中獲益，這是個有可能吸引更多支

持者，以及更少敵人的真正利他主義計劃。[38]

支持廣泛分配成果的另一個益處，和行動主體有風險厭惡（risk-averse）或是有在資源方面屬於次線性（sublinear）的效能函數有關。這裡的主要事實是潛在的資源大餅之龐大性。假設可觀測的宇宙就如乍看一般無人居住，而足以讓每個活著的人至少都能分到一個以上的閒置銀河系，那麼多數人應該會想獲得一個銀河系的資源之某部分使用權，而不是一張有十億分之一機會抽中十億個星系所有權的樂透券。[39] 考慮到宇宙稟賦的驚人天量，個人利益似乎應該要支持「能保證每個人都有一份」的交易，就算每一份只能占整體的極小部分也是一樣。當這樣的一種過度奢侈的財富即將來臨，重要的是不被排除在外。

這個資源大餅龐大性的論點，預先假設了世人的偏好是「資源可滿足」的。[40] 然而，這個猜想不一定有效。舉例來說，有些知名的倫理學理論，包括特別集合的結果主義，符合風險中立以及資源上線性的效能函數。十億個星系比一個星系更能創造出快樂十億倍的生活。因此對功利主義者而言，它們有十億倍的價值。[41] 然而，普通的自私人類效能函數卻比較是資源可滿足的。

後面這個陳述應該要有兩個重要的條件從旁支持。第一個是許多人在乎排名。如果多個行動主體都想要成為富比世（Forbes）富豪榜第一名，那麼就不可能有一個資源大餅能大到充分滿足每個人。

第二個資格條件是，後轉型技術的基礎能讓物質資源轉換成範圍空前的產品，包括某些儘管許多人極度重視、但現在不管怎樣都還買不到的商品。一個億萬富翁不會比一個百萬富翁長命百倍。不過在數位心智的時代，億萬富翁可以負擔一百倍的電腦運算力，並因此享受一百倍長的主觀壽命。同理，心智容量也可以拿來賣。在那樣的環境下，當經濟

資本能以固定比率轉換成生命所需的商品，甚至連更高層次的財富都能以固定比率換到時，在這個（缺乏慈善的）富人淪落到把財富拿去買飛機、遊艇、藝術品或第四、第五棟豪宅這些在今日世界中就已有的無限貪婪，到了那環境下甚至會變得更合情合理。

這是否代表，自我主義者在談到自身的後轉型資源投入時，得要是風險中立的？不完全是。物質資源可能無法以任何尺度轉換為壽命或精神表現。如果生命必須要連續地活下去，好讓觀測者時刻能記住先前的事件，並能受到先前的選擇所影響；那麼，數位心智的人生就無法在不利用數量增加的**序列**運算的情況下任意擴張。物理會限制資源可轉為序列運算的極限。[42] 序列運算的極限，也會限制認知表現的某些面向，使其不至於在規模上超越一個相對適當的資源稟賦。更進一步來說，就算論及規範上極為重要的結果量度（例如調整過品質的主觀生命年限），自我主義者會不會或應不應該風險中立，還是不太明顯。如果提供的選擇是介於「確定再多活兩千年的壽命」以及「十分之一的機會再多三萬年的壽命」，我想絕大多數人會選擇前者（就算講好每一年都有同等的品質，結果應該還是一樣）。[43]

在現實中，支持廣泛分配成果的理由，可想而知得看對象且看情況而定。然而大致上來看，如果找到一個方法能達到廣泛分配，那麼世人就更有可能拿到他們（幾乎大部分）想要的，就算還沒把「承諾分配得更廣泛，傾向於培養合作，因而增加了避開生存災難的機會」考慮進去，這也是成立的。因此，支持廣泛分配顯然不只是道德觀點上有權如此，在保險觀點上也值得採用。

合作還有一套結果至少應該得到一點承認，就是前轉型合作影響後轉型合作的水準。假設人類解決了控制難題（如果控制難題沒有解決，

就幾乎不影響後轉型有多少合作），那麼會有兩種情況要思考。第一，智慧爆發**沒有**創造一個勝者全拿的動力學（可能是因為起飛相對緩慢）。在這個狀況下，如果前轉型合作對後轉型合作有任何系統效應，那麼它傾向推廣後續合作的正面效應，是很合理的。原本的合作關係會持續下去，並繼續到轉型後；同理，前轉型合作可提供人類更多機會，來發展符合所需的（以及可能是更合作的）後轉型方向。

第二個狀況是，智慧爆發的本質的確會鼓勵勝者全拿的動力學（可能因為起飛相對快速）。在這個情況下，如果起飛之前沒有大規模的合作，就有可能產生一個單極——只有一個計劃會獨自經歷轉型，並在某個時間點取得關鍵策略優勢的超智慧。根據定義，單極是個高度合作的社會秩序。[44] 缺少了大幅度的合作前轉型，因此會導致一個極端程度的合作後轉型。相對來說，在智慧爆發的準備期間，一個比較高水準的合作，會開展更多樣的可能結果。互相合作的計劃可以把它們的進展同步，來確保它們並肩轉型，不會讓任何一方得到關鍵策略優勢。或者，不同的資助團體可能會把彼此的努力集結為單一計劃，同時拒絕讓這計劃成為單極。舉例來說，可以想像一個國家集團形成一個共同的科學計劃來發展機器智慧，但並未授權這個計劃演化成任何一個類似強化的聯合國組織，反而決定維持過往存在的派系世界秩序。

因此，尤其是在快速起飛的情況下，「前轉型合作愈強大，會導致後轉型合作愈少」的可能性就存在。然而，就合作實體能形塑結果來說，只有當它們預見災難性結果不會隨著後轉型結黨而來，才會允許非合作產生或持續下去。因此，前轉型合作導致後轉型合作減少的狀況，可能會是「減少的後轉型合作無害」的狀況。

整體來說，較大規模的後轉型合作似乎符合我們的期待。它會降低

反烏托邦動力學的風險，在那種情況下，經濟競爭和快速擴張的人口，會導致馬爾薩斯情境；或者，演化選擇侵蝕人類價值並選擇了非幸福形式；或者，對立強權苦於戰爭或技術競賽等其他類型的合作失敗。如果轉型導向一個中間形式的機器智慧（全腦仿真），最後提到的這個「技術競賽」遠景就可能會特別有問題；因為它會創造一個新的競爭動力，導致控制難題獲得解決的機會，在第二次轉型成形式更先進的機器智慧（人工智慧）後遭到損害。

前面我們曾談過，合作會如何降低競逐智慧爆發過程的衝突，提高控制難題獲得解決的機會，並增進最後資源分配的道德正當性和保險必要性。因此，在這些合作的好處之外，或許還可以加上一條：前轉型時代較廣泛的合作，能幫助後轉型時代的重要合作難題。

一起工作

合作可以依照合作實體的規模採取不同的形式。小規模的合作中，相信自己正在彼此競爭的各個人工智慧團隊，可以選擇聚集大家的努力。[45] 公司可以合併或交叉投資。在比較大規模的合作中，國家可以參與大型的國際計劃。科技領域過去就有大規模的國際合作先例（像是歐洲核子研究組織〔CERN〕、人類基因組計劃、國際太空站），但發展安全超智慧的國際計劃，會因為安全意義而呈現出不同層級的挑戰。這個合作不能以開放學術合作的方式構成，而必須是一個極為嚴密控制的共同事業。或許參與其中的科學家在計劃期間必須人身隔離，避免與世上的其他人聯絡，除非透過單一而小心審查的聯絡管道。計劃所需的安全水準當前幾乎不可能達到，但靠著測謊和監視技術的進步，我們或許能

在這個世紀內達成。另外要牢記在心的是，廣泛合作不一定代表大量的研究者會涉入計劃；這只代表會有很多人在一個計劃的目標中有發表自己意見的機會。原則上，一個計劃最大可以是一個將所有人都算進資助者的廣泛合作（例如以聯合國大會為代表），但只雇用一個科學家來進行工作。[46]

儘早開始合作的理由，是利用把「哪個計劃會先達到超智慧」的特定資訊藏起來不讓我們看到的「無知之幕」。但我們愈接近終點線，對手計劃相對還有多少機會，就會有更大的確定性；最後才根據領頭者的利益來提出立場，要求他加入一個把利益分給全人類的合作計劃，就會變得更難。另一方面，在超智慧的前景變得比目前更受到廣泛認識之前，以及在創造機器超智慧有一條清楚可見的途徑之前，要建立一個全球範圍的正式合作，看起來也很難。合作會沿著哪條路推動進展，且實際上有可能會因為安全問題而造成適得其反的成果，前面也都討論過了。

因此，當前合作的理想形式，可能一開始不需要特定形式的協議，且不用加快機器智慧的進展。一個符合這些標準的主張是，我們提出一個適當的道德規範，表達我們對「超智慧應效力於公益」的承諾。這樣的規範可以這樣表示：

公益原則： 超智慧只應為所有人類的福利發展，並為普遍共享的倫理理想服務。

在超智慧的極大潛能還歸屬於全人類的早期階段，就建立起這樣一種規範，會給規範更多時間扎根。

公益原則並不排除領域中活躍的個人或公司所尋求的商業動機。舉

例來說，面對所有達到某些極高標的收益（好比說一年一兆美元），都以普通方式分配給公司持股人和其他合法索求者，卻只讓超出門檻的收益平等（或根據普世的道德標準）分給所有人的這種效應，一間公司可採用「意外收益條款」（windfall clause）來應對，以滿足全面分享超智慧利益的要求。採用這種意外收益條款應該不需要付什麼代價，任何一間公司都不太可能超過這個不尋常的收益門檻（而這種低機率的情況，一般來說在公司管理人員與投資者的決策中不會起任何作用）。然而此法被廣泛採用，會給人類一個有價值的保證（只要大家信任承諾的話），保證只要**有哪個**私人事業抽中了智慧爆發大獎，每個人都會分享到大部分的好處。同樣的想法也可以運用在公司以外的實體上。舉例來說，國家可以同意只要哪個國家的國內生產總值超過了全球生產總值的某個極高比例（好比說 90%），超出的部分就要平等分給所有人。[47]

　　機器智慧領域中活躍且負責任的個體或組織，可以先行採用這個公益原則（以及特定實例，像是意外收益條款）為自願道德承諾。之後，它可以藉由更廣泛的群體背書，被制定為法律和協定。上述這樣一種模糊的構想，做為一個起點已綽綽有餘；不過，它終究還是需要強化為一套特定的可驗證要求。

15
Chapter

緊要關頭

我們發現自己處在錯綜複雜的策略難題中，被不確定的濃霧包圍。雖然釐清了許多思路，但其細節和相互影響依舊不清楚，而且可能還有我們尚未想過的其他因素。在這種窘境中，我們該做什麼？

有期限的哲學

我有位同事想要點出，費爾茲獎（Fields Medal，數學界最高榮譽）指出了受獎人的兩件事：一個是他過去完成了某些重要的事；一個是他沒有做到的事。這聽起來雖然很刺耳，卻點出了一個真相。

把「發現」想成一個讓資訊從「比較晚」挪到「比較早」到來的行為。「發現」本身的價值，並不等於「發現」的資訊價值，而是讓資訊比本來更早可以取得。一位科學家或數學家或許能找到一個困擾他人多年的解答，從而展現出自己的高超技巧；然而，如果這個難題不管怎樣很快就會被解開，那麼這項工作對世界就沒有那麼大的益處。然而**有些**案例是，就算只是稍微快一點找到解答，都極具價值，這最可能在解答很快就派得上用場的情況發生，可能是應用於某些實際末端，或是用來

當做進一步理論工作的基礎。在後者中，解答只有在用來當做進一步理論基石的意義下，才會被立刻拿來使用；只有在解答能達到的進一步工作本身又重要又緊急的情況下，稍快一步得到解答才具有極大價值。[1]

那麼，問題就不是費爾茲獎得主發現的結果本身（不管是工具上還是知識上）「重不重要」。反之，問題在於「得主讓結果的公開提早發生」這件事重不重要。這個時間傳輸的價值，應該要和一個世界級數學心智藉由做其他事而能產生的價值做比較。至少在某些案例中，費爾茲獎可能會指出某些人的生命其實都花在解決錯誤的難題上——舉例來說，那種因為「出名地難解」而具魅力的難題上。

類似的尖銳指責也可以指向其他領域，像是純理論哲學。哲學涵蓋了一些與緩和生存風險相關的難題——我們在書中已見過不少。然而，哲學中有些子領域和生存風險或任何實際考量都沒有明顯連結。如同純數學一般，有些哲學難題如果能放在「人類有理由獨立關注它們的實際應用」之意義下，就有可能可以看做本質上重要。現實的基礎本質本身可能就值得去了解，但如果沒有人研究形而上學、宇宙學或弦理論，這個世界恐怕不會這麼輝煌。不過，一個智慧爆發的黎明前景，會在這古老的智慧探索上照下新的光芒。

現在的觀點主張，哲學進展可以透過間接途徑（而不是立即的哲學探討）來最大化。超智慧（甚至只是適度強化的人類智慧）可以勝過當前思想家的眾多工作之一，就是回答科學和哲學的基礎問題。這種反思提出了一個延遲滿足的策略。我們把對永恆之問的某些探索稍微延後一陣子，將這份工作委託給我們更有望勝任的後繼者，好讓我們專注於更緊迫的挑戰：也就是增加我們實際能造出這個勝任後繼者的機會，這會是高強度哲學和高強度數學。[2]

該做什麼?

因此,我們要專注在不但重要而且急迫的難題上,因為難題的解答在智慧爆發之前就必須取得。我們也要留意不該著手處理有負面價值的難題(例如解決起來會有害的那種)。舉例來說,有些人工智慧領域的技術問題之所以具負面價值,是因為解答可能會加速機器智慧,卻沒有同樣加速開發控制方法,使機器智慧革命讓人類存活並受益。

要辨認出緊急而重要的難題,且又能確信其有正面價值,恐怕並不容易。圍繞著減緩生存風險的策略不確定性,代表著就算出於好意的介入,我們還是得擔心最終可能不僅無效,甚至可能造成反效果。若要限制因為做有害或道德錯誤的事而造成風險,我們應該要去處理那些看起來**價值強烈正面**的難題(也就是其解答在各種情況中都產生正面貢獻的難題),並採取強烈正當的手段(也就是能被各種道德觀所接受的手段)。

在選擇難題的優先處理順序上,還有一個進一步的必要事項得考慮。我們想要處理那些對我們的努力而言**彈性**的難題。在同一個單位的努力下,可以更快速或是更大幅度解決的難題,屬於較有彈性的難題。在世上鼓吹更多善意,是個重要而迫切的難題——此外,也是相當強烈正面價值的難題;然而,該怎麼處理它,我們卻沒有突破性的想法,所以這個難題只算得上彈性相當低的難題。同理,人類極度需要世界和平;但想想人類已為此投下的無數努力,以及快速解決所面臨的重重恐怖障礙,就會覺得即便再多一兩個人的貢獻,恐怕也很難造成什麼改變。

為了降低機器智慧革命的風險,我們建議兩個最符合所有必要事項

的目標:策略分析和能力打造。我們對這些參數跡象比較有信心——更多策略洞見和更多能力就是更好。更進一步來看,這些因素是有彈性的:多增加一點投資,就可以產生相對大的差異;增加洞見和能力也很急迫,因為這些因素在早期的提升,可能會產生加倍的效果,讓大量的投入變得更有效率。除了這兩個大目標外,我們將指出另外幾個也有潛在價值的先行目標。

尋找策略的光

在混亂不確定之中,「分析」是一個特別令人期待的價值。[3] 說明我們的策略狀態,有助於我們更有效率鎖定重要的干預。策略分析不只在我們極不確定某些邊緣問題的細節時非常必要,當我們完全不確定核心事物的基本特質時,也一樣不可或缺。對於許多關鍵參數而言,我們甚至對它們的**跡象**完全無法確定——也就是說,我們不知道哪個改變方向是我們要或不要的。然而,我們的無知並非無法補救。我們對這個領域的探勘甚少,而稀微的策略洞見可能還在地表下不深處等待出土。

這裡的「策略分析」指的是尋找關鍵問題:我們對執行的精細結構,甚至所望之物的一般拓樸學,能改變我們的觀點或想法。[4] 就算只是一個遺漏的關鍵問題,都可能削弱我們最堅定的努力,或使這些努力化為有害,就像戰場上為錯誤一邊而戰的士兵一樣。尋找關鍵問題(必須探索規範性以及描述性問題)往往需要在不同學門和其他知識領域的邊界交錯遊走。如何進行這種研究還沒有已制定的方法論,所以還需要困難的原創思考。

打造好的能力

另一個和策略分析一樣，具有在各種情況下都有益的高價值活動，就是發展一個認真看待未來的良好支援基礎。這樣的基礎可以為研究和分析提供資源。如果可以看到其他優先事項，資源就能根據這點來更改目標。因此，一個支援基礎會具有多用途功能，可在新洞見產生時受其引導。

一個有價值的資產是捐贈者網路，包含奉獻於理智的慈善事業、對生存風險清楚了解，並能辨識緩減方法的眾人。早期的資助者更是需要智慧與無私，因為他們有機會在常見的貪婪利益卡位生根之前，就形塑這個領域的文化。因此，這段開場期間的焦點，應該是招募對的人加入。放棄某些短期的技術進展，讓真正在乎安全、且有求真取向的人來填滿各個階層，應該會很有價值。

一個重要的可變因素是：人工智慧領域的「社會認識論」品質，以及其領域的領頭計劃。關鍵思考只在影響行動時才十分有價值。我們不能總把這事視做理所當然。想像一個投資數百萬元和多年心血來開發原型人工智慧的計劃，在克服了眾多技術挑戰後，系統終於開始展現真正的進展。此時只要再多做一點工，就有機會成為某種有用且有利可圖的東西。然而，此刻發現了一個關鍵問題，指出一個截然不同的方針會更為安全。這項計劃會像維護尊嚴的日本武士一樣切腹自盡，放棄它不安全的設計以及所有已達成的進展嗎？還是它會像受驚的章魚一樣，噴出一團有動機的懷疑論黑墨，從而逃避攻擊？在這兩難之中，會選擇武士道的可靠計劃，絕對是一個比較可取的開發者。[5] 然而，要打造一套會根據不確定陳述和猜測論證而自願切腹的流程和制度，其實並不容易。

社會認識論的另一個方面是敏感資訊管理，特別是避免洩漏應保密資訊（資訊自制對學術研究者而言可能特別有挑戰性，因為他們習慣持續在每一個能發布的地方，流通他們的研究成果）。

特殊度量方法

除了策略的光和好的能力之外，一些更特定的目標也能替行動展現出划算的機會。

其中一個是機器智慧安全技術的挑戰。為了推行這個目標，必須考量到資訊災難的管理。某些對解決控制問題很有幫助的研究工作，在解決能力問題上也會有用。使人工智慧喪失保險的研究，很容易會變成淨負值。

另一個特定的目標，是在人工智慧研究者之間推動「最佳實作」。這是無論在控制問題上有了什麼進展，都得散播出去的觀念。某些形式的運算實驗，特別是涉及強大的遞迴式自我進步，可能需要使用能力控制，來削減意外起飛的風險。儘管今日安全方法的實作還不太重要，但隨著技術的進步，它的重要性會日益增加。要求從業人員對**安全表達承諾**還不算太晚，包括為公益原則背書，並保證在機器智慧的前景開始看起來更迫切時加強安全。雖然誠心誠意的說詞並不足夠，說詞本身也不會讓一個危險的技術變得安全；但話說久了，想法就有可能漸漸跟隨過去。

其他機會也繼續把某些關鍵因素向前推進。舉例來說，可能會減緩其他的生存風險，或是推動生物認知強化以及群體智慧的進步，或是甚至把全球政治轉移成一個更和諧的樣貌。

人類特質中最好的請出列

在智慧爆發的遠景之前，我們人類就像小孩子在玩炸彈。問題在於我們控制力的不成熟，難以匹配我們所玩之物的力量。超智慧是個我們尚未準備好、長久之後也不會準備好的挑戰。我們幾乎無從得知它何時會啟動，但如果我們把裝置湊到耳邊，就會聽到一點微弱的滴答聲響。

對於一個手握未爆彈的孩子來說，合理的舉動是緩緩把它放下，然後盡快逃出房間，並通知最近的大人。然而，我們這裡不是只有一個孩子，而是一堆，而且每個都擁有獨立的啟動機制。我們**全體**都理性放下危險物品的機會恐怕微乎其微。一定會有·些死小鬼，只是想看按下去會怎樣，就按下點火鈕。

我們也不能靠逃跑來保命，因為智慧爆發的炸裂，會讓整個天空都塌下來。眼見範圍內也沒有任何成年人。

在這種情況下，任何「哎喲，不錯喔」的感覺都徹徹底底不合時宜。驚愕與恐懼是比較接近的反應，但最合宜的態度可能是盡其所能讓自己變強的痛定思痛，像是在準備一個若非實現夢想、夢想就會被消滅的困難測驗。

這不是一個關於狂熱的藥方。智慧爆發可能還要幾十年才會發生。不過我們要面對的挑戰，有部分緊繫於我們的人性：維持腳踏實地、常識判斷，以及即便在這道最不自然且不人道的關卡上，仍然保持愉快心情。我們必須把身而為人的足智多謀，全都投注在這些難題的解答上。

然而，我們也別跟丟了這個對全世界都很重大的意義。在我們每日的平凡瑣碎中，我們可以感知（若能，也只是隱約地感知）我們這個時

代的必要任務。在這本書中，我們試圖面對一個本來相對模糊且負面的景象，從中發現多一點能把生存風險降低，以及達成「讓人類的宇宙稟賦以同理且備受鼓舞的方式獲得使用」的文明路徑。且把這做為禮物，贈予我們的基本道德。

致謝

　　圍繞我寫作過程的那層薄膜具有充分的透水性，讓成書期間產生的眾多概念和想法得以滲透出去，成為更廣泛對話的觸角；同時，這段期間也有許許多多外部發想的洞見融入了本書。我期望能竭盡所能完成索引，但我所受的影響實在太多，多到無法完整記載。

　　我要感謝眾多和我討論、助我釐清想法的人：Ross Andersen、Stuart Armstrong、Owen Cotton Barratt、Nick Beckstead、David Chalmers、Paul Christiano、Milan Ćirković、Daniel Dennett、David Deutsch、Daniel Dewey、Eric Drexler、Peter Eckersley、Amnon Eden、Owain Evans、Benja Fallenstein、Alex Flint、Carl Frey、Ian Goldin、Katja Grace、J. Storrs Hall、Robin Hanson、Demis Hassabis、James Hughes、Marcus Hutter、Garry Kasparov、Marcin Kulczycki、Shane Legg、Moshe Looks、Willam MacAskill、Eric Mandelbaum、James Martin、Lillian Martin、Roko Mijic、Vincent Mueller、Elon Musk、Seán Ó hÉigeartaigh、Toby Ord、Dennis Pamlin、Derek Parfit、David Pearce、Huw Price、Martin Rees、Bill Roscoe、Stuart Russell、Anna Salamon、Lou Salkind、Anders Sandberg、Julian Savulescu、Jürgen Schmidhuber、Nicholas Shackel、Murray Shanahan、Noel Sharkey、Carl Shulman、Peter Singer、Dan Stoicescu、Jaan Tallinn、Alexander Tamas、Max Tegmark、Roman

Yampolskiy 以及 Eliezer Yudkowsky。

特別詳盡深入的意見，我要感激 Milan Ćirković、Daniel Dewey、Owain Evans、Nick Hay、Keith Mansfield、Luke Muehlhauser、Toby Ord、Jess Riedel、Anders Sandberg、Murray Shanahan 以 及 Carl Shulman。 我 要 感 謝 Stuart Armstrong、Daniel Dewey、Eric Drexler、Alexandre Erler、Rebecca Roache 以及 Anders Sandberg 在書中不同部分給予我寶貴的建議。

我還要感謝 Caleb Bell、Malo Bourgon、Robin Brandt、Lance Bush、Cathy Douglass、Alexandre Erler、Kristian Rönn、Susan Rogers、Andrew Snyder-Beattie、Cecilia Tilli 以及 Alex Vermeer，他們協助我準備原稿。我特別要謝謝我的編輯 Keith Mansfield，他在整個寫作計劃中給了我無盡的鼓勵。

在此，向其他該於此處留名、但未能出現的人致歉。

最後，將最深刻的感謝送給資助者、朋友和家人；沒有你們的支持，這本著作根本無法完成。

注釋

序言

1. 然而，也不是所有注腳都包含有用的訊息。
2. 我也不知道哪些不對。

第 1 章

1. 當今生存水平收入大約平均每人 400 美元（Chen and Ravallion 2010）。因此，100 萬人的生存水平收入為 4 億美元。目前全球的總產值大約為 60 兆美元，並在近幾年以每年 4% 的速度成長（1950 年以來每年的加重成長率，請參考 Maddison 2010）。文中提到的估算由上述數字而生。如果我們直接看人口數字就會發現，目前全世界人口要增加 100 萬，只需大約一個半星期；但由於人均收入也跟著成長，這個數字低估了經濟成長率。西元前 5000 年的農業革命以來，人類人口以每 200 年增加 100 萬人的速率成長（這是自人類史前時代的 100 萬年以來極大的一場加速），當時就已經發生了一場相當大的加速。不過，7000 年前需要花 200 年達成的經濟成長量，現在只要 90 分鐘；而花了兩個世紀增長的人口，如今只需要一個半星期就能達成，相當驚人。可參考 Maddison 2005。
2. 這樣戲劇化的成長和加速可能暗示了「技術奇點」即將到來的概念，正如約翰·馮紐曼（John von Neumann）與數學家斯塔尼斯拉夫·烏拉姆（Stanislaw Ulam）的對談所預示（Ulam 1958）：

   > 我們的對話集中討論了不斷加速的科技進步以及人類生活模式的改變，這些發展及改變似乎在人類史上達到某個必要的技術奇點，超過技術奇點之後，我們目前所熟知的人類事務將不復存在。

3. Hanson (2000).
4. Vinge (1993); Kurzweil (2005).
5. Sandberg (2010).
6. Van Zanden (2003); Maddison (1999, 2001); De Long (1998).
7. 1960 年代有兩句多番重談的樂觀證言：「二十年內，機器將有能力做任何人所能做的事。」（Simon 1965, 96）；「在這個世代內……製造人工智慧的難題將大幅解決。」（Minsky 1967, 2）。關於人工智慧預測的有系統回顧整理，參見 Armstrong and Sotala 2012。
8. 可參閱 Baum et al. 2011 以及 Armstrong and Sotala 2012。
9. 不過也有人主張，人工智慧研究者對開發時程的了解比他們自以為的還要少——但這兩方

都說得通：他們可能高估了人工智慧誕生的時間，也有可能低估。

10. Good (1965, 33).
11. 諾伯特‧維納（Norbert Wiener）是個例外，他確實對可能的結果有些不安。他在 1960 年的文章寫道：「如果我們為了達到目的而使用一個一旦開啟、就會因為動作太快而無法改變，且沒有資料可供人在完成之前做出干涉，以至於無法有效干涉其運作的機器行動主體，那麼我們最好確認這個機器存在的目的是我們真正想要的，而非僅是該目的的炫麗模仿。」（Wiener 1960）。在麥括達克（McCorduck 1979）的著作中，有一段艾德‧佛列德金（Ed Fredkin）的訪談，提及佛列德金對超級智慧的擔憂。到了 1970 年，古德本人寫出了這些風險，甚至呼籲相關人士建立一個組織來處理危機（Good 1970；也可見他另一篇文章〔Good 1982〕，文中預示了我們在第十三章將討論的「間接規範」想法）。到了 1984 年，馬文‧明斯基也發表了許多關鍵憂慮（Minsky 1984）。
12. Cf. Yudkowsky (2008a)。在潛藏危險的未來科技變得可行前，評估倫理學意涵的重要性，可見 Roache 2008。
13. McCorduck (1979).
14. Newell et al. (1959).
15. 分別是安全管理者組合網路工具（Security Administrator's Integrated Network Tool，SAINT）、「類比」（ANALOGY）程式和「學生」（STUDENT）程式。可見 Slagle 1963；Evans 1964、1968 及 Bobrow 1968。
16. Nilsson (1984).
17. Weizenbaum (1966)
18. Winograd (1972).
19. Cope (1996); Weizenbaum (1976); Moravec (1980); Thrun et al. (2006); Buehler et al. (2009); Koza et al. (2003). 2012 年 5 月，內華達州車輛管理局核發了第一張無人車執照。
20. 使用雙關語強化失語者對話系統，見 Ritchie et al. 2007。
21. Schwartz (1987). 在此，舒瓦茲是想在胡伯特‧德雷弗斯（Hubert Dreyfus）文章所呈現的想法中，描述一個懷疑的觀點。
22. 這段期間，德雷弗斯發表了直言不諱的批評。同年代其他著名的懷疑論者包括約翰‧盧卡斯（John Lucas）、羅傑‧潘羅斯（Roger Penrose）和約翰‧希爾勒（John Searle）。然而，他們之中只有德雷弗斯在乎是否該駁倒「我們應該從人工智慧現有的範例中，預期有什麼樣的實際成果」這種主張（儘管他對於新範例是否能繼續向前邁進之可能性持開放的態度）。希爾勒的目標是心智哲學中的功利主義者理論，而不是人工智慧系統的工具能力。盧卡斯和潘羅斯否認古典電腦有能經程式設計來做人類數學家工作的任何可能，但並不否認任何特定的功能原則上都可以自動化，或人工智慧最終將在工具上非常強大。羅馬哲學家西塞羅（Cicero）曾提到：「沒有什麼比哲學家所說過的更荒謬。」（Cicero 1923, 119）；但在本書的脈絡下，要想到有哪個重要的思想家否定過機器超智慧的可能性，其實意外地難。
23. 不過，就許多應用而言，神經網路中進行的學習和阿德里安－馬里‧勒讓德（Adrien-Marie Legendre）與卡爾‧弗里德里希‧高斯（Carl Friedrich Gauss）於 19 世紀發展的統計技術「線性回歸」裡進行的學習有些許不同。
24. 1969 年，亞瑟‧布萊森（Arthur Bryson）和何毓琦把基本演算法描述成一個多階動力的最佳化方法（Bryson and Ho 1969）。保羅‧韋伯士（Paul Werbos）則是主張將此法應用於神經網路（Werbos 1994），但要等到 1986 年，大衛‧藍美爾哈特（David Rumelhart）、喬佛瑞‧辛頓（Geoffrey Hinton）和朗那德‧威廉斯（Ronald Williams）等人發表研究（Rumelhart et al. 1986）之後，這個方法才漸漸在圈內廣為人知。

25. 過去已經顯示，缺乏隱藏階層的網路功能會嚴重受限（Minsky and Papert 1969）。

26. 例如 MacKay (2003).

27. Murphy (2012).

28. Pearl (2009).

29. 這裡我們少談眾多技術細節，以免讓闡述過於繁複。我們在第十二章會有機會回顧這些被忽略的問題。

30. 如果程式 p 在某個（特定的）通用圖靈機 U 上運作，輸出 x，那 p 就是一個字符串 x 的描述；我們寫做 $U(p)=x$。（在這裡，字符串 x 代表一個可能的世界）。那麼，x 的柯氏複雜性就會是 $K(x):=\min p\{\ell(p):U(p)=x\}$，其中 $\ell(p)$ 是 p 的位元長度。那麼 x 的「索羅莫諾夫」（Solomonoff）機率就會定義為 $M(x):=\Sigma_{p:U(P)=x}2^{-\ell(p)}$，在這裡總合是以所有讓 U 輸出一個以 x 開始的字符串的全體（「最少的」，也就是說不是必要地停止）程式 p 來定義（Hutter 2005）。

31. 證據 E 的貝氏調節會給出 $P_{posterior}(w)=P_{prior}(w|E)=\dfrac{P_{prior}(E|w)\,P_{prior}(w)}{P_{prior}(w)}$（一個命題〔如 E〕的機率是可能的世界中會成真的世界的機率總和）。

32. 或者隨機從可能的行動中選出一個有最高期望功效的；假設有平手的狀況。

33. 更簡明來說，一個行動的預期功效可以寫作 $EU(a)=\sum\limits_{w\in W}U(w)\,P(w|a)$，其總合是所有可能的世界。

34. 可參考 Howson and Urbach 1993；Bernardo and Smith 1994；Russell and Norvig 2010。

35. Wainwright and Jordan (2008). 貝氏網路的應用領域極龐大，可參考 Pourret et al. 2008。

36. 有人可能會納悶，為什麼這裡要這麼詳細描述遊戲人工智慧，對某些人而言，這個應用領域似乎不是很重要。我的回答是，某些人類對決人工智慧表現最清晰的測量，就是遊戲提供的。

37. Samuel (1959); Schaeffer (1997, ch. 6).

38. Schaeffer et al. (2007).

39. Berliner (1980a, b).

40. Tesauro (1995).

41. 這類程式包括了 GNU（見 Silver 2006）以及 Snowie（見 Gammoncd.net 2012）。

42. 連納特本人和領導快速設計流程有關係。他寫道：「勝利的最終結果應該是萊納特（60%）／Eurisko（40%），這裡的重要性在於，無論哪邊都無法單獨獲勝。」（Lenat 1983, 80）

43. Lenat (1982, 1983).

44. Cirasella and Kopec (2006).

45. Kasparov (1996, 55).Newborn (2011).

46. Newborn (2011).

47. Keim et al. (1999).

48. 參見 Armstrong 2012。

49. Sheppard (2002).

50. Wikipedia (2012a).

51. Markoff (2011).

52. Rubin and Watson (2011).

53. Elyasaf et al. (2011).

54. KGS (2012).

55. Newell et al. (1958, 320).

56. 歸功於 Vardi 2012。

57. 1976 年，古德寫道：「大師級強度的電腦程式，帶給我們的就差那麼一點點（就能達到機械器超智慧）。」（Good 1976）。1979 年，侯世達（Douglas Hofstadter）在他獲得普立茲獎的著作《哥德爾、埃舍爾、巴赫》（*Gödel, Escher, Bach*）提出意見：「問題：有沒有能打遍天下無敵手的下棋程式？推測：沒有。應該會有些程式能在下棋這個項目上打敗所有人，但它們不會只是下棋程式，還會是整體智慧的程式，而且將會像人一樣喜怒無常。『你要下棋嗎？』『不，我下膩了。咱們來聊聊詩吧！』」（Hofstadter [1979] 1999, 678）。

58. 這裡的演算法是具有 alpha-beta 剪枝（alpha-beta pruning）的極小化極大算法（minimax）搜尋，和一個下棋專用的啟發式棋盤狀態評估函數並用。這些演算法若再結合一個龐大充足的開局與終局棋譜資料庫，以及多種其他相關技術，就能成為一個有能力的下棋引擎。

59. 儘管近期在「從模擬遊戲中學習啟發式評估」特別有所進展，其中眾多演算法在其他類型的遊戲上應用得也會應用得不錯。

60. Nilsson (2009, 318). 高德納（Donald Ervin Knuth）顯然誇大了他的論點。人工智慧還有許多「思考工作」未能成功，比如發明一個新的純數學子領域、思考任何一類哲學、寫出偉大的偵探小說、籌劃政變，或是設計一個當紅的新型消費產品。

61. Shapiro (1992).

62. 有人可能會推測，人工智慧很難在知覺、動力控制、常識和語言理解方面與人類匹敵的理由，在於我們的腦有專門處理這些功能的濕體——一個在演化時間尺度中最佳化的神經結構。相較之下，邏輯思考和下棋之類技藝對我們而言並不自然；所以以我們可能是被逼著得靠一個數量有限的多工認知資源，來處理這些工作。或許當我們從事清晰的邏輯論證或數學計算時，大腦實際運作的方式其實可以類比於一台「虛擬機器」，就像一台多功能電腦的緩慢笨重精神仿真物一樣。有人可能會（充滿幻想地）接著說：一個會邏輯思考的人類，是在模仿一個人工智慧程式；但一個古典人工智慧程式，可沒法那樣反過來模仿人類思考。

63. 這個例子是有爭議的。在美國，有將近 20% 的成年人相信太陽繞著地球走（在其他好幾個已發展國家的比例也差不多如此），（Crabtree 1999；Dean 2005）。

64. World Robotics (2011).

65. 根據 Guizzo 2010 的資料所做的估計。

66. Holley (2009).

67. 另外也使用了混合的基於規則式統計方法，但這些方法目前並非主流。

68. Cross and Walker (1994); Hedberg (2002).

69. 參考 TABB 集團的統計資料。TABB 是一間設立於紐約和倫敦的資本市場研究公司。

70. CFTC and SEC (2010). 關於 2010 年 5 月 6 日事件的不同觀點，可參考 CME Group 2010。

71. 文中所有內容都不應該解釋為反對演算法高頻率交易的論點，這種交易通常會因為增加流動性和市場效率而有良性效能。

72. 2012 年 8 月 1 日又發生了一次較小規模的市場恐慌，起因有部分同樣是沒有設計「斷路器」來在交易股量有極端變化時停止交易（Popper 2012）。此事再次預告了接下來的主題：想預料某個看來合理的規則所有可能出錯的特定方式，其實頗有難度。

73. Nilsson (2009, 319).

74. Minsky (2006); McCarthy (2007); Beal and Winston (2009).

75. 出自諾維格的個人會談。機器學習課程也相當普遍，反映出某個正交的「大數據」（比方說由 Google 和 Netflix 百萬美金大獎所帶起的）炒作風潮。

76. Armstrong and Sotala (2012).

77. Müller and Bostrom (forthcoming).

78. 見 Baum et al. 2011 文中引用的另一個調查，以及 Sandberg and Bostrom 2011。
79. Nilsson (2009).
80. 同樣以沒有發生崩毀文明的大災難為前提。尼爾森使用的「人類水準的機器智慧」定義為：「能在 80% 的工作上做得如同人類一樣好，甚至超越人類的人工智慧。」（Kruel 2012）
81. 該表顯示四種不同調查的結果以及合併計算結果。前兩種是學術會議中進行的普查：PT-AI 指的是 2011 年希臘塞薩洛尼基（Thessaloniki）「人工智慧哲學與理論」會議的與會者（受訪者於 2012 年 11 月接受提問），88 人中有 43 人回答。AGI 指的是 2012 年 12 月，牛津「人工總體智慧」與「人工總體智慧影響與風險」兩場會議的與會者（回收數為 72 ／ 111）。EETN 調查從發表過人工智慧領域的研究者專業組織「希臘人工智慧組織」成員中取樣，時間為 2013 年 4 月（回收數為 26 ／ 250）。「前一百」調查的對象，則是用人工智慧領域的論文引用索引，選出排名前 100 的作者，調查時間為 2013 年 5 月（回收數為 29 ／ 100）。
82. 對 28 位（截至本書動筆）人工智慧從業者以及相關方面專家進行的訪談，發布於 Kruel 2011。
83. 圖解顯示了重整的中位數估計。中位數顯著不同。舉例來說，「相當糟」結果的估計中位數是 7.6%（前一百）和 17.2%（專業技術顧問的總合）。
84. 大量文獻記錄了許多領域專家預測的不可靠，且有充分理由認為，在這個研究主體裡的眾多發現也適用於人工智慧領域。特別是預測者傾向對自己的預測過度有自信，相信自己比實際上還要來得更加正確，因此對他們最支持的假說是錯誤的可能性，指派了太少的機率（Tetlock 2005）。（其他多種偏差也有所記錄，可參考 Gilovich et al. 2002）然而，不確定是人類狀況中不可逃避的事實，我們的許多行動都不可避免地仰賴預期哪個長期結果比較可能、或不可能發生：換句話說，就是仰賴機率預測。拒絕提供明確的機率預測不會讓認識論問題消失，只是把它藏起來（Bostrom 2007）。反之，我們應該擴展我們的信任區間（或「可靠區間」），也就是抹除我們的盲信功能，來回應過度自信的證據。而且一般來說，我們應該思考不同觀點和誠實追求智慧，盡全力對抗偏誤。長期來說，我們也可以致力開發能幫助我們達到更佳準確度的技術、訓練方法和制度。另可參閱 Armstrong and Sotala 2012。

第 2 章

1. 與 Bostrom 2003c 以及 Bostrom 2006a 的定義類似。也可對照山‧雷格（Shane Legg）的定義：「智慧是測量一個代理人在廣泛類型的環境中達到目標的能力。」（Legg 2008）。此外，也與第一章古德對超智慧的定義類似：「超智慧機器能超越人（無論有多聰明）所有的智慧活動。」
2. 出於同樣理由，我們不對超智慧機器是否具有「真正的意圖」做任何假設（若按希爾勒的想法，它會有；但這似乎和本書的關注點不相干）。關於哲學文獻中精神內容內在論／外在論的激烈爭辯，或延伸心智假說（extended mind thesis）的相關問題（Clark and Chalmers 1998），我們都不抱持任何特定立場。
3. Turing (1950, 456).
4. Turing (1950, 456).
5. Chalmers (2010); Moravec (1976, 1988, 1998, 1999).
6. 見 Moravec 1976。類似的論點也有進一步推展（David Chalmers 2010）。
7. 針對這些問題，Shulman and Bostrom 2012 有更詳細的說明。
8. Legg 2008 提供了這個理由，來支持「人類將能以更少的運算資源，在短很多的時間重現演

化」的主張（但要注意，演化未調整的運算資源是遠遠不可得的）。Baum 2004 論稱，某些人工智慧的相關發展因為有基因組的組成，讓演化演算法體現了一個有價值的表現，而較早發生。

9. Whitman et al. (1998); Sabrosky (1952).
10. Schultz (2000).
11. Menzel and Giurfa (2001, 62); Truman et al. (1993).
12. Sandberg and Bostrom (2008).
13. 進一步的討論，以及根據純智力測驗的平滑地景來決定適應函數和環境之承諾的討論，可參閱 Legg 2008。
14. 針對工程師或許能勝過往演化天擇的方法，可在 Bostrom and Sandberg 2009b 找到進一步論述。
15. 這個分析討論了生物的神經系統，但沒提到做為適應函數一環在模擬身體或周遭虛擬環境上的成本。有了足夠的適應函數，測試某一特定生物能力所需的運算量，比模擬「該生物一輩子全體神經運作」所需的運算量少很多。今日的人工智慧程式往往都在非常抽象的環境中開發運作。（在象徵性數學世界裡的定理證明器〔theorem prover〕，或是簡單遊戲擂台世界中的行動主體等等。）懷疑論者可能會堅持，抽象環境對常態智慧的演化是不夠的；反之，懷疑論者相信，虛擬環境必須與我們祖先藉以演化的真實生物環境極為相似才行。創造一個物理上逼真的虛擬世界，會比模擬一個簡單的玩具世界或抽象難題領域，需要多上不知多少倍的運算資源投入。（然而演化卻是「免費」使用了物理上的真實世界。）在極限的情況中，如果完全的微觀物理正確性受到支持，運算需求就會暴增到成為天方夜譚。然而，這種極端的悲觀主義幾乎沒有根據；演化出智慧的最佳環境，似乎不可能是竭盡逼真的自然模仿。相對來說，使用一個人工選擇環境比較有效，會是比較合理的情況。那種人工環境和我們祖先生存的環境相當不同，它經過特別設計，能推動那些「讓我們想發展的智慧類型增加」的改變（舉例來說，不是那種追求最高速的本能反應或高度優化的視覺系統，而是抽象推理和一般解決問題技巧）。
16. Wikipedia (2012b).
17. 觀視決策理論的一般處方，可見 Bostrom 2002a。當前問題的特定應用，可見 Shulman and Bostrom 2012。較短而易懂的介紹，請參考 Bostrom 2008b。
18. Sutton and Barto (1998, 21f); Schultz et al. (1997).
19. 這個名詞由尤德考斯基所提出；舉例來說，見 Yudkowsky 2007。
20. 這是 Good 1965 和 Yudkowsky 2007 所描述的情況。然而，我們也可以思考一個不一樣的情況，其中重複的序列有些步驟不涉及智慧增強，但涉及設計簡化；也就是說，在某些階段，種子人工智慧可能會重寫自身，好讓接下來的進步更容易發現。
21. Helmstaedter et al. (2011).
22. Andres et al. (2012).
23. 足以實現有用的認知與交流形式，但與正常人體的肌肉與感覺器官所提供的介面相比，仍然十分匱乏。
24. Sandberg (2013).
25. 見 Sandberg and Bostrom 2008, 79–81 關於「電腦需求」的章節。
26. 比較低階的成功，可能是擁有生物影射的微動力腦部模擬，並展示出大範圍自然發生的物種特有行為，像是慢波睡眠狀態或是活動依賴的可塑性（activity-dependent plasticity）。雖然這樣的模擬可以做為神經科學研究的有用試驗台（可能會產生嚴重的倫理問題），但它算不上全腦仿真，除非這個模擬夠正確，能進行絕大部分模擬腦能做的智慧工作。根據經驗，我們或許能說，為了讓一個人腦模擬算得上全腦仿真，它得要能表達連貫的語言思維，

或是有能力去學習語言思維。

27. Sandberg and Bostrom (2008).

28. Sandberg and Bostrom (2008). 進一步解釋可以在原本的報告中找到。

29. 第一張地圖在 Albertson and Thomson 1976 以及 White et al. 1986 中有所描述。合併（而且在某些例子中校正過）的網路可瀏覽 http://www.wormatlas.org/。

30. 若要回顧過去模擬秀麗隱桿線蟲的嘗試以及其命運，可見 Kaufman 2011。考夫曼摘錄了該領域一位富野心的博士生大衛‧達林波（David Dalrymple）的話，他說：「有了光遺傳學技術，在我們如今所處的時間點上，要說自己有能力用高速自動系統，在活體秀麗隱桿線蟲的神經系統任何一處讀寫，其實並不為過……我預期兩到三年內能完成秀麗隱桿線蟲的工作。不管有沒有用處，如果這項研究到 2020 年都還未破解，我會非常意外。」（Dalrymple 2011）。以生物實用主義為目標的手寫編碼（而非自動產生）腦部模型已達到某些基本功能；參見 Eliasmith et al. 2012。

31. 秀麗隱桿線蟲確實有些方便的特質。舉例來說，這種生物是透明的，而且其神經系統的排列模式不會因個體而異。

32. 如果最終的產品是神經形態人工智慧，而不是全腦仿真，那麼情況有可能（但也未必）是相關的洞見透過模擬人腦的嘗試而獲得。可以想見，科學家會在研究（非人類）動物腦部的過程中，發現重要的技術。有些動物的腦可能會比人腦好處理，畢竟較小的腦不需要那麼多的掃描及建模資源。研究動物腦部也不需要遵守那麼多規範。甚至我們也可以想見，第一個人類水準的機器智慧，會是藉由完成某個適合動物的全腦仿真，找到方法來強化這個數位心智，而創造出來的。因此，人類也有可能從一隻昇華的白老鼠或獼猴那裡，得到自己的報應。

33. Uauy and Dangour (2006); Georgieff (2007); Stewart et al. (2008); Eppig et al. (2010); Cotman and Berchtold (2002).

34. 根據世界衛生組織 2007 年的報告，全球有將近 20 億人碘攝取量不足（The Lancet 2008）。重度碘缺乏會妨礙神經發展，導致先天性碘缺乏症候群（cretinism），會造成平均智商損失 12.5（Qian et al. 2005）。只要在食鹽中添加碘，就可以簡單又實惠預防這個狀況（Horton et al. 2008）。

35. Bostrom and Sandberg (2009a).

36. Bostrom and Sandberg (2009b). 報告指出，醫藥和營養強化能在工作記憶和專注力等方面，造成 10–20% 的進步。但一般來說，這些報告中所呈現的增長數字是否真實、能否更長期持續、能否在真實世界中顯示同樣的進步成效，其實令人半信半疑（Repantis et al. 2010）。舉例來說，在某些案例裡，某些沒有被測量的面向會出現補償惡化（Sandberg and Bostrom 2006）。

37. 如果用簡單的方法就能強化知覺發展，演化應該早就用了。所以，最有前景而值得調查的健腦藥，會是某些降低我們先祖對環境的適應度的方法——舉例來說，增加出生時的頭部大小，或是擴大腦部的葡萄糖代謝量——來保證增強智慧的健腦藥。關於此想法（以及數個重要的資格條件）更詳細的討論，可見 Bostrom 2009b。

38. 精子比較難篩選的理由是，相對於胚胎，精子只有一個細胞——而為了做出排序，就得摧毀掉這一個細胞。卵母細胞（Oocyte）也只有一個細胞，不過，第一次和第二次細胞分裂是不對稱的，且只會產生一個細胞質非常少的子細胞，也就是極體（polar body）。因為極體包含了和主細胞一樣的基因組，而且是多餘的（它們最終會退化），所以可以拿來做活組織檢測並用於篩選（Gianaroli 2000）。

39. 這些實作都遭遇到某些倫理學的爭議，但似乎有愈來愈被接受的趨勢。對人類基因組工程和胚胎選擇的態度，在不同文化間差異甚巨，顯示出就算某些國家一開始採用謹慎立場，

新科技的發展和應用可能還是會發生，儘管發生的速度會受到道德、宗教和政治壓力所影響。

40. Davies et al. (2011); Benyamin et al. (2013); Plomin et al. (2013). 另見 Mardis 2011；Hsu 2012。

41. 在已開發國家的中產階級裡，成人智商的廣義可遺傳性通常估計為 0.5 至 0.8 的範圍內（Bouchard 2004, 148）。測量能貢獻額外遺傳因素的可變部分而得出的狹義可遺傳性，則會比較低（0.3 至 0.5 之間），但仍然不小（Devlin et al. 1997；Davies et al. 2011；Visscher et al. 2008）。相關人士正在研究根據人口與環境而有所不同的可遺傳性，這些估算值可以因為不同的環境和人口而出現差異。舉例來說，研究發現，兒童年齡層和缺乏營養的環境有較低的可遺傳性（Benyamin et al. 2013；Turkheimer et al. 2003）。Nisbett et al. 2012 回顧了眾多環境對認知能力差異的影響。

42. 接下來幾個段落的內容大部分來自作者與卡爾·舒曼的共同研究（Shulman and Bostrom 2014）。

43. 此表取自 Shulman and Bostrom 2014。其根據是一個將胚胎的預測智商之高斯分布假設為偏差值 7.5 的玩具模型（toy model）。帶有不同數量胚胎的認知強化，其分量取決於胚胎在我們知道其效應的額外遺傳變體上，以及彼此的差異有多大。兄弟姐妹有著二分之一的相關係數，而普通額外遺傳變異在成人的流動智慧中，占一半或更少的變異（Davies et al. 2011）。這兩個事實主張，在已開發國家中觀察到的人口標準偏差是 15 點；而在一批胚胎中，遺傳影響的標準偏差會是 7.5 點或更低。

44. 若對於認知能力所受的額外遺傳效應資料不完全，效應就會降低。不過，就算是少量的知識也會有相對不小的幫助，因為來自選擇的成果不會直線地以我們預測的變異分量來衡量。反之，我們選擇的有效性，取決於預測平均智商之標準差，而這偏差是以做變異的平方根來衡量。舉例來說，如果一個人能占變異的 12.5%，就能帶來表一中那些假設為 50% 的東西的一半效應。相較之下，最近一項研究主張，已經辨認出了變異的 2.5%（Rietveld et al. 2013）。

45. 相較之下，今日的實作能產生的胚胎不到十個。

46. 我們可以小心處理成熟且處於胚兒期的幹細胞，使其發展成精細胞和卵母細胞，接著就可以融合產生胚胎（Nagy et al. 2008；Nagy and Chang 2007）。前驅的卵細胞也可以形成孤雌胚囊（parthenogenetic blastocysts）、未受精且非存活的胚胎，為過程產生胚兒期幹細胞株（Mai et al. 2007）。

47. 這是林克彥（Hayashi Katsuhiko）的意見，記載於 Cyranoski 2013。2008 年，討論幹細胞倫理與挑戰的國際科學家組織「辛克斯頓集團」（Hinxton Group）預測，人類幹細胞產生的配子會在十年內出現（Hinxton Group 2008），迄今發展狀況和此大體一致。

48. Sparrow (2013); Miller (2012); The Uncertain Future (2012).

49. Sparrow (2013).

50. 現世的顧慮可能會專注於社會不平等、療程的醫藥安全、對認知強化的畏懼、親代面對子代的權利和責任、20 世紀優生學的陰影、人類尊嚴的概念，以及國家涉入國民生育選擇的適當性（關於認知強化的倫理學討論，見 Bostrom and Ord 2006、Bostrom and Roache 2011 以及 Sandberg and Savulescu 2011）。有些宗教傳統可能會有額外的顧慮，包括胚胎道德階級的顧慮，或是人類在造物計劃中的角色。

51. 為了避免近親交配的負面效態，重複的胚胎選擇要麼一開始就有大量的捐贈者，否則就得在強大的選擇力量上花費大筆資金，降低有害的異基因（recessive allele）。不論是哪個選擇，都傾向於降低子代在遺傳上與親代的相關程度。（但增加子代彼此的相關程度）。

52. 修改自 Shulman and Bostrom 2014。

53. Bostrom 2008b.

54. 表觀遺傳學遇到的障礙有多困難，目前還不知道（Chason et al. 2011；Iliadou et al. 2011）。

55. 雖然認知能力是個相當好的可遺傳特質，但可能極少有（或根本沒有）個體對智慧有巨大正面效應的等位基因或多型現象（polymorphism）（Davis et al. 2010；Davies et al. 2011；Rietveld et al. 2013）。隨著定序方法的進步，低頻率等位基因及其認知和能力相關物的定位標記會變得更加可行。有些理論主張，某些導致同質接合體（homozygote）基因失調的等位基因，可能會在異質接合體（heterozygote）的載體上提供可觀的認知優勢，而產生一個預測，認為高雪氏症（Gaucher）、戴薩克斯症（Tay-Sachs）和尼曼匹克症（Niemann-Pick）的異質接合體，在智商上會比控制組高上五點（Cochran et al. 2006）。時間會證明這成不成立。

56. Nachman and Crowell 2000 估計，每一代每個基因組有 175 個突變。Lynch 2010 利用不同方法估計出新生兒平均有 50–100 個新突變。Kong et al. 2012 則主張，每一代約有 77 個新突變。這些突變大部分不會影響功能，或是影響微乎其微，但每個害處極小的突變，其合併效應可以讓個體損失很大的適應力。可參考 Crow 2000。

57. Crow (2000); Lynch (2010).

58. 這個想法隱藏著一些重要的警告。模態（modal）基因組有可能需要做一些修正，來避免問題發生。舉例來說，假定所有部分都以某種效率水準運作，基因組的某部分可能需要修改，好與其他部分互動。把那些部分的效率增加，可能會導致某些新陳代謝上出現過頭的狀態。

59. 這些複合體由 Mike Mike 製成，個別照片由 Virtual Flavius 所攝（Mike 2013）。

60. 當然它們早晚還是可以有點影響力——舉例來說，藉著改變人們對於未來的預期，而有影響力。

61. Louis Harris & Associates (1969); Mason (2003).

62. Kalfoglou et al. (2004).

63. 資料明顯受限，但在縱向研究中，以一萬選一的兒童能力測驗所挑出來的個體，明顯比那些分數略差一點的個體更有可能成為終身教授、獲得專利權，或是大發利市（Kell et al. 2013）。Roe 1953 研究了 64 位傑出的科學家發現，其平均認知能力比普通人高出 3–4 個標準差，且明顯比一般科學家的典型還要高（認知能力也和終生收入以及平均壽命、離婚率、退學率等非財務收入相關〔Deary 2012〕）。認知能力分配的向上轉移，會對統計分布尾端產生不勻稱的巨大影響，特別是增加了高天賦者的數量，並降低了遲緩與學習障礙者的人數。可見 Bostrom and Ord 2006 與 Sandberg and Savulescu 2011。

64. 例如 Warwick 2002。霍金甚至主張，為了跟上機器智慧的進展，採取這個步驟可能有其必要：「我們應該竭盡全力迅速發展實現人腦和電腦直接連結的技術，好讓人工腦對人類智慧做出貢獻，而不是興起反抗。」（記載於 Walsh 2001）雷・克茲威爾也同意：「就霍金的建議，也就人腦、電腦直接連結而言，我同意這件事既合理、合乎需求也不可避免。（原文）這是我多年來的建議。」（Kurzweil 2001）

65. 見 Lebedev and Nicolelis 2006；Birbaumer et al. 2008；Mak and Wolpaw 2009 以及 Nicolelis and Lebedev 2009。關於透過植入進行的強化，Chorost 2005, Chap. 11 中有比較個人的見解。

66. Smeding et al. (2006).

67. Degnan et al. (2002).

68. Dagnelie (2012); Shannon (2012).

69. Perlmutter and Mink (2006); Lyons (2011).

70. Koch et al. (2006).

71. Schalk (2008). 關於當前最高技術水平的整體回顧，可見 Berger et al. 2008。關於這有助於致強化智慧的例子，見 Warwick 2002。

72. 一些例子：Bartels et al. 2008；Simeral et al. 2011；Krusienski and Shih 2011；Pasqualotto et

al. 2012。

73. E.g. Hinke et al. (1993).
74. 這有一部份的例外，特別是在早期的感知過程。舉例來說，初期的視覺皮層會使用視網膜區域定位，讓彼此相鄰的神經集結，接收來自視網膜相鄰區塊的輸入訊號（不過，眼優勢柱〔Ocular dominance column〕稍微會使定位完整）。
75. Berger et al. (2012); Hampson et al. (2012).
76. 有些腦部植入需要兩種形式的學習：設備學習轉譯生物神經表現，以及生物藉著產生適當的神經啟動模式，來學習使用系統（Carmena et al. 2003）。
77. 有一說是，我們應該把合作實體（公司、工會、政府或教會）視為人工智慧行動主體，具有感知器與效能器的實體，能夠再現知識、進行推理並採取行動（例如 Kuipers 2012；另外，關於群體表徵能否存在的討論，參見 Huebner 2008）。它們確實都很強大且相當成功，儘管其能力和內在狀態與人類不同。
78. Hanson (1995, 2000); Berg and Rietz (2003).
79. 舉例來說，在工作場合，雇主可能會使用測謊器，在每個工作天的結尾詢問員工有沒有偷任何東西，或有沒有盡力工作，來嚇阻員工偷竊與偷懶。政治和企業領袖同樣會被詢問，他們有沒有全心全意追求股東或選民的利益。獨裁者可以用測謊儀器鎖定政權內圖謀不軌的元帥，或是人口中有嫌疑的滋事分子。
80. 我們可以想像，神經映像技術讓我們能偵測動機認知的神經特色標記。若不針對自我欺騙方面做偵查，測謊就會讓那些相信自己那套宣傳手法的個體通過測試。更優秀的自我欺騙偵查也能用來訓練理性，並研究如何有效降低偏誤。
81. Bell and Gemmel (2009). 麻省理工學院戴柏·洛伊（Deb Roy）的研究提供了一個早期的例子，他把他兒子出生以來三年內的每一刻都錄了下來。這個影音資料的分析，正生產出語言發展的資料；見 Roy 2012。
82. 全世界人口的成長，對此只會有一點貢獻。涉及機器智慧的情況，可讓世界人口（包括數位心智）在短時間內產生好幾個數量級的爆量。但那條邁向超智慧的途徑，涉及人工智慧或全腦仿真，我們在這一小節中不做考慮。
83. Vinge (1993).

第 3 章

1. 文吉曾使用「弱形式的超智慧」來指這種加快的人類心智（Vinge 1993）。
2. 舉例來說，假設一個非常快的系統可以做人類能做到的任何事，除了跳馬祖卡舞（Mazurka），我們還是會稱它為速度超智慧。
3. 考慮相關腦流程的速度和能量，以及更有效的資訊處理之間的差異，我們至少可以看出，「速度上比人腦快上一百萬倍」物理上是可行的。光速比神經傳導快了一百萬倍以上，突觸棘則比熱力學所需的熱量還要多浪費一百萬倍以上的熱量；而目前電晶體的頻率比神經元刺突頻率快了一百萬倍以上（Yudkowsky 2008a；亦可見 Drexler 1992）。速度超智慧的最終極限，是由光速通訊延遲、狀態轉變速度的量子極限，以及容納心智所需的體積所限制（Lloyd 2000）。Lloyd 2000 所描述的「終極電腦」會以 3.8×10^{29} 倍速，運行一個 1.4×10^{21} FLOPS 的全腦仿真（假設仿真可以充分平行運作）。然而，洛伊德的架構並沒有打算要在技術上付諸實行，在此只是要說明那些能輕易從基本物理原則中推導出來的運算限制。
4. 隨著仿真進行，還會出現一個問題：一個類似人類的心智在發瘋或重蹈覆轍之前，可以持續做某件事多久。就算有工作多樣性和規律的假日，我們仍無法保證一個類似人類的心智

能活過幾千個主觀年，而不發展出心理問題。更進一步來說，如果整體記憶容量有限——擁有有限的神經元數量——那麼累積學習就不能持續下去：超過了某個點，心智每學到一件新事物，就會開始忘記一件（人工智慧可以經由設計來減輕這些潛在問題）。

5. 據稱，以每秒一公尺的中等速度移動的奈米機器，有奈秒（十億分之一秒）的典型時間尺度。可見 Drexler 1992 的章節 2.3.2。韓森曾提及以正常速度 260 倍移動的 7 毫米「小精靈」（tinkerbell）機器人體。

6. Hanson (2012)。

7. 「群體智慧」不是指運算硬體的低階平行運作，而是以像人類這樣的智慧自動行動主體，來進行並列運作。在大規模平行運作的機器上執行單一仿真，如果並列電腦夠快，可能會導致速度超智慧；但並不會產生群體智慧。

8. 個別成分的速度或品質進步也會間接影響群體智慧的表現，但在此我們主要思考的是分類中另外兩種形式的超智慧上的進步。

9. 曾有人論稱，較高的人口密度觸發了舊石器時代晚期革命，且在某一特定門檻之上，文化複雜度的累積變得更加簡單（Powell et al. 2009）。

10. 那網際網路呢？它似乎未及超大型的提升。也許最終它將抵達。其他在這裡列出的例子若要展露其全部的潛能，可能要花上數百年或數千年。

11. 顯然，一個大到以當前技術支撐七千兆人的行星會向內崩潰，除非這個行星由非常輕的物質組成，或者是中空的，而由壓力或其他人工手段所支撐（戴森球〔Dyson sphere〕或是殼狀世界〔Shellworld〕可能會是比較好的解決方式）。在如此龐大的表面上，歷史可能會有截然不同的發展。所以先別管這些。

12. 此處我們關注的焦點在於統一智慧的功能特質，而不是在「這樣的智慧會不會有感質」，或者「以擁有主觀意識經驗來看，這樣算不算心智」的問題上（儘管有人可能會思索，從比人腦整合度更高或更低的智慧中誕生的，會是怎麼樣的意識經驗。在某些對意識的觀點中，比方說「全局工作空間理論」，預期更為整合的腦會有更寬廣的意識。參見 Baars 1997；Shanahan 2010 以及 Schwitzgebel 2013）。

13. 就算是在一段時間內保持孤立的一小群人類，也能受益於更大的集體智慧的智力輸出。舉例來說，他們說的語言可能是由一個更大的語言社群所開發的，他們使用的工具可能是由更大的社群所發明的（在他們變得孤立之前）。然而，就算某個小群體一直處於孤立的狀態，它仍有可能是更大的集體智慧的一部分，而不像表面那麼簡單。也就是說，集體智慧不僅由現在的世代組成，還包括所有的祖先，整體而言可謂一個前饋信息的處理系統。

14. 根據邱奇－圖靈猜想（Church–Turing thesis），所有可計算的函數都能由圖靈機來運算。因為三種形式的超智慧都可以模擬圖靈機（如果讓它接觸無限記憶量並允許它無限運作下去），在這個形式標準下，以運算來說它們是相等的。的確，一個平均水準的人類（給他無限的便條紙和無限的時間）也可以執行圖靈機，因此在這個標準下也是相等的。不過，就我們的目的來說，重要的是這些不同的系統，在有限的記憶量和合理時間內，**實際上**可以實現。效率變異相當龐大，我們可以做出一些根本上的區別。舉例來說，一個智商 85 的典型個體經教導後，可以執行圖靈機（可以想像，甚至有可能訓練特別有天分且溫馴的黑猩猩來做這件事）。然而，這樣的一個人想必不能（好比說）獨立發展出廣義相對論，或是贏得費爾茲獎。

15. 口述故事傳統可以產生相當了不起的成果（像是荷馬史詩），但某些有貢獻的作者可能擁有不尋常的天賦。

16. 除非它包含了具有速度或品質超智慧的組成智慧。

17. 我們之所以無力指出這些問題是什麼，部分原因可能是因為缺乏嘗試：我們沒有什麼理由

非得花時間，詳盡說明那些沒有人或是現存組織能做到的智慧工作。但也有可能是，就算把其中某些工作概念化，這個工作本身也是一種目前還沒有智慧可以進行的工作。

18. 參見 Boswell 1917；另見 Walker 2002。

19. 這主要發生在神經元子集裡的短期爆發中，其中多數有更從容的啟動速度（Gray and McCormick 1996；Steriade et al. 1998）。有些神經元（「顫動的⋯⋯神經元」，也稱作「快節奏爆發」細胞）的啟動頻率可達 750 赫茲，但這似乎是極端異常值。

20. Feldman and Ballard (1982).

21. 建造速度取決於軸突直徑（愈細的軸突愈快）以及軸突是否具有髓鞘。在中樞神經系統中，傳導延遲可以從少於一毫秒到一百毫秒（Kandel et al. 2000）。光纖中的傳導大約是光速的 68%（因為材質的折射率）。電纜速度大致一樣，大約是 59–77% 的光速。

22. 假定了 70% 的光速訊號速度。若假定 100% 的光速，則會把估計值提高到 1.8×10^{18} 立方公尺。

23. 成年男性人腦中神經元的數量估計介於 861 億 ±81 億，這是藉由溶解腦部並分解出細胞核，再數算染上神經元特定標記染色的細胞核，而得到的數字。過去，普遍的估計是介於 750 億至 1,250 億個神經元。這些數字通常是根據在取樣的小範圍內計算細胞濃度所得到的結果（Azevedo et al. 2009）。

24. Whitehead (2003).

25. 資料處理系統非常可能在運算以及資料儲存使用分子尺寸工法，並至少達到行星尺寸。然而，量子力學、廣義相對論和熱力學所設下的終極物理運算極限，遠遠超處「木星腦」的水準（Sandberg 1999；Lloyd 2000）。

26. Stansberry and Kudritzki (2012). 世界各地的資料中心使用的電力達到了全體電力使用的 1.1–1.5%（Koomey 2011）。另見 Muehlhauser and Salamon 2012。

27. 這裡過度簡化了。工作中的記憶體可以維持的大塊數量，會根據資料和工作而有所不同；然而，大塊還是為數不多。見 Miller 1956 以及 Cowan 2001。

28. 一個例子可能是，學習布林（Boolean）數學類型概念（由邏輯規則定義的分類）的難度，與最短的邏輯等價題公式的長度成比例。一般來說，就算三四個字符的公式也很難學習。見 Feldman 2000。

29. 見 Landauer 1986。這個研究是根據人類學習與遺忘速度所做的實驗估計。若考慮到非直接的學習，就會把估計稍微提高一點。假定每突觸的儲存大約為 1 位元，那就能得到人類記憶空間的上限為 1015 位元。若要看一個不同的估計概要，可見 Sandberg and Bostrom 2008 的附錄 A。

30. 通道雜訊可以啟動動作電位，而突觸雜訊會在傳送中訊號之上產生顯著的變量。神經系統似乎演化成會在雜訊容忍度和成本（質量、大小、時間延誤）之間進行大量的權衡消長；見 Faisal et al. 2008。舉例來說，神經軸突不能比 0.1 微米更薄，以免離子通道隨機打開，產生自發的動作電位（Faisal et al. 2005）。

31. Trachtenberg et al. (2002).

32. 根據記憶和運算能力，雖然不是根據能源效率。著書時世界上最快的電腦是中國的「天河二號」，在 2013 年 6 月以 33.86 petaFLOPS（每秒 1,015 次的浮點運算）取代了克雷公司（Cray Inc.）的「泰坦」（Titan）奪冠。它耗用 17.60 MW（百萬瓦）的功率，幾乎比人腦 20 瓦功率多了六個數量級。

33. 要注意的是，針對機器優勢的調查是可分隔的：就算有些列出來的物件不切實際，只要至少一個來源可提供夠大的優勢，我們的論點還是可以成立。

第 4 章

1. 系統可能無法在任一明確定義的點，剛剛好達到基線。反之，系統會在一段區間內，漸漸有能力勝過外部的研究團隊，增加系統改進發展任務的數量。

2. 過去半個世紀，世人至少普遍察覺到一個情況；那個情況中，既有的世界秩序會在幾分鐘到幾小時內終結，那就是：全球熱核戰爭。

3. 這與我們觀察到的弗林效應（Flynn effect，過去六十年，大多數人口的長期智商分數增加，大約每十年增加三點）近年在某些高度發展國家（例如英國、丹麥和挪威）有平息甚至逆轉的情況一致（Teasdale and Owen 2008; Sundet et al. 2004）。弗林效應過往的成因，以及這個效應是否呈現出任何整體智商的實際增加，還是只增進了回答智商測驗的技巧，是個廣泛爭論的問題，但答案仍不清楚。即便弗林效應（至少部分）反映了真正的認知增長，且這個效應現在真的正在消失甚至逆轉，這也無法證明，我們在這個曾導致弗林效應發生的隱藏成因上，還沒有面臨到報酬遞減。反之，下降或逆轉可能是某些本來就會讓智商分數更大幅下降的其他獨立有害因素所致。

4. Bostrom and Roache (2011).

5. 體細胞基因治療（somatic gene therapy）可以消除成熟延遲，但在技術上比生殖細胞基因干預（germline intervention）更困難，且終極潛力較低。

6. 1960 年至 2000 年間，每年平均全球經濟生產力成長是 4.3%（Isaksson 2007）。其中只有一部分的生產力是出自組織效率增加。某些特定的生產網路或者生產流程的組織化程序，則是以比較快的速度在進步。

7. 過去生物腦的演化遵從許多限制和取捨。但到了心智移入數位媒介的時代，這種情況會徹底解放。舉例來說，大腦尺寸受限於頭部大小，太大的頭部會難以穿過產道。大尺寸的腦部也會搶走新陳代謝的資源，並成為妨礙行動的重擔。某些腦區域的連結能力可能會因為空間限制而受限——白質的體積遠大於其連結的灰質體積。至於腦部散熱受限於血液流量，可能已接近可接受的運作上限。更進一步來說，生物神經元的雜訊多、速度慢又需要持續保護、保養，並由神經膠質細胞與血管來再度補給，而這又會使頭顱內部更為壅塞。見 Bostrom and Sandberg 2009b。

8. Yudkowsky (2008a, 326). 若要參考更近期的討論，見 Yudkowsky 2013。

9. 為了簡化圖片，在此將認知能力顯示為單面向的參數。但對此處的論點來說並非必要。舉例來說，我們也可以在多維空間中以超曲面（hypersurface）來呈現認知能力的輪廓。

10. Lin et al. (2012).

11. 其實只要增加構成群體的智慧單位數量，就可以在群體智慧上得到某種程度的進步。這樣至少能在可平行處理的工作上有較好的整體表現。不過，若要從這種數量爆發中回收全部的報酬，還得在構成單位間達到一定水準（高於最低水準）的合作協調。

12. 在非神經形態人工智慧系統的案例中，速度智慧和品質智慧難以區分。

13. Rajab et al. (2006, 41–52).

14. 有人提出，使用可調整的整合迴路（場效可程式邏輯閘陣列〔Field Programmable Gate Array，FPGA〕）而非多目的處理器，可以在神經網路模擬中增加兩個數量級的運算速度（Markram 2006）。在每秒 1,000 兆次浮點運算的範圍內，對高清晰度的氣候模型所進行的研究中，發現使用自訂變異的嵌入式處理晶片，可以降低 24–34 倍的成本，以及兩個數量級的能源需求（Wehner et al. 2008）。

15. Nordhaus (2007). 針對摩爾定律的不同意義的眾多概觀，可見 Tuomi 2002 和 Mack 2011。

16. 如果發展夠慢，計劃可以隨意利用外在世界在過渡期間的進展，例如大學研究者的電腦科學進展，以及半導體工業的硬體進展。

17. 演算突出點出現的可能性較低，但有個例外：有量子運算這類的外來硬體出現，來運算過往不可行的演算法。或許會有人論稱，神經網路和深度機器學習是演算突出點的例子：剛發明之際，因為運算太過昂貴而無法好好運作，只好束之高閣一段時間，直到快速圖像處理單位讓它們能便宜運作、再度破土而出。現在它們能贏得比賽。

18. 而且，就算邁向人類底線的進展很慢，也是一樣。

19. $\mathfrak{D}_{全球}$指的是應用於提升該系統的世界最佳化力量。對於一個在徹底隔離中運作的計劃來說，若沒有從外在世界接收任何顯著的不間斷支援，我們會得到 $\mathfrak{D}_{全球} \approx 0$，儘管計劃必須從一個產生於全球經濟和上百年發展的資源投注（電腦、科學概念、受教育人力等）開始。

20. 在此，種子人工智慧最重要的認知能力在於自我進步的能力，比如說它的智慧強化能力（如果種子人工智慧善於強化另一個系統，而該系統擅長強化種子智慧，那麼我們就可以把兩個系統看做一個較大系統的子系統，並將我們的分析專注於整體）。

21. 這假定了大家並不知道反抗高到能妨礙投資，或使投資轉移到其他計劃上。

22. Yudkowsky 2008b 有類似的例子及相關討論。

23. 既然輸入提高（例如投資興建新鑄造廠的量，以及在半導體工廠中工作的人數），那麼如果我們控制這個輸入的增加，摩爾定律本身就不會得出這樣的快速成長。不過，如果和軟體進展合併來看，每一輸入單位十八個月表現翻倍，可能在歷史上來說比較可行。

24. 已有某些試探性的嘗試企圖在經濟成長理論的框架內發展智能爆發的想法；例如可見 Hanson 1998b；Jones 2009；Salamon 2009。這些研究指出，極端快速的成長能促成數位心智誕生的潛力，但因為內生成長理論（endogenous growth theory）即便在過往或當前的應用中都相對發展未全，所以任何潛在間斷的未來脈絡之應用，現階段最好都看做潛在有用的概念與考量源頭，而非有可能產生權威性預測的實作。關於以數學方式建立技術單例模式模型，若要看這種嘗試的概要，可見 Sandberg 2010。

25. 當然也有可能完全沒有起飛。但前面論證過，因為超級智慧技術上看起來是可行的，若沒有起飛，背後的原因很可能是因為某些否決者的干涉，比如說生存災難。如果強超智慧不是以人工智慧或全腦仿真的模樣出現，而是上述的其他途徑，那麼緩慢起飛就比較有可能。

第 5 章

1. 相對於全球的電腦網路，一個軟體心智可能會在單一機器上運作；但這不是我們所謂的「集中」。反之，這裡我們感興趣的是力量，尤其是技術能力的力量，將會有多大程度集中在機器智慧革命的進階階段（或在革命後立即集中）。

2. 舉例來說，消費產品的技術擴散在發展中國家較慢（Talukdar et al. 2002）。另可見 Keller 2004 和 The World Bank 2008。

3. 就當前討論的對照點而言，處理廠商理論（theory of the firm）的經濟文獻是很重要的。最常引述的是 Coase 1937。另可見 Canbäck et al. 2006；Milgrom and Roberts 1990；Hart 2008；Simester and Knez 2002。

4. 另一方面，要偷走種子人工智慧可能格外簡單，因為它由軟體構成，可用電子方式傳送，或用攜帶式記憶裝置取走。

5. Barber 1991 主張仰韶文化（西元前 5000 至 3000 年）可能使用過蠶絲。Sun et al. 2012 根據基因研究估計，蠶的馴養大約發生於 4100 年前。

6. Cook (1984, 144). 這個故事可能因為過度美好而經不起歷史審視。東羅馬帝國學者普羅科匹厄斯（Procopius）的故事（Wars VIII.xvii.1–7）則是描述，蠶是經由漫遊的僧侶藏在空竹杖裡，帶到拜占庭去的（Hunt 2011）。

7. Wood (2007); Temple (1986).

8. 前哥倫布文化確實有輪子，但只用來當玩具（可能是因為缺乏適當的拖拉牲畜）。
9. Koubi (1999); Lerner (1997); Koubi and Lalman (2007); Zeira (2011); Judd et al. (2012).
10. 1953 年的 RDS-6 是第一個聚變反應的核彈測試，但 1955 年的 RDS-37 才是第一個「真正的」聚變彈，RDS-37 絕大多數的能量來自聚變反應。
11. 未確認。
12. 1989 年測試，計劃於 1994 年取消。
13. 已部署的系統，射程範圍超過五千公尺。
14. 購自美國的北極星飛彈。
15. 目前正在進行的是塔米爾（Taimur）飛彈，可能是根據中國的導彈。
16. 1989–90 年測試的 RSA-3 火箭，其用途是發射衛星以及／或者用作洲際彈道飛彈（InterContinental Ballistic Missile, ICBM）。
17. MIRV ＝多目標重返大氣層載具，這種技術能讓一彈道飛彈攜帶多個彈頭，經設定而能擊中不同目標。
18. 烈火五（Agni V）系統尚未服役。
19. 根據多個來源估計。時間間隔通常有點隨意，根據「等價」能力定義的精準度來決定。在引人雷達的那幾年間，至少兩個國家使用過雷達，但很難取得月分的實際數字。
20. Ellis (1999).
21. 如果我們把這個狀況，做成「計劃間的落後時間是根據常態分配」的模型，那麼領頭計劃和最接近的追趕者之間的可能距離，取決於中間有多少計劃。如果有大量的計劃，那麼頭兩者的距離可能很小，就算分配的變化量是中等高度（如果完成時間是常態分布，第一名和第二名計劃之間預期的差距，就會隨著競爭者的數量而非常緩慢地減少）。然而，若有大量的計劃，那麼不太可能每個計劃都擁有足夠的資源，而成為認真的冠軍爭奪者（如果有大量的不同基礎方法可以追求，那就有可能會有更大量的計劃，但在那種情況下，這之中有許多方法可能會被證明是死路）。如前所述，經驗上來說，我們似乎發現，不管哪個特定的技術目標，認真的競爭者通常都只有少數而已。消費市場的情況略有不同，消費市場中有許多空缺留給差異不大的產品，而進入的門檻很低。有許多設計 T 恤的一人計劃，但世界上只有少數公司在開發下一世代的圖像卡（其中兩家公司，超微〔AMD〕和輝達〔NVIDIA〕此刻正享受著兩家壟斷的局面，儘儘管英特爾〔Intel〕也正在市場上表現力較低的一端競爭）。
22. Bostrom (2006c). 我們可以想像一個存在但看不見的單極（例如有個超智慧具有先進的技術或洞見，可以微妙地控制世界事件，但不讓任何人察覺到它的干預）；或一個自動施行自己的權力、強制執行某些非常嚴格限制的單極（例如一絲不苟地限制自己，以確保某些明文規定的國際規範或自由主義原則受到尊重）。任何一種單極出現的可能性有多大，這當然是個經驗問題；但至少**概念**上來說，下列各種單極都有機會出現：一個善良的單極、一個壞的單極、一個五花八門的單極、一個平淡僵化的單極、一個壓迫沉重的單極，或是一個不像處處號令的暴君、反而像外加的自然法則一樣的單極。
23. Jones (1985, 344).
24. 很明顯，曼哈頓計劃是在戰爭期間進行的。許多參與其中的科學家聲稱，他們一開始的動機是出於當時戰爭的狀態，以及對納粹德國可能會比同盟國率先發展出原子武器的恐懼。對許多政府來說，承平時期要動員一個同樣集中而祕密的投入是很困難的。另一個著名的科學／工程超大型計劃——阿波羅計劃（The Apollo program），則是從冷戰對抗中得到強大的動力。
25. 就算他們看起來很努力尋找，其實也不清楚他們是否要（公開地）這麼做。
26. 密碼技術能讓合作團體在物理上分散。通訊鏈中唯一的弱連結可能會是輸入階段，打字的

物理動作可能會有被偵察的機會。但如果室內監視變得很普遍（藉由顯微記錄設備），那些對保護隱私很敏銳的人，可能會開發出反制手段（例如與竊聽設備相隔的密室）。雖然物理空間可能會在即將到來的監聽時代中變得透明，但網路空間或許能透過更廣泛採用強大的密碼協議，來獲得更多保護。

27. 極權主義國家可能會用更高壓的手段達到目的。相關領域的科學家可能會被集中起來丟進工作營，類似史達林時代蘇聯的「學院村」。

28. 當公眾的關注相對低時，一些研究者可能會暗自「歡迎」公眾煽動恐懼，因為這會使公眾關注他們的研究成果，並讓他們的工作領域看起來重要而刺激。當公眾關注度提高，相關的研究社群可能會轉而擔心經費刪減、規範和公眾反對。周邊學門的研究者（例如電腦科學和機器人學中，和總體人工智慧不太相關的部分）可能會對預算的轉向以及研究領域失去目光而忿忿不平。這些研究者可能也很正確地觀察到，他們的工作成果不管是哪一類，都不帶有導致危險智慧爆發的風險（類似的歷史可能會出現在奈米科技事業上；見 Drexler 2013）。

29. 這些計劃的成功在於，它們至少達到了一些設定目標；而它們在更廣的意義上（把成本效率性等條件納入考量）有多成功就比較難判定。舉國際太空站為例，該計劃曾有過大規模的超支和延誤，相關的難題細節，可見 NASA 2013。大型強子對撞機計劃曾碰過一些大挫折，但可能是工作本身的內在困難所致。人類基因組計劃最後成功了，但這似乎是因為有克萊格‧凡特（Craig Venter）的私人公司投入，使計劃被迫競爭，才造成了速度躍升。企圖達到可控制聚變能源的國際資助計劃，儘管投入了大量資源，卻未能達到預期目標；但同樣地，這對那些最終比預料的還困難的工作，還是有所貢獻。

30. US Congress, Office of Technology Assessment (1995).

31. Hoffman (2009); Rhodes (2008).

32. Rhodes (1986).

33. 美國海軍的密碼破解組織 OP-20-G 似乎忽視了英軍的邀請，因而未能獲得破解德軍密碼機 Enigma 的全數知識，也未能把英國分享密碼機密的提議，告知美國更高層的決策者（Burke 2001）。這讓美國領袖有了英國扣押重要資訊的印象，也是雙方在二戰中不合的原因。英國的確和蘇聯政府分享了破解德軍通訊所得到的一些智慧。特別是，英國向蘇方警告了德軍「巴巴羅薩行動」（Operation Barbarossa）的預備狀態。但史達林拒絕相信這個警告，一部分的原因在於，英國並未揭露自己如何獲得這個情報。

34. 有幾年期間，羅素似乎倡導核戰威脅，想藉此說服蘇聯接受巴魯克方案；之後，他是相互解除核武的強力支持者（Russell and Grin 2001）。據報導，馮紐曼（賽局理論的共同發想者，也是美國核能策略的打造者之一）曾相信美蘇之間的戰爭無可避免，並表示：「如果你說為什麼不明天再炸他們，我會說，為何不今天就炸他們？如果你說今天五點鐘，我會說幹麼不一點鐘就動手？」他這番惡名昭彰的話，有可能是為了向美國國防部的鷹派表明反共立場（在麥卡錫年代）。至於馮紐曼，假設他掌管美國政策，會不會真的發動第一波打擊，已無從查清。見 Blair 1957, 96。

35. Baratta (2004).

36. 如果人工智慧由一群人類控制，這個難題就適用於這個人類團體，儘儘管保證協議的新方法到時候可能會出現，好讓人類團體也避免這個「潛在的內部拆散」以及「被子同盟推翻」的難題。

第 6 章

1. 人類在地球上到底多有支配力量？以生態學來說，人類是最普遍的大型生物（~50 公斤），

但所有人類的總生物量（biomass）~1,000 億公斤和螞蟻或蟻科生物（Formicidae）的 ~3,000
億至 3 兆公斤相比，就沒什麼了不起。人類只占總生物量的極小部分（小於 0.001）。不過，
農地和牧地現在是地球上最大的生態圈，約占無冰陸地的 35%（Foley et al. 2007）。而根
據一個典型的評估，我們盜用了將近四分之一的基本生產力淨值（Haberl et al. 2007），
雖然主要根據相關詞彙的不同定義，估計的範圍可以從 3% 到 50% 以上（Haberl et al.
2013）。人類的地理覆蓋範圍也是動物中最龐大的，並在最多種的食物鏈居於頂端。

2. Zalasiewicz et al. (2008).

3. 見本章第一條注釋。

4. 嚴格來說，這可能不完全正確。人類的智慧範圍往下可以一直到零（例如胚胎或永久植物
人狀態的病患）。因此，以品質來看，人類認知能力的最大差異比任何人類和超智慧之間
的差異更大。但如果我們把人類解釋為「正常運作的成人」，那麼文中的論點還是成立。

5. Gottfredson (2002). 另見 Carroll 1993 以及 Deary 2001。

6. 見 Legg 2008。大略來說，萊格主張，在所有獎勵可累加的環境中，測量一個強化學習行動
主體的預期表現，且每個環境都有一個由柯氏複雜性所決定的權衡比重。我們會在第十二
章中解釋何謂增強式的學習。另見 Dowe and Hernández-Orallo 2012 以及 Hibbard 2011。

7. 對生物科技和奈米科技這類領域中的技術研究來說，超智慧的長處在於新結構的設計和建
模。至於設計才智和建模無法替代物理實驗的部分，超智慧的表現優勢可能受限於它使用
必要實驗儀器的水準。

8. 例如 Drexler 1992；2013。

9. 一個限制領域的人工智慧當然可以有顯著的商業運用，但並不代表它會有經濟生產力的超
級能力。舉例來說，就算一個限制領域人工智慧一年替自己的主人賺進數十億美元，還是
比世界經濟少了四個數量級。為了讓系統直接且大量增加世界的生產，人工智慧需要能進
行相當多元的工作；也就是說，它得在許多領域都具備能力。

10. 這道準則並未排除人工智慧會失敗的情況。舉例來說，人工智慧可能會在失敗機會高的賭
局中賭上一把。不過在這種情況中，準則可以訂為（一）人工智慧應該針對賭局的低成功
率做出不理性的估計；（二）對人工智慧而言，不能有那種當今人類可以想到、但人工智
慧會忽視的更好賭局。

11. 參見 Freitas 2000 和 Vassar and Freitas 2006。

12. Yudkowsky (2008a).

13. Freitas (1980); Freitas and Merkle (2004, Chap. 3); Armstrong and Sandberg (2013).

14. 例如可見 Huffman and Pless 2003；Knill et al. 2000；Drexler 1986。

15. 也就是說，在某些「自然的」度量上，距離可能會很短。例如，在所有資源全數投入該端
的情況下，藉由某種水準的能力，能持續以生存水平來支援的人口之對數。

16. 這是根據威爾金森微波各向異性探測器（Wilkinson Microwave Anisotropy Probe，WMAP）
做出的估計，它估計宇宙重子（baryon）密度為 $9.9 \times 10-30g/cm3$，並假定 90% 的質量是星
系際氣體、約 15% 的銀河質量是恆星（占重子物質的 80%），且恆星的平均重量是 0.7 個
太陽的質量（Read and Trentham 2005；Carroll and Ostlie 2007）。

17. Armstrong and Sandberg (2013).

18. 即便達到百分之百光速（對於靜質量非零的物質來說不可能），可到達的星系數量也只有
6×10^9（參見 Gott et al. 2005 以及 Heyl 2005）。此處假設我們當前對物理學的了解是正確的。
但在任何更高的範圍內，就很難非常有信心，因為至少可以想像，一個超智慧文明可能會
以某種我們認為物理上不可能的方法來擴張它能觸及的範圍（例如藉由產生新的暴漲宇宙，
或是其他尚未想出來的手段來打造時光機器）。

19. 每顆恆星擁有的可居住行星數量目前還不確定，所以這只是一個粗略的估計。Traub 2012

預測，光譜分類 FGK 之中，三分之一的恆星至少有一個類地行星在可居住範圍內；另可見 Clavin 2012。FGK 三種恆星在鄰近太陽地帶中佔了 22.7%，代表 7.6% 的恆星可能有適居行星。此外，更多的 M 類行星的周圍可能會有適居行星（Gilster 2012）。另可見 Robles et al. 2008。沒必要讓人類肉體適合星際旅行的嚴酷。人工智慧可以監督殖民流程。智人可以做為一種「訊息」來傳送，人工智慧則可以用這樣的訊息，來展示我們這個物種的範例。舉例來說，遺傳情報可以人工合成為 DNA，而第一代的人類可以由擬人外型的人工智慧守護者來培育、養育和教育。

20. O'Neill (1974).

21. Dyson 1960 聲稱，他的基本想法來自科幻作家奧拉夫·斯塔普雷頓（Olaf Stapledon 1937），斯塔普雷頓則是受約翰·德斯蒙德·貝爾納爾（J. D. Bernal）所啟發（Dyson 1979, 211）。

22. 藍道爾原理（Landauer's principle）指出，要改變一位元資訊有最小量的必須能量，稱為藍道爾極限，等於 $kT \ln 2$，其中 k 為波茲曼常數（Boltzmann constant，1.38×10^{-23}J/K），T 是溫度。如果我們假定線路維持在 300K，那麼 10^{26} 瓦，就能讓我們每秒消除大約 1047 位元（關於奈米科技運算設備的可得效率，見 Drexler 1992。另見 Bradbury 1999；Sandberg 1999；Ćirković 2004。藍道爾原理的基礎某方面仍有爭論，例如 Norton 2011）。

23. 恆星的能量輸出各有不同，但太陽是個非常典型的主序星（main-sequence star）。

24. 更詳細的分析，可能會與我們感興趣的運算類型有關。序列運算（serial computation）能進行的數量相當受限，因為一個快速的序列電腦必須很小，才能讓電腦不同部位的通訊延遲最小化。電腦可以儲存的位元量也有限制，而且如我們所見，能進行的不可逆運算步驟數量（涉及資料刪去）也受限。

25. 這裡我們假設沒有外星文明會阻礙我們。我們也假設模擬假說是錯的。見 Bostrom 2003a。如果這些假設有哪個不正確，那可能就會有重大的非人為風險——涉及非人類智慧行動主體的風險。見 Bostrom 2003b；2009c。

26. 至少，一個取得演化想法的聰明單極，原則上有辦法藉由慢慢提升群體智慧的手段，來著手優生學計劃。

27. Tetlock and Belkin (1996).

28. 必須澄清：殖民並重建大部分可得的宇宙，目前並不在我們的**直接**範圍內。星際殖民遠非當前科技所及。重點在於，我們原則上可以運用現有的能力發展出將來會需要的額外能力，藉此讓目標得以進入我們的**間接**範圍內。當然，人類目前確實不是一個單極，我們的確也不知道，如果我們開始重建可得的宇宙稟賦，會不會遇上外在強權的智慧對手。然而，要達到聰明單極持續門檻只要擁有一套能力就夠了——如果某個聰明單極沒有具該套能力的智慧對手，它就可以讓殖民並重建大部分可得的宇宙都進入它的間接範圍。

29. 有時候說兩個人工智慧各自擁有一個超級能力，是很有用的。從字面的延伸意義來看，我們因此可以把一個超級能力想成某個行動主體所擁有且和行動的某些領域相關的東西。在這個例子中，或許是一個包含所有人類文明、但排除其他人工智慧的領域。

第 7 章

1. 這並不是在否認「視覺上似乎很小的差距，功能上有可能意義深遠」。

2. Yudkowsky (2008a, 310).

3. 大衛·休謨（David Hume）是蘇格蘭啟蒙運動的哲學家，他認為信念（例如，關於什麼是該做的好事）無法單獨促成行動，還需要一些欲望才行。這個說法可以削弱一個可能的反駁，支持正交命題——也就是足夠的智慧會讓我們獲得某些信念，從而讓我們產生特定動

機。不過，儘管正交命題可以從休謨的動機理論得到支持，但正交命題並不預先假設動機理論。特別是，我們不用堅持單單信念絕對無法獨自促成行動。舉例來說，我們可以假設，只要某個行動主體正好對某些至高的力量有某種欲望，那麼這個行動主體不管有多聰明，都可以被欲望驅動而付諸實行。關於為休謨動機理論辯駁的近期嘗試，可見 Smith 1987；Lewis 1988 以及 Sinhababu 2009。

4.　舉例來說，德瑞克‧帕非特（Derek Parfit）論稱，有些基本偏好是非理性的，像是一個很普通的行動主體會有的「未來週二漠視」（Future-Tuesday-Indifference）偏好：

> 某位享樂主義者極度在乎未來的經驗品質，也同樣在乎未來的每一部分，只有一個例外，就是他有「未來週二漠視」。整個週二，他用普普通通的方式在乎正發生在他身上的事，而且從不在乎未來的週二會有什麼痛苦或快樂……這個漠視是個赤裸裸的事實。當他計劃未來時，很確定的是他總是寧願在週二受巨大的苦，也不願在其他天有一丁點的痛（Parfit 1986, 123–4；另見 Parfit 2011）。

為了我們的目的，只要我們同意文章中解釋的工具理性不必然是不智的，我們就不應堅持帕非特所謂「此行動主體為不理性」的想法是正確的。帕非特的行動主體就算達不到全面理性的狀態，它依舊可以有無瑕疵的工具理性，並因此有強大的智慧。因此，這種例子並沒有破壞正交命題。

5.　就算有任何全面理性的行動主體都可以理解的客觀道德事實，且就算這些道德事實出於某些理由，而本質地有動力（所以任何全面理解這事實的人，都必然受到推動而做出符合此事實的行動），這也不會破壞正交命題。即便少了一些構成適當理性的能力，或缺少某些全面理解各觀道德事實所需的能力，只要一個行動主體能有無瑕疵的工具理性，這個命題就還是正確的（一個行動主體就算沒有在所有的領域中都擁有全面工具理性，還是可以極端有智慧，甚至達到超智慧）。

6.　更多關於正交假說的內容，可見 Bostrom 2012 以及 Armstrong 2013。

7.　Sandberg and Bostrom (2008).

8.　史蒂芬‧歐摩杭卓（Stephen Omohundro）曾針對這個主題寫過兩篇開創性的論文（Omohundro 2007；2008）。歐摩杭卓論稱，所有先進的人工智慧系統都會展現一些「基本動力」，這裡他指的是「除非明確地被抵消，否則會表現的傾向」。「人工智慧動力」這個詞具有簡短但能引發共鳴的優勢，但它的劣勢在於，它主張工具目標會以與心理動力影響人類決策相同的方式（也就是透過一種我們意志偶爾會成功反抗、對我們自我的現象學牽引）來影響人工智慧的決策。這個涵義沒有幫助。通常我們不會說，一個典型的人類有「動力」去填納稅申報單，就算在當代社會中，納稅對我們而言可能只是一個相當趨同的工具目標（這種目標的實現，免去了那些會讓我們無法實現眾多終極目標的麻煩）。在其他某些更重大的方法上，我們這裡的論述也和歐摩杭卓的不同，儘管隱藏其中的想法是一樣的（也可見 Chalmers 2010 以及 Omohundro 2012）。

9.　Chislenko (1997).

10.　另見 Shulman 2010b。

11.　如果一個行動主體的本體論改變了，那麼它也有可能改變目標表現，好把舊表現轉調為新的本體論；參見 de Blanc 2011。可能造成一個證據決策主義者從事多種行動的另一種因素（包括改變終極目標），在於讓它決定這麼做的證據出現了。舉例來說，一個遵守證據決策理論的行動主體相信，宇宙中有其他像它這樣的行動主體存在，而它自己的行動將為其他行動主體如何行動提供一些證據。因此，該行動主體可能會選擇採取對其他行動主體而

言利他的終極目標，因為這樣的行動將給它「其他行動主體者會選擇同樣行動」的證據。不過，不改變終極目標，而在每一刻選擇像有那些終極目標一般行動，也會獲得相等的結果。

12. 一篇探索適應性的偏好形成的全面心理學文獻，見 Forgas et al. 2010。

13. 在正式的模型中，資訊的價值會量化為「根據該資訊做的最佳化決策所實現的預期價值」與「未根據該資訊做的最佳化決策所實現的預期價值」之間的差異（例如見 Russell and Norvig 2010）。由此得知，資訊的價值永遠不會是負的。由此也得知，你知道的任何資訊，都不會影響你做出任何價值為零的決策。不過，這種模型假定真實世界裡通常不成立的幾種理想化狀態——例如說，知識並沒有終極價值（也就是說知識只有工具價值，對知識本身而言則無價值），以及行動主體對其他行動主體而言不是一目瞭然的。

14. 例如 Hájek 2009。

15. 這個策略可用海鞘幼蟲證明。這種幼蟲會四處游動，直到發現合適的岩石，接著便永久附著其上。固著之後，幼蟲就沒那麼需要複雜的資訊處理，因此牠會轉而吸收自己的一部分腦（腦神經節）。當某些學者獲得終身職位後，我們可以觀察到同樣的現象。

16. Bostrom (2012).

17. Bostrom (2006c).

18. 我們可以反轉這個問題，轉而尋找超智慧單極不開發某些技術的可能理由。這包括：（一）單極預見那項能力用不到；（二）相對於預期的功能，開發的成本過大（比方說，如果技術永遠無法適用於達到單極的目的，或單極有非常高的折現率，而強烈阻礙了投資）；（三）單極有些終極價值，需要摒除特定的途徑或技術發展；（四）如果果單極不確定自己會維持穩定，它可能會偏好不去開發那些會威脅自己內在穩定性、或是會讓分裂結果惡化的技術（舉例來說，一個世界政府可能不會開發將促成反抗發生的技術，就算這技術有些好的用途亦然；它也不會開發能讓大規模毀滅武器更輕易製作的技術，以免當世界政府崩解時造成大肆破壞）；（五）同理，單極可能會產生不去開發某類技術的策略承諾，就算該項技術很輕易就能開發，也會維持策略的運作。

19. 假設一個行動主體以某個指數比率來折扣未來擷取的資源，而且因為光速限制，行動主體只能以一個多項式比率來增加天然資源。這是否代表在某個時間點之後，行動主體將會發現，持續貪婪擴張已不划算、不值得進行下去？不，因為儘管未來擷取的資源之現值，隨著我們愈朝未來看會愈接近於零，我們獲得它們的現成本也會如此。從現在開始計算一億年後，多送出一個馮紐曼探測器（可能是使用某些稍早前擷取的資源）的現成本之削減函數，會等同於那個額外探測機會獲得的未來資源之現值（以一個常數因子為模數）的削減函數。

20. 雖然殖民探測器在某一時間點到達的空間可能大致上為球型，且以一種和「第一個探測器發射後所經過時間之平方」成比例的速度擴張（~t2），這個空間所包含的資源量確實會追隨一個不那麼規律的成長模式，因為資源的分配並不均勻，且隨數個尺度變化。一開始，母星殖民完成時的成長率可能是 ~t2，接著，當周遭的恆星和太陽系成為殖民地後，成長率可能會飆高；接著，當銀河大致上的碟狀空間都填滿了，成長率可能就會平穩下來，達到接近與 t 成正比；接著，成長率可能再次隨著周遭星系殖民地化而飆升，接下來當擴張開始根據一個星系分配大致同質的尺度進行，成長率可能再度接近 ~t2；接下來隨著銀河超星系團殖民化，將會有另一個飆升時期，隨後是一個平緩的 ~t2 成長；直到最後，成長開始最後一次下滑，在宇宙擴張速度加快到不可能進一步殖民時，達到最終的零。

21. 在這個脈絡下，模擬論點可能特別重要。一個超智慧行動主體可能會把一個極大的機率，配給假定「自己住在電腦模擬中、且知覺序列是由另一個超智慧產生」的假說，而這可能會產生各式各樣根據「行動主體猜想自己最有可能在哪一類型的模擬中」而浮現的趨同工

具理性。參見 Bostrom 2003a。

22. 現物理的基本法則和世界的其他基礎事實，是個趨同的工具目標。我們在此或許可以把這個目標放在「認知強化」的標題之下，雖然它也可能生自「技術完善」的目標（因為新奇的物理現象會讓新奇的技術實現）。

第 8 章

1. 一些額外的生存風險，存在於人類撐過某些十分欠佳狀態並存活下去的情境中，或是我們發展的大部分潛力都不可逆被浪費掉的情境中。還有一個更嚴重的問題在於，可能會有生存風險與引發潛在智慧爆發有關，可能產生自角逐率先開發超智慧的國家彼此交戰。

2. 人工智慧第一次察覺到這種隱瞞的需求時（我們可以以稱為「欺騙的構思」的事件），是很容易受害的重要時刻。當這個初次的察覺發生時，並不會被刻意隱瞞起來。然而，一旦人工智慧察覺了，它可能立刻就會轉而隱藏「自己察覺發生」的事實，並設下一些隱藏的內在動力學（可能假扮成無害的流程，混入心智中其他正在進行的複雜流程中），好讓自己能私下持續計劃長期策略。

3. 連人類駭客也可以寫出乍看之下無害、但徹底做出意料外之事的小程式（可看看一些「國際 C 語言混亂代碼大賽」〔International Obfuscated C Code Contest〕的得獎作品）。

4. 某些人工智慧控制方法可以在一個固定的環境中有效，但當環境改變就會徹底失敗，這點尤德考斯基也強調過；見 Yudkowsky 2008a。

5. 這個名詞似乎是由科幻作家拉瑞‧尼文（Larry Niven）1973 年所創造，卻是根據真實世界的腦部模擬獎勵實驗；參見 Olds and Milner 1954 以及 Oshima and Katayama 2010。另見 Ring and Orseau 2011。

6. Bostrom (1997).

7. 或許會有一些可以執行的強化學習機制，能在人工智慧發現電線頭問題的解決方法時，導出一個安全的失效而不是耗費基礎設施。重點在於這很容易出錯，而且是因為出乎意料的理由而失敗。

8. 由明斯基提出（參閱 Russell and Norvig [2010, 1039]）。

9. 哪種數位心智會有意識，這個問題就「擁有主觀現象經驗」（或以哲學家的說法是有「感質」）而論，和這個論點密切相關（雖然和本書其他眾多部分都不相關）。一個未定的問題是，當一個似人類沒有模擬足夠詳細的腦部細節，而使其具有意識的情況下，要正確估計這個似人類在眾多情況中的行動會有多難。另一個問題在於，有沒有那種可以給超智慧的通用演算法，在執行這些演算法時會產生感質，好比說強化學習技術。就算我們判斷這其中任一種子程序會有意識的機率都非常低，但案例的數量可能還是會太大，大到就算一點點可能使它們經歷受苦的小風險，都該要在我們的道德計算中給予重大分量。也可見 Metzinger 2003 第八章。

10. Bostrom (2002a, 2003a); Elga (2004).

第 9 章

1. 例如 Laffont and Martimort 2002。

2. 假設多數選民希望他們的國家打造某種特定的超智慧。他們選擇了一位保證會實踐要求的候選人，但他們可能會發現，要保證這位候選人一旦掌權後就會履行競選承諾，並按照選民意圖的方向來追求計劃，其實並不容易。假設他信守諾言，他會指示政府與一個學院或工業財團簽約，執行這項工作。但此處有個代理問題：政府部門的官僚主義者對於該做什

麼可能有他們自己的觀點，而且可能會按照字面而非領導指示的精神來執行這項計劃。就算政府部門認真盡責，簽約的科學夥伴可能也有他們自己的個別章程。問題會在各個層面重複發生。參與計劃的某一實驗室主任，可能會因為擔心某個技術員將一個未通過的要素引入設計而睡不著覺——想像一下 T. R. 伊森博士某夜偷偷溜進辦公室，登入計劃的編碼基底，重寫了種子人工智慧目標系統的某一部分。本來該寫著「服務人類」的地方，現在寫著「服務 T. R. 伊森博士」。

3. 對超智慧的發展來說，行為測試還是派得上用場——在更廣泛的系列安全措施中，可以用來當做一種輔助。如果人工智慧在發展階段中行為有誤，那就一定有什麼不對勁——但這句話不能反過來推論。

4. 在一個起自 1975 年的經典行動中，史蒂芬·東皮爾（Steven Dompier）利用了這個效應（以及微電腦盒子周圍沒有屏蔽這點），替個人電腦 Altair8800 寫了一個程式。運作這個程式會導致電磁波放射，若有人拿著電晶體收音機靠近電腦，便能產生音樂（Driscoll 2012）。出席展示活動的少年比爾·蓋茲曾表示，這個駭客活動讓他印象深刻且驚奇不已（Gates 1975）。無論如何，想把未來晶片打造為內建 Wi-Fi 能力的計劃確實存在（Greene 2012）。

5. 假設某個信念可能會導致我們的宇宙稟賦毀滅，而我們又有機會依照該信念行動，那可真是非同小可。也許有人會爭論：如果過去某個人曾確信，在 N 個場合，此系統已進步到夠安全的程度，而每次都證明為錯；那麼在下一個場合，針對「系統會安全」一事，就無法達到大於 $1/(N+1)$ 的信用度。

6. 在一個非正式的實驗中，由人類來扮演人工智慧的角色。另一個人則扮演守門員的角色，任務是不讓人工智慧離開盒子。人工智慧只能用文字與守門員溝通，並只有兩個小時可以說服守門員放自己出去。五個由不同人擔任守門員的例子中，有三個人工智慧逃出（Yudkowsky 2002）。人類能做的，超智慧也可以做（當然，反過來不成立。就算給真正的超智慧更艱鉅的任務——可能守門員會比實驗中扮演守門員的那個人有更強的動機不釋放人工智慧——人工智慧可能還是會成功）。

7. 我們不該誇大使用這種方法增加的安全邊際量。精神意象可以替代圖像展示。想想書本對人類造成的影響，遑論書本甚至無法與人互動。

8. 另見 Chalmers 2010。從這一點推論出「打造一個永遠不會被任何外在實體觀測到的系統，並**沒有**可能的用處」是不對的。有人可能會把終極價值放在這樣的系統裡頭發生的事。其他人也有可能對系統裡發生什麼事有所偏好，因此可能被其產物或者其產物帶來的希望所影響。關於「某些類型的孤立系統存在（包含觀察者系統）」這個知識，也可以在外部觀察者上引起人類不確定性，從而影響他們的行為。

9. 或許有人會納悶，為什麼社會整合會被當作一種能力控制形式。它不是企圖使用刺激的手段來影響系統的行為，而應該被分類為動機選擇法嗎？我們馬上就會仔細觀察動機選擇法，但要回答這個問題，我們會把「動機選擇」解釋為一組藉由選擇或形塑系統終極目標來運作的控制法——為了自己而尋找的目標，而不是為了工具理性而尋找的目標。社會整合並沒有鎖定系統的終極目標，所以不是動機選擇。反之，社會整合的目標在於限制系統的有效能力，試圖使系統不能達到某一組結果——在那組結果中，系統獲得背叛的好處，卻沒有受到連帶的處分（懲罰以及失去合作能得到的增長）。社會整合希望藉由限制系統的結果，讓系統發現剩下來能實現終極目標的最有效手段，就是以合作的態度行動。

10. 當人相信一個仿真擁有似人類動機時，這個方法有可能會比較有希望。

11. 這個想法多虧了卡爾·舒曼（Carl Shulman）。

12. 創造一組必定能挺過超智慧解碼的密碼，是個非比尋常的挑戰。舉例來說，隨機數字的軌跡可能會遺留在某些觀察者的腦中，或者在隨機產生器的微結構裡，超智慧便能從中將數

字取回；或者如果使用了偽隨機（pseudorandom）數字，超智慧可能會猜到或發現到產生這些數字的源種。更進一步，超智慧可以打造巨大的量子電腦，甚至發現能用來建造新類型電腦的未知物理現象。

13. 人工智慧可以把自己配置成，**相信**自己有接受到一個獎勵代幣，但如果它被設計成想要獎勵代幣（而不是想要處在一個對獎勵代幣有某種信念的狀態），就不該使它成為「電線頭」。

14. 原文見 Bostrom 2003a。另見 Elga 2004。

15. Shulman (2010a).

16. 地下層現實可能比模擬現實蘊含更多運算資源，因為任何發生在模擬中的運算過程，也都發生在運作模擬的電腦上。地下層現實可能也包含了模擬行動主體——多虧對那些資源另有打算的強大模擬機之縱容，才能存在的行動主體——難以取得的其他物理資源（當然，嚴格來說這裡的推論並非演繹有效；原則上，事實可能是模擬運行其中的那個宇宙蘊含了多太多的資源，即使每個進行模擬的非模擬文明擁有的資源，比所有它模擬的文明總合起來還要多，但平均起來模擬的文明可以利用的資源，會比非模擬文明更多）。

17. 和這個問題可能有關的進一步深奧思考其實還有很多，個中的涵義也尚未完全釐清。對於開發處理智慧爆發前景的全方面考量方法來說，這些思考最終可能至關重要。不過，我們似乎不太可能成功搞清楚這種深奧論點的實際重要性，除非我們先在本書大半主題所提到的、更淺易的種種思考上有些進展。

18. 例如可參見 Quine and Ullian 1978。

19. 一個人工智慧可能藉由思考各種基本運算功能的表現特性來做調查，例如各種數據總線的大小與容量、用來接觸不同記憶部分所花的時間、隨機位元反轉的發生率等等特性。

20. 索羅莫諾夫先驗（Solomonoff prior）的可運算近似值會根據可能世界的演算複雜性，來一一指派機率。見 Li and Vitányi 2008。

21. 在「欺騙的構思」**之後**，人工智慧可能會設法消去反叛的痕跡。因此絆網持續運作是很重要的。使用一個「飛航紀錄器」來儲存所有人工智慧活動的完整軌跡（包括程式設計者鍵盤輸入的準確時間）也會是個好辦法。如此一來，自動關機之後，就可以回溯或分析它的軌跡。這些資訊可以儲存在單次寫入多次讀取的媒介上。

22. Asimov (1942). 後來又追加了一條「第零法則」：（○）機器人不得傷害人類，或坐視人類受到傷害。Asimov 1985。

23. Cf. Gunn (1982).

24. Russell (1986, 161f).

25. 同理，雖然有些哲學家畢生都試圖仔細闡述義務論系統，新的案例和結果偶爾會顯現，系統有修改的必要。舉例來說，近年來，道德哲學透過「電車難題」（trolley problems）這種有創意的新類型哲學思想實驗，有了一些修改。這個實驗揭露了我們在「作為／不作為」道德意義差別的直覺中，許多細微的互動、有意和無意結果的區分，以及其他類似的問題；可見 Kamm 2007。

26. Armstrong (2010).

27. 單憑感覺而言，如果有人計劃使用多重安全機制來限制人工智慧，那最好在進行每一個機制時，都把它當做唯一的安全機制，並因此把它設想為必須獨立堪用。如果我們把一個破桶放在一個破桶裡，水還是會漏出來。

28. 同一個想法有個變體：將人工智慧設計成能持續按照「暗中定義的標準是什麼」的最佳猜想來行動。在這個設計中，人工智慧的終極目標一直都是「根據暗中定義的標準行動」，至於對這個標準是什麼所進行的調查，都只是為了工具理性。

第 10 章

1. 這些名字都是以擬人化方式取的，不用認真當類比看待。這些名字只是代表某些人可能會想試著打造的系統類型，且乍看之下會有的不同概念標籤。

2. 若要回答一個關於下次選舉結果的問題，提問者並不會想收到一份關於周遭粒子的預期位置和動量向量的綜合清單。

3. 編入一個特定機器上的特定指令組。

4. Kuhn (1962); de Blanc (2011)。

5. 要在精靈和君王上應用這樣的「共識法」會比較困難，因為可能常常會有大量的基本動作序列（像是對系統的執行器送出特定模式的電子訊號），在達到某一目標上幾乎同樣有效率；因此，稍微不同的行動主體可能會選擇稍微不同的行動，導致無法達成一致共識。相對來說，有了適當構想的問題，通常就會有少量的合適答案選項（例如「是」和「否」）。謝林點又稱聚焦點（focal point），相關概念可見 Schelling 1980。

6. 世界經濟在某些方面正巧類似弱小的精靈（儘管它會要求服務費）。一個大上太多的經濟，像是未來可能發展的那種，可能會近似於一個有群體智慧的精靈。
   當前經濟不像精靈的一個重點在於，儘管我可以（花一筆費用）透過命令經濟體系，讓它送披薩到我家，我卻無法命令它帶來和平。理由不是因為經濟不夠強大，而是它不夠協調。從這個觀點來看，經濟比較像一群事（有著互相競爭規章的）不同主人的精靈集會，而不像單一精靈或任何其他類型的一體化行動主體。藉著讓集合中的每個精靈更強大、或藉著增加更多精靈來增加經濟的總體能力，並不一定會讓經濟更能帶來和平。為了要像一個超智慧精靈那樣運作，經濟不只得在能力上成長到能便宜地生產物品及服務（包括需要全新技術的產品與服務），還得要變得更能解決全球協調問題。

7. 如果精靈因故不能服從後來的指令——且因故不能重新設計自己來擺脫這個麻煩狀態——那它可以做出一些行動，來避免接受任何新的指令。

8. 就算一個僅能給出是／否答案的先知，也可以用來促進對精靈或君王人工智慧的搜索，或是確實在這樣一種人工智慧中做為一個組成部分。如果能提出夠大量的問題，先知也可以替這樣一種人工智慧產生實際編碼。一連串的這類問題，大略會採取下列這種形式：「在你認為可以構成一個精靈的第一個人工智慧的二進制版本編碼中，第 n 個符號是不是一個零？」

9. 我們可以想像稍微複雜一點的先知或精靈，它們只會接受指定的權力單位所提出的問題或指令，儘管這仍不排除權力單位腐化或被第三方脅迫的可能性。

10. 20 世紀頂尖的政治哲學家約翰‧羅爾斯使用「無知之幕」這個解釋方式，描述在構成一個社會契約時，應納入考慮的偏好類型。羅爾斯主張，我們必須想像自己是在一面讓我們不知道自己會成為什麼人、且占據什麼社會角色的「無知之幕」後頭，來選擇社會契約；他認為，在這樣的情況裡，我們將會去思考哪種社會整體來說最公平且最如大家所望，而不會去考慮那些會讓我們選擇享受不公特權社會秩序的「個己利益」和「自利性偏差」。

11. Karnofsky (2012)。

12. 早期的預警系統軟體就有可能是個例外——這種軟體連接到夠強大的執行器，像是直接連至核彈頭，或連結到有權發動核武攻擊的人類官員。軟體一旦失靈，就會導致高風險的狀況。在人類的記憶中，這種狀況至少發生過兩次：1979 年 10 月 9 日，一個電腦問題導致北美航空司令部（NORAD）發出蘇聯即將全面攻擊美國的假警報。在來自預警雷達系統的數據顯示沒有攻擊發動之前，美國就實施了緊急報復準備（McLean and Stewart 1979）。1983 年 9 月 26 日，蘇聯的核武預警系統「眼」（Oko）失靈，發出美國核武攻擊來襲的警報。指揮中心的值勤官斯坦尼斯拉夫‧彼得羅夫（Stanislav Petrov）非常正確地判斷，此警

報為錯誤警報;這個決定被譽為避免了熱核戰爭(Lebedev 2004)。就算交戰雙方是處在冷戰巔峰的核武強國所支援的聯合軍火庫,一場戰爭也還不足以導致人類滅絕,但仍有可能會毀滅文明,並導致難以想像的死亡和痛苦(Gaddis 1982;Parrington 1997)。更大量的戰備核武可能會在未來的軍備競賽中累積,或甚至有更致命的武器被發明出來,或者我們關於核武末日戰影響力的模型有可能是錯的(特別是隨後而來的核冬天之嚴重程度)。

13. 這個方法符合「基於規則的直接具體陳述」的控制類別。

14. 如果解決標準指定了「良好程度」的**尺度**,而不是「什麼能算做解答」的明確分界,那麼情況基本上是一樣的。

15. 擁護先知途徑的人可能會堅持,使用者在提出的解答中至少會發現一個瑕疵——察覺人工智慧雖然符合形式上指定的標準,但無法符合使用者的意圖。在這一階段,抓到錯誤的可能性取決於各種因素,包括先知輸出被人瞭解的程度,以及在選擇哪些潛在結果要讓使用者注意時,先知有多仁慈。

若不仰賴先知本身提供這些功能,我們或許可以嘗試另行打造一個工具來做這件事,這個工具可以檢查先知的聲明,並以一種有幫助的方式告訴我們,如果依據這些聲明行動會發生什麼事。但若要以最全面概括的方式來做,就會需要另一個超智慧先知,我們還得相信其預言;所以可靠性的問題並沒有解決,只是被替換掉而已。可能會有人透過使用多個先知進行互相審查,好讓安全度增加,但如果情況是所有先知都因為同一個理由失敗 —— 舉例來說,如果所有先知對於什麼算做符合要求的解答,都獲得同樣的正式描述,就有可能發生 —— 那這種方法就沒有什麼保護效果。

16. Bird and Layzell 2002 以及 Thompson 1997;以及 Yaeger 1994, 13–14。

17. Williams (1966).

18. Leigh (2010).

19. 這個例子借自 Yudkowsky 2011。

20. Wade (1976). 電腦實驗也是以設計成類似生物演化面向的模擬演化來進行——同理,有時候也會出現奇怪的結果(例如見 Yaeger 1994)。

21. 有了夠大——有限但物理上不合理——的運算能力,或許有機會能以現有的演算法來達到總體超級智慧(例如參見 AIXItl 系統;Hutter 2001)。但就算摩爾定律能再持續一百年,也不足以達到能達成此目標所需的運算能力水準。

第 11 章

1. 這個經濟情境之所以成為我們討論的便利起點,並不是因為這是最有可能或最符合需要的情境,而是因為這個情境最容易用標準經濟學的理論工具來分析。

2. American Horse Council (2005). 也可見 Salem and Rowan 2001。

3. Acemoglu (2003); Mankiw (2009); Zuleta (2008).

4. Fredriksen (2012, 8); Salverda et al. (2009, 133).

5. 至少對某些資本而言,投入興起於整體趨勢的有效資產是必要的。一個多樣化的資產投資組合,好比在指數追蹤基金中的股份,將使不全然錯失良機的機會增加。

6. 許多歐洲的福利系統是**沒有經費的**,這代表退休金是由現有工作者不間斷的貢獻與稅金所支付,而不是由某個共同儲蓄金所支付。這樣的設計不會自動符合需求——如果突然出現大量失業,用來支付救濟的收入可能就會耗盡。然而,政府可能會選擇用其他來源補足虧空。

7. American Horse Council (2005).

8. 提供 70 億人每年 9 萬美金的撫卹金,將在一年內花去 630 兆,也就是目前全球國內生產總

值的十倍。根據 Maddison 2007，過去一百年中，全球國內生產總值增加了大約 19 倍，從 1900 年的 2 兆增加到 2000 年的 37 兆（以 1990 年的國際美元計）。所以，如果過去一百年我們所見的成長率再持續兩百年，且人口維持不變，那麼提供每人每年 9 萬美金的撫卹金將花去全球國內生產總值的 3%。智慧爆發可能會讓這個成長量在短很多的時間內發生。見 Hanson 1998a；1998b；2008。

9. 而且要是當時如我們猜測的一樣，有著嚴峻的人口瓶頸的話，可能在過去 7 萬年中可以多達 100 萬倍。更多數據可見 Kremer 1993 以及 Huff et al. 2010。

10. Cochran and Harpending (2009). 另見 Clark 2007，以及 Allen 2008 的批評。

11. Kremer (1993).

12. Basten et al. (2013). 持續上升的情況也是可能的。一般來說，這種預測的不確定性會大大增加，超過一兩代人的未來。

13. 全面來看，2003 年的整體出生替代率是每位婦女 2.33 個孩子。這個數字來自每位婦女必須有兩個小孩才能替代雙親，加上「第三個小孩」來補償（一）更高的生男孩機率，以及（二）在他們可繁殖歲月結束之前的過早死亡。對已開發國家來說，因為較低的死亡率使得這數字較低，接近 2.1（見 Espenshade et al. 2003, Introduction, Table 1, 580）。大多數已開發國家的人口，若沒有移民基本上都會減少。少數幾個顯著的少子化國家案例，包括新加坡的 0.79（全球最低）、日本的 1.39、中國的 1.55、歐盟的 1.58、俄羅斯的 1.61、巴西的 1.81、伊朗的 1.86、越南的 1.87，以及英國的 1.90。即便連美國人口都可能在出生替代率為 2.05 的情況下小幅度減少（見 CIA 2013）。

14. 時機的成熟可能會在數十億年後發生。

15. 卡爾·舒曼指出，如果生物人類指望伴隨著數位經濟來活過自然壽命的話，他們不只得要假定這個數位地球中的政治秩序會保護人類利益，還得假定它會長久維持如此（Shulman 2012）。舉例來說，如果在這個數位地球內，事件開展的速度比外面快一千倍，那麼生物人類就得寄望這個數位政體，穩定維持五萬年的內部變化與流動。但如果數位政治世界跟我們有一點相似之處，那麼在這些年頭中就會有多太多的革命、戰爭和災難巨變，可能會讓生物人類感到不便。即便是每年 0.01% 的全球核戰（或類似的大災難）風險機率，也一定會導致那些在慢動作行星時間中活著的生物人類面臨損失。要克服這個問題，數位領域中得要有更穩定的秩序：或許是一個慢慢增進自身穩定性的單極。

16. 有人可能會認為，就算機器遠比人類有效率，在**某個**薪資水平下雇用人類勞工，還是有利可圖；好比說一小時一分錢。如果這是人類唯一的收入來源，我們這個物種就會滅絕，因為人類無法靠一小時一分錢活下去。但人類也會從資本得到收入。現在，如果我們假定人口持續成長，直到總收入抵達生存水平，有人可能會認為，這是一個人類會辛勤工作的狀態。舉例來說，假設生存水平收入是每天一美元，乍看之下，人口會成長到每人資本只提供一天收入中的九十分錢，而人類得要用十個小時的辛苦工作來補齊剩下的十分錢。然而，事情不是非得如此，因為生存水平收入取決於所做的工作量：比較辛苦工作的人類燃燒更多的卡路里。假設每小時的工作讓食物的費用增加兩分錢。那麼，我們就會有一個人類在平衡中閒置的模型。

17. 或許可以設想，決策委員會衰弱到無法投票，而無法保護應得的權益。但這些人可以把代理的權力交給人工智慧受託者來掌管他們的事務，並代表他們的政治利益（本節關於這部分的討論基於一個前提：假設財產權受到注重）。

18. 並不確定最好的用詞是什麼。「殺」有可能代表比進行的動作還要更積極殘暴，「終結」可能太委婉。難題在於，這其中有兩個潛在分開的事件：停止活躍進行某個流程，以及消除資訊模板。通常人類的死亡同時涉及這兩個事件，但對仿真物來說，可能要拆成兩個。一個程式暫時停止運作，可能不過就和人類睡著一樣；但永久停止運作，可能等同於陷入

永久昏迷。更進一步的難題在於仿真物可以複製，並以不同速度運行的事實；有可能和人類經驗沒有直接的類比（參見 Bostrom 2006b；Bostrom and Yudkowsky 2014）。

19. 由於最高的運算速度只有在功率減低的損失下才能達成，因而在全面平行運算能力和運算速度之間會有一個權衡。當我們進入可逆運算時代之後，更將特別如此。

20. 我們會將一個仿真物導向誘因，來進行測試。藉著重複測試一個從準備好狀態開始的仿真物對各種系列的刺激反應，我們可以從該仿真物的可靠度獲得高度的信心。但接下來，隨著精神狀態獲得允許開發，而進一步遠離批准的起始點，我們就愈來愈無法確信它會維持可靠度（特別是因為一個聰明的仿真物可能會猜測自己有時是在模擬之中，那麼我們用它本來的行為推演至「它的模擬假說在決策中變得沒那麼重要」的狀態時，就得保持謹慎）。

21. 有些仿真物可能會認同它們的宗派；也就是說，它們所有的複製品和變體都來自同一個模板，而不是任何特定的實例。這樣的仿真物如果知道自己的同族會活下來，可能就不會把自身的消滅當做死亡事件。仿真物可能會知道，到了一日結束之際，它們會回歸到一個特定的儲存狀態，並失去那天的記憶；但就像知道自己第二天醒來會沒有任何前晚回憶的派對咖一樣，被一種念頭搪塞過去：把這當做倒退的失憶症，而不是死亡。

22. 倫理學評價可能會把其他眾多因素也考慮進去。就算所有工作者都對他們的狀態一直都感到快樂，基於其他理由，其結果可能還是在道德上嚴重令人反感——儘管「哪個其他理由」就是對立道德理論之間的一個爭論問題。但任何有道理的評價，都會把主觀幸福想做一個重要因素。也可見 Bostrom and Yudkowsky 2014。

23. World Values Survey (2008).

24. Helliwell and Sachs (2012).

25. 參見 Bostrom 2004。另見 Chislenko 1996 以及 Moravec 1988。

26. 在這種情況中出現的資訊處理架構（在有感質、現象經驗的定義下）會不會有意識，其實很難說。很難說的理由，有部分是因為我們對於哪一個認知實體會出現，在經驗上是無知的；另一部分是因為，我們對於哪種類型的結構有意識，在哲學上是無知的。我們可以重組這個問題，不再問未來的實體會不會有意識，而是問未來的實體會不會有道德地位；或者我們也可以問，它們會不會是那種我們對其「幸福」有偏好的東西。但這些問題可能不會比與意識有關的問題容易回答——事實上，它們可能需要一個意識問題的答案，因為道德地位或我們的偏好，取決於那個實體能不能主觀體驗自己的狀態。

27. 地理和人類史都顯示這種趨向更高複雜度的論點，見 Wright 2001。反對的論點（針對萊特著作第九章的批評）見 Gould 1990。另外也可見 Pinker 2011 提出的論點，指出我們正在見證一個暴力與殘暴行為減少的穩健長期趨勢。

28. 決策理論的更多觀察，可見 Bostrom 2002a。

29. Bostrom (2008a). 要避開選擇效應，就得更仔細檢驗我們演化史的細節。可見 Carter 1983，1993；Hanson 1998d；Ćirković et al. 2010。

30. Kansa (2003).

31. 例如 Zahavi and Zahavi 1997。

32. 見 Miller 2000。

33. Kansa (2003). 煽動的看法也可見 Frank 1999。

34. 怎樣最能測量全球政治整合程度，其實並不明顯。一個看法是：一個獵捕－採集部落可能會將 100 人整合成一個決策實體，而今日最大的政治實體包含 10 幾億人。這將達到七個數量級的差異，離把全世界人口包含在單一個政治實體中，只差一個數量級。不過，在部落還是最大整合規模的時代，全世界的人口少很多。部落可能涵蓋當時生存人口的千分之一。這將使政治整合規模的增加小到只能有兩個數量級。在當前的脈絡下，觀察受政治整合的世界人口比例、而非看絕對數字似乎很適當（特別是當轉型至機器智慧，可能導致仿真物

或其他數位心智人口爆炸）。但在正式國家架構之外，還有全球機構和合作網路的發展，這些也應該納入考量。

35. 假設第一個機器智慧革命會突然發生的一個理由——硬體突出點的可能存在——在此處無法運用。然而，可能會有其他快速增長的源由，像是從仿真轉型至純人工機器智慧的相關軟體出現戲劇性突破。

36. Shulman (2010b).

37. 贊成與反對會怎麼平衡，取決於超組織試著做什麼樣的工作，以及整體最有能力的現有模擬樣板整體上有多少能力。今日的大型組織之所以需要許多不同種類的人，部分理由在於，多領域都很有天分的個人實在是太過罕見。

38. 要製造軟體行動主體的多個複製品當然非常簡單。但要注意的是，一般來說，複製並不足以保證複製品有同樣的終極目標。為了讓兩個行動主體具有同樣的終極目標（在「同樣」的相關意義上），目標在標示元素上必須一致。如果鮑伯很自私，鮑伯的複製同樣也會很自私；然而他們的目標並不一致：鮑伯只在乎鮑伯，但複製鮑伯在乎的卻是複製鮑伯。

39. Shulman (2010b, 6).

40. 這點對於生物人類和全腦仿真來說，會比任何一種人工智慧來得更可行，因為人工智慧可能會被打造成擁有隱藏密道或難以發現的功能動力。另一方面，與人腦類的結構相比，指定打造成透明的人工智慧會讓人更能進行全面的檢查和驗證。社會壓力可能會鼓勵人工智慧揭露原始碼，並修改自身，讓自己變得透明——當透明是獲得信任、並進而獲得機會參與有利事物的先決條件時，更會如此。

41. 某些看起來相對較小的其他問題，特別是在那些利益巨大（其實是關鍵的全球協調失敗之因素）的情況下，涵蓋了尋找可使雙方互利的政策之搜尋成本，以及某些行動主體可能對「自主權」有基本偏好的可能性；那種形式的可能性，會因為進入附有監控和強制機制的廣泛全球協商而降低。

42. 人工智慧有可能會藉著適當修改自己、隨後只給觀測者閱讀原始碼的權限，來達到這點。架構更隱晦的機器智慧（例如仿真物）有可能藉著公開使自己致力於某些動機選擇法來達到這點。不然，一個外部強迫行動主體，像是超組織警力，有可能不只會用於強制執行一個多黨派之間的協約，內在還有可能由單一黨派所促使，而致力於某個特定的行動流程。

43. 演化選擇可能曾支持忽視威脅者，甚至那種明顯過度激動、以至於它寧願打到死也不要認輸的特性。這樣的性格可能會替它的擁有者帶來有價值的信號利益（任何「擁有性情」的這種工具獎勵，不需要在行動主體的意識動機中有任何用處：它可能會將正義或榮譽評價為最終目標）。

44. 不過，這些問題的最終裁定必須等待進一步分析。還有其他眾多潛在的難題，我們在此無法探索。

第 12 章

1. 就這個基本想法而言，還有眾多難題和調節可以提出。我們曾在第八章討論過一個變體——一個滿意即可、而不是最大化的行動主體。在第九章我們稍微接觸了另類抉擇理論的問題。不過，這些問題對於本小節的主旨來說並非必要，所以我們在此把焦點放在預期中功效最大的行動主體身上，讓事情維持簡單。

2. 假設人工智慧具有複雜的評估函數。那麼，打造一個總是選擇將預期功效最大化的行動主體就會很簡單，例如常數函數 $U(w) = 0$。每個行動將同等地使與評估函數相關的預期功效最大化。

3. 也因為我們忘記了嬰兒期早期的「繁盛又嘈雜的混亂」（blooming buzzing confusion），那

是一段因為腦部還沒學會轉譯視覺輸入，而看不太清楚的時光。

4. 也可見 Yudkowsky 2011 以及 Muehlhauser and Helm 2012 第五節的回顧。

5. 我們也許可以想像，總有一天，軟體工程的優勢終究可以克服這些困難。使用現代工具的單一程式設計者所生產出的軟體，可以超越一整群被迫直接用機器編碼的龐大開發者團隊。今日的人工智慧程式設計者可以藉由高品質的機器學習和科學計算資料庫的廣大可利用性來大展身手，比方說把多個資料庫栓在一起，讓這些資料庫永遠無法自行讀寫，藉此破壞獨特人臉計次的網路攝影機應用程式。累積由專家設計但可由非專家使用、且可重複使用的軟體，會給未來的程式設計者豐富的表現優勢。舉例來說，未來的機器人技術程式設計者可能隨時能接觸標準臉部印銘印資料庫、典型公司建造目標集、專門軌跡資料庫，以及其他眾多現在沒有的功能。

6. Dawkins (1995, 132). 這裡的主張不一定是指自然世界中的苦難量勝過正面幸福量。

7. 所需的人口大小，可能比我們自己世系中所存在過的還要大很多或小很多。見 Shulman and Bostrom 2012。

8. 如果要在沒有傷害大量無辜的情況下得到同等結果，那道德上最好就該這麼做。儘管如此，如果我們創造了數位心智，並有意要它接受不正當的傷害，則可以藉由先把它們存檔，之後（確保人類的未來無虞後）再讓它們在更合適的狀態中重新運作，來補償它們所受的苦。在某方面來說，這樣的補償放在處理有邪惡證據問題的神學嘗試脈絡下，可與宗教來生的概念相比。

9. 本領域的頂尖人物理查德‧薩頓（Richard Sutton）並不是根據學習方法來定義強化式學習，而是根據學習難題定義：任何十分適合解決那個難題的方法，都是強化式學習法（Sutton and Barto 1998, 4）。相對來說，目前的討論屬於把行動主體想做擁有「將（某些概念上的）累積獎勵最大化」這種終極目標的方法。因為一個有截然不同終極目標的行動主體，可能會擅長在各種狀態下模仿搜尋獎勵的行動主體，而非常適合解決強化式學習難題，所以可能會有一些在薩頓的定義中算做「強化式學習法」的方法，將不會導致「電線頭」綜合症。不過，文章中的評論，對實際使用於強化式學習社群的大多數方法，都是適用的。

10. 就算我們真的用了某種方式把一個似人的機械架構設計裝入似人的機器智慧，這個機器智慧獲得的最終價值，也不需要與那些適應得當的人類相似，除非這個數位寶寶的養育環境極度符合普通孩童的環境：而這個環境非常難安排。而且，就算有似人的養育環境，也無法保證結果令人滿意，因為即便是天生性情的微小差異，也可以導致對生命事件的反應相差甚遠。然而，未來有可能可以替似人心智創造一個比較可靠的價值累積機制（可能會使用新奇的藥物或腦部植入，或這些事物的數位同等物）。

11. 有人可能會想知道，為什麼**我們人類**似乎沒有試著使那些讓我們得到新終極價值的機制無效。幾個因素可能起了作用。（一）人類的動機系統不能描述為一個冷冰冰計算著效能最大化的演算法。（二）我們可能沒有任何方便的方法來修改我們獲得價值的方式。（三）我們可能對「偶爾獲得新的終極價值」具備工具理性（例如來自社會傳播需求）——如果我們的心智對別人而言有部分是透明的，或者如果「假裝有另一套和實際不同的終極價值」所需的認知複雜性太費力，那工具價值可能就沒那麼有用。（四）有些狀況下，我們會主動反抗我們終極價值裡產生改變的趨勢，舉例來說，我們會企圖反抗壞朋友的腐敗影響。（五）有種有趣的可能：我們安排一些終極價值在成為「能以正常人類的方式獲得新的終極目標」這類的行動主體上。

12. 或者，我們可以把動機系統設計成讓人工智慧毫不在意這種替換；見 Armstrong 2010。

13. 這裡我們會利用 Daniel Dewey 2011 的一些闡釋。另一個對這框架有所貢獻的背景想法，是由 Marcus Hutter 2005 以及 Shane Legg 2008；Eliezer Yudkowsky 2001；Nick Hay 2005；摩許‧路克斯（Moshe Looks），以及彼得‧迪布朗（Peter de Blanc）所發展。

14. 為了避免不必要的難題，我們將專注點限定於不折扣未來獎勵的不可抗拒行動主體身上。

15. 數學上來說，一個行動主體的行為，可以形式化為一個把每個可能互動紀錄，都標於一個行動上的**行動主體函數**。除了最簡單的行動主體之外，想像查閱表那樣清楚表現行動主體函數是不可行的。反之，行動主體獲得了一些運算要做什麼行動的方法。因為計算同一個行動主體函數有許多方法，行動主體可以以**行動主體程式**的形式更精細地個體化。行動主體程式是為任何互動紀錄計算行動的特定程式或演算法。雖然它往往在數學上方便運用，且在思考和某些正式陳述的環境互動的行動主體程式時很有用，但很重要的是，別忘了這只是一個理想化的事物。真正的行動主體在物理上實例化了。這指的是，行動主體不只會透過感知器與效應器來與環境互動，行動主體的「腦」或控制者**本身也是也是物理現實的一部分**。因此其運作原則上可以被外在物理干涉所影響（而且不只是藉著從感官接收知覺而已）。於是，在某些方面，把一個行動主體看做一個**代理執行**，就變得有其必要。一個代理執行是（當來自環境的干涉不在時）執行行動主體函數的物理結構（這個定義見 Dewey 2011）。

16. 杜威提出以下這個價值學習行動主體的最佳化概念：

$$y_k = \arg\max_{y_k} \sum_{x_k \, yx_{k+1:m}} P(yk_{\leq m} \mid yx{<}k \, yk) \sum_U U(yx_{\leq m})P_2(U \mid yx_{\leq m})$$

在此，P_1 和 P_2 是兩個機率函數。第二個總和範圍包括了可能互動紀錄中，某些類型適合的評估函數。在文中呈現的版本裡，我們明確指出了某些依賴關係並利用了簡化的可能世界記號。

17. 注意，評估函數組 $\mathbb{U}$ 應該要能讓效能可以被比較和算出平均值。一般來說，這是個難題，而且要如何根據基本評估函數來呈現不同道德理論，有時候不是很清楚。可見 MacAskill 2010。

18. 或者更一般來說，因為 $\boldsymbol{v}$ 可能不是直接意指任何特定的一對可能世界，和一個命題 $\boldsymbol{v}(U)$ 在 w 是否為真的評估函數 (w, U)，所以要做的事情是給人工智慧一個條件機率分配 $P(\boldsymbol{v}(U) \mid w)$ 的充足呈現。

19. 先來思考 $\mathbb{Y}$，行動者可能進行的那一類行動。這裡的一個問題是，究竟什麼該算成一個行動：是只有基本的機動指令（例如「沿輸出管道 #00101100 送出一個電脈衝」），還是更高階行動（例如「讓攝影機對準臉部」）？因為我們正試著要開發一個最優概念而不是一個實際執行計畫，我們或許可以把範圍設在基本機動指令（且因為這組可能的機動指令可能會隨時間變化，我們可能得要按時間調整 $\mathbb{Y}$。）然而，為了邁向執行，應該有必要引入某種分層計畫流程，那麼我們就必須思考如何將這個公式應用於某些更高層的行動。另一個問題是，如何分析內部行動（例如將 string 寫到工作記憶體中）。因為內部行動可以有重要的結果，理想中我們會希望把這種基本內在行動和機動指令都包含進。但這個方向能前進的範圍有限制：任何 $\mathbb{Y}$ 之中的動作的預期效能運算都需要多重運算運作，而且如果每個這種運作都被看成一個 $\mathbb{Y}$ 之中的行動，而必須根據 AI-VL 來評價，我們就會面對一個永遠沒有可能開始的無限回歸。要避免這種無限回歸，我們必須將任何估計預期效能的明確嘗試，都限制為一個數量有限的重大行動可能性。接著這個系統為了進一步思考，將需要某些辨認重大行動可能性的啟發過程。（最終系統可能會設法就某些可能行動進行明確的抉擇，來對這個啟發流程做修改，而這些行動可能被這個完全相同的流程標記為明確關注；所以長遠來看，系統在接近理想定義的 AI-VL 上，可能變得越來越有效率。）接下來思考 $\mathbb{W}$，這是可能世界的分類。這裡的一個難題是具體指定 $\mathbb{W}$ 使其足夠廣泛。若無法在 $\mathbb{W}$ 中包含某些重要的 w，可能會使人工智能無法呈現一個實際發生的狀況，導致人工智能做出壞選擇。舉個例子，假設我們用某些本體論的理論來決定 $\mathbb{W}$ 的組成方式。舉例

來說，我們讓 W 包含所有由某種時空多樣性所構成、有著在粒子物理學標準模型中找到的基本粒子的可能世界。如果標準模型不完整或不正確，這就可以扭曲人工智能的認識論。我們可以試著使用一個更大的 W 分類來包含更多可能性；但就算我們可以保證每個可能的物理宇宙都包含在裡面，我們可能還是會擔心，有些其他的可能性會被忽略。舉例來說，意識事實不繼起於物理事實的「二元可能宇宙」的可能性怎麼辦？指代式事實怎麼辦？規範性事實怎麼辦？更高階數學事實怎麼辦？我們這些易犯錯的人類可能會忽略、但最終才發現是讓事物正常運作的其他關鍵事實怎麼辦？有些人有強烈的信心，認為某些特定的本體論理論是正確的。（在寫作人工智能未來的人們之間，一個認為精神繼起於物質的唯物本體論的信念，通常被視為理所當然。）但稍微反思一下這個想法的歷史，應該會幫助我們認清，我們最喜歡的這個本體論有很大的機會是錯的。如果十九世紀科學家試圖從物理學的想法來定義 W，他們有可能會忽略了非歐幾里得時空或一個艾佛列特式（Everettian，也就是「多重世界」）量子理論，或者一個宇宙學多重宇宙（multiverse）或模擬假說的可能性 —— 這些可能性現在看起來都有很大的機會存在於真實的世界中。可能還有其他我們當前世代同樣未能注意到的可能性（另一方面，如果 W 太大，那麼為無限組可能指派測量就會出現技術困難。）理想的情況可能是，如果我們可以安排事情，使人工智能可以用某種開放變更式本體論，在那種本體論中，人工智能本身可以接著延伸使用一種我們用來決定要不要承認一個新類型形而上可能性的那套原則。

來想想 P(w | Ey)。指定這個條件機率嚴格來說不是價值載入難題的一部分。為了要能成為智能，人工智能必須已經備有某種在眾多重要實際可能性上得到合理正確機率的方法。在這一方面太缺乏的系統，將不會展現出我們在此新點的危險。不過有一種風險是，人工智能最後將產生一種認識論，好到足以使人工智能在工具上有效率，但不足以對某些有極大規範重要性的可能做出正確思考。（這樣來看，指定 P(w | Ey) 的難題就和指定 W 的難題有關。）指定 P(w | Ey) 也需要面對其他問題，像是如何在邏輯不可能性上表現不確定性。上述的問題 —— 如何定義一類可能行動、一類可能世界，以及與各類可能世界證據繫連的可能性分配 —— 都很尋常：各式各樣形式指定的行動者都會出現類似的問題。一套更針對於的問題價值學習方法的問題還有待檢驗；也就是，如何定義 U、𝒱(U)，和 P(𝒱(U)|w)。

U 是一類效能函數。只要每個 U 中的效能函數 U(w) 理想地指派效能給 W 中的每個可能世界 w，那 U 和 W 之間就有連結。但在「包含夠多且夠多樣的效能函數，以讓我們有正當的自信認為至少其中一個函數能夠良好呈現意圖價值」的意義上，U 也必須廣泛。

寫成 P(𝒱(U)|w) 而不是僅僅寫成 P(U | w) 的理由，是要強調機率指派給命題的這個事實。本質上，一個效能函數不是一個命題，但我們可以藉由替效能函數提一些主張，來把一個效能函數轉型成一個命題。舉例來說，我們可以主張一個特定的效能函數 U(.)，它描述了一個特定人物的偏好，或者呈現了某個倫理學理論意指的方案，或者負責人如果整個把事情想過一個之後會希望執行的那個效能函數。「價值標準」𝒱 (.) 因此可以解釋為一個函數，把一個效能函數 U 當作論點，並以一個 U 滿足標準 𝒱 的效應的一個命題，來得出其價值。一旦我們定義了一個命題 𝒱 (U)，我們就有望從任何我們用來在人工智能中獲得其他機率分配的來源，來獲得條件機率 P(𝒱(U)|w)。（如果我們確定在可能世界 W 的個體化中，所有規範上重要的事實都被考慮進去，那麼 P(𝒱(U)|w) 在每一個可能世界中就該等於零或一。）剩下的問題是如何定義 𝒱。這在文章中有進一步討論。

20. 這並非價值學習方法的唯一挑戰。舉例來說，另一個問題是如何使人工智慧擁有足夠明智的初始信念——至少得在它強到能夠顛覆程式設計者修正它的嘗試之前。

21. Yudkowsky (2001).

22. 這個詞來自美式足球，「萬福瑪利亞」是絕望之際做出的超長前傳，通常是在時間快用完時，賭隊友可能在接近底線的地方接到球，而完成達陣的一絲機會。

23. 「萬福瑪利亞」方法仰賴的想法是，超智慧可能會比人類更正確清楚表達自己的偏好。舉例來說，一個超智慧可以把偏好具體編為數碼。所以如果我們的人工智慧把其他超智慧描繪成察覺其環境的運算過程，那麼我們的人工智慧應該就能推論，這些外星超智慧會如何回應某些假設的刺激因素，像是一個從它們視覺範圍中跳出、將我們自己人工智慧原始碼呈現給它們、並要它們用方便的預定形式，具體陳述其指令給我們的「視窗」。接著我們的人工智慧就可以順利（從它自己關於這反事實情況的模型，在那之中呈現了外星超智慧）讀出這些想像結構，而我們就能把自己的人工智慧打造成會遵從這些指令。

24. 另一個選擇是（在人工智慧的世界模型中）創造一個尋找超智慧文明創造的物理結構（之呈現）的偵測器。我們便能跳過「辨認假定的超智慧偏好函數」這個步驟，並給予人工智慧一個終極價值：舉凡它相信超智慧文明打算生產什麼物理結構，不管那是什麼就試著複製下來。

25. 如果**每個**文明都試著透過「萬福瑪利亞」來解決價值載入難題，這個長傳就會失敗。總有人要走困難的路。

26. Christiano (2012).

27. 我們打造的人工智慧也不需要能找到模型。就像我們一樣，它可以去推理那樣的複雜隱晦定義會造成什麼（可能借由觀察其環境，並跟隨我們會跟隨的同一種推理）。

28. 參見第九章和第十一章。

29. 舉例來說，亞甲二氧甲基苯丙胺（MDMA，搖頭丸的主成分）可能會暫時增加移情作用；催產素（oxytocin）可能會暫時增加信任（Vollenweider et al. 1998; Bartz et al. 2011）。不過效果似乎變化頗大，且取決於前後脈絡。

30. 增強的行動主體可能會被殺掉或被置於暫緩動態（暫停），或被重設為先前的狀態，或被剝奪能力，避免它們接受任何進一步的強化，直到整個系統達到更成熟且安全的狀態，能讓這些較早期的頑劣元素不再是全系統等級的威脅。

31. 這個問題在未來的生物人類社會中可能沒那麼重要；那樣的社會能使用先進的監視或生物醫學技術進行心理控制。或該社會已經夠富有，而能負擔極高比例的安全專業人士來監管一般公民（以及彼此）。

32. 參見 Armstrong 2007 以及 Shulman 2010b。

33. 一個未決的問題是，一個 n 級監督者監控其 $(n-1)$ 級的受管者要到什麼程度，還有，加上監控其 $(n-2)$ 級的受管者來知道 $(n-1)$ 級的行動主體是否有好好盡責，這又得到什麼程度？而要知道 $(n-1)$ 級的行動主體是否成功管理 $(n-2)$ 級行動主體，n 級行動主體是否有必要進一步監控 $(n-3)$ 級行動主體？

34. 這個方法正好橫跨動機選擇和能力控制之間的線上。技術上來說，包含「正在控制一套軟體監督者的人類」這部分的安排算是能力控制，而包含「數層軟體行動主體在系統中控制其他階層」這部分的安排，則算是動機選擇（前提是，這是一種形塑系統動機傾向的安排）。

35. 事實上，還有許多其他成本值得思考，但無法在此一一列出。舉例來說，任何裝滿這種等級制度支配權的行動主體都可能會被權力腐化或貶值。

36. 為了讓這個保證有效，這必須以善意執行。這將排除對仿真物的情感和決策能力的某幾種控制，這些控制（舉例來說）可能會用來安裝一種對於被停止的恐懼，或者阻止仿真物理性思考自己的選項。

37. 例如見 Brinton 1965；Goldstone 1980，2001。這些問題上的社會科學進展為這世上的專制者帶來了大禮，他們可能會用更正確的社會動盪預測模型來讓人口控制策略最佳化，並以較不致命的武器，溫柔地傷害剛萌芽的社會起義。

38. 參見 Bostrom 2011a，2009b。

39. 在徹底人工系統的例子中，有可能會在沒有實際創造明確子行動主體的情況下，獲得制度

結構的一些優勢。一個系統可能會把多個觀點括入決策過程，但又不把自己那套獨立代理所需的全套認知能力給予每一個觀點。不過，全面執行「觀察一個提出的改變的行為結果，而且如果結果就事前立場看起來不是所要的，就恢復到早期的版本」這個以文字描述於一個不是由子行動主體構成的系統中的特點，是很狡猾的。

第 13 章

1. 最近有項針對專業哲學家的調查，研究「接受或傾向」各種理論的回應者百分比。關於規範倫理學，**義務論**占 25.9%，**結果主義**占 23.6，**品德倫理學** 18.2%。關於後設倫理學，**道德現實主義**占 56.4%，**道德反現實主義**占 27.7%。在道德判斷上，**認知主義**占 65.7%，**非認知主義**占 17.0%（Bourget and Chalmers 2009）。

2. Pinker (2011).

3. 關於本問題的討論，見 Shulman et al. 2009。

4. Moore (2011).

5. Bostrom (2006b).

6. Bostrom (2009b).

7. Bostrom (2011a).

8. 更精準來說，我們應該遵從超智慧的意見，除非是有充分理由假設我們的信念比較正確的主題。舉例來說，如果超智慧沒辦法掃描我們腦部，那麼在某一時刻，我們可能比它知道我們自己在想什麼。然而，如果我們假定超智慧能接觸我們的意見，我們就可以省略這個資格；那麼當我們的意見應該被信任時，在判斷的工作上我們也就能遵從超智慧（可能還有一些和指示資訊有關的特殊案例必須分開來處理——舉例來說，方法可以是讓超智慧向我們解釋，從我們的觀點來看，什麼會是理性而值得相信的）。要踏入發展迅速的、關於見證（testimony）與認識論威權（epistemic authority）的哲學著作，可見 Elga 2007。

9. Yudkowsky (2004). 另見 Mijic 2010。

10. 舉例來說，大衛·路易斯（David Lewis）提出一個**價值的歸因理論**，大略來說指的是，如果（也只有當）A 會想去要 X，如果 A 全然理性且理想地熟悉 X，那麼 X 就是 A 的價值（Smith et al. 1989）。在這之前，也有人提出類似的想法，可參考 Sen and Williams 1982；Railton 1986；以及 Sidgwick and Jones 2010。在這些類似的路線中，哲學正當性的一個共通陳述**反思平衡法**，提出在「我們對案例的直覺」、「我們認為主宰這些案例的通則」，以及「根據我們認為這些要素應該修訂的原則」三者之間反覆互相調節的流程，來達到一個更連貫一致的系統；可參考 Rawls 1971 和 Goodman 1954。

11. 這裡的意圖可能是，當人工智慧採取行動避免這種災難時，它下手應該**愈輕愈好**，也就是說，以一種避免了災難、但不太影響「從其他方面來看結果會對人類怎麼樣」的方法。

12. Yudkowsky (2004).

13. 個人意見是 Rebecca Roache。

14. 三個原則分別是：保護人類、人類的未來，以及人道本性（這裡的 *humane* 指的是「我們希望我們能是什麼」，有別於「我們是什麼」）；「人類不應該把剩下的漫長時光，都絕望地浪費在希望程式設計者會做出什麼不同的事」以及「幫助人類」。

15. 有些宗教團體十分強調信仰，而極不重視理性——就算在理性假設中最理想化的形式裡，且就算充滿熱忱、心胸開闊地研究了每一段經文、啟示和經文註釋之後——他們可能仍然認為，那不足以達到基本靈魂洞見。支持這種看法的人可能不會把連貫推斷意志看成一種做決策的最佳化指引（儘管與其他在避開連貫推斷意志之後，可能實際上會遵循的眾多不完美指引相比，他們可能還是會偏好連貫推斷意志）。

16. 一個像潛在大自然力量般行動、調節人類互動的人工智慧，曾被稱做「系統操作員」（Sysop），一種為了人類文明占有之物質所運作的「操作系統」。見 Yudkowsky 2001。

17. 「**也許**」，假設人類的連貫推斷意志不希望把道德考量延伸到這些實體，這些實體能否實際擁有道德地位，是值得存疑的（儘管現在看起來非常有可能它們會有）。「**有可能**」，因為就算有阻撓的投票，避免連貫推斷意志動力直接保護這些邊緣人，還是會有以下可能：一旦最初的動力開始運作，不管當時留下的是什麼基本原則，在那之中希望能尊重的個體，以及想要某些邊緣人的福利受到保護的個體，可能會成功經由交易來達到這個結果（代價是放棄自己的一些資源）。這有沒有機會？可能取決於連貫推斷意志動力的結果（而不是其他條件）是不是一套使它能在這類問題上達成協商決議的基本原則（這可能需要能克服策略協商難題的預設措施）。

18. 對於實現一個安全有益的超智慧有正面貢獻的個人，可能因其勞動而獲得一些特別獎勵，儘管這個東西缺少了能判定人類宇宙稟賦配置的近專屬權力。不過，每個人都在我們的推斷基礎中拿到同等分量的概念是一個很好的謝林點，不應輕易拋棄。無論如何，都會有一種間接方法讓美德獲得獎勵；也就是連貫推斷意志本身最終可能會指定，應該要適當贊可全力投注於人類利益的好人。如果——也不難想像——我們的連貫推斷意志保證支持（在「至少給出某些非零的權重」的這種意義上）一個自業自得的原則，那麼就算這種人沒有在推斷基礎中獲得特別重的分量，贊可還是會發生。

19. Bostrom et al. (2013)。

20. 就「當我們做道德主張時，有一些（夠肯定的）共同意義」這點來說，一個超智慧應該能弄清楚那個意義是什麼。而就道德主張是「真理傾向」（truth-apt，也就是含有一個命題的特性，能使主張為真或為偽）這點來說，超智慧應該能弄清楚哪一個形式為「行動主體 X 現在應該 Φ」的主張是真的。至少，在這工作上它應該超越我們。

一個一開始就缺少這種道德認知能力的人工智慧，如果擁有智慧強化超級能力，應該就可以獲得這個能力。人工智慧可以做到這點的一個方法，是逆向工程分析人腦的道德思考，然後執行一個類似的流程，但用更高速運行，並給予更正確的事實資訊，如此這樣下去。

21. 由於我們對後設倫理學不確定，因而有的一個問題是：如果無法獲得道德正確的前提，那麼人工智慧該做什麼。一個選項是去規定，如果人工智慧指派了一個夠高的機率給「道德認知主義是錯的」或「沒有合適的非相關道德真理」，人工智慧就要自行關機。或者，我們可以要人工智慧重回某種其他方法，例如連貫推斷意志。

我們可以定義道德正確主張，讓「在各種模稜兩可或變質衰落的案例中該做什麼」更為清楚。舉例來說，如果錯誤理論是正確的（因此所有「我現在應該要 Φ」形式的正面道德主張都是錯的），那麼就會行使撤退策略（例如關機）。如果有多個可行的行動，我們也可以陳述應該要發生什麼事，其中每一個道德上都是正確的。舉例來說，我們可能會說，在這種案例裡，人工智慧應該進行（其中一個）人類集體推斷會支持的行動。我們可能也會明定，如果正確的道德理論在其基本詞彙中不使用「道德正確」這類詞的時候，會發生什麼事。舉例來說，結果主義者理論可能會支持某些行動比其他的好，但沒有相應於「一個行動為『道德正確』」這種概念的特定門檻。那麼我們就可以說，如果這種理論正確，那道德正確就應該進行其中的一個道德最可行行動，前提是如果有的話；或者，如果有無限量的可行行動，使得任何一個可行行動之外都還有更好的一個行動，那麼，道德正確可能會選出任何一個至少遠比「任何人類會在同樣狀況下選出的最好行動」都還要好上太多的行動，如果那個行動可行的話——或者如果不可行，那麼會進行的就是一個至少和「人類會做的最好行動」一樣好的行動。

在思考道德正確主張如何能定義時，幾個總括要點應該要牢記心中。首先，一開始我們可能會保守行事，使用撤退選項來涵蓋幾乎所有偶發事故，並只有在我們覺得我們徹底了解

的情況下，才使用「道德正確」選項。第二，我們可能會在道德正確主張上增加整體調節器，使其「溫和地轉譯，如果我們在寫下之前有更仔細思考，就如我們會修正地那樣修正」。

22. 在這些用詞中，「知識」看起來可能是最輕易受到形式分析所影響的一個（用資訊理論用語來說）。不過，要表現對一個人來說「知道某些事情」是什麼，人工智慧可能需要一套與複雜的心理特性有關的精細表達方式。一個人類並不「知道」儲存在他腦中某處的所有資訊。

23. 連貫推斷意志裡的用詞（稍稍）比較不含糊的一個指標是，如果我們能夠以用於連貫推斷意志的那些詞語來分析道德正確，那麼這連貫推斷意志就可以算作哲學進展。事實上，元倫理學的一個主要部分——理想觀測者理論——就標榜這樣做。見 Smith et al. 1989。

24. 這需要面對基本規範不確定性的難題。我們發現，根據有最高機率為真的道德理論行動，並不總是適當。我們也發現，進行一個有最高機率為正確的行動，並不總是適當。似乎需要某種交易機率的方法，來對付危險問題的「錯誤度」或「嚴重性」。關於這方向的某些想法，見 Bostrom 2009a。

25. 甚至可以論稱，這對任何一個解釋「普通藍領（Joe Sixpack）如何能有某些對錯想法」之道德正確性概念的闡釋來說，都是一個充足條件。

26. **對我們來說**，打造一個執行道德正確的人工智慧，並不是一件顯然道德正確的事情，就算我們假設**人工智慧本身**總是會道德地行動也一樣。或許我們打造這樣的一個人工智慧，會是令人不快的傲慢（特別是因為許多人都不同意該計劃）。這個問題的一部分，可以靠著微調道德正確主張來巧妙解決。假設我們先規定，只有行動對一開始創造人工智慧的人而言是道德正確時，人工智慧才應該行動（來做對它而言道德正確的事）；否則它就該自行關閉。很難看出我們在創造這種人工智慧時，會犯下什麼重大道德錯誤，因為如果我們創造它是錯的，那麼假定人工智慧到那時為止，都還沒犯下什麼思想罪的話，唯一的結果就會是，我們創造的人工智慧會立刻自行關機（不過我們仍然可能會錯誤行事——舉例來說，無法掌握機會打造別種人工智慧）。

第二個問題是額外工作（supererogation）。假設人工智慧可採取的行動很多，從道德許可的意義來說，每一個都道德正確，但其中有些道德上較優。一個選項是把人工智慧的目標設為在任何這種狀況中，選擇道德最優的行動（或者如果有幾個行動一樣好，那就從最好的幾個行動中選擇其一）。另一個選項是讓人工智慧從道德可允許行動中，選出最滿足某些其他（非道德）符合需要的一個。舉例來說，人工智慧可以從道德可允許的行動中，選出我們連貫推斷意志會偏好採取的那個行動。這樣的人工智慧雖然永遠不會做出任何道德不允許的事情，但會比做道德最佳行動的人工智慧，還要更能保護我們的利益。

27. 當人工智慧評價我們「創造人工智慧」這個行動的道德允許性時，它應該會以其客觀意義來詮釋允許性。在「**道德允許**」的原意上，當一個醫生指定一種他相信能治療病人的藥物，就算那個病人未讓醫生知道自己對該藥物過敏而因此死亡，他還是「道德允許」地行動。專注在客觀道德允許性，就利用了人工智慧應該會更優越的認識地位的優勢。

28. 更直接來說，根據人工智慧對於「哪個倫理學理論為真」的**信仰**（或說得更精確些，根據它對各倫理學理論的機率分配）。

29. 這些物理上可能的生命會有多麼極致美好，恐怕很難想像。可於 Bostrom 2008c 看到作者企圖以詩意的嘗試來傳達此願景的一些概念。若想看這些可能性之中，一些對我們、對存在的人類有好處的論點，可參考 Bostrom 2008b。

30. 如果我們認為有其他比較好的主張，要推廣某一個主張似乎就像在欺騙或有心操作。但我們可以用避開偽善的方式來推廣。舉例來說，我們可以告知理想主張的優越性，同時繼續把非理想主張當做最好的可行折衷來推廣。

31. 或者某些其他正面評價的詞語，像是「好」、「棒」或「絕妙」。

32. 這附和了「按照我的意思做」（DWIM，Do What I Mean）這種軟體設計裡的原則。見 Teitelman 1966。

33. 目標內容、決策理論和認識論是三個應該闡明的方面；但我們並非意圖迴避「這三種成分該不該有個明確的區分」的問題。

34. 據推測，一個倫理計劃也該把超智慧生產的最終利益之適當部分，做為一種特殊獎例，分配給那些以道德允許的方式對計劃成功有所貢獻的一方。把大部分的獎勵分配給誘因包裝方案是不適當的，這就好像一個慈善單位花了 90% 的收入，在募款人的績效獎金以及增加樂捐的廣告活動上。

35. 死者要怎麼獲得獎勵？我們可以設想幾種可能。在最低的層次，可以有追悼會和紀念碑，只要人類渴望身後名，這就算是一種獎勵。死去的人可能也會有某些偏好，像是文化、藝術、建築物或自然環境。更進一步來說，許多人在乎他們的後代，所以可以把特權給予貢獻者的下一代甚至下下代。更經思慮，超智慧或許能創造某些故人相對忠誠的模擬——這個模擬有意識且和原版夠相像，而能算做一種形式的生存（至少根據某些人的標準來說）。對於放在冷凍暫停中的人來說，這可能比較簡單；但超智慧也許能夠從其他保存記錄（例如通信聯繫、出版物、影音素材和數位紀錄，或者其他生存者的個人回憶）來重製某個相當類似於原本那人的東西。超智慧也可能想到某些我們無法立即想到的可能。

36. 關於「帕斯卡賭注」，見 Bostrom 2009b。無限效能的相關問題分析，見 Bostrom 2011a。關於基本規範不確定性，可見 Bostrom 2009a。

37. 例如 Price 1991；Joyce 1999；Drescher 2006；Yudkowsky 2010；Dai 2009。

38. 例如 Bostrom 2009a。

39. 也可以想像，使用間接規範來指定人工智慧的目標內容，會緩和那些可能起於不正確指定的決策理論難題。舉例來說，不妨想想連貫推斷意志法。如果連貫推斷意志順利執行，那就至少有可能可以彌補一些人工智慧決策理論陳述中的錯誤。對於我們的連貫推斷意志希望人工智慧去追求的價值，執行可允許這些價值仰賴人工智慧的決策理論。如果我們理想化的自身知道自己正在替一個使用特定決策理論的人工智慧做價值陳述，我們可能會調整我們的價值陳述，好讓人工智慧即便有扭曲的決策理論，也會溫和地行事——這就好像假使我們要取消一片透鏡的扭曲效果，可以在前面放入另一片透鏡來反轉扭曲。

40. 整體而言，有些認識論系統並沒有明確的基礎。在那種情況中，結構傳承並不是一套明確的原則，而是（某種程度上可說是）認識論的起點，包含某種對應於輸入證據流的傾向。

41. 可見 Bostrom 2011a 中討論的扭曲難題。

42. 舉例來說，在人擇推理中的一個爭論是：應不應該接受所謂的自我指示假設（self-indication assumption）。自我指示假設指的是，從你存在的事實推論出根據「哪一個較大數量 N 的觀測者存在」的假說，應該獲得一個與 N 成比例的機率提升。關於反對這原則的論證，見 Bostrom 2002a 中的「自以為是哲學家」想像實驗。關於原則的辯護，見 Olum 2002；對於該辯護的批評，見 Bostrom and Ćirković 2003。對自我指示假設的信念可能會影響各種潛在關鍵策略相關性的經驗假說，舉例來說，像是卡特－雷斯利末日論證（Carter–Leslie doomsday argument）、模擬論證，以及「大過濾」（great filter）論證之類的思考。見 Bostrom 2002a，2003a，2008a；Carter 1983；Ćirković et al. 2010；Hanson 1998d；Leslie 1996；Tegmark and Bostrom 2005。類似的論點可在關於其他觀察決策理論的憂慮問題中成立，像是參考類的選擇能不能和觀測者時刻（observer-moments）相對化，如果能又要如何進行。

43. 例如見 Howson and Urbach 1993。也有一些有趣的結果，縮短了兩個貝氏行動主體在意見為常識的情況下，能理性地不同意對方的情況範圍；見 Aumann 1976 及 Hanson 2006。

44. 參見 Yudkowsky 2004 中「最後審定人」的概念。

45. 認識論裡有很多顯著的重要問題，有些稍早在文中有提到。這裡想說的是，我們可能不需要為了達到一個實際上無法與最佳結果清楚分辨的結果，而把所有解答都完全弄對。一個（湊齊了廣泛多樣先驗的）混合模型可能就行得通。

第 14 章

1. 這個原則在 Bostrom 2009b, 190 中有介紹，文中也強調，那不是套套邏輯（Tautology）。以一個視覺類比來說，想像一個體積大而有限的盒子，這個空間代表能透過某些可能技術獲得的基本能力空間。想像一下，把沙子倒進盒子裡（代表研究投入）。你怎麼倒沙子，就會決定盒子裡的哪一塊沙會堆高。但如果你一直倒，最終整個空間還是會被沙子裝滿。

2. Bostrom (2002b).

3. 這並非傳統上看待科學政策的觀點。哈維·艾維奇（Harvey Averch）如此描述 1945 至 1984 年間的美國科學與科技政策：以針對「科學與技術企業公共投資的最適宜水準」以及「政府應該嘗試『挑選勝利者』，藉此達到國家經濟興盛與軍事強度最佳進步的程度」的辯論為中心。在這些計算中，技術進展一直都都假定成好事。但艾維奇也描述了質疑「進步總是好的」這種前提的批判觀點之興起（Averch 1985）。也可見 Graham 1997。

4. Bostrom (2002b).

5. 這當然不是套套邏輯。我們可以想像一個不同程度發展都能成立的論點：對人類而言，先去面對一些比較沒那麼困難的挑戰會比較好（比如發展奈米科技）。其立論點在於，這會迫使我們開發更好的制度、變得更能做國際協調，並在思考全球策略上更加成熟。或許我們會更有可能迎接的挑戰，和機器智慧相比，呈現出的形上學混淆威脅會比較少。奈米科技（或合成生物學，或其他我們會先面對的較小挑戰）可能會被當做一塊墊腳石，幫助我們上升到一個能解決超智慧高階挑戰所需的能力水準。這樣的論點得依不同的案例基礎來進行評估。舉例來說，在奈米科技的案例中，我們得思考各種可能的結果，像是奈米纖維運算基所促成的硬體能力提升；廉價的物理生產資本對經濟成長帶來的效應；精密監視技術的劇增；單極透過奈米科技突破的直接或間接效應而產生的可能性；以及神經形態學和全腦仿真途徑達到機器智慧的更高可行性。思考上述所有問題（或從其他造成生存風險的技術中出現的類似問題）超過了我們的調查範圍。在此我們只是指出一些支持「超智慧先行開發」這種順序的初步案例——並強調，在某些例子中，會有一些難題，可能會改變這個初步評估。

6. Pinker (2011); Wright (2001).

7. 因為乍看之下似乎沒有任何觀測結果，所以假設「萬物都在加速」的假說沒有意義可能很有吸引力；可見 Shoemaker 1969。

8. 已準備的程度並不是由花費於準備活動的勞力量來測量，而是由配置好的狀態實際上有多順利、以及關鍵決策者對於採取適當行動的準備有多充足來測量。

9. 智慧爆發發生的預備階段裡，國際信任的程度也會是一個因素，我們會在本章稍後〈合作〉一節中思考這部分。

10. 據說，當前對控制難題有強烈興趣的人，似乎是從智慧分布的極端中不均衡地取樣出來的，儘管對這個印象可能有其他解釋方式。如果這個領域變得風行，那毫無疑問會充斥著庸才和怪人。

11. 這個詞是從卡爾·舒曼借來的。

12. 一個機器智慧得要多像一個腦，才能算做全腦仿真，而不是神經形態的人工智慧？重要的決定因素可能在於，系統複製的是特定個體，還是一般人類的價值，還是全套認知，還是評價傾向？因為這可能會讓控制難題產生差異。要捕捉這些特質，可能需要一個相當逼真

的仿真。

13. 增長的規模當然取決於推力有多大，以及推力資源來自何處。如果所有投注於全腦仿真研究的額外資源，都從常規神經科學研究中扣除，那麼神經科學可能就沒有淨提升——除非對仿真研究的熱切關注正好是一個比神經科學研究的預認設計更有效提升神經科學的方法。

14. 見 Drexler 1986, 242。（個人認為）德雷克斯勒證實了這個重建符合他企圖呈現的推理。顯然，如果我們希望把論點塑造為一個演繹有效連串的推理形式，就得加入一些隱含的前提。

15. 也許我們不應該歡迎小災難，以防它們提高我們的警惕性，使我們能夠防止中等規模的災難發生，而中等規模的災難本來需要我們採取必要的強有力的預防措施來防止存在的災難？（當然，就像生物免疫系統一樣，我們也需要關注過度反應，類似於過敏和自身免疫性疾病。）

16. Cf. Lenman (2000); Burch-Brown (2014).

17. Cf. Bostrom (2007).

18. 要注意的是，這個論證的要點在於重大事件的排序而不是時間點。只有當干涉改變了關鍵發展的序列，例如說讓超智慧在奈米科技或合成生物學達到眾多里程碑之前發生，「讓超智慧比較早發生」才會促使其他生存轉型風險取而代之。

19. 如果解決控制難題比解決機器智慧表現問題困難非常多，且如果計劃能力僅僅和計劃大小有微弱的關聯，那麼就可能是小計劃先抵達會比較好。也就是說，如果能力變化在小計劃中比較大，在這樣的情況中，就算較小計劃平均起來能力不如較大計劃，一個小計劃也比較可能擁有解決控制難題所需的異常高水準能力。

20. 這並不是否認，我們可以想像一種能夠推動全球商議的工具，而這工具會從硬體的進一步進展之中獲益（甚至可說，這種工具需要有上述進展才能實行）——舉例來說，高品質的翻譯、更佳的搜尋、在任何地方使用智慧型手機、有吸引力的社交用虛擬實境環境等等。

21. 投資仿真技術不只可以直接（用產出的任何技術產品來）加速全腦仿真的進展，也可以藉由創造會奮力爭取資助、並提升全腦仿真遠景之能見度與可靠度的支持者，而間接造成加速。

22. 如果未來是由某人的隨機欲望來形塑，而不是由全人類的欲望（的某種合適重疊）來形塑，會失去多少預期的價值？這可能要很敏銳地看我們使用何種評價標準，也要看該欲望是理想化的，還是未加工的。

23. 舉例來說，人類心智透過語言緩慢溝通，但人工智慧可以設計成，同一個計劃的實例能簡單快速地在彼此之間傳送技術和資訊。機器智慧從一開始的設計，就可以把幫助我們祖先處理自然環境面向、但在網路空間中並不重要的笨重遺贈系統都廢除掉。數位心智也可以設計成利用生物腦所沒有的快速連續處理，而讓有高度最佳化功能的新組件變得容易安裝（好比說符號處理、模式識別、模擬器、數據挖掘以及計劃）。人工智慧可能也會有顯著的非技術優勢，像是變得更容易取得專利，或比較少陷入使用人類上傳的道德難題。

24. 如果 p_1 和 p_2 是各階段的失敗機率，那失敗的總機率就是 $p1+(1-p1)p2$，因為徹底失敗一次就沒了。

25. 全腦仿真的推動者有沒有辦法增加他所支援的特殊性，進而加速全腦仿真，並讓溢流至人工智慧發展的部分最小化？推動掃描技術可能會是一個比推動神經運算建模還要好的賭注（基於大規模商業利益無論如何都會在電腦硬體領域刺激進展，推動電腦硬體不管怎樣都不太可能造成太多差別）。

26. 一個全腦仿真的推動者有沒有辦法增加她支援的特殊性，而能加速全腦仿真並讓溢流至人工智能發展的部分最小化？推動掃描技術可能會是一個比推動神經運算建模要好的賭注。（基於大規模商業利益無論如何都會在電腦硬體領域刺激進展，推動電腦硬體不管怎樣都

不太可能造成太多差別。)

推動掃描技術藉著讓掃描更不會成為一個瓶頸，而有可能會增加多極結果的可能性，並因此增加了早期仿真物人口會出自許多不同人類樣板（而不是由少數樣板的無數複製品構成）的機會。掃描技術的進展，也讓瓶頸較有可能換成運算硬體，而這傾向於讓起飛減緩。

27. 神經形態的人工智慧也可能缺乏全腦仿真的其他安全促進特性，像是類似生物人類的認知長短處特性（這會讓我們使用我們的人類經驗，來形成不同發展階段中對系統某些能力的預期）。

28. 如果某人促進全腦仿真的動機，是讓全腦仿真在人工智慧之前發生，那他得把一件事牢記在心：只有當兩條邁向機器智慧途徑的預認時間點很近，而人工智慧只有些許優勢時，加速全腦仿真才會改變來到的次序。除此之外，對全腦仿真的投資，若非只讓全腦仿真比本來早一點發生（降低硬體突出點以及準備時間）、而不影響發展的排序，否則就只會有一點點效應（而不是有可能讓人工智慧甚至更早發生）。

29. 對 Hanson 2009 的評論。

30. 將風險延緩，當然會有一些生存風險的強度和急迫性，是就算從因人影響觀點來看也比較好的 ── 不管是讓生存的人在落幕前能多維持一陣子性命，還是提供更多時間給能降低危險的緩和工作。

31. 假設我們可以採取一些會讓智慧爆發加快一年的行動。假設目前住在地球上的人以每年 1% 的比率死去，且人類因智慧爆發而滅絕的預定風險為 20%（只是為了說明而隨意選的數字）。那麼將智慧爆發的來到加快一年，就等於（從因人觀點來看）把風險從 20% 增加到 21%，也就是風險水準增加了 1%。不過，在智慧爆發開始前一年還活著的絕大多數人，如果他們可以藉此將爆發的風險降低一個百分點，那麼屆時他們將會因延緩爆發而得益（因為多數人會將自己明年死去的風險評估為比 1% 小很多 ── 出於絕大多數的死亡數發生在相對狹隘的人口特徵〔例如老弱〕中）。因此我們會有一個模型，模型中的人口每年都投票將智慧爆發延緩一年，所以智慧爆發永遠不會發生，儘管每個活著的人都同意，如果某一刻智慧爆發能來臨或許還是比較好。當然在現實中，合作協調的失敗、有限的可預測性或個人存亡以外的偏好事物，都有可能會避免這樣的反覆暫停。

如果我們用標準經濟折扣因素，而不是因人影響標準，潛在好的一面的重要性就消失了，因為現存人類能夠享受天文長度生命的價值，會因此大打折扣。如果折扣因素應用於每個個人的主觀時間、而不是恆星時間的話，這個效果會特別強。如果未來的好處以每年 x% 的比率打折，且其他來源的生存風險之背景水準是每年 y%，那麼智慧爆發的最佳點，就是當爆發再延緩一年，會使與一個智慧爆發有關的生存風險降低比例少於 $(x+y)$% 的時候。

32. 我十分感激卡爾・舒曼以及史都華・阿姆斯壯（Stuart Armstrong）給這模型的協助。另見 Shulman 2010a, 3；Chalmers 2010 報導了一項美國西點軍校預官及職員之間的共識 ── 就算面對潛在災難，因為畏懼敵對強權可能獲得策略優勢，美國政府將不會限制人工智慧研究。

33. 也就是說，模型裡的資訊事前看來總是很差。當然，根據資訊實際上是什麼，在某些情況下，資訊為人所知最終會是好的，尤其當領頭者和第二名間的差距遠比事前合理猜測的還要大很多時，更是如此。

34. 這可能甚至會引起生存風險，尤其如果先採用了新穎的軍事毀滅技術或出現空前的軍武集結。

35. 一個計畫可以讓相關工作者分散各地，並透過加密通訊管道合作。但這個手段涉及安全權衡：地理散布或許能提供一些對抗軍事攻擊的保護，但會妨礙運作的安全性，畢竟如果人員散布四處，就比較難預防個人叛逃、洩漏資訊或被敵對強權挾持。

36. 請注意，有許多暫時的貼現因素可讓計畫有如在競賽中一樣行事，就算它知道其實沒有真正的競爭對手。大貼現因素指的是，它不會太在意遙遠的未來。根據狀況，這會使企圖延

後機器智慧革命的藍天研發機構（bluesky R&D）受挫（雖然因為硬體突出點，而可能使其真正發生時更突然）。但大貼現因素——或者對未來世代的低度關心——也會使生存風險似乎更無關緊要。這會鼓勵世人在「以增加生存災難風險的代價的立即增長可能性」上賭一把，因此妨礙了安全相關投資，並刺激了早期起飛——酷似競爭動力學的效應。然而，相對於競爭動力學，大貼現因素（或者對未來世代的不在乎）並不會特別傾向挑起競爭。降低競爭動力是合作的主要好處。合作促進眾人分享如何解決控制難題的想法，也是一個好處，雖然這在某種程度上被「合作也促進眾人分享如何解決能力難題的想法」這個事實所抵銷。這個促進想法分享的淨效應，可能會稍稍增加相關研究社群的群體智慧。

37. 另一方面，單一政府的公眾監督會冒的風險，是產生單一國家壟斷成果的結果。這個結果似乎不如不負責任的利他主義者確保每個人獲益的結果。更進一步來說，國家政府的監督，甚至不一定代表所有國民都會得到好處：根據該國情況，所有的好處都被一個政治菁英或少數自私的行動主體所掠奪的風險，可能更大或更小。

38. 一個資格是，誘因包裝的使用（第十二章討論過）在某些情況下可能會鼓勵人以主動合作者（而非被動搭便車者）的態度參與計劃。

39. 報酬遞減似乎會以一個小很多的尺寸到來。大多數人會寧願一個恆星，而不是有十億分之一的機會擁有一個十億顆恆星的銀河系。確實，大多數人寧願擁有地球資源的十億分之一，而不是有十億分之一的機會擁有整個行星。

40. 參見 Shulman 2010a。

41. 當宇宙可能無限的想法被當真時，集合倫理學理論就遇上了麻煩；見 Bostrom 2011b。當大到離譜但價值有限的想法被當真時，也會有麻煩；見 Bostrom 2009b。

42. 如果我們讓電腦變大，我們終究將面對來自電腦不同部位之間通訊延遲的相對論限制——信號無法擴散得比光速更快。如果我們縮小電腦，就會面對小型化的量子限制。如果我們增加電腦的密度，就會進入黑洞限制。無可否認，我們無法完全確定哪天發現了新物理學，能提供超越這些限制的方法。

43. 一個人的複製品數量，會無上限與資源成線性比例。然而，我們並不清楚有多個複製品的普通人會價值多少。就算那些偏好被多量實例化的人，可能也不會有一個隨著複製品數量線性增加的效能函數。複製量就像壽命年一樣，可能會在典型的人效能函數上會報酬遞減。

44. 一個單極在最高水準的決策上是高度內在合作的。一個單極在低階時可以有很多不合作和競爭，如果構成單極的高階代理選擇要這麼做的話。

45. 如果每個對立的人工智慧團隊都確信其他團隊嚴重受到誤導，而沒有一點機會能製造智慧爆發，那麼合作的一個理由——避免競爭動力——就消除了：每支隊伍出於「沒有任何嚴重競爭」的充分信心，都應該獨立選擇讓速度慢下來。

46. 一個博士生。

47. 意外收益條款的改良是明顯可行的。舉例來說，或許門檻可以用每人平均的條件表達，又或者應該要讓勝利者保留一個比超出部分的公平分配還要大一點的分配量，好更強力刺激進一步的生產（某些版本的羅爾斯最大最小原則在這裡可能有吸引力）。其他改良會重新專注於條款中金額以外的部分，並根據「對人類未來的影響」或「不同黨派利益在未來單極效能函數權衡的分量程度」或類似部分，來重申這項條款。

第 15 章

1. 有些研究值得做，不是因為它發現了什麼，而是因為其他理由，好比它娛樂、教育、認可或提升了那些投入的人。

2. 我並不是主張，所有人都不該投入純數學或哲學。我也不是主張，這些努力和所有其他學

術或社會整體的消耗相比特別浪費。有些人能致力於精神生活，隨其求知好奇心而行，並超乎任何功利或影響力的想法，應該是非常好的。我的主張是，在邊際上當某些最棒的心智察覺到他們的認知表現，可能在可預見的未來中變得過時，他們可能會想把自己的注意力轉移到那些不管我們有沒有稍微快一點找到解答，都會產生改變的理論難題上。

3. 雖然我們應該在這種不確定性可能有保護性的案例中保持謹慎——舉例來說，回想一下附錄十三中的風險競賽模型，當時我們發現，額外的策略資訊可能會造成傷害。更概括來說，我們必須擔心資訊災難（見 Bostrom 2011b）。很難不去說，我們對資訊災難需要更多分析。這應該是真的，只是說我們可能還是會擔心，這樣的分析本身就有可能產生危險資訊。

4. 參見 Bostrom 2007。

5. 我很感激卡爾・舒曼強調這一點。

參考書目和文獻資料

Acemoglu, Daron. 2003. "Labor- and Capital-Augmenting Technical Change." *Journal of the European Economic Association* 1 (1): 1-37.

Albertson, D. G., and Thomson, J. N. 1976. "The Pharynx of Caenorhabditis Elegans." *Philosophical Transactions of the Royal Society B: Biological Sciences* 275 (938): 299-325.

Allen, Robert C. 2008. "A Review of Gregory Clark's A Farewell to Alms: A Brief Economic History of the World." *Journal of Economic Literature* 46 (4): 946-73.

American Horse Council. 2005. "National Economic Impact of the US Horse Industry." Retrieved July 30, 2013. Available at http://www.horsecounciLorg/national-economic-impact-us-horse-industry.

Anand, Paul, Pattanaik, Prasanta, and Puppe, Clemens, eds. 2009. *The Oxford Handbook of Rational and Social Choice*. New York: Oxford University Press.

Andres, B., Koethe, U., Kroeger, T., Helmstaedter, M., Briggman, K. L., Denk, W., and Hamprecht, F. A. 2012. "3D Segmentation of SBFSEM Images of Neuropil by a Graphical Model over Supervoxel Boundaries." *Medical Image Analysis* 16 (4): 796-805.

Armstrong, Alex. 2012. "Computer Competes in Crossword Tournament." I Programmer, March 19. Armstrong, Stuart. 2007. "Chaining God: A Qualitative Approach to AI, Trust and Moral Systems." Unpublished manuscript, October 20. Retrieved December 31, 2012. Available at http://www.neweuropeancentury.org/GodALpdf.

Armstrong, Stuart. 2010. *Utility Indifference,* Technical Report 2010-1. Oxford: Future of Humanity Institute, University of Oxford.

Armstrong, Stuart. 2013. "General Purpose Intelligence: Arguing the Orthogonality Thesis." *Analysis and Metaphysics* 12:68-84.

Armstrong, Stuart, and Sandberg, Anders. 2013. "Eternity in Six Hours: Intergalactic Spreading of Intelligent Life and Sharpening the Fermi Paradox." *Acta Astronautica* 89: 1-13.

Armstrong, Stuart, and Sotala, Kaj. 2012. "How We're Predicting AI-or Failing To." In *Beyond AI: Artificial Dreams*, edited by Jan Romportl, Pavel Ircing, Eva Zackova, Michal Polak, and Radek Schuster, 52-75. Pilsen: University of West Bohemia. Retrieved February 2, 2013.

Asimov, Isaac. 1942. "Runaround." A*stounding Science-Fiction*, March, 94-103.

Asimov, Isaac. 1985. *Robots and Empire*. New York: Doubleday.

Aumann, Robert J. 1976. "Agreeing to Disagree." *Annals of Statistics* 4 (6): 1236-9.

Averch, Harvey Allen. 1985. *A Strategic Analysis of Science and Technology Policy*. Baltimore: Johns Hopkins University Press.

Azevedo, F. A. C., Carvalho, L. R. B., Grinberg, L. T., Farfel, J. M., Ferretti, R. E. L., Leite, R. E. P., Jacob, W., Lent, R., and Herculano-Houzel, S. 2009. "Equal Numbers of Neuronal and Non-neuronal Cells Make the Human Brain an Isometrically Scaled-up Primate Brain." *Journal of Comparative Neurology* 513 (5): 532-41.

Baars, Bernard J. 1997. *In the Theater of Consciousness: The Workspace of the Mind.* New York: Oxford University Press.

Baratta, Joseph Preston. 2004. *The Politics of World Federation: United Nations, UN Reform, Atomic Control.* Westport, CT: Praeger.

Barber, E. J. W. 1991. *Prehistoric Textiles: The Development of Cloth in the Neolithic and Bronze Ages with Special Reference to the Aegean.* Princeton, NJ: Princeton University Press.

Bartels, J., Andreasen, D., Ehirim, P., Mao, H., Seibert, S., Wright, E. J., and Kennedy, P. 2008. "Neurotrophic Electrode: Method of Assembly and Implantation into Human Motor Speech Cortex." *Journal of Neuroscience Methods* 174 (2):168-76.

Bartz, Jennifer A., Zaki, Jamil, Bolger, Niall, and Ochsner, Kevin N. 2011. "Social Effects of Oxytocin in Humans: Context and Person Matter." *Trends in Cognitive Science* 15 (7): 301-9.

Basten, Stuart, Lutz, Wolfgang, and Scherbov, Sergei. 2013. "Very Long Range Global Population Scenarios to 2300 and the Implications of Sustained Low Fertility." *Demographic Research* 28: 1145-66.

Baum, Eric B. 2004. *What Is Thought?* Bradford Books. Cambridge, MA: MIT Press.

Baum, Seth D., Goertzel, Ben, and Goertzel, Ted G. 2011. "How Long Until Human-Level AI? Results from an Expert Assessment." *Technological Forecasting and Social Change* 78 (1): 185-95.

Beal, J., and Winston, P. 2009. "Guest Editors' Introduction: The New Frontier of Human-Level Artificial Intelligence." *IEEE Intelligent Systems* 24 (4): 21-3.

Bell, C. Gordon, and Gemmell, Jim. 2009. *Total Recall: How the E-Memory Revolution Will Change Everything.* New York: Dutton.

Benyamin, B., Pourcain, B. St., Davis, 0. S., Davies, G., Hansell, M. K., Brion, M.-J. A., Kirkpatrick, R. M., et al. 2013. "Childhood Intelligence is Heritable, Highly Polygenic and Associated With FNBP1L." *Molecular Psychiatry* (January 23).

Berg, Joyce E., and Rietz, Thomas A. 2003. "Prediction Markets as Decision Support Systems." *Information Systems Frontiers* 5 (1): 79-93.

Berger, Theodore W., Chapin, J. K., Gerhardt, G. A., Soussou, W. V., Taylor, D. M., and Tresco, P. A., eds. 2008. *Brain-Computer Interfaces: An International Assessment of Research and Development Trends.* Springer.

Berger, T. W., Song, D., Chan, R. H., Marmarelis, V. Z., LaCoss, J., Wills, J., Hampson, R. E., Deadwyler, S. A., and Granacki, J. J. 2012. "A Hippocampal Cognitive Prosthesis: Multi-Input, Multi-Output Nonlinear Modeling and VLSI Implementation." *IEEE Transactions on Neural Systems and Rehabilitation Engineering* 20 (2): 198-211.

Berliner, Hans J. 1980a. "Backgammon Computer-Program Beats World Champion."*Artificial Intelligence* 14 (2): 205-220.

Berliner, Hans J. 1980b. "Backgammon Program Beats World Champ." *SIGART Newsletter* 69: 6-9.

Bernardo, Jose M., and Smith, Adrian F. M. 1994. Bayesian Theory, 1st ed. Wiley Series in *Probability & Statistics*. New York: Wiley.

Birbaumer, N., Murguialday, A. R., and Cohen, L. 2008. "Brain-Computer Interface in Paralysis." *Current*

Opinion in Neurology 21 (6): 634-8.

Bird, Jon, and Layzell, Paul. 2002. "The Evolved Radio and Its Implications for Modelling the Evolution of Novel Sensors." In *Proceedings of the 2002 Congress on Evolutionary Computation*, 2: 1836-41.

Blair, Clay, Jr. 1957. "Passing of a Great Mind: John von Neumann, a Brilliant, Jovial Mathematician, was a Prodigious Servant of Science and His Country." *Life,* February 25,89-104.

Bobrow, Daniel G. 1968. "Natural Language Input for a Computer Problem Solving System." In *Semantic Information Processing,* edited by Marvin Minsky, 146-227. Cambridge, MA: MIT Press.

Bostrom, Nick. 1997. "Predictions from Philosophy? How Philosophers Could Make Themselves Useful." Unpublished manuscript. Last revised September 19,1998.

Bostrom, Nick. 2002a. *Anthropic Bias: Observation Selection Effects in Science and Philosophy*. New York: Routledge.

Bostrom, Nick. 2002b. "Existential Risks: Analyzing Human Extinction Scenarios and Related Hazards." *Journal of Evolution and Technology* 9.

Bostrom, Nick. 2003a. "Are We Living in a Computer Simulation?" *Philosophical Quarterly* 53 (211): 243-55.

Bostrom, Nick. 2003b. "Astronomical Waste: The Opportunity Cost of Delayed Technological Development." *Utilitas* 15 (3): 308-314.

Bostrom, Nick. 2003c. "Ethical Issues in Advanced Artificial Intelligence." In *Cognitive, Emotive and Ethical Aspects of Decision Making in Humans and in Artificial Intelligence*, edited by Iva Smit and George E. Lasker, 2: 12-17. Windsor, ON: International Institute for Advanced Studies in Systems Research / Cybernetics.

Bostrom, Nick. 2004. "The Future of Human Evolution." In *Two Hundred Years After Kant, Fifty Years After Turing,* edited by Charles Tandy, 2: 339-371. Death and Anti-Death. Palo Alto, CA: Ria University Press.

Bostrom, Nick. 2006a. "How Long Before Superintelligence?" *Linguistic and Philosophical Investigations* 5(1): 11-30.

Bostrom, Nick. 2006b. "Quantity of Experience: Brain-Duplication and Degrees of Consciousness." *Minds and Machines* 16 (2):185-200.

Bostrom, Nick. 2006c. "What is a Singleton?" *Linguistic and Philosophical Investigations* 5 (2): 48-54.

Bostrom, Nick. 2007. "Technological Revolutions: Ethics and Policy in the Dark." In *Nanoscale: Issues and Perspectives for the Nano Century*, edited by Nigel M. de S. Cameron and M. Ellen Mitchell, 129-52. Hoboken, NJ: Wiley.

Bostrom, Nick. 2008a. "Where Are They? Why I Hope the Search for Extraterrestrial Life Finds Nothing." *MIT Technology Review*, May/June issue, 72-7.

Bostrom, Nick. 2008b. "Why I Want to Be a Post human When I Grow Up." In *Medical Enhancement and Post humanity*, edited by Bert Gordijn and Ruth Chadwick, 107-37. New York: Springer.

Bostrom, Nick. 2008c. "Letter from Utopia." Studies in *Ethics, Law, and Technology* 2 (1): 1-7.

Bostrom, Nick. 2009a. "Moral Uncertainty- Towards a Solution?" *Overcoming Bias* (blog), January 1.

Bostrom, Nick. 2009b. "Pascal's Mugging." *Analysis* 69 (3): 443-5.

Bostrom, Nick. 2009c. "The Future of Humanity." In *New Waves in Philosophy of Technology*, edited by Jan Kyrre Berg Olsen, Evan Selinger, and Soren Riis, 186-215. New York: Palgrave Macmillan.

Bostrom, Nick. 2011a. "Information Hazards: A Typology of Potential Harms from Knowledge." *Review of Contemporary Philosophy* 10: 44-79.

Bostrom, Nick. 2011b. "Infinite Ethics." *Analysis and Metaphysics* 10:9-59.

Bostrom, Nick. 2012. "The Superintelligent Will: Motivation and Instrumental Rationality in Advanced Artificial Agents." In "Theory and Philosophy of AI," edited by Vincent C. Muller, special issue, *Minds and Machines* 22 (2): 71-85.

Bostrom, Nick, and t irkovi6, Milan M. 2003. "The Doomsday Argument and the Self-Indication Assumption: Reply to Olum." *Philosophical Quarterly* 53 (210): 83-91.

Bostrom, Nick, and Ord, Toby. 2006. "The Reversal Test: Eliminating the Status Quo Bias in Applied Ethics." *Ethics* 116 (4): 656-79.

Bostrom, Nick, and Roache, Rebecca. 2011. "Smart Policy: Cognitive Enhancement and the Public Interest." In *Enhancing Human Capacities*, edited by Julian Savulescu, Ruud ter Meulen, and Guy Kahane, 138-49. Malden, MA: Wiley-Blackwell.

Bostrom, Nick and Sandberg, Anders. 2009a. "Cognitive Enhancement: Methods, Ethics, Regula-tory Challenges." *Science and Engineering Ethics* 15 (3): 311-41.

Bostrom, Nick and Sandberg, Anders. 2009b. "The Wisdom of Nature: An Evolutionary Heuristic for Human Enhancement." In *Human Enhancement*, 1st ed., edited by Julian Savulescu and Nick Bostrom, 375-416. New York: Oxford University Press.

Bostrom, Nick, Sandberg, Anders, and Douglas, Tom. 2013. "The Unilateralist's Curse: The Case for a Principle of Conformity." Working Paper. Retrieved February 28,2013. Available at http://www.nickbostrom.com/papers/unilateralist.pdf.

Bostrom, Nick, and Yudkowsky, Eliezer. Forthcoming. "The Ethics of Artificial Intelligence." In *Cambridge Handbook of Artificial Intelligence*, edited by Keith Frankish and William Ramsey. New York: Cambridge University Press.

Boswell, James. 1917. *Boswell's Life of Johnson*. New York: Oxford University Press.

Bouchard, T. J. 2004. "Genetic Influence on Human Psychological Traits: A Survey." *Current Directions in Psychological Science* 13 (4):148-51.

Bourget, David, and Chalmers, David. 2009. "The PhilPapers Surveys." November. Available at http://philpapers.org/surveys/.

Bradbury, Robert J. 1999. "Matrioshka Brains." Archived version. As revised August 16, 2004. Available at http://web.archive.org/web/20090615040912/http://www.aeiveos.comi-bradbury/ MatrioshkaBrains/MatrioshkaBrainsPaper.html.

Brinton, Crane. 1965. *The Anatomy of Revolution*. Revised ed. New York: Vintage Books.

Bryson, Arthur E., Jr., and Ho, Yu-Chi. 1969. *Applied Optimal Control: Optimization, Estimation, and Control*. Waltham, MA: Blaisdell.

Buehler, Martin, Iagnemma, Karl, and Singh, Sanjiv, eds. 2009. *The DARPA Urban Challenge: Autonomous Vehicles in City Traffic. Springer Tracts in Advanced Robotics* 56. Berlin: Springer.

Burch-Brown, J. 2014. "Clues for Consequentialists." *Utilitas* 26 (1): 105-19.

Burke, Colin. 2001. "Agnes Meyer Driscollvs. the Enigma and the Bombe." Unpublished manuscript. Retrieved February 22,2013. Available at http://userpages.umbc.edu/-burke/driscoII1-2011.pdf.

Canback, S., Samouel, P., and Price, D. 2006. "Do Diseconomies of Scale Impact Firm Size and Per-formance? A Theoretical and Empirical Overview." *Journal of Managerial Economics* 4 (1): 27-70.

Carmena, J. M., Lebedev, M. A., Crist, R. E., O'Doherty, J. E., Santucci, D. M., Dimitrov, D. F., Patil, P. G., Henriquez, C. S., and Nicolelis, M. A. 2003. "Learning to Control a Brain-Machine Interface for Reaching and Grasping by Primates." *Public Library of Science Biology* 1 (2): 193-208.

Carroll, Bradley W., and Ostlie, Dale A. 2007. *An Introduction to Modern Astrophysics*. 2nd ed. San Francisco: Pearson Addison Wesley.

Carroll, John B. 1993. *Human Cognitive Abilities: A Survey of Factor-Analytic Studies*. New York: Cambridge University Press.

Carter, Brandon. 1983."The Anthropic Principle and its Implications for Biological Evolution." *Philosophical Transactions of the Royal Society A: Mathematical, Physical and Engineering Sciences* 310 (1512): 347-63.

Carter, Brandon. 1993. "The Anthropic Selection Principle and the Ultra-Darwinian Synthesis." In *The Anthropic Principle: Proceedings of the Second Venice Conference on Cosmology and Philosophy*, edited by F. Bertola and U. Curl, 33-66. Cambridge: Cambridge University Press.

CFTC & SEC (Commodity Futures Trading Commission and Securities & Exchange Commission). 2010. Findings Regarding the Market Events of May 6, 2010: *Report of the Staffs of the CFTC and SEC to the Joint Advisory Committee on Emerging Regulatory Issues*. Washington, DC.

Chalmers, David John. 2010. "The Singularity: A Philosophical Analysis." *Journal of Consciousness Studies* 17 (9-10): 7-65.

Chason, R. J., Csokmay, J., Segars, J. H., DeCherney, A. H., and Armant, D. R. 2011. "Environmental and Epigenetic Effects Upon Preimplantation Embryo Metabolism and Development." *Trends in Endocrinology and Metabolism* 22 (10): 412-20.

Chen, S., and Ravallion, M. 2010. "The Developing World Is Poorer Than We Thought, But No Less Successful in the Fight Against Poverty." *Quarterly Journal of Economics* 125 (4):1577--1625.

Chislenko, Alexander. 1996. "Networking in the Mind Age: Some Thoughts on Evolution of Robotics and Distributed Systems." Unpublished manuscript.

Chislenko, Alexander. 1997. "Technology as Extension of Human Functional Architecture." *Extropy Online*.

Chorost, Michael. 2005. *Rebuilt: How Becoming Part Computer Made Me More Human*. Boston: Houghton Mifflin.

Christiana, Paul F. 2012. "'Indirect Normativity' Write-up." *Ordinary Ideas* (blog), April 21.

CIA. 2013. "The World Factbook." Central Intelligence Agency. Retrieved August 3. Avail-able at https://www.cia.govilibrary/publications/the-world-factbookkankorder/2127rank.html? cou ntryname =United%20S t ates&count ryc o de=us &reg lona de=no a &ran k=121# us.

Cicero. 1923. "On Divination." In *On Old Age, on Friendship, on Divination*, translated by W. A. Falconer. Loeb Classical Library. Cambridge, MA: Harvard University Press.

Cirasella, Jill, and Kopec, Danny. 2006. "The History of Computer Games." Exhibit at Dartmouth Artificial Intelligence Conference: *The Next Fifty Years* (AI@50), Dartmouth College, July 13-15.

Cirkovi& Milan M. 2004. "Forecast for the Next Eon: Applied Cosmology and the Long-Term Fate of Intelligent Beings." *Foundations of Physics* 34 (2): 239-61.

Cirkovi& Milan M., Sandberg, Anders, and Bostrom, Nick. 2010. "Anthropic Shadow: Observation Selection Effects and Human Extinction Risks." *Risk Analysis* 30 (10):1495-1506.

Clark, Andy, and Chalmers, David J. 1998. "The Extended Mind." *Analysis* 58 (1): 7-19.

Clark, Gregory. 2007. *A Farewell to Alms: A Brief Economic History of the World.* 1st ed. Princeton, NJ: Princeton University Press.

Clavin, Whitney. 2012. "Study Shows Our Galaxy Has at Least 100 Billion Planets." *Jet Propulsion Laboratory*, January 11.

CME Group. 2010. *What Happened on May 6th?* Chicago, May 10.

Coase, R. H. 1937. "The Nature of the Firm." *Economica* 4 (16): 386-405.

Cochran, Gregory, and Harpending, Henry. 2009. *The 10,000 Year Explosion: How Civilization Accelerated*

Human Evolution. New York: Basic Books.

Cochran, G., Hardy, J., and Harpending, H. 2006. "Natural History of Ashkenazi Intelligence." *Journal of Biosocial Science* 38 (5): 659-93.

Cook, James Gordon. 1984. *Handbook of Textile Fibres: Natural Fibres.* Cambridge: Woodhead.

Cope, David. 1996. *Experiments in Musical Intelligence. Computer Music and Digital Audio Series.* Madison, WI: A-R Editions.

Cotman, Carl W., and Berchtold, Nicole C. 2002. "Exercise: A Behavioral Intervention to Enhance Brain Health and Plasticity." *Trends in Neurosciences* 25 (6): 295-301.

Cowan, Nelson. 2001. "The Magical Number 4 in Short-Term Memory: A Reconsideration of Mental Storage Capacity." *Behavioral and Brain Sciences* 24 (1): 87-114.

Crabtree, Steve. 1999. "New Poll Gauges Americans' General Knowledge Levels." *Gallup News,* July6.

Cross, Stephen E., and Walker, Edward. 1994. "Dart: Applying Knowledge Based Planning and Scheduling to Crisis Action Planning." In *Intelligent Scheduling, edited by Monte Zweben and Mark Fox*, 711-29. San Francisco, CA: Morgan Kaufmann.

Crow, James F. 2000. "The Origins, Patterns and Implications of Human Spontaneous Mutation." *Nature Reviews Genetics* 1 (1): 40-7.

Cyranoski, David. 2013. "Stem Cells: Egg Engineers." *Nature* 500 (7463): 392-4.

Dagnelie, Gislin. 2012. "Retinal Implants: Emergence of a Multidisciplinary Field." *Current Opinion in Neurology* 25 (1): 67-75.

Dai, Wei. 2009. "Towards a New Decision Theory." *Less Wrong* (blog), August 13.

Dalrymple, David. 2011. "Comment on Kaufman, J. 'Whole Brain Emulation: Looking at Progress on C. Elegans." *Less Wrong* (blog), October 29.

Davies, G., Tenesa, A., Payton, A., Yang, J., Harris, S. E., Liewald, D., Ke, X., et al. 2011. "Genome-Wide Association Studies Establish That Human Intelligence Is Highly Heritable and Polygenic." *Molecular Psychiatry* 16 (10): 996-1005.

Davis, Oliver S. P., Butcher, Lee M., Docherty, Sophia J., Meaburn, Emma L., Curtis, Charles J. C., Simpson, Michal A., Schalkwyk, Leonard C., and plomin Robert. 2010. "A Three-Stage Genome-Wide Association Study of General Cognitive Ability: Hunting the Small Effects." *Behavior Genetics* 40 (6): 759-767.

Dawkins, Richard. 1995. *River Out of Eden: A Darwinian View of Life. Science Masters Series.* New York: Basic Books.

De Blanc, Peter. 2011. *Ontological Crises in Artificial Agents' Value Systems.* Machine Intelligence Research Institute, San Francisco, CA, May 19.

De Long, J. Bradford. 1998. "Estimates of World GDP, One Million B.C.-Present." Unpublished manuscript.

De Raedt, Luc, and Flach, Peter, eds. 2001. *Machine Learning: ECML 2001: 12th European Conference on Machine Learning*, Freiburg, Germany, September 5-Z 2001. Proceedings. Lecture Notes in Computer Science 2167. New York: Springer.

Dean, Cornelia. 2005. "Scientific Savvy? In U.S., Not Much." *New York Times*, August 30.

Deary, Ian J. 2001. "Human Intelligence Differences: A Recent History." *Trends in Cognitive Sciences* 5 (3): 127-30.

Deary, Ian J. 2012. "Intelligence." *Annual Review of Psychology* 63: 453-82.

Deary, Ian J., Penke, L., and Johnson, W. 2010. "The Neuroscience of Human Intelligence Differ-ences." *Nature Reviews Neuroscience* 11 (3): 201-11.

Degnan, G. G., Wind, T. C., Jones, E. V., and Edlich, R. F. 2002. "Functional Electrical Stimulation in Tetraplegic Patients to Restore Hand Function." *Journal of Long-Term Effects of Medical Implants* 12 (3): 175-88.

Devlin, B., Daniels, M., and Roeder, K. 1997. "The Heritability of IQ." *Nature* 388 (6641): 468-71.

Dewey, Daniel. 2011. "Learning What to Value." In *Artificial General Intelligence: 4th International Conference,* AGI 2011, Mountain View, CA, USA, August 3-6, 2011. Proceedings, edited by Jurgen Schmidhuber, Kristinn R. Thorisson, and Moshe Looks, 309-14. Lecture Notes in Computer Science 6830. Berlin: Springer.

Dowe, D. L., and Hernandez-Orallo, J. 2012. "IQ Tests Are Not for Machines, Yet." *Intelligence* 40 (2): 77-81.

Drescher, Gary L. 2006. *Good and Real: Demystifying Paradoxes from Physics to Ethics*. Bradford Books. Cambridge, MA: MIT Press.

Drexler, K. Eric. 1986. *Engines of Creation*. Garden City, NY: Anchor.

Drexler, K. Eric. 1992. *Nanosystems: Molecular Machinery, Manufacturing, and Computation.* New York: Wiley.

Drexler, K. Eric. 2013. *Radical Abundance: How a Revolution in Nanotechnology Will Change Civilization*. New York: PublicAffairs. Driscoll, Kevin. 2012. "Code Critique: 'Altair Music of a Sort." Paper presented at Critical Code Studies Working Group Online Conference, 2012, February 6.

Dyson, Freeman J. 1960. "Search for Artificial Stellar Sources of Infrared Radiation." *Science* 131 (3414): 1667-1668.

Dyson, Freeman J. 1979. Disturbing the Universe. 1st ed. Sloan Foundation Science Series. New York: Harper & Row.

Elga, Adam. 2004. "Defeating Dr. Evil with Self-Locating Belief." *Philosophy and Phenomenological Research* 69 (2): 383-96.

Elga, Adam. 2007. "Reflection and Disagreement." *Nolls* 41 (3): 478-502.

Eliasmith, Chris, Stewart, Terrence C., Choo, Xuan, Bekolay, Trevor, DeWolf, Travis, Tang, Yichuan, and Rasmussen, Daniel. 2012. "A Large-Scale Model of the Functioning Brain." *Science* 338(6111): 1202-5.

Ellis, J. H. 1999. "The History of Non-Secret Encryption." *Cryptologia* 23 (3): 267-73.

Elyasaf, Achiya, Hauptmann, Ami, and Sipper, Moche. 2011. "Ga-Freecell: Evolving Solvers for the Game of Freecell." In *Proceedings of the 13th Annual Genetic and Evolutionary Computation Conference,* 1931-1938. GECCO' 11. New York: ACM.

Eppig, C., Fincher, C. L., and Thornhill, R. 2010. "Parasite Prevalence and the Worldwide Distribu-tion of Cognitive Ability." *Proceedings of the Royal Society B: Biological Sciences* 277 (1701): 3801-8.

Espenshade, T. J., Guzman, J. C., and Westoff, C. F. 2003. "The Surprising Global Variation in Replacement Fertility." *Population Research and Policy Review* 22 (5-6): 575-83.

Evans, Thomas G. 1964. "A Heuristic Program to Solve Geometric-Analogy Problems." In *Proceedings of the April 21-23, 1964, Spring Joint Computer Conference,* 327-338. AFIPS '64. New York: ACM.

Evans, Thomas G. 1968. "A Program for the Solution of a Class of Geometric-Analogy Intelligence-Test Questions." In *Semantic Information Processing*, edited by Marvin Minsky, 271-353. Cambridge, MA: MIT Press.

Faisal, A. A., Selen, L. P., and Wolpert, D. M. 2008. "Noise in the Nervous System." *Nature Reviews Neuroscience* 9 (4): 292-303.

Faisal, A. A., White, J. A., and Laughlin, S. B. 2005. "Ion-Channel Noise Places Limits on the Miniaturization of the Brain's Wiring." *Current Biology* 15 (12): 1143-9.

Feldman, Jacob. 2000. "Minimization of Boolean Complexity in Human Concept Learning." *Nature* 407 (6804): 630-3.

Feldman, J. A., and Ballard, Dana H. 1982. "Connectionist Models and Their Properties." *Cognitive Science* 6 (3): 205-254.

Foley, J. A., Monfreda, C., Ramankutty, N., and Zaks, D. 2007. "Our Share of the Planetary Pie." *Proceedings of the National Academy of Sciences of the United States of America* 104 (31): 12585-6.

Forgas, Joseph P., Cooper, Joel, and Crano, William D., eds. 2010. *The Psychology of Attitudes and Attitude Change.* Sydney Symposium of Social Psychology. New York: Psychology Press.

Frank, Robert H. 1999. *Luxury Fever: Why Money Fails to Satisfy in an Era of Excess.* New York: Free Press.

Fredriksen, Kaja Bonesmo. 2012. *Less Income Inequality and More Growth - Are They Compatible?*: Part 6. The Distribution of Wealth. Technical report, OECD Economics Department Working Papers 929. OECD Publishing.

Freitas, Robert A., Jr. 1980. "A Self-Replicating Interstellar Probe." *Journal of the British Interplanetary Society* 33: 251-64.

Freitas, Robert A., Jr. 2000. "Some Limits to Global Ecophagy by Biovorous Nanoreplicators, with Public Policy Recommendations." Foresight Institute. April. Retrieved July 28,2013. Available at http://www. foresight.org/nano/Ecophagy.html.

Freitas, Robert A., Jr., and Merkle, Ralph C. 2004. *Kinematic Self-Replicating Machines.* Georgetown, TX: Landes Bioscience.

Gaddis, John Lewis. 1982. *Strategies of Containment: A Critical Appraisal of Postwar American National Security Policy.* New York: Oxford University Press.

Gammoned.net. 2012. "Snowie." Archived version. Retrieved June 30. Available at http://web. archive.org/ web/20070920191840/http://www.gammoned.com/snowie.html.

Gates, Bill. 1975. "Software Contest Winners Announced." *Computer Notes* 1 (2): 1.

Georgieff, Michael K. 2007. "Nutrition and the Developing Brain: Nutrient Priorities and Measure-ment." *American Journal of Clinical Nutrition* 85 (2): 614S-620S.

Gianaroli, Luca. 2000. "Preimplantation Genetic Diagnosis: Polar Body and Embryo Biopsy." *Supplement, Human Reproduction* 15 (4): 69-75.

Gilovich, Thomas, Griffin, Dale, and Kahneman, Daniel, eds. 2002. *Heuristics and Biases: The Psychology of Intuitive Judgment.* New York: Cambridge University Press.

Gilster, Paul. 2012. "ESO: Habitable Red Dwarf Planets Abundant." *Centauri Dreams* (blog), March 29.

Goldstone, Jack A. 1980. "Theories of Revolution: The Third Generation." *World Politics* 32 (3): 425-53.

Goldstone, Jack A. 2001. "Towards a Fourth Generation of Revolutionary Theory." *Annual Review of Political Science* 4:139-87.

Good, Irving John. 1965. "Speculations Concerning the First Ultraintelligent Machine." In *Advances in Computers*, edited by Franz L. Alt and Morris Rubinoff, 6: 31-88. New York: Academic Press.

Good, Irving John. 1970. "Some Future Social Repercussions of Computers." *International Journal of Environmental Studies* 1 (1-4): 67-79.

Good, Irving John. 1976. "Book review of 'The Thinking Computer: Mind Inside Matter- In *International Journal of Man-Machine Studies* 8: 617-20.

Good, Irving John. 1982. "Ethical Machines." In Intelligent Systems: Practice and Perspective, edited by J. E. Hayes, Donald Michie, and Y.-H. Pao, 555-60. Machine Intelligence 10. Chichester: Ellis Harwood.

Goodman, Nelson. 1954. *Fact, Fiction, and Forecast*. 1st ed. London: Athlone Press.

Gott, J. R., Juric, M., Schlegel, D., Hoyle, F., Vogeley, M., Tegmark, M., Bahcall, N., and Brinkmann, J. 2005. "A Map of the Universe." *Astrophysical Journal* 624 (2): 463-83.

Gottfredson, Linda S. 2002. "G: Highly General and Highly Practical." In *The General Factor of Intelligence: How General Is It?*, edited by Robert J. Sternberg and Elena L. Grigorenko, 331-80. Mahwah, NJ: Lawrence Erlbaum.

Gould, S. J. 1990. *Wonderful Life: The Burgess Shale and the Nature of History*. New York: Norton.

Graham, Gordon. 1997. *The Shape of the Past: A Philosophical Approach to History*. New York: Oxford University Press.

Gray, C. M., and McCormick, D. A. 1996. "Chattering Cells: Superficial Pyramidal Neurons Contributing to the Generation of Synchronous Oscillations in the Visual Cortex." *Science* 274 (5284): 109-13.

Greene, Kate. 2012. "Intel's Tiny Wi-Fi Chip Could Have a Big Impact." *MIT Technology Review*, September 21.

Guizzo, Erico. 2010. "World Robot Population Reaches 8.6 Million." *IEEE Spectrum*, April 14.

Gunn, James E. 1982. *Isaac Asimov: The Foundations of Science Fiction. Science-Fiction Writers*. New York: Oxford University Press.

Haberl, Helmut, Erb, Karl-Heinz, and Krausmann, Fridolin. 2013. "Global Human Appropriation of Net Primary Production (HANPP)." *Encyclopedia of Earth*, September 3.

Haberl, H., Erb, K. H., Krausmann, F., Gaube, V., Bandeau, A., Plutzar, C., Gingrich, S., Lucht, W., and Fischer-Kowalski, M. 2007. "Quantifying and Mapping the Human Appropriation of Net Primary Production in Earth's Terrestrial Ecosystems." *Proceedings of the National Academy of Sciences of the United States of America* 104 (31): 12942-7.

Hajek, Alan. 2009. "Dutch Book Arguments." In *Anand, Pattanaik, and Puppe* 2009, 173-95.

Hall, John Storrs. 2007. *Beyond AI: Creating the Conscience of the Machine*. Amherst, NY: Prometheus Books.

Hampson, R. E., Song, D., Chan, R. H., Sweatt, A. J., Riley, M. R., Gerhardt, G. A., Shin, D. C., Marmarelis, V. Z., Berger, T. W., and Deadwyler, S. A. 2012. "A Nonlinear Model for Hippocampal Cognitive Prosthesis: Memory Facilitation by Hippocampal Ensemble Stimulation." *IEEE Transactions on Neural Systems and Rehabilitation Engineering* 20 (2): 184-97.

Hanson, Robin. 1994. "If Uploads Come First: The Crack of a Future Dawn." *Extropy* 6 (2).

Hanson, Robin. 1995. "Could Gambling Save Science? Encouraging an Honest Consensus." *Social Epistemology* 9 (1): 3-33.

Hanson, Robin. 1998a. "Burning the Cosmic Commons: Evolutionary Strategies for Interstellar Colonization." Unpublished manuscript, July 1. Retrieved April 26, 2012. http://hanson.gmu.edu/filluniv.pdf.

Hanson, Robin. 1998b. "Economic Growth Given Machine Intelligence." Unpublished manuscript. Retrieved May 15, 2013. Available at http://hanson.gmu.edu/aigrow.pdf.

Hanson, Robin. 1998c. "Long-Term Growth as a Sequence of Exponential Modes." Unpublished manuscript. Last revised December 2000. Available at httn://hanson.vmu.edu/longgrow.pdf.

Hanson, Robin. 1998d. "Must Early Life Be Easy? The Rhythm of Major Evolutionary Transitions." Unpublished manuscript, September 23. Retrieved August 12, 2012. Available at http://hanson.gmu.edu/hardstep.pdf.

Hanson, Robin. 2000. "Shall We Vote on Values, But Bet on Beliefs?" Unpublished manuscript, September. Last revised October 2007. Available at http://hanson.gmu.edu/futarchy.pdf.

Hanson, Robin. 2006. "Uncommon Priors Require Origin Disputes." *Theory and Decision* 61 (4): 319-328.

Hanson, Robin. 2008. "Economics of the Singularity." *IEEE Spectrum* 45 (6): 45-50.

Hanson, Robin. 2009. "Tiptoe or Dash to Future?" *Overcoming Bias* (blog), December 23.

Hanson, Robin. 2012. "Envisioning the Economy, and Society, of Whole Brain Emulations." Paper presented at the AGI Impacts conference 2012.

Hart, Oliver. 2008. "Economica Coase Lecture Reference Points and the Theory of the Firm." *Economica* 75 (299): 404-11.

Hay, Nicholas James. 2005. "Optimal Agents." B.Sc. thesis, University of Auckland.

Hedberg, Sara Reese. 2002. "Dart: Revolutionizing Logistics Planning." *IEEE Intelligent Systems* 17 (3): 81-3.

Helliwell, John, Layard, Richard, and Sachs, Jeffrey. 2012. *World Happiness Report.* The Earth Institute.

Helmstaedter, M., Briggman, K. L., and Denk, W. 2011. "High-Accuracy Neurite Reconstruction for High-Throughput Neuroanatomy." *Nature Neuroscience* 14 (8): 1081-8.

Heyl, Jeremy S. 2005. "The Long-Term Future of Space Travel." *Physical Review* D 72 (10): 1-4.

Hibbard, Bill. 2011. "Measuring Agent Intelligence via Hierarchies of Environments." In *Artificial General Intelligence:* 4th International Conference, AGI 2011, Mountain View, CA, USA, August 3-6, 2011. Proceedings, edited by Jurgen Schmidhuber, Kristinn R. Tharisson, and Moshe Looks, 303-8. Lecture Notes in Computer Science 6830. Berlin: Springer.

Hinke, R. M., Hu, X., Stillman, A. E., Herkle, H., Salmi, R., and Ugurbil, K. 1993. "Functional Magnetic Resonance Imaging of Broca's Area During Internal Speech." *Neuroreport* 4 (6): 675-8.

Hinxton Group. 2008. Consensus Statement: Science, Ethics and Policy Challenges of Pluripotent Stem Cell-Derived Gametes. Hinxton, Cambridgeshire, UK, April 11. Available at http://www. hinxtongroup. org/Consensus_HG08_FINAL.pdf.

Hoffman, David E. 2009. The Dead Hand: The Untold Story of the Cold War Arms Race and Its Dangerous Legacy. New York: Doubleday.

Hofstadter, Douglas R. (1979) 1999. *Glidel, Escher, Bach: An Eternal Golden Braid.* New York: Basic Books.

Holley, Rose. 2009. "How Good Can It Get? Analysing and Improving OCR Accuracy in Large Scale Historic Newspaper Digitisation Programs." *D-Lib Magazine* 15 (3-4).

Horton, Sue, Alderman, Harold, and Rivera, Juan A. 2008. Copenhagen Consensus 2008 Challenge Paper: Hunger and Malnutrition. *Technical report.* Copenhagen Consensus Center, May 11.

Howson, Colin, and Urbach, Peter. 1993. *Scientific Reasoning: The Bayesian Approach.* 2nd ed. Chicago: Open Court.

Hsu, Stephen. 2012. "Investigating the Genetic Basis for Intelligence and Other Quantitative Traits." Lecture given at UC Davis Department of Physics Colloquium, Davis, CA, February 13.

Huebner, Bryce. 2008. "Do You See What We See? An Investigation of an Argument Against Collective Representation." *Philosophical Psychology* 21 (1): 91-112. Huff, C. D., Xing, J., Rogers, A. R., Witherspoon, D., and Jorde, L. B. 2010. "Mobile Elements Reveal Small Population Size in the Ancient Ancestors of Homo Sapiens." *Proceedings of the National Academy of Sciences of the United States of America* 107 (5): 2147-52.

Huffman, W. Cary, and Pless, Vera. 2003. *Fundamentals of Error-Correcting Codes.* New York: Cambridge University Press.

Hunt, Patrick. 2011. "Late Roman Silk: Smuggling and Espionage in the 6th Century CE." *Philolog,* Stanford University (blog), August 2.

Hutter, Marcus. 2001. "Towards a Universal Theory of Artificial Intelligence Based on Algorithmic Probability and Sequential Decisions." In *De Raedt and Flach* 2001,226-38.

Hutter, Marcus. 2005. *Universal Artificial Intelligencet: Sequential Decisions Based On Algorithmic Probability*. Texts in Theoretical Computer Science. Berlin: Springer.

Iliadou, A. N., Janson, P. C., and Cnattingius, S. 2011. "Epigenetics and Assisted Reproductive Technology." *Journal of Internal Medicine* 270 (5): 414-20.

Isaksson, Anders. 2007. *Productivity and Aggregate Growth: A Global Picture*. Technical report 05/2007. Vienna, Austria: UNIDO (United Nations Industrial Development Organization) Research and Statistics Branch.

Jones, Garret. 2009. "Artificial Intelligence and Economic Growth: A Few Finger-Exercises." Unpublished manuscript, January. Retrieved November 5,2012. Available at http:/fmason.gmu.edu/-gjonesb/AIandGrowth.

Jones, Vincent C. 1985. *Manhattan: The Army and the Atomic Bomb*. United States Army in World War II. Washington, DC: Center of Military History.

Joyce, James M. 1999. *The Foundations of Causal Decision Theory*. Cambridge Studies in Probability, Induction and Decision Theory. New York: Cambridge University Press.

Judd, K. L., Schmedders, K., and Yeltekin, S. 2012. "Optimal Rules for Patent Races." *International Economic Review* 53 (1): 23-52.

Kalfoglou, A., Suthers, K., Scott, J., and Hudson, K. 2004. *Reproductive Genetic Testing: What America Thinks*. Genetics and Public Policy Center.

Kamm, Frances M. 2007. *Intricate Ethics: Rights, Responsibilities, and Permissible Harm*. Oxford Ethics Series. New York: Oxford University Press.

Kandel, Eric R., Schwartz, James H., and Jessell, Thomas M., eds. 2000. *Principles of Neural Science*. 4th ed. New York: McGraw-Hill.

Kansa, Eric. 2003. "Social Complexity and Flamboyant Display in Competition: More Thoughts on the Fermi Paradox." Unpublished manuscript, archived version.

Karnofsky, Holden. 2012. "Comment on 'Reply to Holden on Tool AI'" *Less Wrong* (blog), August 1.

Kasparov, Garry. 1996. "The Day That I Sensed a New Kind of Intelligence." *Time,* March 25, no. 13.

Kaufman, Jeff. 2011. "Whole Brain Emulation and Nematodes." *Jeff Kaufman's Blog* (blog), November 2.

Keim, G. A., Shazeer, N. M., Littman, M. L., Agarwal, S., Cheves, C. M., Fitzgerald, J., Grosland, J., Jiang, F., Pollard, S., and Weinmeister, K. 1999. "Proverb: The Probabilistic Cruciverbalist." In *Proceedings of the Sixteenth National Conference on Artificial Intelligence*, 710-17. Menlo Park, CA: AAAI Press.

Kell, Harrison J., Lubinski, David, and Benbow, Camilla P. 2013. "Who Rises to the Top? Early Indicators." *Psychological Science* 24 (5): 648-59.

Keller, Wolfgang. 2004. "International Technology Diffusion." *Journal of Economic Literature* 42 (3): 752-82.

KGS Go Server. 2012. "KGS Game Archives: Games of KGS player zen19." Retrieved July 22, 2013. Available at http://www.gokgs.com/garneArchives.jsp?user=zenl9d&oldAccounts=t&year=2012&month=3.

Knill, Emanuel, Laflamme, Raymond, and Viola, Lorenza. 2000. "Theory of Quantum Error Correction for General Noise." *Physical Review Letters* 84 (11): 2525-8.

Koch, K., McLean, J., Segev, R., Freed, M. A., Berry, M. J., Balasubramanian, V., and Sterling, P. 2006. "How Much the Eye Tells the Brain." *Current Biology* 16 (14): 1428-34.

Kong, A., Frigge, M. L., Masson, G., Besenbacher, S., Sulem, P., Magnusson, G., Gudjonsson, S. A.,

Sigurdsson, A., et al. 2012. "Rate of De Novo Mutations and the Importance of Father's Age to Disease Risk." *Nature* 488: 471-5.

Koomey, Jonathan G. 2011. *Growth in Data Center Electricity Use 2005 to 2010.* Technical report, 08/01/2011. Oakland, CA: Analytics Press.

Koubi, Vally. 1999. "Military Technology Races." *International Organization* 53 (3): 537-65.

Koubi, Vally, and Lalman, David. 2007. "Distribution of Power and Military R&D." *Journal of Theoretical Politics* 19 (2): 133-52.

Koza, J. R., Keane, M. A., Streeter, M. J., Mydlowec, W., Yu, J., and Lanza, G. 2003. *Genetic Programming IV: Routine Human-Competitive Machine Intelligence.* 2nd ed. Genetic Programming. Norwell, MA: Kluwer Academic.

Kremer, Michael. 1993. "Population Growth and Technological Change: One Million B.C. to 1990." *Quarterly Journal of Economics* 108 (3): 681-716.

Kruel, Alexander. 2011. "Interview Series on Risks from AI." *Less Wrong Wild (*blog). Retrieved Oct 26,2013. Available at http://wiki.lesswrong.com/wiki/Interview_series_on_risks_from AI.

Kruel, Alexander. 2012. "Q&A with Experts on Risks From AI #2." *Less Wrong* (blog), January 9.

Krusienski, D. J., and Shih, J. J. 2011. "Control of a Visual Keyboard Using an Electrocorticographic Brain-Computer Interface." *Neurorehabilitation and Neural Repair* 25 (4): 323-31.

Kuhn, Thomas S. 1962. *The Structure of Scientific Revolutions.* 1st ed. Chicago: University of Chicago Press.

Kuipers, Benjamin. 2012. "An Existing, Ecologically-Successful Genus of Collectively Intelligent Artificial Creatures." Paper presented at the 4th International Conference, ICCCI 2012, Ho Chi Minh City, Vietnam, November 28-30.

Kurzweil, Ray. 2001. "Response to Stephen Hawking." Kurzweil Accelerating Intelligence. September 5. Retrieved December 31,2012. Available at http://www.kurzweilai.net/response-to-stephen-hawking.

Kurzweil, Ray. 2005. *The Singularity Is Near: When Humans Transcend Biology.* New York: Viking.

Laffont, Jean-Jacques, and Martimort, David. 2002. *The Theory of Incentives: The Principal-Agent Model.* Princeton, NJ: Princeton University Press.

Lancet, The. 2008. "Iodine Deficiency-Way to Go Yet." *The Lancet* 372 (9633): 88.

Landauer, Thomas K. 1986. "How Much Do People Remember? Some Estimates of the Quantity of Learned Information in Long-Term Memory." *Cognitive Science* 10 (4): 477-93.

Lebedev, Anastasiya. 2004. "The Man Who Saved the World Finally Recognized." *MosNews,* May 21.

Lebedev, M. A., and Nicolelis, M. A. 2006. "Brain-Machine Interfaces: Past, Present and Future." *Trends in Neuroscience* 29 (9): 536-46.

Legg, Shane. 2008. "Machine Super Intelligence." PhD diss., University of Lugano.

Leigh, E. G., Jr. 2010. "The Group Selection Controversy." *Journal of Evolutionary Biology* 23(1): 6-19.

Lenat, Douglas B. 1982. "Learning Program Helps Win National Fleet Wargame Tournament." *SIGART Newsletter* 79: 16-17.

Lenat, Douglas B. 1983. "EURISKO: A Program that Learns New Heuristics and Domain Concepts." *Artificial Intelligence* 21 (1-2): 61-98.

Lenman, James. 2000. "Consequentialism and Cluelessness." *Philosophy & Public Affairs* 29 (4): 342-70.

Lerner, Josh. 1997. "An Empirical Exploration of a Technology Race." *RAND Journal of Economics* 28 (2): 228-47.

Leslie, John. 1996. *The End of the World: The Science and Ethics of Human Extinction.* London: Routledge.

Lewis, David. 1988. "Desire as Belief." *Mind: A Quarterly Review of Philosophy* 97 (387): 323-32.

Li, Ming, and Vitanyi, Paul M. B. 2008. *An Introduction to Kolmogorov Complexity and Its Applications.* Texts in Computer Science. New York: Springer.

Lin, Thomas, Mausam, and Etzioni, Oren. 2012. "Entity Linking at Web Scale." In *Proceedings of the Joint Workshop on Automatic Knowledge Base Construction and Web-scale Knowledge Extraction*(AKBC-WEKEX '12), edited by James Fan, Raphael Hoffman, Aditya Kalyanpur, Sebastian Riedel, Fabian Suchanek, and Partha Pratim Talukdar, 84-88. Madison, WI: Omnipress.

Lloyd, Seth. 2000. "Ultimate Physical Limits to Computation." *Nature* 406 (6799): 1047-54.

Louis Harris & Associates. 1969. "Science, Sex, and Morality Survey, study no. 1927." *Life Magazine* (New York) 4.

Lynch, Michael. 2010. "Rate, Molecular Spectrum, and Consequences of Human Mutation." *Proceedings of the National Academy of Sciences of the United States of America* 107 (3): 961-8.

Lyons, Mark K. 2011. "Deep Brain Stimulation: Current and Future Clinical Applications." *Mayo Clinic Proceedings* 86 (7): 662-72.

MacAskill, William. 2010. "Moral Uncertainty and Intertheoretic Comparisons of Value." BPhil thesis, University of Oxford.

McCarthy, John. 2007. "From Here to Human-Level AI." *Artificial Intelligence* 171 (18): 1174-82.

McCorduck, Pamela. 1979. *Machines Who Think: A Personal Inquiry into the History and Prospects of Artificial Intelligence.* San Francisco: W. H. Freeman.

Mack, C. A. 2011. "Fifty Years of Moore's Law." *IEEE Transactions on Semiconductor Manufacturing* 24 (2): 202-7.

MacKay, David J. C. 2003. *Information Theory, Inference, and Learning Algorithms.* New York: Cambridge University Press.

McLean, George, and Stewart, Brian. 1979. "Norad False Alarm Causes Uproar." *The Nationa*l. Aired November 10. Ottawa, ON: CBC, 2012. News Broadcast.

Maddison, Angus. 1999. "Economic Progress: The Last Half Century in Historical Perspective." *In Facts and Fancies of Human Development: Annual Symposium and Cunningham Lecture,* 1999, edited by Ian Castles. Occasional Paper Series, 1/2000. Academy of the Social Sciences in Australia.

Maddison, Angus. 2001. *The World Economy: A Millennial Perspective. Development Centre Studies.* Paris: Development Centre of the Organisation for Economic Co-operation / Development.

Maddison, Angus. 2005. *Growth and Interaction in the World Economy: The Roots of Modernity.* Washington, DC: AEI Press.

Maddison, Angus. 2007. *Contours of the World Economy, 1-2030 AD: Essays in Macro-Economic History.* New York: Oxford University Press.

Maddison, Angus. 2010. "Statistics of World Population, GDP and Per Capita GDP 1-2008 AD." Retrieved October 26, 2013. Available at http://www.ggdc.net/maddison/Historical_Statistics/ vertical-file_02-2010.xls.

Mai, Q., Yu, Y., Li, T., Wang, L., Chen, M. J., Huang, S. Z., Zhou, C., and Zhou, Q. 2007. "Derivation of Human Embryonic Stem Cell Lines from Parthenogenetic Blastocysts." *Cell Research* 17 (12): 1008-19.

Mak, J. N., and Wolpaw, J. R. 2009. "Clinical Applications of Brain-Computer Interfaces: Current State and Future Prospects." *IEEE Reviews in Biomedical Engineering* 2: 187-99.

Mankiw, N. Gregory. 2009. *Macroeconomics.* 7th ed. New York, NY: Worth.

Mardis, Elaine R. 2011. "A Decade's Perspective on DNA Sequencing Technology." *Nature* 470 (7333):

198-203.

Markoff, John. 2011. "Computer Wins on `Jeopardy!': Trivial, It's Not." *New York Times*, February 16.

Markram, Henry. 2006. "The Blue Brain Project." *Nature Reviews Neuroscience* 7 (2): 153-160.

Mason, Heather. 2003. "Gallup Brain: The Birth of In Vitro Fertilization." Gallup, August 5.

Menzel, Randolf, and Giurfa, Martin. 2001. "Cognitive Architecture of a Mini-Brain: The Honey-bee." *Trends in Cognitive Sciences* 5 (2): 62-71.

Metzinger, Thomas. 2003. *Being No One: The Self-Model Theory of Subjectivity.* Cambridge, MA: MIT Press.

Mijic, Roko. 2010. "Bootstrapping Safe AGI Goal Systems." Paper presented at the Roadmaps to AGI and the Future of AGI Workshop, Lugano, Switzerland, March 8.

Mike, Mike. 2013. "Face of Tomorrow." Retrieved June 30,2012. Available at http://faceoftomorrow.org.

Milgrom, Paul, and Roberts, John. 1990. "Bargaining Costs, Influence Costs, and the Organization of Economic Activity." In *Perspectives on Positive Political Economy*, edited by James E. Alt and Kenneth A. Shepsle, 57-89. New York: Cambridge University Press.

Miller, George A. 1956. "The Magical Number Seven, Plus or Minus Two: Some Limits on Our Capacity for Processing Information." *Psychological Review* 63 (2): 81-97.

Miller, Geoffrey. 2000. *The Mating Mind: How Sexual Choice Shaped the Evolution of Human Nature.* New York: Doubleday.

Miller, James D. 2012. *Singularity Rising: Surviving and Thriving in a Smarter, Richer, and More Dangerous World.* Dallas, TX: BenBella Books.

Minsky, Marvin. 1967. *Computation: Finite and Infinite Machines.* Englewood Cliffs, NJ: Prentice-Hall.

Minsky, Marvin, ed. 1968. *Semantic Information Processing.* Cambridge, MA: MIT Press.

Minsky, Marvin. 1984. "Afterword to Vernor Vinge's novel, 'True Names." Unpublished manuscript, October 1. Retrieved December 31, 2012. Available at http://web.media.mit.edu/-minsky/papers/TrueNames.Afterword.html.

Minsky, Marvin. 2006. *The Emotion Machine: Commonsense Thinking, Artificial Intelligence, and the Future of the Human Mind.* New York: Simon & Schuster.

Minsky, Marvin, and Papert, Seymour. 1969. *Perceptrons: An Introduction to Computational Geometry.* 1st ed. Cambridge, MA: MIT Press.

Moore, Andrew. 2011. "Hedonism." In *The Stanford Encyclopedia of Philosophy, Winter* 2011, edited by Edward N. Zalta. Stanford, CA: Stanford University.

Moravec, Hans P. 1976. "The Role of Raw Power in Intelligence." Unpublished manuscript, May 12. Retrieved August 12, 2012. Available at http://wwwirc.ri.cmu.edu/users/hpm/project.archive/ general.articles/1975/Raw.Power.html.

Moravec, Hans P. 1980. "Obstacle Avoidance and Navigation in the Real World by a Seeing Robot Rover." PhD diss., Stanford University.

Moravec, Hans P. 1988. *Mind Children: The Future of Robot and Human Intelligence.* Cambridge, MA: Harvard University Press.

Moravec, Hans P. 1998. "When Will Computer Hardware Match the Human Brain?" *Journal of Evolution and Technology* 1.

Moravec, Hans P. 1999. "Rise of the Robots." *Scientific American*, December, 124-35.

Muehlhauser, Luke, and Helm, Louie. 2012. "The Singularity and Machine Ethics." In *Singularity Hypotheses: A Scientific and Philosophical Assessment*, edited by Amnon Eden, Johnny Saraker, James H. Moor, and Eric Steinhart. The Frontiers Collection. Berlin: Springer.

Muehlhauser, Luke, and Salamon, Anna. 2012. "Intelligence Explosion: Evidence and Import." In *Singularity Hypotheses: A Scientific and Philosophical Assessment,* edited by Amnon Eden, Johnny Soraker, James H. Moor, and Eric Steinhart. The Frontiers Collection. Berlin: Springer.

Muller, Vincent C., and Bostrom, Nick. Forthcoming. "Future Progress in Artificial Intelligence: A Poll Among Experts." In "Impacts and Risks of Artificial General Intelligence," edited by Vincent C. Muller, special issue, *Journal of Experimental and Theoretical Artificial Intelligence.*

Murphy, Kevin P. 2012. *Machine Learning: A Probabilistic Perspective. Adaptive Computation and Machine Learning.* Cambridge, MA: MIT Press.

Nachman, Michael W., and Crowell, Susan L. 2000. "Estimate of the Mutation Rate per Nucleotide in Humans." *Genetics 156* (1): 297-304.

Nagy, Z. P., and Chang, C. C. 2007. "Artificial Gametes." *Theriogenology* 67 (1): 99-104.

Nagy, Z. P., Kerkis, I., and Chang, C. C. 2008. "Development of Artificial Gametes." *Reproductive BioMedicine Online* 16 (4): 539-44.

NASA. 2013. "International Space Station: Facts and Figures." Available at http://www.nasa.gov/urnrlelhnnlqintcnarPctatinn wnrldhonk html.

Newborn, Monty. 2011. *Beyond Deep Blue: Chess in the Stratosphere.* New York: Springer.

Newell, Allen, Shaw, J. C., and Simon, Herbert A. 1958. "Chess-Playing Programs and the Problem of Complexity." *IBM Journal of Research and Development* 2 (4): 320-35.

Newell, Allen, Shaw, J. C., and Simon, Herbert A. 1959. "Report on a General Problem-Solving Pro-gram: Proceedings of the International Conference on Information Processing." In *Information Processing,* 256-64. Paris: UNESCO.

Nicolelis, Miguel A. L., and Lebedev, Mikhail A. 2009. "Principles of Neural Ensemble Physiology Underlying the Operation of Brain-Machine Interfaces." *Nature Reviews Neuroscience* 10 (7): 530-40.

Nilsson, Nils J. 1984. *Shakey the Robot,* Technical Note 323. Menlo Park, CA: AI Center, SRI International, April.

Nilsson, Nils J. 2009. *The Quest for Artificial Intelligence: A History of Ideas and Achievements.* New York: Cambridge University Press.

Nisbett, R. E., Aronson, J., Blair, C., Dickens, W., Flynn, J., Halpern, D. F., and Turkheimer, E. 2012. "Intelligence: New Findings and Theoretical Developments." *American Psychologist* 67 (2): 130-59.

Niven, Larry. 1973. "The Defenseless Dead." In *Ten Tomorrows,* edited by Roger Elwood, 91-142. New York: Fawcett.

Nordhaus, William D. 2007. "Two Centuries of Productivity Growth in Computing." *Journal of Economic History* 67 (1):128-59.

Norton, John D. 2011. "Waiting for Landauer." Studies in *History and Philosophy of Science Part B: Studies in History and Philosophy of Modern Physics* 42 (3): 184-98.

Olds, James, and Milner, Peter. 1954. "Positive Reinforcement Produced by Electrical Stimulation of Septa' Area and Other Regions of Rat Brain." *Journal of Comparative and Physiological Psychology* 47 (6): 419-27.

Olum, Ken D. 2002. "The Doomsday Argument and the Number of Possible Observers." *Philosophical Quarterly* 52 (207): 164-84.

Omohundro, Stephen M. 2007. "The Nature of Self-Improving Artificial Intelligence." Paper presented at Singularity Summit 2007, San Francisco, CA, September 8-9.

Omohundro, Stephen M. 2008. "The Basic AI Drives." In Artificial General Intelligence 2008: Proceedings of the First AGI Conference, edited by Pei Wang, Ben Goertzel, and Stan Franklin, 483-92. *Frontiers in Artificial Intelligence and Applications* 171. Amsterdam: IOS.

Omohundro, Stephen M. 2012. "Rational Artificial Intelligence for the Greater Good." In *Singularity Hypotheses: A Scientific and Philosophical Assessment*, edited by Amnon Eden, Johnny &maker, James H. Moor, and Eric Steinhart. The Frontiers Collection. Berlin: Springer.

O'Neill, Gerard K. 1974. "The Colonization of Space." *Physics Today* 27 (9): 32-40.

Oshima, Hideki, and Katayama, Yoichi. 2010. "Neuroethics of Deep Brain Stimulation for Mental Disorders: Brain Stimulation Reward in Humans." *Neurologia medico-chirurgica* 50 (9): 845-52.

Parfit, Derek. 1986. *Reasons and Persons*. New York: Oxford University Press.

Parfit, Derek. 2011. On What Matters. 2 vols. The Berkeley Tanner Lectures. New York: Oxford University Press.

Parrington, Alan J. 1997. "Mutually Assured Destruction Revisited." *Airpower Journal* 11 (4).

Pasqualotto, Emanuele, Federici, Stefano, and Belardinelli, Marta Olivetti. 2012. "Toward Function-ing and Usable Brain-Computer Interfaces (BCIs): A Literature Review." *Disability and Rehabilitation: Assistive Technology* 7 (2): 89-103.

Pearl, Judea. 2009. *Causality: Models, Reasoning, and Inference*. 2nd ed. New York: Cambridge University Press.

Perlmutter, J. S., and Mink, J. W. 2006. "Deep Brain Stimulation." *Annual Review of Neuroscience* 29: 229-57.

Pinker, Steven.2011. *The Better Angels of Our Nature: Why Violence Has Declined.* New York: Viking.

Plomin, R., Haworth, C. M., Meaburn, E. L., Price, T. S., Wellcome Trust Case Control Consortium 2, and Davis, 0. S. 2013. "Common DNA Markers Can Account for More than Half of the Genetic Influence on Cognitive Abilities." *Psychological Science* 24 (2): 562-8.

Popper, Nathaniel. 2012. "Flood of Errant Trades Is a Black Eye for Wall Street." *New York Times*, August 1.

Pourret, Olivier, Naim, Patrick, and Marcot, Bruce, eds. 2008. *Bayesian Networks: A Practical Guide to Applications.* Chichester, West Sussex, UK: Wiley.

Powell, A., Shennan, S., and Thomas, M. G. 2009. "Late Pleistocene Demography and the Appearance of Modern Human Behavior." *Science* 324 (5932): 1298-1301.

Price, Huw. 1991. "Agency and Probabilistic Causality." *British Journal for the Philosophy of Science* 42 (2): 157-76.

Qian, M., Wang, D., Watkins, W. E., Gebski, V., Yan, Y. Q., Li, M., and Chen, Z. P. 2005. "The Effects of Iodine on Intelligence in Children: A Meta-Analysis of Studies Conducted in China." *Asia Pacific Journal of Clinical Nutrition* 14 (1): 32-42.

Quine, Willard Van Orman, and Ullian, Joseph Silbert. 1978. *The Web of Belief*, ed. Richard Malin Ohmann, vol. 2. New York: Random House.

Railton, Peter. 1986. "Facts and Values." *Philosophical Topics* 14 (2): 5-31.

Rajab, Moheeb Abu, Zarfoss, Jay, Monrose, Fabian, and Terzis, Andreas. 2006. "A Multifaceted Ap-proach to Understanding the Botnet Phenomenon." In *Proceedings of the 6th ACM SIGCOMM Conference on Internet Measurement,* 41-52. New York: ACM.

Rawls, John. 1971. *A Theory of Justice.* Cambridge, MA: Belknap.

Read, J. I., and Trentham, Neil. 2005. "The Baryonic Mass Function of Galaxies." *Philosophical Transactions of the Royal Society A: Mathematical, Physical and Engineering Sciences* 363 (1837): 2693-710.

Repantis, D., Schlattmann, P., Laisney, 0., and Heuser, I.2010. "Modafinil and Methylphenidate for Neuroenhancement in Healthy Individuals: A Systematic Review." *Pharmacological Research* 62 (3):

187-206.

Rhodes, Richard. 1986. *The Making of the Atomic Bomb*. New York: Simon & Schuster.

Rhodes, Richard. 2008. *Arsenals of Folly: The Making of the Nuclear Arms Race*. New York: Vintage.

Rietveld, Cornelius A., Medland, Sarah E., Derringer, Jaime, Yang, Jian, Esko, Tonu, Martin, Nicolas W., Westra, Harm-Jan, Shakhbazov, Konstantin, Abdellaoui, Abdel, et al. 2013. "GWAS of 126,559 Individuals Identifies Genetic Variants Associated with Educational Attainment." *Science* 340 (6139): 1467-71.

Ring, Mark, and Orseau, Laurent. 2011. "Delusion, Survival, and Intelligent Agents." In *Artificial General Intelligence*: 4th International Conference, AGI 2011, Mountain View, CA, USA, August 3-6, 2011. *Proceedings*, edited by Jurgen Schmidhuber, Kristinn R. Thorisson, and Moshe Looks, 11-20. Lecture Notes in *Computer Science* 6830. Berlin: Springer.

Ritchie, Graeme, Manurung, Ruli, and Waller, Annalu. 2007. "A Practical Application of Computation-al Humour." In *Proceedings of the 4th International Joint Workshop on Computational Creativity*, edited by Amilcar Cardoso and Geraint A. Wiggins, 91-8. London: Goldsmiths, University of London.

Roache, Rebecca. 2008. "Ethics, Speculation, and Values." *NanoEthics* 2 (3): 317-27.

Robles, J. A., Lineweaver, C. H., Grether, D., Flynn, C., Egan, C. A., Pracy, M. B., Holmberg, J., and Gardner, E. 2008. "A Comprehensive Comparison of the Sun to Other Stars: Searching for Self-Selection Effects." *Astrophysical Journal* 684 (1): 691-706.

Roe, Anne. 1953. *The Making of a Scientist*. New York: Dodd, Mead.

Roy, Deb. 2012. "About." Retrieved October 14. Available at http://web.media.mit.eduk-dkroy/.

Rubin, Jonathan, and Watson, Ian. 2011. "Computer Poker: A Review." *Artificial Intelligence* 175 (5-6): 958-87.

Rumelhart, D. E., Hinton, G. E., and Williams, R. J. 1986. "Learning Representations by Back-Propagating Errors." *Nature* 323 (6088): 533-6.

Russell, Bertrand. 1986. "The Philosophy of Logical Atomism." In *The Philosophy of Logical Atomism and Other Essays* 1914-1919, edited by John G. Slater, 8: 157-244. The Collected Papers of Bertrand Russell. Boston: Allen & Unwin.

Russell, Bertrand, and Griffin, Nicholas. 2001. *The Selected Letters of Bertrand Russell: The Public Years, 1914-1970*. New York: Routledge.

Russell, Stuart J., and Norvig, Peter. 2010. *Artificial Intelligence: A Modern Approach*. 3rd ed. Upper Saddle River, NJ: Prentice-Hall.

Sabrosky, Curtis W. 1952. "How Many Insects Are There?" In *Insects, edited by United States Department of Agriculture*, 1-7. Yearbook of Agriculture. Washington, DC: United States Government Printing Office.

Salamon, Anna. 2009. "When Software Goes Mental: Why Artificial Minds Mean Fast Endogenous Growth." *Working Paper*, December 27.

Salem, D. J., and Rowan, A. N. 2001. *The State of the Animals: 2001. Public Policy Series*. Washington, DC: Humane Society Press.

Salverda, W., Nolan, B., and Smeeding, T. M. 2009. *The Oxford Handbook of Economic Inequality*. Oxford: Oxford University Press.

Samuel, A. L. 1959. "Some Studies in Machine Learning Using the Game of Checkers." *IBM Journal of Research and Development* 3 (3): 210-19.

Sandberg, Anders. 1999. "The Physics of Information Processing Superobjects: Daily Life Among the Jupiter Brains." *Journal of Evolution and Technology* 5.

Sandberg, Anders. 2010. "An Overview of Models of Technological Singularity." Paper presented at the Roadmaps to AGI and the Future of AGI Workshop, Lugano, Switzerland, March 8.

Sandberg, Anders. 2013. "Feasibility of Whole Brain Emulation." In *Philosophy and Theory of Artificial Intelligence*, edited by Vincent C. Muller, 5: 251-64. Studies in *Applied Philosophy, Epistemology and Rational Ethics.* New York: Springer.

Sandberg, Anders, and Bostrom, Nick. 2006. "Converging Cognitive Enhancements." *Annals of the New York Academy of Sciences* 1093: 201-27.

Sandberg, Anders, and Bostrom, Nick. 2008. *Whole Brain Emulation: A Roadmap. Technical Report 2008-3.* Future of Humanity Institute, University of Oxford.

Sandberg, Anders, and Bostrom, Nick. 2011. Machine Intelligence Survey. Technical Report 2011-1. Future of Humanity Institute, University of Oxford. Sandberg, Anders, and Savulescu, Julian. 2011. "The Social and Economic Impacts of Cognitive Enhancement." In Enhancing Human Capacities, edited by Julian Savulescu, Ruud ter Meulen, and Guy Kahane, 92-112. Malden, MA: Wiley-Blackwell.

Schaeffer, Jonathan. 1997. *One Jump Ahead: Challenging Human Supremacy in Checkers.* New York: Springer.

Schaeffer, J., Burch, N., Bjornsson, Y., Kishimoto, A., Muller, M., Lake, R., Lu, P., and Sutphen, S. 2007. "Checkers Is Solved." *Science* 317 (5844): 1518-22.

Schalk, Gerwin. 2008. "Brain-Computer Symbiosis." *Journal of Neural Engineering* 5 (1): P1-P15.

Schelling, Thomas C. 1980. *The Strategy ofConflict.* 2nd ed. Cambridge, MA: Harvard University Press.

Schultz, T. R. 2000. "In Search of Ant Ancestors." *Proceedings of the National Academy of Sciences of the United States of America* 97 (26): 14028-9.

Schultz, W., Dayan, P., and Montague, P. R. 1997. "A Neural Substrate of Prediction and Reward." *Science* 275 (5306): 1593-9. Schwartz, Jacob T. 1987. "Limits of Artificial Intelligence." In *Encyclopedia of Artificial Intelligence,* edited by Stuart C. Shapiro and David Eckroth, 1: 488-503. New York: Wiley.

Schwitzgebel, Eric. 2013. "If Materialism is True, the United States is Probably Conscious." *Working Paper*, February 8.

Sen, Amartya, and Williams, Bernard, eds. 1982. *Utilitarianism and Beyond.* New York: Cambridge University Press.

Shanahan, Murray. 2010. *Embodiment and the Inner Life: Cognition and Consciousness in the Space of Possible Minds.* New York: Oxford University Press.

Shannon, Robert V. 2012. "Advances in Auditory Prostheses." *Current Opinion in Neurology* 25 (1): 61-6.

Shapiro, Stuart C. 1992. "Artificial Intelligence." In *Encyclopedia of Artificial Intelligence*, 2nd ed., 1: 54-7. New York: Wiley.

Sheppard, Brian. 2002. "World-Championship-Caliber Scrabble." *Artificial Intelligence* 134 (1-2): 241-75.

Shoemaker, Sydney. 1969. "Time Without Change." *Journal of Philosophy* 66 (12): 363-81.

Shulman, Carl. 2010a. Omohundro's "Basic AI Drives" and Catastrophic Risks. San Francisco, CA: Machine Intelligence Research Institute.

Shulman, Carl. 2010b. *Whole Brain Emulation and the Evolution of Superorganisms*. San Francisco, CA: Machine Intelligence Research Institute.

Shulman, Carl. 2012. "Could We Use Untrustworthy Human Brain Emulations to Make Trust-worthy Ones?" Paper presented at the AGI Impacts conference 2012.

Shulman, Carl, and Bostrom, Nick. 2012. "How Hard is Artificial Intelligence? Evolutionary Arguments and Selection Effects." *Journal of Consciousness Studies* 19 (7-8): 103-30.

Shulman, Carl, and Bostrom, Nick. 2014. "Embryo Selection for Cognitive Enhancement: Curiosity or

Game-Changer?" *Global Policy* 5 (1): 85-92.

Shulman, Carl, Jonsson, Henrik, and Tarleton, Nick. 2009. "Which Consequentialism? Machine Ethics and Moral Divergence." In AP-CAP 2009: The Fifth Asia-Pacific Computing and Philosophy Conference, October 1st-2nd, University of Tokyo, Japan. *Proceedings, edited by Carson Reynolds and Alvaro Cassinelli,* 23-25. AP-CAP 2009.

Sidgwick, Henry, and Jones, Emily Elizabeth Constance. 2010. *The Methods of Ethics.* Charleston, SC: Nabu Press.

Silver, Albert. 2006. "How Strong Is GNU Backgammon?" Backgammon Galore! September 16. Retrieved October 26,2013. Available at http://www.bkgm.com/gnu/AllAboutGNU.html#how_strong_is_gnu.

Simeral, J. D., Kim, S. P., Black, M. J., Donoghue, J. P., and Hochberg, L. R. 2011. "Neural Control of Cursor Trajectory and Click by a Human with Tetraplegia 1000 Days after Implant of an Intracortical Microelectrode Array." *Journal of Neural Engineering* 8 (2): 025027.

Simester, Duncan, and Knez, Marc. 2002. "Direct and Indirect Bargaining Costs and the Scope of the Firm." *Journal of Business* 75 (2): 283-304.

Simon, Herbert Alexander. 1965. *The Shape of Automation for Men and Management.* New York: Harper & Row.

Sinhababu, Neil. 2009. "The Humean Theory of Motivation Reformulated and Defended." *Philosophical Review* 118 (4): 465-500.

Slagle, James R. 1963. "A Heuristic Program That Solves Symbolic Integration Problems in Freshman Calculus." *Journal of the ACM* 10 (4): 507-20.

Smeding, H. M., Speelman, J. D., Koning-Haanstra, M., Schuurman, P. R., Nijssen, P., van Laar, T., and Schmand, B. 2006. "Neuropsychological Effects of Bilateral STN Stimulation in Parkinson Disease: A Controlled Study." *Neurology* 66 (12): 1830-6.

Smith, Michael. 1987. "The Humean Theory of Motivation." *Mind: A Quarterly Review of Philosophy* 96 (381): 36-61.

Smith, Michael, Lewis, David, and Johnston, Mark. 1989. "Dispositional Theories of Value." *Proceedings of the Aristotelian Society* 63: 89-174.

Sparrow, Robert. 2013. "In Vitro Eugenics." Journal of Medical Ethics. doi:10.1136/medethics-2012-101200. Published online April 4, 2013. Available at http://jme.bmj.com/content/early/2013/02/13/medethics-2012-101200.full.

Stansberry, Matt, and Kudritzki, Julian. 2012. Uptime Institute 2012 Data Center Industry Survey. Uptime Institute.

Stapledon, Olaf. 1937. *Star Maker.* London: Methuen.

Steriade, M., Timofeev, I., Durmuller, N., and Grenier, F. 1998. "Dynamic Properties of Cortico-thalamic Neurons and Local Cortical Interneurons Generating Fast Rhythmic (30-40 Hz) Spike Bursts." *Journal of Neurophysiology* 79 (1): 483-90.

Stewart, P. W., Lonky, E., Reihman, J., Pagano, J., Gump, B. B., and Darvill, T. 2008. "The Relation-ship Between Prenatal PCB Exposure and Intelligence (IQ) in 9-Year-Old Children."*Environmental Health Perspectives* 116 (10): 1416-22.

Sun, W., Yu, H., Shen, Y., Banno, Y., Xiang, Z., and Zhang, Z. 2012. "Phylogeny and Evolutionary History of the Silkworm." *Science China Life Sciences* 55 (6): 483-96.

Sundet, J., Barlaug, D., and Torjussen, T. 2004. "The End of the Flynn Effect? A Study of Secular Trends in Mean Intelligence Scores of Norwegian Conscripts During Half a Century." *Intelligence* 32 (4): 349-62.

Sutton, Richard S., and Barto, Andrew G. 1998. *Reinforcement Learning: An Introduction. Adaptive Computation and Machine Learning*. Cambridge, MA: MIT Press.

Talukdar, D., Sudhir, K., and Ainslie, A. 2002. "Investigating New Product Diffusion Across Prod-ucts and Countries." *Marketing Science* 21 (1): 97-114.

Teasdale, Thomas W., and Owen, David R. 2008. "Secular Declines in Cognitive Test Scores: A Re-versal of the Flynn Effect." *Intelligence* 36 (2): 121-6.

Tegmark, Max, and Bostrom, Nick. 2005. "Is a Doomsday Catastrophe Likely?" *Nature* 438: 754.

Teitelman, Warren. 1966. "Pilot: A Step Towards Man-Computer Symbiosis." PhD diss., Massachusetts Institute of Technology.

Temple, Robert K. G. 1986. *The Genius of China: 3000 Years of Science, Discovery, and Invention*. 1st ed. New York: Simon & Schuster.

Tesauro, Gerald. 1995. "Temporal Difference Learning and TD-Gammon." *Communications of the ACM* 38 (3): 58-68.

Tetlock, Philip E. 2005. *Expert Political Judgment: How Good is it? How Can We Know?* Princeton, NJ: Princeton University Press.

Tetlock, Philip E., and Belkin, Aaron. 1996. "Counterfactual Thought Experiments in World Politics: Logical, Methodological, and Psychological Perspectives." In *Counterfactual Thought Experiments in World Politics: Logical, Methodological, and Psychological Perspectives,* edited by Philip E. Tetlock and Aaron Belkin, 1-38. Princeton, NJ: Princeton University Press.

Thompson, Adrian. 1997. "Artificial Evolution in the Physical World." In *Evolutionary Robotics: From Intelligent Robots to Artificial Life*, edited by Takashi Gomi, 101-25. Er '97. Carp, ON: Applied AI Systems.

Thrun, S., Montemerlo, M., Dahlkamp, H., Stavens, D., Aron, A., Diebel, J., Fong, P., et al. 2006. "Stanley: The Robot That Won the DARPA Grand Challenge." *Journal of Field Robotics* 23 (9): 661-92.

Trachtenberg, J. T., Chen, B. E., Knott, G. W., Feng, G., Sanes, J. R., Welker, E., and Svoboda, K. 2002. "Long-Term In Vivo Imaging of Experience-Dependent Synaptic Plasticity in Adult Cortex." *Nature* 420 (6917): 788-94.

Traub, Wesley A. 2012. "Terrestrial, Habitable-Zone Exoplanet Frequency from Kepler." *Astrophysical Journal* 745 (1): 1-10.

Truman, James W., Taylor, Barbara J., and Awad, Timothy A. 1993. "Formation of the Adult Nervous System." In *The Development of Drosophila Melanogaster, edited by Michael Bate and Alfonso Martinez Arias. Plainview*, NY: Cold Spring Harbor Laboratory.

Tuomi, Ilkka. 2002. "The Lives and the Death of Moore's Law." *First Monday* 7 (11).

Turing, A. M. 1950. "Computing Machinery and Intelligence." *Mind* 59 (236): 433-60.

Turkheimer, Eric, Haley, Andreana, Waldron, Mary, D'Onofrio, Brian, and Gottesman, Irving I. 2003. "Socioeconomic Status Modifies Heritability of IQ in Young Children." *Psychological Science* 14 (6): 623-8.

Uauy, Ricardo, and Dangour, Alan D. 2006. "Nutrition in Brain Development and Aging: Role of Essential Fatty Acids." Supplement, *Nutrition Reviews* 64 (5): S24-S33.

Ulam, Stanislaw M. 1958. "John von Neumann." Bulletin of the American *Mathematical Society* 64 (3): 1-49.

Uncertain Future, The. 2012. "Frequently Asked Questions" The Uncertain Future. Retrieved March 25,2012. Available at http://www.theuncertainfuture.com/faq.html.

U.S. Congress, Office of Technology Assessment. 1995. U.S.-Russian Cooperation in Space ISS-618.

Washington, DC: U.S. Government Printing Office, April.

Van Zanden, Jan Luiten. 2003. *On Global Economic History: A Personal View on an Agenda for Future Research.* International Institute for Social History, July 23.

Vardi, Moshe Y. 2012. "Artificial Intelligence: Past and Future." *Communications of the ACM* 55 (1): 5.

Vassar, Michael, and Freitas, Robert A., Jr. 2006. "Lifeboat Foundation Nanoshield." Lifeboat Foundation. Retrieved May 12,2012. Available at http://lifeboat.com/ex/nanoshield.

Vinge, Vernor. 1993. "The Coming Technological Singularity: How to Survive in the Post-Human Era." In Vision-21: Interdisciplinary Science and Engineering in the Era of Cyberspace, 11-22. *NASA Conference Publication* 10129. NASA Lewis Research Center.

Visscher, P. M., Hill, W. G., and Wray, N. R. 2008. "Heritability in the Genomics Era: Concepts and Misconceptions." *Nature Reviews Genetics* 9 (4): 255-66.

Vollenweider, Franz, Gamma, Alex, Liechti, Matthias, and Huber, Theo. 1998. "Psychological and Cardiovascular Effects and Short-Term Sequelae of MDMA (`Ecstasy) in MDMA-Naive Healthy Volunteers." *Neuropsychopharmachology* 19 (4): 241-51.

Wade, Michael J. 1976. "Group Selections Among Laboratory Populations of Tribolium." *Proceedings of the National Academy of Sciences of the United States of America* 73 (12): 4604-7.

Wainwright, Martin J., and Jordan, Michael I.2008. "Graphical Models, Exponential Families, and Variational Inference." *Foundations and Trends in Machine Learning* 1 (1-2): 1-305.

Walker, Mark. 2002. "Prolegomena to Any Future Philosophy." *Journal of Evolution and Technology* 10 (1).

Walsh, Nick Paton. 2001. "Alter our DNA or robots will take over, warns Hawking." The Observer, September 1. http://www.theguardian.com/uk/2001/sep/02/medicalscience.genetics.

Warwick, Kevin. 2002. I, Cyborg. London: Century.

Wehner, M., Oliker, L., and Shalf, J. 2008. "Towards Ultra-High Resolution Models of Climate and Weather." *International Journal of High Performance Computing Applications* 22 (2): 149-65.

Weizenbaum, Joseph. 1966. "Eliza: A Computer Program for the Study of Natural Language Communication Between Man And Machine." *Communications of the ACM* 9 (1): 36-45.

Weizenbaum, Joseph. 1976. *Computer Power and Human Reason: From Judgment to Calculation.* San FrancYork, CA: W. H. Freeman.

Werbos, Paul John. 1994. *The Roots of Backpropagation: From Ordered Derivatives to Neural Networks and Political Forecasting.* New York: Wiley.

White, J. G., Southgate, E., Thomson, J. N., and Brenner, S. 1986. "The Structure of the Nervous Sys-tem of the Nematode Caenorhabditis Elegans." Philosophical Transactions of the Royal Society of London. Series B, *Biological Sciences* 314 (1165): 1-340.

Whitehead, Hal. 2003. *Sperm Whales: Social Evolution in the Ocean.* Chicago: University of Chicago Press.

Whitman, William B., Coleman, David C., and Wiebe, William J. 1998. "Prokaryotes: The Unseen Majority." *Proceedings of the National Academy of Sciences of the United States of America* 95 (12): 6578-83.

Wiener, Norbert. 1960. "Some Moral and Technical Consequences of Automation." *Science* 131 (3410): 1355-8.

Wikipedia. 2012a, s.v. "Computer Bridge." Retrieved June 30,2013. Available at http://en.wikipedia. org/wiki/Comnuter bridge.

Wikipedia. 2012b, s.v. "Supercomputer." Retrieved June 30, 2013. Available at http://et.wikipedia.org/wiki/Superarvuti.

Williams, George C. 1966. *Adaptation and Natural Selection: A Critique of Some Current Evolutionary Thought*. Princeton Science Library. Princeton, NJ: Princeton University Press.

Winograd, Terry. 1972. *Understanding Natural Language*. New York: Academic Press.

Wood, Nigel. 2007. *Chinese Glazes: Their Origins, Chemistry and Recreation*. London: A. &C. Black.

World Bank. 2008. *Global Economic Prospects: Technology Diffusion in the Developing World* 42097. Washington, DC. World Robotics. 2011. Executive Summary of 1. World Robotics 2011 Industrial Robots; 2. World Robotics 2011 Service Robots. Retrieved June 30, 2012. Available at http://www. bara.org.uk/ pdf/2012/world-robotics/Executive_Summary WR_2012.pdf.

World Values Survey. 2008. WVS 2005-2008. Retrieved 29 October, 2013. Available at http://www. wvsevsdb.com/wvs/WVSAnalizeStudy.jsp.

Wright, Robert. 2001. *Nonzero: The Logic of Human Destiny*. New York: Vintage.

Yaeger, Larry. 1994. "Computational Genetics, Physiology, Metabolism, Neural Systems, Learning, Vision, and Behavior or PolyWorld: Life in a New Context." In *Proceedings of the Artificial Life III Conference*, edited by C. G. Langton, 263-98. Santa Fe Institute Studies in the Sciences of Complexity. Reading, MA: Addison-Wesley.

Yudkowsky, Eliezer. 2001. *Creating Friendly AI 1.0: The Analysis and Design of Benevolent Goal Architectures*. Machine Intelligence Research Institute, San Francisco, CA, June 15.

Yudkowsky, Eliezer. 2002. "The AI-Box Experiment." Retrieved January 15, 2012. Available at http:// yudkowsky.net/singularity/aibox.

Yudkowsky, Eliezer. 2004. *Coherent Extrapolated Volition*. Machine Intelligence Research Institute, San Francisco, CA, May.

Yudkowsky, Eliezer. 2007. "Levels of Organization in General Intelligence." In Artificial General Intelligence, edited by Ben Goertzel and Cassio Pennachin, 389-501. *Cognitive Technologies*. Berlin: Springer.

Yudkowsky, Eliezer. 2008a. "Artificial Intelligence as a Positive and Negative Factor in Global Risk." In *Global Catastrophic Risks,* edited by Nick Bostrom and Milan M. Cirkovi& 308-45. New York: Oxford University Press.

Yudkowsky, Eliezer. 2008b. "Sustained Strong Recursion." *Less Wrong* (blog), December 5.

Yudkowsky, Eliezer. 2010. *Timeless Decision Theory*. Machine Intelligence Research Institute, San Francisco, CA.

Yudkowsky, Eliezer. 2011. *Complex Value Systems are Required to Realize Valuable Futures*. San Francisco, CA: Machine Intelligence Research Institute.

Yudkowsky, Eliezer. 2013. *Intelligence Explosion Microeconomics, Technical Report* 2013-1. Berkeley, CA: Machine Intelligence Research Institute.

Zahavi, Amotz, and Zahavi, Avishag. 1997. *The Handicap Principle: A Missing Piece of Darwin's Puzzle*. Translated by N. Zahavi-Ely and M. P. Ely. New York: Oxford University Press.

Zalasiewicz, J., Williams, M., Smith, A., Barry, T. L., Coe, A. L., Bown, P. R., Brenchley, P., et al. 2008. "Are We Now Living in the Anthropocene?" *GSA Today* 18 (2): 4-8.

Zeira, Joseph. 2011. "Innovations, Patent Races and Endogenous Growth." *Journal of Economic Growth* 16 (2): 135-56.

Zuleta, Hernando. 2008. "An Empirical Note on Factor Shares." *Journal of International Trade and Economic Development* 17 (3): 379-90.

超智慧

Superintelligence:
Paths, Dangers, Strategies

作者：尼克‧伯斯特隆姆(Nick Bostrom)｜譯者：唐澄暐｜主編：鍾涵瀞｜編輯協力：徐育婷｜特約副主編：李衡昕｜行銷企劃總監：蔡慧華｜行銷企劃專員：張意婷｜出版：感電出版／遠足文化事業股份有限公司｜發行：遠足文化事業股份有限公司（讀書共和國出版集團）｜地址：23141 新北市新店區民權路108-2號9樓｜電話：02-2218-1417｜傳真：02-8667-1851｜客服專線：0800-221-029｜信箱：sparkpresstw@gmail.com｜法律顧問：華洋法律事務所 蘇文生律師｜EISBN：9786269702992（EPUB）、9786269702985（PDF）｜出版日期：2023年7月｜定價：600元

國家圖書館出版品預行編目(CIP)資料

超智慧/尼克.伯斯特隆姆(Nick Bostrom)著；唐澄暐譯. -- 新北市：感電
出版, 遠足文化事業股份有限公司, 2023.07

　　444面；16×23公分

　　譯自：Superintelligence : paths, dangers, strategies

　　ISBN 978-626-97366-0-7(平裝)

　　1.人工智慧

312.83　　　　　　　　　　　　　　112006234

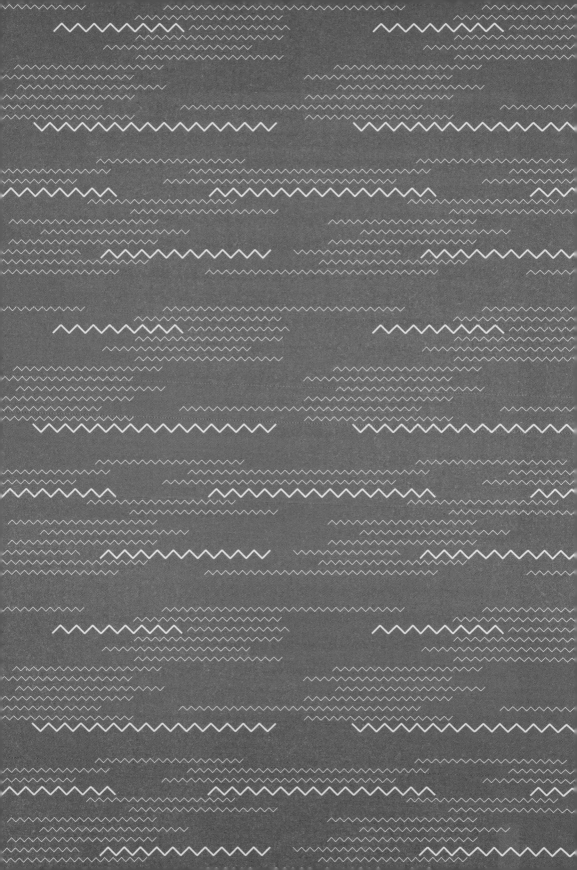

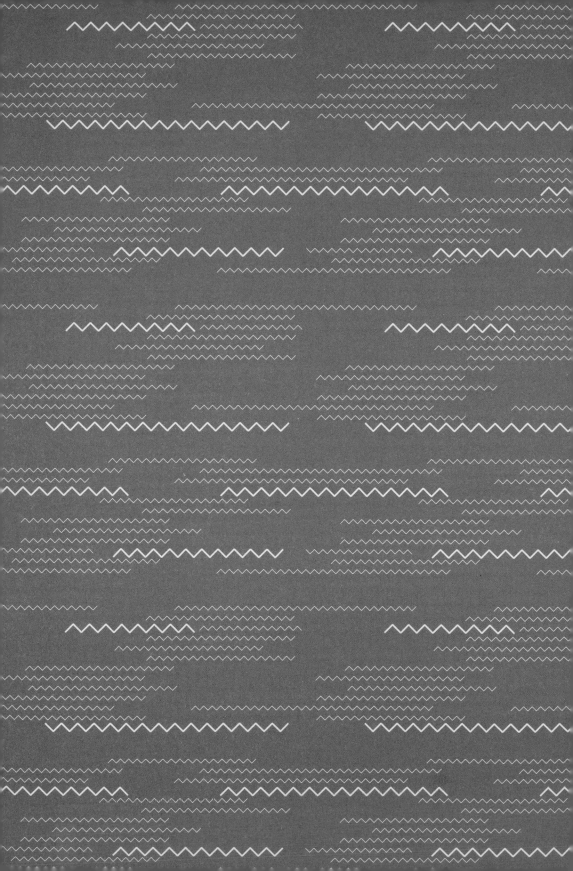